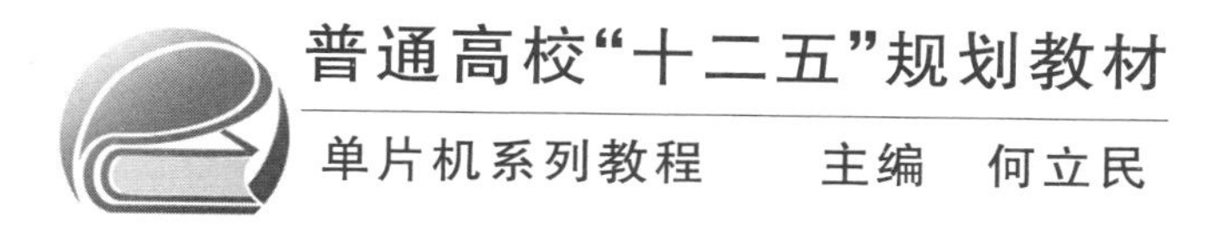

普通高校“十二五”规划教材

单片机系列教程　　主编　何立民

单片机初级教程

——单片机基础

（第3版）

张迎新　王盛军　等编著

北京航空航天大学出版社

内 容 简 介

本书以 80C51 系列单片机为例，系统地介绍了单片机的硬件结构、工作原理、指令系统、汇编语言与 C51 语言程序设计、接口技术、中断系统及单片机应用等内容，此外还介绍了数字电路和单片机的入门知识。各章中对关键性内容都结合丰富的实例予以说明，以利于读者对所述内容的理解、掌握、巩固和应用；较之第 2 版，增加了 C51 语言程序设计及 Proteus 仿真软件以及一些通用实例，修订了部分章节的内容。

本书可作为工程应用类、机电类专业本科生以及相关专业大专生的单片机基础类课程的教材，以及单片机培训教材；也可作为单片机自学人员，以及从事单片机开发的工程技术人员的参考用书。

图书在版编目(CIP)数据

单片机初级教程：单片机基础/张迎新等编著. --
3 版. --北京 ：北京航空航天大学出版社，2015.9

ISBN 978－7－5124－1814－1

Ⅰ. ①单… Ⅱ. ①张… Ⅲ. ①单片微型计算机－教材
Ⅳ. ①TP368.1

中国版本图书馆 CIP 数据核字(2015)第 149220 号

单片机初级教程——单片机基础 (第 3 版)

张迎新 王盛军 等编著
责任编辑 冯 颖

*

北京航空航天大学出版社出版发行
北京市海淀区学院路 37 号(邮编 100191) http://www.buaapress.com.cn
发行部电话：(010)82317024 传真：(010)82328026
读者信箱：emsbook@buaacm.com.cn 邮购电话：(010)82316936
涿州市新华印刷有限公司印装 各地书店经销

*

开本：710×1 000 1/16 印张：23.5 字数：501 千字
2015 年 9 月第 3 版 2025 年 2 月第 8 次印刷 印数：18 001～19 000 册
ISBN 978－7－5124－1814－1 定价：39.00 元

《单片机系列教程》
编 委 会

第3版序

自《单片机系列教程》问世至今已有16年，今天仍有不少学校将该系列教程用作嵌入式系统入门教材实属罕见。这得益于80C51的经典体系结构与不断与时俱进的技术优势，以及不断扩展的应用领域。

单片机诞生自20世纪70年代的嵌入式处理器。80C51的源头，是1976年Intel公司对MCS-48系列微控制器的探索；1980年完善至MCS-51系列，并成为了8位微控制器的经典体系结构。

后来，Intel公司致力于发展通用微处理器，无暇顾及微控制器领域，便将MCS-51系列开放给其他半导体公司。随后，便迎来了众多半导体厂家共同开发MCS-51的时代，人们普遍将这一时代称为80C51时代。由于众多著名半导体厂家介入80C51的技术创新，确立了80C51在单片机世界中的主流地位。

“单芯片形态”、“嵌入式应用方式”、“智能化控制能力”是微控制器的三个基本特征。早期，微控制器主要用于传统电子系统的智能化改造，各个领域的电子工程师是智能化改造的主力军，他们更愿意将微控制器称作“单片机”；跨入21世纪以来，大量计算机界人士进入微控制器领域，在微控制器领域中，实现了电子技术与计算机技术、信息技术的交叉融合，他们则更习惯于将微控制器称作“嵌入式系统”。近年来，有人建议将微控制器改称为“智能电子系统”，以应对众多的智能电子产品市场风暴。由此可以看出，“单片机”与“嵌入式系统”本质相同，只是带有不同的时代特征。

2016年，80C51将迎来它的40周岁生日。从MCS-48、MCS-51到80C51、C8051F，80C51也经历了诸多变革。这些变革见证了经典系列旺盛的生命力，以及各半导体厂家不断开拓创新的进取精神。例如，在MCS-48完成了微控制器体系结构的探索后继而迅速将其完善，从而创建了MCS-51的经典体系结构；80C51则在众多半导体厂家的支持下，进入到外围功能迅速扩展的爆发式增长时代；Silicon Labs公司推出的C8051F则将80C51经典体系结构改造成高速、多功能的现代微控制器。至今，C8051F仍在众多领域的智能控制中发挥着重要的作用。

进入21世纪，微控制器应用领域中出现了一个重大转折，即ARM系列微控制器的崛起。ARM公司以其知识产权公司(着力开发微控制器技术,不生产微控制器)的特殊角色吸引了众多的半导体厂家,他们纷纷放弃原先独立开发的产品系列,通过ARM公司授权的方式开发ARM系列微控制器,从而出现了ARM系列微控制器的应用热潮。

在ARM系列微控制器的应用热潮中,原来属于80C51的应用领域被ARM系列所占领。如今,在种类繁多的智能产品中普遍使用的是ARM系列微控制器。由此也引发了相关教材体系的变革。不少学校将原先80C51的单片机教学体系转变到以ARM系列为主的教材体系,以适应嵌入式系统的这一重大变化。

在ARM系列崛起并不断侵蚀原先80C51的应用领域时,80C51以灵活多变的方式不断开辟新兴领域。免费开放的80C51内核成为众多用户开发专用SoC产品的选择:在廉价、易用的80C51内核基础上,正大力向智能器件进军。目前广泛应用的无线收发芯片就是在80C51内核基础上开发的。

微控制器智能化控制的对象,是客观世界中的物理对象,这注定了单片机应用系统或嵌入式应用系统都是与物理对象紧密相连的物联体系。从单机物联、分布式物联、总线物联到局域物联网,在所有应用系统都具备互联网接入功能(外接或内部集成有网络接口芯片)之后,便水到渠成地将互联网推进到物联网。

物联网时代,是嵌入式系统技术发展的成熟时代,嵌入式系统将从独立的产品开发转为物联网应用服务的大科技时代。在云计算、大数据的应用中,嵌入式系统也占有重要的一席之地。

总之,随着IT产业前沿科技的不断发展,嵌入式系统总有不断拓展的空间。随着时代的变化,教学内容也要不断更新。在本系列教程第3版的修订中,各分册均补充了相应的内容。在具体教学中,也希望教师们有选择地补充嵌入式系统发展史、ARM系列概念等内容,以使学生跟上嵌入式技术发展、物联网应用服务的步伐。

《单片机系列教程》主编

何立民

2015年7月30日

第3版前言

《单片机初级教程——单片机基础》自2000年首次出版、2006年第2版面市以来，至今已经印刷18次，发行12万册，被很多院校教师选作单片机课程教材。为使单片机教学内容及时跟上单片机技术的发展，需要为本书增加新的内容，且书中的部分内容也需要改进，因此北京航空航天大学出版社决定对本书进行第3次修订。

本次修订在保持第2版基本思路及特点的基础上增加了C51语言程序设计。这是因为利用C51语言设计单片机应用程序已经是一种必然趋势。为了提高开发效率且便于移植程序，现在多数采用C语言，因而在该课程中引入C51语言已经势在必行。在本书的实例中多数都采用汇编与C语言双语编程，使读者更易于比较两种语言的特长，可以有选择地掌握一种，同时认识另一种。

本书还增加了Keil集成开发环境与Proteus仿真软件的内容，Keil C51和Proteus仿真软件是在单片机应用系统设计中使用最广泛的软件。Keil公司所提供的是Windows下的集成开发环境，可模拟51系列及ARM等多种系列单片机及派生产品的片内部件，支持软件仿真和用户系统实时调试两种功能。Proteus是一种电子设计自动化软件，它不仅能完成各种电路的设计与仿真，还能仿真单片机及其外围电路系统(详见12.3节)。这些软件使单片机的学习更加简单易懂，是学校进行单片机教学的首选软件。

此外，对部分章节内容进行了调整与修改，例如将第2版第9章与第10章内容简化合并为一章，对于各章节中比较过时的内容作了删减，例如删除了关于8255接口的内容(8255已经停产多年)。对全书结构作了适当调整，力求重点更突出，语言更精炼，层次更清晰。

本书在介绍单片机时是以80C51系列为例进行讲解的，而在介绍具体型号时则选用了美国Atmel公司的AT89系列产品。由于该系列产品特点显著(详见第1章)，使其很快在单片机市场中脱颖而出。AT89系列单片机的成功使得几个著名的半导体厂家也相继生产了类似的产品，例如Philips公司的P89系列、美国SST公司的SST89系列等。后来人们就简称此类产品为“89系列单片机”，实际上它仍属于80C51系列，简称“51系列”。89系列单片机虽然并不是功能最强、技术最先进的单片机,但它源于经典的 MCS－51 系列(Intel 公司的 MCS－51 系列单片机及 Atmel 公司的 AT89C51/C52 单片机均已经停产),考虑到教学的连续性及 89 系列单片机和所用开发装置的普及性,所以本教材仍然选择该类机型作为教学的首选机型。书中单片机芯片实例将采用 Atmel 公司的 AT89S51/S52 单片机(AT89C51/C52 的改进产品)。不过,Philips 等其他公司仍然有 89C51/C52 的兼容产品,因此,在作一般共性介绍时,仍采用 80C51 符号来表示。

本教材在章节的安排和内容上都有不同程度的改进,以下是各章内容。

第 1 章为概述。

第 2 章为计算机基础知识。

第 3 章以 89 系列单片机为基础,介绍单片机的结构及原理。

第 4 章和第 5 章分别为指令系统和汇编语言程序设计。

第 6 章为 C51 语言程序设计——本章为新增内容。

第 7 章为定时/计数器。

第 8 章为串行接口。

第 9 章为中断系统。定时器和串行接口均可以在查询情况和中断情况下使用。在介绍中断之前,用查询情况下的使用来举例,这并不影响读者对其功能的理解。在这 2 个模块之后介绍中断系统,一方面可以突出中断概念的重要性和独立性,另一方面通过中断在定时器与串行接口中的应用,可以使读者进一步加深对中断作用的理解。

第 10 章为单片机的系统扩展,介绍并行和串行总线接口的扩展方法和详细的应用实例。

第 11 章为接口技术。

第 12 章为单片机应用系统的设计与开发,增加了对 Proteus 软件的介绍。

本书的特点是深入浅出、阐述清晰、编排合理、例题丰富,适于自学和入门。

本书是作者多年教学和科研经验的积累。为了使内容更加丰富、完整,书中还引用了部分国内外的文献资料,其主要来源见参考文献。在此,对有关作者表示衷心感谢。

张迎新担任本书主编。王盛军编写了第 6 章和 12.3 节及各章节中的 C51 语言程序,姚静波编写了 3.3 节和 3.4 节,邢春香编写了 11.2 节,陈胜编写了 12.5 节,迟明华编写了 11.3 节,其余由张迎新编写。参加本教材编写的还有雷道振、樊桂花、杜小平。

在本书的编写中,北京航空航天大学的邢春香老师帮助审查了部分章节,清华大学的陆延丰老师、浙江大学城市学院的万光毅老师、周立功单片机公司的周立功等都提出了很好的建议,并提供了部分素材。另外,迟明华、姚静波画了部分插图,在此一并表示衷心的感谢。

由于作者水平有限，书中的错误与不妥之处在所难免，恳请广大读者批评指正。

本教材还配有教学课件。需要用于教学的教师，请与北京航空航天大学出版社联系。联系方式如下：

通信地址：北京海淀区学院路37号北京航空航天大学出版社
嵌入式系统图书分社
邮　　编：100191
电　　话：010-82317035
传　　真：010-82328026
E-mail：　emsbook@buaacm.com.cn

作　者
2015年6月

目　录

第1章 概 述

本章介绍了计算机的发展、微型计算机的两大分支及主要异同点；重点介绍了单片机的组成、特点及发展；详细介绍了 80C51 系列单片机，同时对其他常用单片机系列作了简要介绍。

1.1 计算机的发展

单片机是计算机发展的一个分支，其理论与技术基础均源于计算机，所以要想深入全面地了解单片机，首先要了解计算机的发展史。

1.1.1 计算机发展简史

计算机从诞生至今已近 70 年，这在历史的长河中不过是一瞬间；但就在这一瞬间，计算机的出现使人类社会发生了翻天覆地的变化，它使人类在科技、国防、工业、农业及日常生活的各个领域发生了一个巨大飞跃，使人类进入一个新的科学技术与工业革命时代，是发展新技术、改造落后技术的强有力的武器。计算机的生产、推广和应用已成为各国现代化的战略支柱产业。

世界上公认的第一台电子计算机是 1946 年由美国宾夕法尼亚大学研制出来的，这台计算机的运算速度为 5 000 次/s，重达 30 000 kg，耗电 140 kW，当时造价为 100 多万美元。在今天看来，这台计算机既昂贵又笨重，功能也很差，但它却是引发 20 世纪工业革命的先驱。此后的 60 多年，计算机的发展日新月异，至今已经历了电子管计算机、晶体管计算机、大规模集成电路计算机和超大规模集成电路计算机 4 代的发展。目前正在研发的还有人工智能计算机、量子计算机、生物计算机、光子计算机以及超导计算机等。

由于计算机的功能和作用越来越多，各行业对它的需求也越来越大，这也促使计算机不断革新和发展。目前，在世界各行业中，发展速度最快的要首推计算机行业，这和社会对它的需求是分不开的。

随着社会需求和科技不断发展，在 20 世纪 70 至 80 年代派生出了大小不一、花样繁多的各种类型的计算机。人们曾经按计算机的规模、性能、用途和价格等特征来分类，把计算机分为巨、大、中、小、微型计算机。20 世纪 90 年代后，计算机的发展趋势是:一方面向着高速、大容量、智能化的超级巨型机的方向发展;另一方面向着微型计算机的方向发展。

巨型计算机(也称为“超级计算机”)主要用于大型科学研究和实验,以及超高速、大容量的数学计算。它的研制水平可以在一定程度上体现一个国家在科技、经济和国防方面的综合实力。

微型计算机(Micro Computer)简称“微机”,即大家所熟知的个人计算机——PC机,也称为“通用计算机”或者“微型计算机系统”(因为通常还包括显示器及键盘等外设),主要用于一般的计算、管理、办公以及编程开发,此外还可用于工业控制等领域。微型计算机的核心部件中央处理器(Central Processing Unit,CPU)是集成在一个小硅片上的,而巨型计算机的CPU则是由多处理器并行处理电路组成的。为了与巨型计算机的CPU相区别,微型机的CPU又称为微处理器(Micro Processing Unit,MPU或Micro Processor)。除此之外,因为微型机充分利用了大规模和超大规模集成电路工艺,所以体积小、成本低、容易掌握;加之其适用面广,因此,自20世纪70年代微型计算机诞生之后,计算机的应用就推向了社会的各行业,它极大地促进了生产力的发展,并改变了人类的生活。

1.1.2 微型计算机的发展及两大分支

为适应社会发展的需要,40多年来微型机不断更新换代,新产品层出不穷。在20世纪70年代,控制专业工程师为满足大型机电设备的智能化要求,将微型机嵌入到该类设备中,实现对这些设备的智能化控制。为了与原有的通用计算机系统相区别,将嵌入到对象体系中实现对象体系智能化控制的计算机称作“嵌入式计算机系统”。然而,众多体积小的对象,如家用电器、仪器仪表、手机等,无法嵌入通用计算机系统。为满足嵌入式应用的需要,嵌入式计算机应运而生,且发展极为迅速。嵌入式计算机是采用超大规模集成电路技术把具有运算与控制功能的电路集成到一个芯片上。

如果说微型机的出现使计算机进入到现代计算机普及发展阶段,那么嵌入式计算机的诞生,则标志着微型计算机进入了通用计算机与嵌入式计算机两大分支并行发展的时代,推动了计算机产业的高速发展。通用计算机主要是实现高速、海量数值计算,技术发展方向是不断提高运行速度,不断扩大存储容量;其通用微处理器迅速从286、386、486发展到奔腾系列,操作系统则迅速提高了高速海量的数据文件处理能力和多媒体等多功能应用,使通用计算机日趋完美;嵌入式计算机则是要嵌入到对象体系中,因此技术要求是对象的智能化控制能力,发展方向是不断提高嵌入性能、控制能力与可靠性,这与通用计算机完全不同。传统电子系统领域的厂家与专家承担起发展与普及嵌入式系统的历史任务,迅速地将传统电子系统发展到智能化、网络化的现代电子系统时代。

微型计算机技术发展的两大分支的意义在于:它不仅形成了计算机发展的专业

化分工，而且将计算机技术扩展到各个领域。毫不夸张地说，嵌入式计算机是目前世界上应用最广泛的器件，不论是军用还是民用，随处都能看到它的身影，可以说现代文明已经离不开它。它使人类迅速进入全球化的网络、通信、虚拟世界和数字化生活的新时代。

1.2 单片机综述

单片机(MCU)属于嵌入式计算机，由于它具有性价比高、体积小、可靠性高、控制功能强、功耗低等许多优点，其应用已深入到工业、农业、国防、科研以及日常生活等各个领域，对各行业的技术改造、自动化进程、生产率的提高等方面起到了极其重要的推动作用。单片机一词最初是源于“Single Chip Microcomputer”，简称 SCM。在单片机诞生时，因其组成与原理是基于计算机，故 SCM 是一个准确的、流行的称谓；然而随着 SCM 在技术、体系结构上的进步，其控制功能不断扩展，它的主要作用已经不是计算，而是控制了。国际上逐渐采用“MCU”(Micro Controller Unit)即微控制器来代替 SCM，并形成了单片机界最终公认的统一名词。为了与国际接轨，以后应将中文“单片机”一词与“MCU”唯一对应翻译。在国内，由于单片机一词已约定俗成，故可继续沿用。从 1976 年开始至今不到 40 年的时间里，单片机(MCU)已发展成为一个品种齐全、功能丰富的庞大家族。嵌入式计算机种类较多，限于篇幅和时间，本教材重点介绍读者较易理解和接受的 8 位单片机。

1.2.1 单片机的历史与发展

嵌入式系统虽然起源于微型计算机时代，然而微型计算机的体积、价位、可靠性都无法满足广大对象系统的嵌入式应用要求，因此，嵌入式系统必须向单芯片化方向发展，即将微处理器、存储器、输入/输出接口、逻辑控制器等集成在一个芯片上，从而开创了嵌入式系统独立发展的单片机时代。

如果将 8 位单片机的推出作为起点(1976 年)，那么单片机的发展历史大致可分为以下几个阶段。

第一阶段：单片机的探索阶段

这一阶段主要是探索如何把计算机的主要部件集成在单芯片上。Intel 公司推出的 MCS－48 就是在工控领域探索的代表，参与这一探索的公司还有 Motorola、Zilog 等，都取得了满意的效果。这是单片微型计算机的诞生年代，单片机一词即由此而来。

第二阶段：单片机完善阶段

Intel 公司在 MCS－48 的基础上推出了完善的、典型的 MCS－51 单片机系列。它在以下几个方面奠定了典型的通用总线型单片机体系结构：

① 设置了经典、完善的 8 位单片机的并行总线结构；

② 外围功能单元由 CPU 集中管理的模式;

③ 体现控制特性的位地址空间、位操作方式;

④ 指令系统趋于丰富和完善,并且增加了许多突出控制功能的指令。

由于 MCS-51 系列单片机在结构上的逐渐完善,奠定了它在这一阶段的领先地位。

第三阶段:向微控制器发展的阶段

单片机的首创公司 Intel 将其 MCS-51 系列中的 8051 内核使用权以专利互换或出售的形式转让给世界许多著名 IC 制造厂商,如 Philips、Atmel、NEC、SST、华邦等,这些公司的产品都在保持与 8051 单片机兼容的基础上增强和提高了 8051 的许多特性,增加了为满足测控系统要求的各种外围电路与接口电路,突出了其智能化控制能力,体现了单片机的微控制器特征。

为降低功耗,其在工艺上都采用了 CMOS(Complementary Metal-Oxide Semiconductor,互补金属氧化物半导体)技术。为了与 Intel 早期的 MCS-51 系列产品相区别,后来统称这些兼容单片机为 80C51 系列,也常简称为 51 系列。这样 80C51 系列就变成有众多制造厂商支持的、发展出上百个品种的大家族。从此作为单片机领军代表的 Intel 公司退出了 8 位单片机市场。在本书中提到的 80C51 已经不是 MCS-51 系列中的 80C51 型号单片机,而是 80C51 系列的一个统称。

第四阶段:单片机的全面发展阶段

很多大半导体和电气厂商都开始加入单片机的研制和生产,单片机世界出现了百花齐放、欣欣向荣的景象。随着单片机在各个领域的全面深入发展和应用,出现了高速、大寻址范围、强运算能力的 16 位、32 位通用型单片机以及小型廉价的专用型单片机,还有功能全面的片上单片机系统。其中 8 位单片机是目前品种最多、应用最广泛的单片机,众多半导体厂商在竞争中发展,在发展中互相取长补短,使单片机的发展与完善速度始终处于其他各类产品的前列。

目前单片机正朝着高性能和多品种方向发展,嵌入式应用对产品的主要要求是更高的集成度、更低的功耗和更丰富的外设。所以,今后单片机的发展趋势将是进一步向着低功耗、小体积、大容量、高性能、高可靠性、串行扩展技术、低价格和混合信号集成化(即数字-模拟相混合的集成技术)等几个方面发展。此外,单片机开始由复杂指令系统计算机 CISC(Complex Instruction Set Computer)向精简指令系统计算机 RISC(Reduced Instruction Set Computer)发展:CISC 功能较全,但指令条数较多;RISC 指令条数大为精简,且多数情况均为单周期指令,因而它的指令执行速度可大幅度提高。

近年来,随着信息技术的飞速发展,人们对嵌入式系统提出了更高的要求,随后产生了许多新型设备,如手持电脑、可上网的无线移动手机、机顶盒、可上网的电视机、智能家用电器等。相应地,对嵌入式软件也提出了更高的要求,促使软件也随着硬件同步发展。

1.2.2 单片机的组成及特点

单片机是微型计算机的一个主要分支,它在结构上的最大特点是把 CPU、存储器、定时器和多种输入/输出接口电路集成在一块超大规模集成电路芯片上。就其组成和基本工作原理而言,一块单片机芯片就是一台计算机。

1. 单片机的组成

图 1.1 为 8 位单片机的典型组成框图。由图可见,单片机的核心部分是中央处理器 CPU,它是单片机的大脑,由它统一指挥和协调各部分的工作。

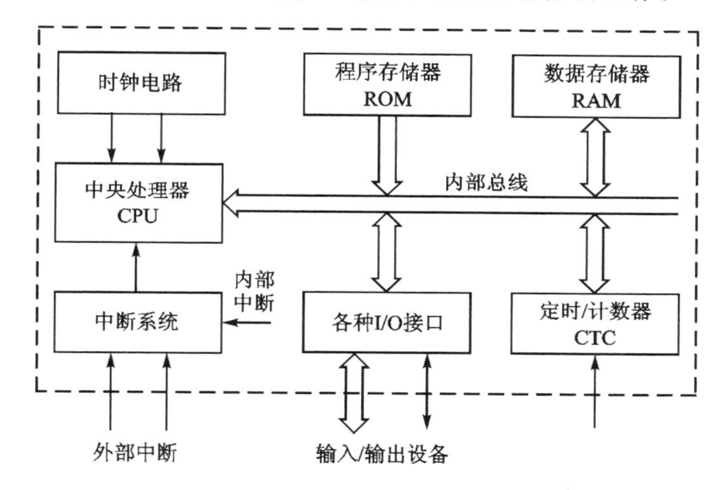

图 1.1 单片机结构框图

时钟电路用于给单片机提供工作时所需要的时钟信号。程序存储器和数据存储器分别用于存放单片机工作的用户软件和临时数据的存储。中断系统用于处理系统工作时出现的突发事件。定时/计数器用于对时间定时或对外部事件计数。输入/输出接口(各种 I/O 接口)是计算机与输入/输出设备之间的接口,包括并行接口和串行接口,输入/输出设备(I/O 设备)是计算机与人或其他设备交换信息的装置,如显示器、键盘和打印机等。

内部总线把计算机的各主要部件连接为一体,其内部总线包括地址总线 AB(Address Bus)、数据总线 DB(Dada Bus)和控制总线 CB(Control Bus)。其中,地址总线的作用是为进行数据交换时提供地址,CPU 通过它们将地址输出到存储器或I/O接口,是单向的;数据总线的作用是在 CPU 与内部存储器、I/O 接口或外设之间交换数据(包含指令信息和数据信息),是双向的;控制总线的作用是传送控制信号、时序信号和状态信号,包括 CPU 发出的控制信号线和外部送入 CPU 的应答信号线等。其中控制总线每一根的方向是确定的、单向的,但从总体上看是双向的,所以画总线时通常不把它的每一根线单独列出。

计算机的外部总线与内部总线作用相同,只是其传输对象为单片机外部的存储器、外设等,控制线的种类也不完全相同。单片机中各部件的详细内容将在后面章节陆续介绍。

2. 单片机的特点

正是由于单片机的这种结构形式及其所采用的半导体工艺,使它具有很多显著的优点和特点,因而能在各个领域得到飞速发展及广泛应用。

单片机主要具有如下特点:

- 控制功能强。其指令丰富,因而控制灵活、方便,易于满足一般控制的要求。对于所有的被控对象,均可实现一经启动即可自动循环操作,不需要人工干预。
- 抗干扰能力强,可靠性高。单片机集成度高,芯片内部之间连线少,大大提高了单片机的可靠性与抗干扰能力。有的可靠性指标可以达到军品级。
- 性价比高。单片机功能丰富,价格却与普通电子芯片相当。
- 低功耗、低电压。一般单片机的功耗仅为20~100 mW,电压为2~6 V(不同型号的数值不完全一样),便于生产便携式产品。
- 系统易于扩展。单片机的系统配置较典型、规范,便于进行并行或串行系统扩展,可构成各种规模的应用系统。

1.2.3 单片机与嵌入式系统

正是由于单片机具有上述显著优点,它已成为科技领域的有力工具和人类生活的得力助手。它的应用遍及各个领域,其应用形式主要为嵌入式。嵌入式系统是将计算机技术、半导体工艺和电子技术等先进技术与各个行业的具体应用相结合的产物。

1. 嵌入式系统的定义

所谓嵌入式系统(Embedded System),实际上是“嵌入式计算机系统”的简称,它是相对于通用计算机而言的。

简言之,嵌入式系统就是一个嵌入到对象(目标)系统中的专用计算机系统,并成为系统的一部分。它是面向产品、面向实际应用的系统,主要用于对目标系统各种信号的处理和控制,应用范围遍及各个领域,通常要求它具有很高的可靠性和稳定性。

2. 嵌入式系统的分类

嵌入式计算机是嵌入式系统的核心,它是一种软、硬件高度专业化的特定计算机,其核心部件是嵌入式处理器。根据目前发展现状,嵌入式处理器可以分成下面几类:

(1) 嵌入式微处理器(Embedded Micro-Processor Unit,EMPU)

微处理器实际是计算机或单片机的CPU,即它们的中央处理器。

目前采用的嵌入式微处理器主要是32位的，常用的型号有ARM、MIPS、AM186/88、68000等，其中广为流行的微处理器当属32位的ARM。ARM是Advanced RISC（Reduced Instruction Set Computer） Machines的缩写，也是设计ARM处理器技术的公司（英国）简称，同时它还是一种技术的名称，它几乎变成32位微处理器的代名词，目前全世界大型的半导体厂家都在使用ARM技术。

（2）微控制器（Micro Controller Unit，MCU）

微控制器即单片机。为满足不同的应用需求，一般一个系列的单片机具有多种衍生产品，每种衍生产品的处理器内核都是一样的，不同的是存储器和外设的配置与封装。这样可以使单片机最大限度地与应用需求相匹配，从而降低功耗和成本，提高可靠性。

（3）嵌入式DSP处理器（Embedded Digital Signal Processor，EDSP）

为满足数字滤波、FFT、谱分析等运算量大的智能系统的要求，DSP算法已经大量进入嵌入式领域，为适于执行DSP算法，DSP处理器对系统结构和指令进行了特殊设计，使其编译效率较高，指令执行速度也较快，能满足高速算法的要求。实际上现在已经出现了很多DSP单片机，它是把单片机中的CPU改为DSP内核，其他基本不变。

DSP处理器的典型产品有TI公司的TMS320系列以及Motorola公司的DSP56800系列等。

（4）嵌入式片上系统（System on Chip，SoC）

电子技术、半导体技术的迅速发展，已经实现了把嵌入式系统的大部分功能集成到一块芯片上去，这就是片上系统SoC。它除了具有计算机的主要部件之外，还增加了A/D、D/A及通信单元等各种功能模块。这使应用系统电路板变得更简洁，体积更小，功耗更低，可靠性更高。

在上述4种嵌入式系统中，单片机的应用最为广泛，因为它有专门为嵌入式应用设计的体系结构和指令系统。此外，它还具有体积小、价格低、易于掌握和普及度高的特点。

3. 单片机与嵌入式系统应用

单片机以单片器件的形式进入到了电子技术领域，主要用于电子系统的智能化。嵌入式系统起源于微型计算机时代，然而微型计算机的体积、价位、可靠性都无法满足广大对象系统的嵌入式应用要求，因此，嵌入式系统的单芯片化应运而生，从而进入了嵌入式系统独立发展的单片机时代。从此，以单片机为主的嵌入式系统迅速地将传统的电子系统发展到智能化的现代电子系统时代。嵌入式系统目前在应用数量上远远超过了一般的通用计算机。

今天，从需要高、精、尖技术的火箭、飞船到日常生活中常见的手机、汽车电子、智能玩具、日用家电、医疗器械等，都已经嵌入了单片机。单片机已经成为人类社会进入全面智能化时代不可或缺的工具。

即将来临的物联网时代是继计算机、互联网和移动通信之后的又一次信息产业的革命性发展。物联网的英文名称是“the Internet of Things”。由此,可以把物联网理解为“物物相连的互联网”。物联网是把任何物体通过信息传感设备,按照协议约定,通过各种接入网技术与互联网连接起来,进行信息交换和通信,以实现对物体的识别、跟踪、监控与管理的网络。无论何时何地,世界上任何物体都可以通过物联网实现连接。这将使我们的工作和生活更加方便快捷,可以推动各行业的快速发展,因而物联网被称为“继计算机、互联网之后,世界信息产业的第三次浪潮”。在物联网应用中的关键技术之一即嵌入式系统。物联网的前端需要依赖软件与硬件结合的嵌入式系统技术,所以物联网的发展将进一步扩大单片机的应用范围。

1.3 80C51系列单片机简介

单片机作为嵌入式系统的一员,应用面很广,发展很快。自单片机诞生至今的40多年中,加入单片机生产和研制的厂家在世界已经有上百家,它已发展为几百个系列的上千个机种,为用户提供了较大的选择空间。随着集成电路的发展,单片机从4位发展到8位、16位、32位。根据近年来的使用情况看,8位单片机仍然是低端应用的主要机型,专家预测在未来的相当长时间内仍将保持这个局面。所以,目前教学的首选机型还是8位单片机,而8位单片机中最有代表性、最经典的机型当属80C51系列单片机。

1.3.1 80C51系列单片机的发展

80C51系列单片机是在Intel公司的MCS-51系列单片机基础上发展起来的。MCS-51和80C51系列单片机现在常简称为51系列单片机。20世纪90年代中期随着Intel公司8051内核彻底的技术开放,众多的半导体厂商(如Philips、Atmel、SST、Winbond等)参与了MCS-51单片机的技术开发。不同厂家在发展80C51系列时都保证了产品的兼容性,主要是指令兼容、总线兼容和引脚兼容。与此同时,这些公司又融入了自身的优势,扩展了针对不同测控对象要求的外围电路,从而使80C51的发展长盛不衰,形成了一个既经典又具有旺盛生命力的单片机系列。

综观80C51系列单片机的发展史,可以看出它曾经历过3次技术飞越。

(1) 从MCS-51到MCU的第一次飞越

在Intel公司实行技术开放后,著名半导体厂商Philips利用它在电子应用方面的优势,在8051基本结构的基础上,着重发展80C51的控制功能及外围电路的功能,突出了单片机的微控制器特征。这使得单片机出现了第一次飞越。

(2) 引入快擦写存储器的第二次飞越

1998年以后,80C51系列单片机又出现了一个新的分支,称为AT89系列单片机。这种单片机是由美国 Atmel 公司率先推出的,它的最突出优点是把 Flash 存储器(详见 2.3 节)应用于单片机中。这使得单片机系统的开发周期大大缩短,因此它很快从单片机市场中脱颖而出。这使得单片机的发展出现了第二次飞越。

(3) 向 SoC 转化的第三次飞越

美国 Silabs 公司推出的 C8051F 系列单片机把 80C51 系列单片机从 MCU(微控制器)推向 SoC(片上系统)时代,它的主要特点是改进了 8051 内核,使得其指令运行速度比一般的 80C51 系列单片机提高了大约 10 倍,在片上增加了多种功能模块(如模/数和数/模转换模块等)。这是 80C51 单片机的第三次飞越。

1.3.2 AT89 系列单片机的特点及分类

AT89 系列单片机的成功使得几个著名的半导体厂家也相继生产了类似的产品,例如 Philips 的 P89 系列、美国 STC 公司的 STC89 系列、华邦公司的 W78 系列等。后来人们就简称这一类产品为"89 系列单片机",它实际上还是属于 80C51 系列。这些产品主要功能类似,但又各具特色。在这些型号中 AT89S51、P89C51、STC89C51、W78E51 都是与 MCS-51 系列 80C51 兼容的型号。这些芯片互相之间也是兼容的,所以如果不写前缀而仅写 89C51,就可能是其中任何一个厂家的产品。

89 系列单片机的主要特点如下:

- 内部含 Flash 存储器;
- 89 系列单片机的内部结构与 80C51 相近;
- 工作原理和指令系统与 80C51 完全相同。

89 系列单片机可分成标准型号、低档型号和高档型号 3 类。标准型单片机的主要结构与性能详见第 3 章。低档 AT89 单片机是在标准型结构的基础上,适当减少某些功能部件,如减少 I/O 引脚数、存储器和 RAM 容量等,这样可使其体积更小,价格更低。在 89 系列单片机中,高档(即增强)型产品是在标准型的基础上增加了一些功能形成的,所增加的功能部件主要有串行外围接口 SPI、CAN 和 A/D 功能模块等。

89 系列单片机是 80C51 系列单片机的典型代表,89 系列单片机目前在世界上应用很广泛,可以满足大多数用户的需要。由于 80C51 系列中的典型型号在基本结构、工作原理和引脚上与 MCS-51 系列单片机的 8051 是完全兼容的,所以 89 系列单片机虽然并不是功能最强、最先进的单片机,但它是源于经典的 MCS-51 系列。考虑到教学的连续性及 89 系列单片机和所用开发装置的普及性,因而 89 系列单片机成为单片机教学的首选机型。

本书在介绍具体单片机结构时选用 AT89S51/52 单片机(AT89C51/52 在 2003 年已经停产,AT89S51/52 是其替代产品,不过 Philips 等公司的 89C51/52 仍在售),但在作一般共性介绍时还是用符号 80C51 代表。注意:此时它指的是 80C51 系列芯片,而不是 Intel 以前生产的 80C51 型号芯片。掌握了这种单片机,对于其他型号单片机的学习可以起到举一反三、触类旁通的作用。

1.4 其他常用单片机系列简介

在准备用单片机进行应用开发之前，首先应了解单片机市场的常用单片机系列概况。目前进行单片机生产和研制的厂家全世界已有上百家，他们的产品都各具特色。

1.4.1 低端产品概述

低端产品主要是指8位及少数16位单片机，它们可以满足各领域一般的智能化与控制要求。在大多数应用场合采用8位单片机就可以圆满解决问题，所以8位单片机还是目前产品最多、用量最大的单片机。由于篇幅关系，在此仅介绍知名度较高、销量较大的几种产品。

1. Freescale 单片机

Freescale(音译为“飞思卡尔”)是从原 Motorola 半导体部分离出来的，是世界上最大的单片机厂商，它能生产8位、16位和32位各种档次单片机，在8位单片机方面主要有68HC08、68HC05等30多个系列的200多个品种。

其8位单片机的主要特点如下：

- 品种全，选择余地大。除了有通用单片机之外，还有具有电动机控制的、具有CAN接口的、具有USB接口的、具有彩色液晶监视器控制和无线通信功能等的单片机。
- 抗干扰能力强，适于恶劣的工作环境，在同样的指令速度下所用的时钟频率较低。

2. Philips 单片机

Philips 公司是较早生产51系列单片机的厂商之一，先后推出了基于8051内核的普通型8位单片机、增强型单片机、LPC700系列、LPC900系列等多种类型。

其主要特点如下：

- EMI 电磁兼容性能好：可以在上电初始化时“静态关闭 ALE”，还可以在运行中“动态关闭 ALE”，以改善电磁兼容性能。
- 有6/12Clock 时钟频率切换功能：可以在运行中“动态切换6/12Clock”。
- 速度快：在同一时钟频率下，其速度为标准80C51器件的6倍。

3. PIC 系列单片机

PIC 系列单片机是美国 Microchip 公司推出的高性能8位系列单片机。

其主要特点如下：

- 易于开发、周期短：PIC 采用精简指令集，指令执行速度比一般单片机要快 4～5 倍。
- 低功耗：PIC 的 CMOS 设计结合了诸多节电特性，使其功耗较低。
- 低价实用：PIC 配备有多种形式的芯片，特别是 OTP 型芯片的价格很低。

4. TI 公司的 MSP430 系列

MSP430 系列单片机是 TI 公司（美国德州仪器公司）生产的，它最主要特点是超低功耗，MSP430 属于 16 位单片机。

其主要特点如下：

- 低电压、超低功耗：MSP430 系列单片机一般在 1.8～3.6 V 电压、1 MHz 的时钟条件下运行，耗电电流（在 0.1～400 μA 之间）因不同的工作模式而不同。
- 丰富的片内外设：单片机的片上外设除了具有定时器、看门狗等常见功能模块之外，还具有液晶驱动器、0/12/14 位 ADC 等。

5. 深圳宏晶科技有限公司的 STC15 系列

深圳宏晶科技有限公司生产的 STC15 系列单片机是我国生产的 8 位单片机，其内核也是 8051，目前在国内市场占有较高的市场份额。

其主要特点如下：

- 在抗干扰、运行速度等方面都有创新，且还进行了特别加密设计，集成了更多的功能模块，如 A/D、PWM 以及更多的定时器；还集成了时钟振荡器、内部上电复位电路，可省去外部晶振电路和复位电路。
- 具有 2 KB 的大容量 SRAM、64 KB 的闪存，以及 1～2 KB 的 E^2PROM。

除上述厂家之外，较著名的还有 NEC、东芝、富士通等公司，由于篇幅关系在此不再逐一介绍。

1.4.2 高端产品概述

嵌入式系统的高端产品是在低端产品的基础上发展起来的，是为了满足复杂图像处理、手机、网络、机器人及通信等方面的需求而产生的，由于 32 位高端产品的高性能，嵌入式系统的应用更广、更深，从而把嵌入式系统提高到一个新的水平，随后各大单片机厂商都推出了自己的 32 位单片机，对嵌入式系统市场产生了巨大的冲击力，使嵌入式系统从普遍的低端应用进入到高、低端并行发展阶段。

目前广为流行的 32 位单片机的内核主要是英国 ARM 公司开发的微处理器，简称 ARM，它几乎变成 32 位微处理器的代名词，目前全世界较大的半导体厂家都在使用 ARM 技术。基于 ARM 技术的处理器约占据了 32 位微处理器 80％以上的市场，被授权厂商有 Intel、NEC、Motorola、IBM、Philips 等 100 多家著名芯片厂商。ARM 公司开发了很多系列的 ARM 处理器核，应用较多的主要有 ARM7、ARM9、

ARM10、ARM11等系列，还有Intel的XScall系列和MPCore系列等。

32位单片机虽然在基本概念与工作原理上与8位单片机有相同之处，但其功能与性能要强大得多。其主要特点如下：

- ARM微处理器采用RISC(精简指令集)体系结构，支持16/32位双指令集；
- 采用多级流水线预取指令，这样可使几个操作(取指、译码、执行)同时进行，所以执行速度比8位机高数倍；
- 其体积小，功耗低，功能强大，具有很高的性价比；
- 寻址方式灵活，执行效率高，还可以很好地兼容8位/16位机；
- 具有30个以上的32位通用寄存器，且均可作为累加器；
- 寻址范围可达64 MB，片内RAM可达8 KB。

上述特点使32位机适于进行高速海量的数据处理，满足网络、通信及多媒体的高端应用。

在嵌入式系统市场中，不论是8位、32位还是64位MCU，都有各自的用武之地。总之单片机世界不是一枝独秀，而是百花齐放，它们既有共性，也有个性。不同的单片机适合不同的应用场合，当然同一应用场合也可以选择不同的单片机实现。对于用户来说，最重要的是学会针对不同需要，选择最适合的单片机。选择的依据是在充分考虑应用对象的特点、要求及应用环境等情况下，如何使产品达到性能、功能以及成本的最佳平衡。

第 2 章

计算机基础知识

计算机是计算数学与微电子学相结合的产物。微电子学的基本元件及其集成电路是计算机的硬件基础,而计算数学的计算方法与数据结构则是其软件基础。

本章简要介绍计算机中最基本的单元电路及最主要的数学知识。本章的内容是必要的入门知识,也是以后学习各章的基础。对于已经掌握了这些知识的读者,本章将起到复习和系统化的作用。

2.1 数制与编码

2.1.1 数 制

数制是人们利用符号进行计数的科学方法。数制有很多种,按一定进位方式计数的数制,简称进位制。在计算机的设计与使用中,常用到的进位制是十进制、二进制和十六进制。

1. 数制的基与权

数制所使用的数码的个数称为"基"。基数是某种进位制中产生进位的数值,它等于每个数位中所允许的最大数码值加 1,即各数位允许的数码个数。

数制每一位所具有的值称为"权"。一个数码处在不同的数位上时,它代表的数值不同,这个与数位相关的常数称为该位的位权,简称权。在进位制中,每个数位都有自己的权值,该位数码表示的数值等于该数码本身的值乘该位的权。显然,各位的权是不同的。

(1) 十进制

十进制是在一般的数学计算中最常用的数制,十进制的基为"10",即它所使用的数码为 0～9,共 10 个数字。十进制各位的权是以 10 为底的幂,每个数所处的位置不同,其值也就不同。每一位数是其右边相邻那位数的 10 倍。例如,数 368 按权的展开式为:

$$368D=3\times10^2+6\times10^1+8\times10^0$$

上式中的后缀"D"(Decimal)表示十进制数,通常对十进制数可不加后缀。

由上式可见,在十进制中,每个(位)数字的值都是以该个(位)数字乘以基数的幂次来表示,通常将基数的幂次称为“权”。例如,上述各位的权分别为个、十、百,即以10为底的0次幂、1次幂、2次幂,通常简称为0权位、1权位、2权位等。

(2) 二进制

因为十进制所用数字较多,如果用电路来实现其计算,则电路会很复杂;而二进制数只有2个数码,即0和1,在电子计算机中容易实现。例如,可以用高电平表示1,用低电平表示0。采用二进制,就可以方便地利用电路进行计数工作,因此,计算机中常用的进位制是二进制。

二进制的基为“2”,即其使用的数码为0、1,共2个数字。二进制各位的权是以2为底的幂。例如,二进制数1101按权的展开式为:

$$1101B=1\times2^3+1\times2^2+0\times2^1+1\times2^0=8+4+0+1=13$$

上式中的后缀“B”(Binary)表示二进制数。

二进制数的运算规则类同于十进制,加法为“逢二进一”,减法为“借一为二”。利用加法和减法,就可以进行乘法、除法以及其他数值运算。

(3) 十六进制

由于二进制位数太长,不方便记忆和书写,所以人们又提出了十六进制的书写形式。4位二进制数可用一个十六进制数表示,十六进制的基为“16”,即其数码共有16个:0、1、2、3、4、5、6、7、8、9、A、B、C、D、E和F。其中,A~F相当于十进制数的10~15。十六进制的权是以16为底的幂,有时也称其各位的权为0权、1权、2权等。例如,数A3EH按权的展开式为:

$$A3EH=10\times16^2+3\times16^1+14\times16^0=2\ 622$$

上式中的后缀“H”(Hexadecimal)表示十六进制数。十六进制数若为字母打头,则在汇编语言中使用时,前面须加一个“0”。

由于十六进制易于书写和记忆,且与二进制之间的转换十分方便,因此,人们在书写计算机语言时多用十六进制。

2. 数制的转换

(1) 二、十六进制数转换成十进制数

根据定义,只需将二、十六进制数按权展开后相加即可。例:

$$1101B=1\times2^3+1\times2^2+0\times2^1+1\times2^0=13$$

$$B5H=11\times16^1+5\times16^0=181$$

(2) 十进制数转换成二、十六进制数

十进制整数转换成二进制数时,通常采用“除二取余”法,即用2连续除十进制数,直至商为0,逆序排列余数即可得到。例如,将13转换成二进制数:

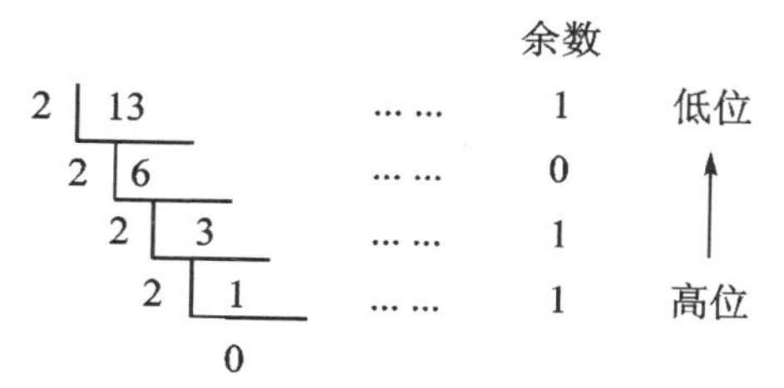

结果：13＝1101B 。

同理，将十进制数“除十六取余”即可得到十六进制数。例如，将 236 转换成十六进制数：

		余数	
16 | 236	……	C	（12）
16 | 14	……	E	（14）
0			

结果：236＝ECH。

2.1.2 计算机中数的表示及运算

计算机中的数均以二进制表示，通常称为“机器数”，其数值为真值。真值可以分别用有符号数和无符号数表示。下面分别介绍其表示方法及运算。

1. 有符号数的表示方法

数学中有符号数的正、负号分别用“＋”和“－”表示。在计算机中由于采用二进制，只有“1”和“0”这 2 个数字，故一般规定最高位是符号位。以 8 位二进制数为例：最高位 D7 为“0”表示正数，为“1”表示负数；因为符号位占据了最高位 D7，所以其实际可表达的数值位为 D0～D6。

计算机中的有符号数有 3 种表示方法，即原码、反码和补码。由于在 8 位单片机中多数情况以 8 位二进制数为单位表示数字，因而下面所举例子均为 8 位二进制数。下面用 2 个数值相同但符号相反的二进制数 X1、X2 举例说明。

(1) 原　码

正数的符号位用“0”表示，负数的符号位用“1”表示。这种表示法称为“原码”。例如：

$$X1 = +1010111 \qquad [X1]_{原} = 01010111$$
$$X2 = -1010111 \qquad [X2]_{原} = 11010111$$

左边的数称为“真值”，即为某数的实际有效值。右边为用原码表示的数。二者的最高位分别用“0”、“1”代替了“＋”、“－”。

(2) 反　码

反码是在原码的基础上求得的。如果是正数，则其反码和原码相同；如果是负

数,则其反码除符号位为1外,其他各数位均将1转换为0,将0转换为1。例如:

$$X1=+1010111 \qquad [X1]_{反}=01010111$$
$$X2=-1010111 \qquad [X2]_{反}=10101000$$

(3) 补　码

补码是在反码的基础上求得的。如果是正数,则其补码和反码相同,亦即与原码相同;如果是负数,则其补码为反码加1的值。例如:

$$X1=+1010111 \qquad [X1]_{补}=01010111$$
$$X2=-1010111 \qquad [X2]_{补}=10101001$$

2. 有符号数的运算

虽然原码简单、直观且容易理解,但在计算机中,如果采用原码进行加、减运算,则所需要的电路将比较复杂;而如果采用补码,则可以把减法运算变成加法运算,从而省去了减法器,大大简化了硬件电路。

【例2.1】 $35-21=35+[-21]_{补}=14$

用二进制运算如下:

$$\begin{array}{r} 0\,0\,1\,0\,0\,0\,1\,1 \\ +)\ 1\,1\,1\,0\,1\,0\,1\,1 \\ \hline 1\ 0\,0\,0\,0\,1\,1\,1\,0 \end{array}$$

因为在8位机中,最高位D7的进位已超出计算机字长的范围,所以是自然丢失的。由此可见,在不考虑最高位产生进位的情况下,作减法运算与补码相加的结果是完全相同的。

【例2.2】 $(-5)+(-21)=(-5)_{补}+(-21)_{补}=-26=E6H$

用二进制运算如下:

$$\begin{array}{r} 1\,1\,1\,1\,1\,0\,1\,1 \\ +)\,1\,1\,1\,0\,1\,0\,1\,1 \\ \hline 1\,1\,1\,1\,0\,0\,1\,1\,0 \end{array}$$

对补码运算的结果仍为补码。本例所求和数符号位为1,即和为负数的补码。

由以上两例可见,当数用补码表示时,无论是加法还是减法都可采用加法运算,而且是连同符号位一起进行的,不必关心符号位,且能得到正确结果。因此,在计算机中普遍用补码来表示带符号的数。

3. 无符号数的表示方法

无符号数因为不需要专门的符号位,所以8位二进制数的D7～D0均为数值位,它的表示范围为0～+255。

综上所述,8位二进制数的不同表达方式之间的换算关系如表2.1所列。

表 2.1　8 位二进制数不同表达方式下对应的十进制数值

8 位二进制数	无符号数	原　码	反　码	补　码
0000 0000	0	+0	+0	+0
0000 0001	1	+1	+1	+1
0000 0010	2	+2	+2	+2
⋮	⋮	⋮	⋮	⋮
0111 1110	126	+126	+126	+126
0111 1111	127	+127	+127	+127
1000 0000	128	−0	−127	−128
1000 0001	129	−1	−126	−127
1000 0010	130	−2	−125	−126
⋮	⋮	⋮	⋮	⋮
1111 1101	253	−125	−2	−3
1111 1110	254	−126	−1	−2
1111 1111	255	−127	−0	−1

由表 2.1 可以看出，对于计算机中的同一个二进制数，当采用不同的表达方式时，它所表达的实际数值是不同的，这里特别典型的数值即 128。要想确切地知道计算机中的二进制数所对应的十进制数究竟是多少，首先需要确定这个数是有符号数还是无符号数。注意：计算机中的有符号数通常是用补码表示的。

2.1.3　二进制编码

由于计算机中采用二进制数，所以在计算机中表示数字、字母、字符、汉字等都要用特定的二进制码表示。在计算机中把二进制代码按一定的规律编排，使每组代码都具有特定含义，此即为计算机中的编码。

1. 二—十进制编码

人们最熟悉和习惯使用的数码当属十进制数，因此在计算机中常采用一种二进制编码表示的十进制数，即二—十进制数。

(1) 二—十进制的表示

二—十进制数称为二进制编码的十进制数(Binary Coded Decimal)，简称 BCD 码。在 BCD 码中是用 4 位二进制数给 0～9 这 10 个数字编码的。它在单片机中有两种存放形式：一种是 1 字节放 1 位 BCD 码，高半字节取 0，常用于显示和输出，例如十进制数 8 用 BCD 码表示为 0000 1000；另一种是 1 字节存放 2 位 BCD 码，即压缩 BCD 码，这种方法有利于节省存储空间，例如十进制数 78 用压缩 BCD 码表示即为 0111 1000。

使用这种数制既考虑了计算机的特点，又顾及到人们使用十进制数的习惯。在计算机中输入和输出数据时,常采用这种数制。

(2) BCD码与十进制数的相互转换

按照BCD码的十位编码与十进制的关系,可以很容易地实现BCD码与十进制之间的转换。

例:二进制数0101 1000 0110的BCD码为586。

BCD码与二进制之间的转换不是直接的,而是要先经过十进制,然后再转换为二进制;反之,过程类似。

上述4种数制的对照表如表2.2所列,由此可见各数制间的异同。

表2.2 各数制对照表

十	十六	二	二-十	十	十六	二	二-十
0	0	0000	0000	8	8	1000	1000
1	1	0001	0001	9	9	1001	1001
2	2	0010	0010	10	A	1010	0001 0000
3	3	0011	0011	11	B	1011	0001 0001
4	4	0100	0100	12	C	1100	0001 0010
5	5	0101	0101	13	D	1101	0001 0011
6	6	0110	0110	14	E	1110	0001 0100
7	7	0111	0111	15	F	1111	0001 0101

2. 字母与字符的编码

计算机除了要处理数字量之外,还要处理字母、字符等。因此,计算机中的字母、字符等也必须采用特定的二进制码表示。

字母与字符用二进制码表示的方法很多。目前,在计算机中最普遍采用的是美国标准信息交换码,简称为ASCII码(American Standard Code for Information Interchange)。ASCII编码表如表2.3所列。它是用7位(b_0～b_6)二进制编码,故可以表示128个字符,其中包括数字0～9以及英文字母等可打印的字符。

表2.3 ASCII(美国标准信息交换码)表

$b_3b_2b_1b_0$ \ $b_6b_5b_4$	000	001	010	011	100	101	110	111
0 0 0 0	NUL	DLE	SP	0	@	P	、	p
0 0 0 1	SOH	DC1	!	1	A	Q	a	q
0 0 1 0	STX	DC2	”	2	B	R	b	r
0 0 1 1	ETX	DC3	#	3	C	S	c	s
0 1 0 0	EOT	DC4	$	4	D	T	d	t

续表 2.3

$b_6b_5b_4$ / $b_3b_2b_1b_0$	000	001	010	011	100	101	110	111
0101	ENQ	NAK	%	5	E	U	e	u
0110	ACK	SYN	&	6	F	V	f	v
0111	BEL	ETB	'	7	G	W	g	w
1000	BS	CAN	(	8	H	X	h	x
1001	HT	EM	)	9	I	Y	i	y
1010	LF	SUB	*	:	J	Z	j	z
1011	VT	ESC	+	;	K	[	k	{
1100	FF	FS	,	<	L	\	l	|
1101	CR	GS	-	=	M	]	m	}
1110	SO	RS	.	>	N	↑	n	~
1111	SI	US	/	?	O	←	o	DEL

2.2 计算机的基础电路

无论多么复杂的计算机，都是由若干基本电路单元组成的，数字电路是学习计算机的硬件基础知识。本节将简要介绍计算机中最常见的基本电路，它们是组成计算机的硬件基础。

2.2.1 常用简单逻辑电路

逻辑电路是计算机实现运算、控制功能所必需的电路，是计算机的基本单元电路。在逻辑电路中，通常以逻辑 1 和 0 表示电平高、低。

常用逻辑门电路的常用逻辑单元图形符号如图 2.1 所示。逻辑门电路的输入是单端或者多端，输出均为单端。图 2.1 中 A 和 B 分别为逻辑门的输入端，其中非门没有 B 输入端。

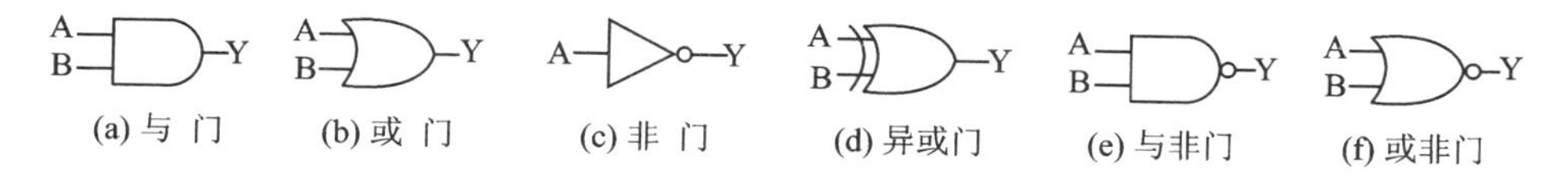

图 2.1 常用逻辑单元图形符号

其真值表如表 2.4 所列，表中这些简单逻辑门电路经组合可形成各种具有复杂功能的译码器、半加器与全加器等支持计算机运算与控制的基础电路。具体电路和逻辑功能可参看有关书籍。

表 2.4 常用逻辑电路真值表

输入		输出					
A	B	与门	或门	非门	异或门	与非门	或非门
0	0	0	0	1	0	1	1
0	1	0	1	1	1	1	0
1	0	0	1	0	1	1	0
1	1	1	1	0	0	0	0

2.2.2 触发器

触发器是计算机记忆装置的基本单元,同时也是一种时序逻辑电路。时序逻辑电路的特点是输出不仅与输入有关,还与上一时刻的状态有关。各类触发器是由不同的逻辑门电路与时序信号组成的。它具有把以前的输入"记忆"下来的功能,一个触发器能存储1位二进制代码。在触发器中规定Q为高,$\overline{Q}$为低时,该触发器为1状态;反之为0状态。

下面简要介绍计算机中常用的D与J-K触发器。

1. D触发器

D触发器的逻辑符号如图2.2所示。$\overline{R}_D$、$\overline{S}_D$分别为置0端、置1端,触发器的状态由时钟脉冲CLK边沿触发时D端的状态决定。当D=1时,触发器为1状态;反之为0状态。D触发器又称为锁存器,它是构成存储器的基础部件。由于D触发器的电路简单,所以大量应用于二进制的存储、移位、累加等,可构成缓冲寄存器、移位寄存器等。

2. J-K触发器

J-K触发器的逻辑符号如图2.3所示。$\overline{R}_D$、$\overline{S}_D$分别为置0端和置1端,K为同步置0输入端,J为同步置1输入端。触发器的状态由时钟脉冲CLK边沿触发时,J、K端的状态决定。

J-K触发器的逻辑功能比较全面,因此在各种寄存器、计数器、逻辑控制等方面的应用最为广泛。

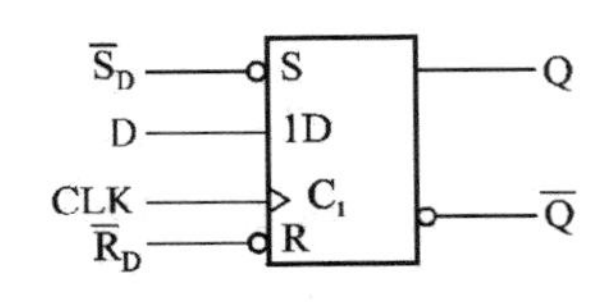

图 2.2 D触发器

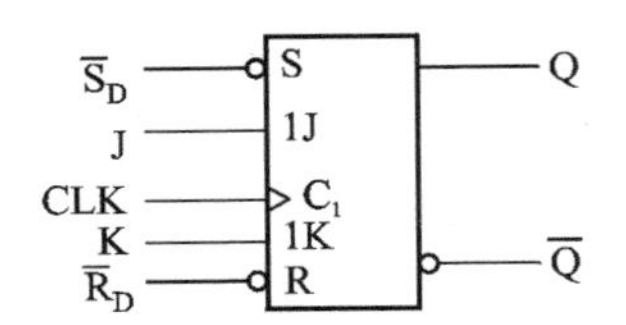

图 2.3 J-K触发器

2.2.3 寄存器

寄存器是由触发器组成的。一个触发器就是一个1位寄存器。多个触发器就可以组成一个多位寄存器。常见的寄存器有:缓冲寄存器、移位寄存器、计数器等。

下面简要介绍这些寄存器的电路结构及工作原理。

1. 缓冲寄存器

由于计算机与外设的传输速率一般不同,为使之匹配,常常需要采用缓冲寄存器(Buffer)暂存某个数据实现缓冲,以便在适当的时间节拍将数据输入或输出到其他记忆元件中去。

图2.4所示是一个4位并行输入/输出寄存器的电路原理图,它由4个D触发器组成。

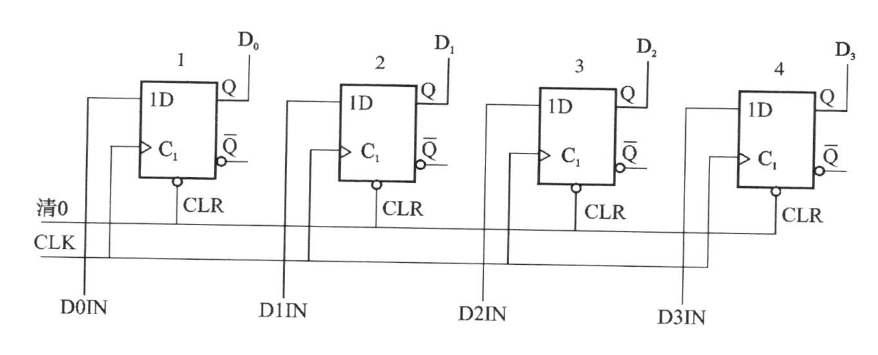

图2.4 4位缓冲寄存器电路原理图

启动时,先在清0端加清0脉冲,把各触发器置0,即Q端为0;然后把数据加到触发器的D输入端,在CLK时钟信号的作用下,输入端的信息就保存在各触发器中($D_0 \sim D_3$)。

计算机中的存储器就是由大量寄存器组成的,其中每1个寄存器就是1个存储单元,可存放1个二进制代码。

2. 移位寄存器

移位寄存器(Shifting Register)能将所存储的数据逐位向左或向右移动,以达到计算机运行过程中所需的功能。图2.5所示即为一个4位串行输入移位寄存器电路。

启动时,先在清0端加清0脉冲,使触发器输出置0;然后第1个数据D_0加到触发器1的串行输入端,在第1个CLK脉冲的上升沿,$Q_0=D_0$,$Q_1=Q_2=Q_3=0$;其后第2个数据D_1加到串行输入端,在第2个CLK脉冲到达时,$Q_0=D_1$,$Q_1=D_0$,$Q_2=Q_3=0$;以此类推,当第4个CLK脉冲来到之后,各输出端分别是$Q_0=D_3$,$Q_1=D_2$,$Q_2=D_1$,$Q_3=D_0$。输出数据可用串行的形式取出,也可用并行形式取出。

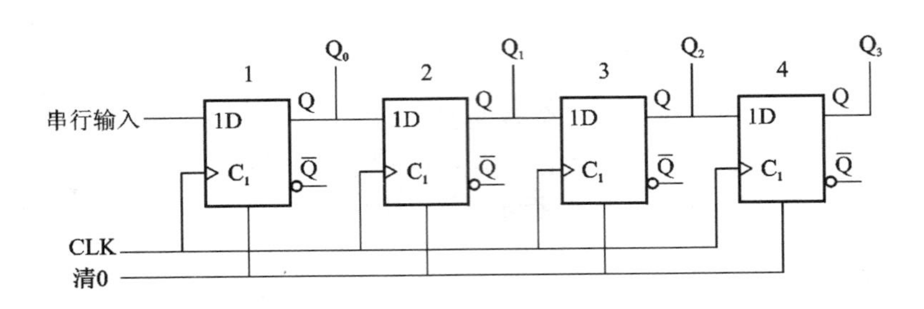

图 2.5　4位串行输入移位寄存器

3. 计数器

计数器(Counter)也是由若干个触发器组成的寄存器,是一种累加时钟脉冲的逻辑部件,它的特点是能够把存储在其中的数字进行加 1 操作(也有可以进行减 1 操作的计数器)。它不仅可以用于时钟脉冲计数,还可以产生节拍脉冲用于定时、分频及数字运算等。

由计数器组成的顺序脉冲发生器又称为节拍脉冲发生器,它能产生一组在时间上有先后顺序的脉冲。这组脉冲可以使控制器形成所需要的各种控制信号。

计数器的种类很多,如行波计数器、同步计数器等。在此仅以行波计数器为例进行介绍。

图 2.6 所示是由 J－K 触发器组成的行波计数器的工作原理图。这种计数器的特点是:第 1 个时钟脉冲促使其最低有效位加 1,使其状态翻转(例如由 0 变 1);第 2 个时钟脉冲促使最低有效位再次翻转,同时推动第 2 位,使其翻转;同理,第 2 位翻转时又去推动第 3 位,使其翻转……这样,有如水波前进一样逐位进位下去。

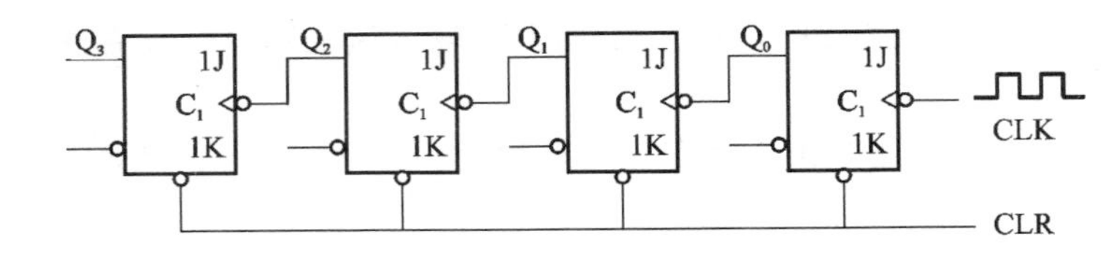

图 2.6　行波计数器工作原理图

图 2.6 中各位的 J、K 输入端都是悬空的,这相当于 J、K 输入端都是置 1 的状态,即各位都处于准备翻转的状态。只要时钟脉冲边沿一到,最右边的触发器就会翻转。

图 2.6 中的计数器是 4 位的,因此可以计 0～15 的数。如果要计更多的数,则需要增加位数,如 8 位计数器可计 0～255 的数,16 位计数器可以计 0～65 535 的数。

正是通过触发器、寄存器等逻辑电路的组合构成了单片机中常用的存储器、计数器、寄存器和加法器等。

4. 三态门(三态缓冲器)

三态门技术是计算机总线的基础。为减少信息传输线的数目,大多数计算机中的信息传输线均采用总线形式,总线是多个电路传送信号的公共通道。与传统的电路连线相比,总线具有以下独特的性能:作为总线的每一根导线允许传输多个信号源。接在同一根总线上的多个信号源电路分时占用总线。任何时候只允许其中一个将自己的输出信号接通到总线上,其他电路的输出保持高阻态,即凡要传输的同类信息都走同一组传输线,并且信息是分时传输的。在计算机中一般有 3 组总线,即数据总线、地址总线、控制总线。为防止信息相互干扰,要求凡挂到总线上的寄存器或存储器等,它的输出端不仅能呈现 0、1 两个信息状态,而且还应能呈现第 3 种状态——高阻抗状态(又称悬浮状态),即此时它们的输出就像被开关断开,对总线状态不起作用,此时总线可由其他器件占用。

三态门可实现上述功能,它除具有输入/输出端之外,还有一个控制端 E,如图 2.7 所示。当 E=1 时,输出=输入,此时总线由该器件驱动,总线上的数据由该器件上的输入数据决定;当 E=0 时,输出端呈高阻抗状态,该器件对总线不起作用。将寄存器输出端接至三态门,再由三态门输出端与总线连接起来,就构成三态输出的缓冲寄存器。图 2.8 所示即为一个 4 位的三态输出缓冲寄存器,由于此处采用的是单向三态门,所以数据只能从寄存器输出至数据总线。如果要实现双向传输,则要用如图 2.7(b)所示的双向三态门,图中 E_1、E_2 分别为输入和输出的控制端。

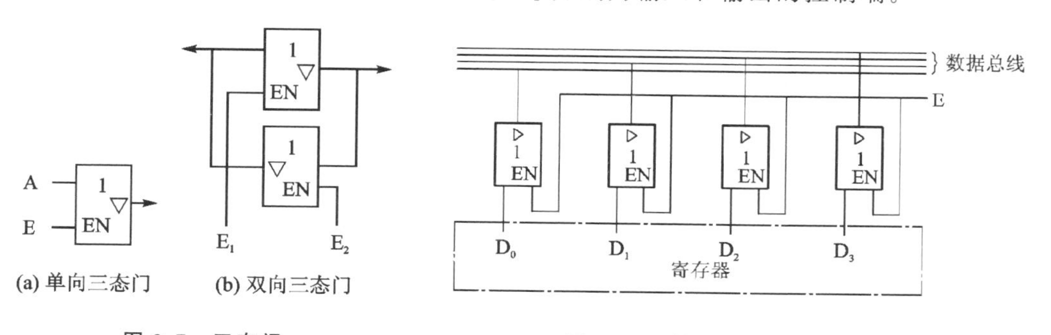

(a) 单向三态门　(b) 双向三态门

图 2.7　三态门

图 2.8　4 位三态输出缓冲寄存器

上述基本电路单元就是组成计算机的运算器、存储器、计数器、移位寄存器和总线的主要部件。对它们基本功能的了解将有助于对计算机工作的理解。

2.3　存储器概述

存储器是计算机的主要组成部分,其用途是存放程序和数据,使计算机具有记忆功能。这些程序和数据在存储器中是以二进制代码表示的,根据计算机命令,按照指定地址可以把代码取出来或是存入新代码。在计算机的指令中几乎有一半都涉及到存储器,因而了解存储器便于对后续章节的学习与理解。

2.3.1 存储器的分类

与计算机有关的存储器种类很多,因而存储器的分类方法也较多。例如,从其组成材料和单元电路类型来划分,可分为磁芯存储器(早期产品)、半导体存储器(从制造工艺方面又可分为 MOS 型存储器、双极型存储器等)、电荷耦合存储器等;从其与微处理器的关系来划分,又可分为内存和外存。通常把直接同微处理器进行信息交换的存储器称为“内存”,其特点是存取速度快,但容量有限;而把通过内存间接与 CPU 进行信息交换的存储器称为“外存”,如磁盘、光盘、磁带等,其特点是容量大,存取速度较慢,且独立于计算机之外,便于携带与存放。可根据需要,随时把外存的内容调入内存,或把内存的内容写入外存。因为在单片机中主要是采用半导体存储器,故在此仅对半导体存储器进行介绍。

2.3.2 半导体存储器的分类

通常人们习惯于按存储信息的功能分类,下面将按照半导体存储器的不同功能特点进行分类。

1. 只读存储器 ROM

只读存储器(Read Only Memory)在使用时只能读出而不能写入,断电后 ROM 中的信息不会丢失。因此一般用来存放一些固定程序,如监控程序、字库及数据表等。按存储信息的方法,ROM 又可分为以下 3 种。

(1) 掩膜 ROM

掩膜 ROM 也称固定 ROM,它是由厂家编好程序写入 ROM(称为“固化”)供用户使用,用户不能更改它。其价格最低。

(2) 可编程的一次只读存储器 OTP

可编程的一次只读存储器 OTP(Only Time Programmable)的内容可一次性写入,一旦写入即只能读出,不能再进行更改。这类存储器以前称为可编程的只读存储器 PROM(Programmable Read Only Memory)。

(3) 可电改写只读存储器 E^2PROM

E^2PROM 又称为 EEPROM(Electrically Erasable Programmable Read Only Memory),可用电的方法写入和清除其内容,其编程电压和清除电压均与 CPU 的 5 V 工作电压相同,无须另加电压,它既有 RAM 读/写操作简便、又有数据不会因掉电而丢失的优点。除此之外,E^2PROM 保存的数据至少可达 10 年以上,每块芯片可擦写 1 000 次以上。

2. 随机存储器 RAM

随机存储器 RAM(Random Access Memory)又叫读/写存储器,它不仅能读取存放在存储单元中的数据，还能随时写入新的数据，且写入后原来的数据即丢失。断电后 RAM 中的信息全部丢失，因此 RAM 常用于存放经常要改变的程序或中间计算结果等。

RAM 按照存储信息的方式，又可分为静态和动态两种。

(1) 静态 SRAM(Static RAM)

其特点为只要有电源加于存储器，数据就能长期保留。

(2) 动态 DRAM(Dynamic RAM)

写入的信息只能保持若干毫秒时间，因此每隔一定时间必须重新写入一次(又称"刷新")，以保持原来的信息不变。故动态 RAM 控制电路较复杂，但动态 RAM 价格比静态低。

3. 可改写的非易失存储器

多数 E^2PROM 的最大缺点是改写信息的速度较慢。随着半导体存储技术的发展，各种新的可现场改写信息的非易失存储器被推出，且发展速度很快，主要有快擦写存储器(Flash Memory)、新型非易失静态存储器 NVSRAM(Non Volatile SRAM)、磁阻式存储器 MRAM(Magnetic - resistive RAM)和铁电存储器 FRAM (Ferroelectric RAM)。这些存储器的共同特点是：从原理上看，它们属于 ROM 型存储器；但是从功能上看，它们又可以随时改写信息，因此其作用又相当于 RAM。随着存储器技术的发展，过去传统意义上的易失性存储器、非易失性存储器的概念已经发生变化，所以 ROM、RAM 的定义和划分已不是很严格。但由于这类存储器写的速度还是不及一般的 RAM，所以在单片机中主要还是用作程序存储器；只是当需要重新编程，或者某些数据修改后需要保存时，采用这种存储器十分方便。

目前应用最广泛的是 Flash 存储器。它是在 E^2PROM 的基础上改进的一种非易失性存储器，它的读/写速度比一般的 E^2PROM 快得多。Flash 存储器现在均简称为"闪存"。现在的单片机产品中多数程序存储器都已经配置为闪存。

2.3.3 存储器中常用名词术语

(1) 存储单元

存储器是由大量缓冲寄存器组成的，其中每一个寄存器就称为一个存储单元。比如图 2.4 中的缓冲寄存器就可以作为一个 4 位的存储单元，它可存放一个有独立意义的二进制代码。

(2) 位(bit)

计算机中最小的数据单元，是一个二进制位。

(3) 字　长

代码的位数称为字长，习惯上也称为位长。基本字长一般是指参加一次运算的操作数的位数。基本字长可反映寄存器、运算部件和数据总线的位数。在计算机中每个存储单元存放二进制数的位数一般与其算术运算单元的位数是相同的。例如8位单片机的算术运算单元是8位,则其字长就是8位。

(4) 字节(Byte)

在计算机中把一个8位的二进制代码称为一个字节(Byte),常简写为B。这是计算机中最通用的基本单元。一个字节的最低位称为第0位(位0),最高位称为第7位(位7)。2个字节称为一个字(Word),4个字节称为双字(Double Word)。以上均为代码位数常用单位。

(5) 容量单位

容量指一片存储器能容纳的最大存储单元数。由于现在存储器的位长有4、8、16位的,所以在标注存储器容量时,经常同时标出存储单元的数目和位数。因此,存储芯片容量=单元数×数据线位数,通常须把乘积结果再换算为字节单位。

例如:Intel 6264芯片容量=8K×8 b/片=64 Kb/片=8 KB/片。常用的容量单位有KB(1 KB=1 024 B)、MB(1 MB=1 024 KB)、GB(1 GB=1 024 MB)。

2.3.4 存储单元和存储单元地址

本小节所介绍的半导体存储器(以下简称"存储器")仅限于在单片机片内使用时的情况,暂不涉及作为一块独立的存储器芯片的情况。

存储器是由大量缓冲寄存器组成的,其中的每一个寄存器称为一个存储单元。例如图2.4中的缓冲寄存器就可以作为一个4位的存储单元,它可存放一个有独立意义的二进制代码。一个代码由若干位(bit)组成。

在计算机的存储器中往往有成千上万个存储单元。为了使存入和取出不发生混淆,必须给每个存储单元一个唯一的固定编号,这个编号就称为"存储单元的地址"。因为存储单元数量很大,为了减少存储器向外引出的地址线,故存储器内部都带有译码器。根据二进制编码、译码的原理,除地线公用之外,n根导线可译成2^n个地址号。即地址线数n与存储单元数N的关系可表达为$N=2^n$。例如,当地址线为3根时,可译成$2^3=8$个地址号;当地址线为8根时,可译成$2^8=256$个地址号。以此类推,在80C51单片机中,地址线为16根,则可译成$2^{16}=65\ 536$个地址号,也称为16根地址线的最大寻址范围。需要注意的是存储单元数是可以小于最大寻址范围的。

由此可见,存储单元地址与该存储单元的内容含义是不同的。存储单元如同一个旅馆中的每个房间,存储单元地址则相当于每个房间的房号,存储单元内容(二进制代码)就是这个房间中的房客。表2.5所列为程序存储器和数据存储器中部分存储单元的地址和内容,均用十六进制数表示。

表2.5 存储器地址和内容

程序存储器		数据存储器	
地　址	内　容	地　址	内　容
0000	02	0206	3A
0001	00	0207	44
0002	30	0208	C0
⋮	⋮	⋮	⋮

2.3.5 存储器的寻址原理

对于存储器工作原理的理解,很大程度上取决于对存储器寻址原理的理解。由于篇幅所限,本书仅以随机存储器为例,简单介绍 CPU 在读出存储单元信息时的寻址原理。

存储器一般由地址译码器、存储体、输入/输出缓冲器和读/写控制电路等组成。一个随机存储器的基本结构如图 2.9 所示。

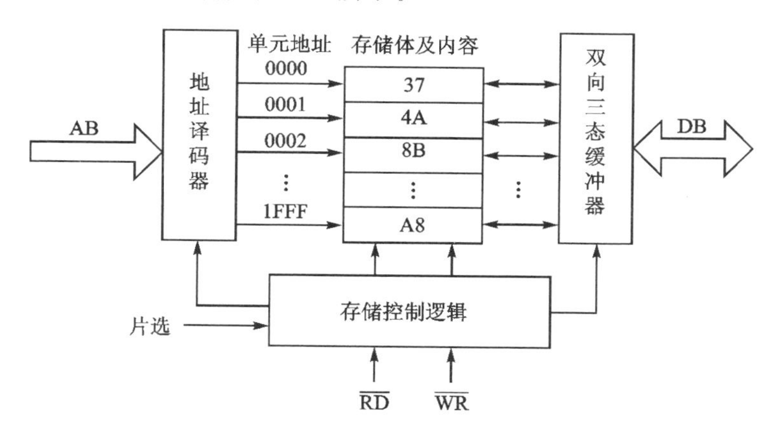

图 2.9 随机存储器的基本结构

图 2.9 中 AB 为地址线,DB 为数据线,$\overline{RD}$和$\overline{WR}$分别为读、写线,片选线用于选择该存储体,其主要部分说明如下。

1. 存储体

存储体也称为存储阵列,是存储器中所有存储单元的集合,通常由一个或者几个存储器芯片组成。这些存储单元按一定方式排列,每个单元都有 1 个唯一的地址,在 1 个存储单元中可以存储 1 位或者多位二进制数,在 8 位单片机中通常都是 8 位二进制数。假设图 2.9 中的地址线为 13 根,8 位单片机每个存储单元是 8 位,其最多可寻址 8 192 个单元,且该存储体的容量为 8 KB 单元,则其最大寻址单元地址如图 2.9 所示为1FFFH。

2. 地址译码器

地址译码器用于对输入地址译码,以选择指定的存储单元。译码器的译码方式与存储器的结构有关,主要有单译码方式和复合译码方式,因篇幅关系在此省略。

3. 存储控制逻辑电路

存储控制逻辑电路接收来自 CPU 的读/写信号,并根据地址译码的结果,控制存储器选中单元的数据读/写。片选信号将启动这个存储体进入工作状态。

4. 双向三态缓冲器

存储器与数据线相连的双向三态缓冲器用于暂存输入/输出的数据。

存储器的读/写操作过程如下:

(1) 读操作

CPU首先通过地址线,经译码选中某一单元,然后发出读命令;当读信号有效时,则选中单元的数据读出,经双向三态缓冲器送到数据总线。

(2) 写操作

CPU首先通过地址线,经译码选中某一单元,同时要写入的数据经数据总线送至双向三态缓冲器。当CPU发写信号时,通过内部控制电路,将外部数据线上的数据写入到所选中的单元。

思考与练习

1. 将下列各二进制数转换为十进制数。

(1) 11011110B (2) 01011010B (3) 10101011B (4) 1011111B

2. 将第1题中各二进制数转换为十六进制数。

3. 将下列各数转换为十六进制数。

(1) 224D (2) 143D (3) 01010011BCD (4) 00111001BCD

4. 什么叫原码、反码及补码?

5. 已知原码如下,请写出其补码和反码(其最高位为符号位)。

(1) $[X]_{原}=01011001$ (3) $[X]_{原}=11011011$

(2) $[X]_{原}=00111110$ (4) $[X]_{原}=11111100$

6. 当计算机把下列数看成无符号数时,它们相应的十进制数为多少?若把它们看成是补码,最高位为符号位,那么它们相应的十进制数是多少?

(1) 10001110 (2) 10110000 (3) 00010001 (4) 01110101

7. 触发器、寄存器及存储器之间有什么关系?

8. 三态门有何作用?其符号如何画?

9. 除地线公用外,6根地址线和11根地址线各可选多少个地址?

10. 存储器分几类?各有何特点和用处?

11. 假定一个存储器,有4 096个存储单元,其首地址为0,则末地址为多少?

第3章 单片机的结构及原理

本章将以80C51系列的AT89S51/S52为典型例子，详细介绍单片机的结构、工作原理、存储器结构、时序及复位电路等内容。通过对这些内容的掌握，读者可以在学习和了解其他单片机的同时，获得举一反三、触类旁通的效果。

3.1 单片机的结构

本节将以89系列单片机中Atmel公司的标准型AT89S51/S52单片机为主要实例，介绍单片机的组成、结构及引脚功能，为读者了解其工作原理奠定基础。89系列单片机是80C51系列单片机的一个子系列。在进行原理介绍时，凡是与80C51系列单片机相同处均用符号“80C51”代表，此时并不专指某种具体型号。

AT89S51/S52单片机与Intel公司MCS-51系列的80C51型号单片机在芯片结构与功能上基本相同，外部引脚完全相同，主要不同点是89系列产品中程序存储器全部采用快擦写存储器，简称“闪存”。此外，Atmel公司的AT89S51/S52单片机与2003年停产的AT89C51/C52单片机的主要不同点是增加了ISP串行接口（可实现串行下载功能）和看门狗定时器。本书中提到的89C51/C52泛指与Atmel公司的AT89C51/C52产品兼容的其他公司的同型号产品，例如P89C51/C52等。

3.1.1 标准型单片机的组成

AT89S51/S52属于标准型单片机，其基本组成如图3.1所示。从图中可以看出，在这块芯片上集成了一台微型计算机的各个主要部分，包括中央处理器CPU、存储器、并行I/O口、串行I/O口、定时/计数器等，各部分通过内部总线相连。

现将图3.1所示的AT89S51/S52单片机的基本组成简要介绍如下。

中央处理器（CPU） 中央处理器是单片机最核心的部分，是单片机的大脑，主要完成运算和控制功能。这一点与通用微处理器基本相同，只是中央处理器的控制功能更强。80C51系列的CPU是一个字长为8位的中央处理单元，它对数据的处理是以字节为单位进行的。CPU中的主要部件如PC、ALU、指令寄存器等的功能将在

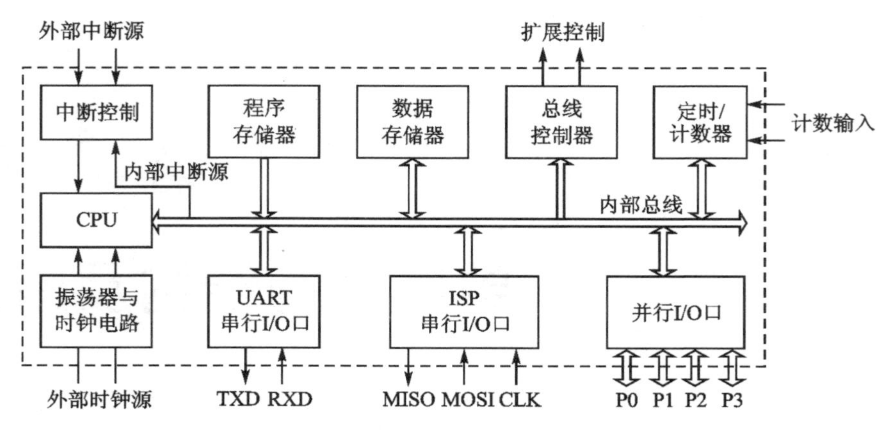

图 3.1 AT89S51/S52 的基本组成功能框图

3.4 节叙述。

数据存储器(内部 RAM) 数据存储器用于存放变化的数据。在 80C51 单片机中,通常把控制与管理寄存器(简称为“专用寄存器”)在逻辑上划分在内部 RAM 中,因为其地址与 RAM 是连续的。AT89S51 中数据存储器的地址空间为 256 个 RAM 单元,但其中能作为数据存储器供用户使用的仅有前面 128 个,后 128 个被专用寄存器占用;AT89S52 中可供用户使用的数据存储器比 AT89S51 多 128 个,共 256 个。

程序存储器(内部 ROM) 程序存储器用于存放程序和固定不变的常数等。通常采用只读存储器,且其有多种类型,在 89 系列单片机中全部采用闪存。AT89S51/C51 内部配置了 4 KB 闪存,AT89S52/C52 配置了 8 KB 闪存。

定时/计数器 定时/计数器用于实现定时和计数功能。AT89S51 共有 2 个 16 位定时/计数器,AT89S52 共有 3 个 16 位定时/计数器(详见第 7 章)。

并行 I/O 口 AT89S51/S52 共有 4 个 8 位的 I/O 口(P0、P1、P2、P3),这些 I/O 口主要是用于实现与外部设备中数据的并行输入/输出,但有些 I/O 口的引脚还可作为其他功能电路的引脚,详见 3.5 节。

串行 I/O 口 AT89S51/S52 有 1 个 UART 全双工异步串行口,用以实现单片机和其他具有相应接口的设备之间的异步串行数据传送(详见第 8 章)。AT89S51/S52 还有一个 ISP 串行接口,用于实现串行在线下载程序。

时钟电路 振荡器与定时及控制电路共同组成了时钟电路,其作用是产生单片机工作所需要的时钟脉冲序列。89 系列单片机内部的时钟电路需要外接晶振和微调电容才能工作(详见 3.6 节)。几年前已经出现了可以不外接晶振和微调电容的单片机型号。

中断系统 中断系统的主要作用是对外部或内部的中断请求进行管理与处理,有关中断的作用及使用方法详见第 9 章。AT89S51/S52 的中断系统可以满足一般控制应用的需要:AT89S51 共有 5 个中断源,其中有 2 个外部中断源 INT0 和 INT1、3 个内部中断源(2 个定时/计数中断和 1 个串行口中断);此外,AT89S52 还增加了一个定时器 2 的中断源。

总线控制器 当该单片机需要外扩外围接口芯片时，用于控制外接芯片的寻址与数据传输。

3.1.2 单片机的内部结构

图 3.2 所示为 AT89S51/S52 的内部结构框图。从图中可以看出，单片机内部除了有 CPU、RAM、ROM、定时器和串行口等主要功能部件之外，还有驱动器、锁存器、地址寄存器等辅助电路部分。CPU 的主要组成部分如指令寄存器、指令译码器、ALU 等全部按基本运行关系分别画于该图中，此外该图还说明了各功能模块在单片机中的相互关系。

图 3.2 中的 4 个并行 I/O 端口都配置了 1 个驱动器和 1 个锁存器。UART 串行口的输入/输出线是利用了 P3 端口 2 个引脚的第二功能实现，ISP 串行口的输入/输出线是利用了 P1 端口 3 个引脚的第二功能实现(详见 3.5 节)。

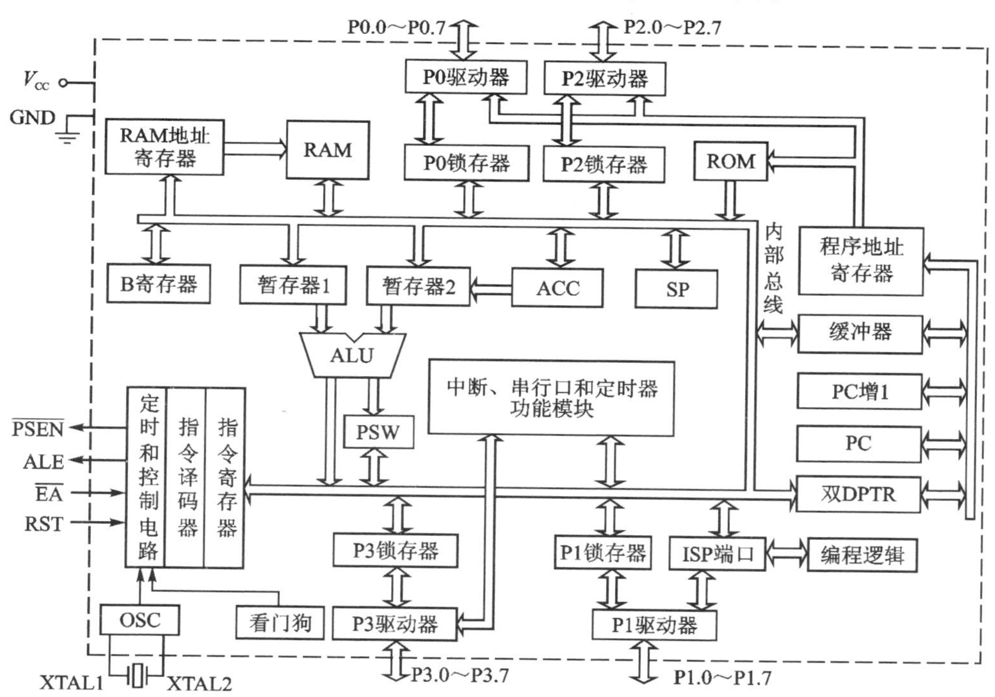

图 3.2 AT89S51/S52 内部结构框图

RAM 地址寄存器用于存放 RAM 地址值，程序地址寄存器用于存放 ROM 地址值，还用于存放 P0 和 P2 地址值，这 2 个端口在单片机访问片外存储器或者其他外设时将被用作地址/数据总线的控制器，参见图 3.1。

定时和控制电路包括了时序部件及控制部件，作用详见 3.4 节。

PSW、ACC 等部件的作用将在 3.3 节和 3.4 节陆续介绍。

AT89S51与AT89S52之间的主要差别是程序存储器和RAM容量不同,而且AT89S52还增加了一个定时器2,其余完全相同。

AT89C51/C52与AT89S51/S52在结构上的主要不同点是,后者有看门狗、双DPTR和ISP端口。

由上述可知,虽然AT89S51/S52仅是一块芯片,但它包括了构成计算机的基本部件,因此,可以说它是一台简单的计算机。又由于其主要作用是控制,所以又称为“微控制器”。

注意:本章重点介绍AT89S51/S52的CPU部分、并行I/O口、存储器、时钟电路等,硬件结构的其他部分将在后续章节中陆续介绍。

3.1.3 引脚定义及功能

AT89S51/S52单片机实际有效的引脚为40个,有3种封装形式,其引脚图如图3.3所示:(a)为DIP(Dual In－line Package)封装形式,这是普通40脚塑封双列直插形式;(b)为PLCC(Plastic Leaded Chip Carrier)封装形式,这种形式是具有44个“J”形脚(其中有4个空脚)的方形芯片,使用时需要插入与其相配的方型插座中;(c)为PQFP(Plastic Quad Flat Package)封装形式,这种形式也是具有44个“J”形脚的方形芯片,但其体积更小、更薄,是一种表面贴焊的封装形式。不同封装形式的引脚排列不一致,使用时一定要注意。

为了尽可能缩小体积,减少引脚数,AT89S51/S52单片机的不少引脚还具有第二功能(也称为“复用功能”)。下面对这些引脚的名称和功能予以说明。

(1) 主电源引脚GND和V_{CC}

GND　　电源地。

V_{CC}　　电源正端,＋4～＋5.5 V。

(2) 时钟电路引脚XTAL1和XTAL2

XTAL1　　接外部晶振的一端。它是片内振荡器反相放大器的输入端。在采用外部时钟时,外部时钟振荡信号直接送入此引脚作为驱动端,其频率为0～33 MHz。

XTAL2　　接外部晶振的另一端。它是片内振荡器反相放大器的输出端,振荡电路的频率为晶振振荡频率。当须采用外部时钟电路时,此引脚应悬空不用。

(3) 控制信号引脚RST、ALE/$\overline{PROG}$、$\overline{PSEN}$、$\overline{EA}$/V_{PP}

RST　　复位输入端。在该引脚输入2个机器周期以上的高电平将使单片机复位。

ALE/$\overline{PROG}$　　地址锁存允许输出/编程脉冲输入端。该引脚有两种功能:① 在访问片外存储器时,ALE作锁存扩展地址低位字节的输出控制信号(称为“允许锁存地址”),在一个指令周期中将丢失一个脉冲。

(具体应用详见第 10 章);而平时不访问片外存储器时,该端也以 1/6 的时钟振荡频率固定输出正脉冲,可供定时或其他需要使用,还可检测 CPU 是否已经工作。ALE 端的负载驱动能力为 8 个 LSTTL(低功耗高速 TTL)。② 在固化片内存储器的程序(也称为"烧录程序")时,此引脚用于输入编程负脉冲。

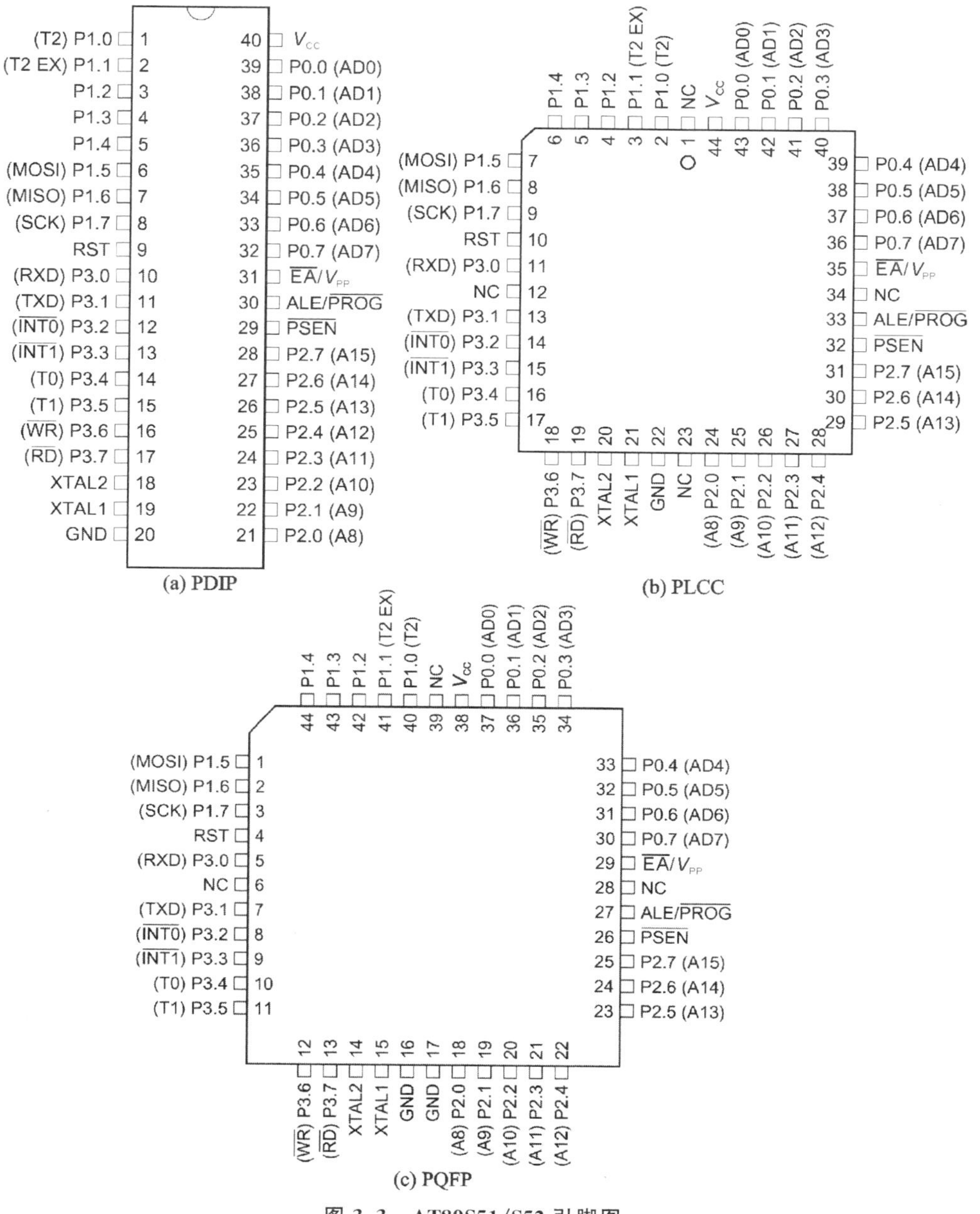

图 3.3 AT89S51/S52 引脚图

PSEN　片外程序存储器选通控制信号端。在访问片外程序存储器时,此端输出负脉冲作为程序存储器读选通信号。CPU 在向片外程序存储器取指令期间,$\overline{\text{PSEN}}$信号在 12 个时钟周期中两次生效。不过,由于现在已经不再使用片外程序存储器,所以这个引脚也就没有用了。

$\overline{\text{EA}}/V_{\text{PP}}$　内、外程序存储器选择/编程电源输入端。该引脚有如下两种功能:当$\overline{\text{EA}}$端接高电平时,CPU 从片内程序存储器地址 0000H 单元开始执行程序。当地址超出 4 KB(AT89S52 为 8 KB)时,将自动执行片外程序存储器的程序。当$\overline{\text{EA}}$端接低电平时,CPU 仅访问片外程序存储器,即 CPU 直接从片外程序存储器 0000H 单元开始执行程序。由于现在已经都改为采用片内闪存作为程序存储器,所以这个引脚直接连到 V_{CC} 即可。在对片内程序存储器编程时,此引脚用于施加编程电压 V_{PP}。80C51 系列单片机不同型号单片机的编程电压不同,有 12 V 和 5 V 等几种。

(4) 输入/输出引脚(P0、P1、P2 和 P3 端口引脚)

P0~P3 是 AT89S51/S52 单片机与外界联系的 4 个 8 位双向并行 I/O 端口,其工作原理与使用详见 3.5 节。引脚分配如下:

P0.0~P0.7P0 口的 8 位双向 I/O 端口;

P1.0~P1.7P1 口的 8 位准双向 I/O 端口;

P2.0~P2.7P2 口的 8 位准双向 I/O 端口;

P3.0~P3.7P3 口的 8 位准双向 I/O 端口。

注意:不同封装时的引脚排列不完全相同。

3.2　80C51 的存储器

存储器是计算机的主要组成部分,其用途是存放程序和数据。要理解计算机的工作原理首先应了解存储器。不同计算机其存储器的用途是相同的,但结构与存储容量却不完全相同。这里以 80C51 系列单片机的 AT89S51/S52 型号为例进行介绍。

3.2.1　存储器结构和地址空间

80C51 系列单片机的存储器结构与一般通用计算机不同。一般通用计算机通常只有一个逻辑空间,即它的程序存储器和数据存储器是统一编址的。访问存储器时,同一地址对应唯一的存储空间,可以是 ROM 也可以是 RAM,并用同类访问指令,这种存储器结构称为“冯·诺伊曼结构”;而 80C51 系列单片机的程序存储器和数据存储器在物理结构上是分开的,这种结构称为“哈佛结构”。80C51 系列单片机的存储器在物理结构上可以分为如下4个存储空间：**片内程序存储器、片外程序存储器、片内数据存储器和片外数据存储器**。

80C51系列单片机各具体型号的基本结构与操作方法相同，但存储容量不完全相同，下面以AT89S51为例说明。图3.4所示为AT89S51的存储器结构与地址空间。AT89S52的存储器结构与其略有不同。由图3.4可以清楚地看出这4个存储空间的地址范围。虚线部分是单片机片内存储器。存储空间是指可以容纳的存储器总量，片内存储器的地址范围与其实际容量是一致的，且固定不变。而片外程序存储器和数据存储器的这个空间不一定全部被占满。此外，其他I/O外设地址将占用部分数据存储器空间，为合理利用这个空间，通常可把I/O外设地址安排在地址的高端，例如FFE0H～FFFFH。

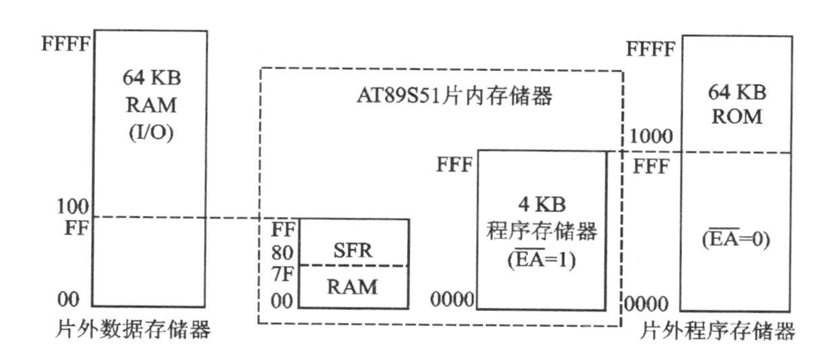

图3.4 AT89S51存储空间分布图

这种结构在物理上是把程序存储器和数据存储器分开的，但在逻辑上（即从用户使用的角度上），80C51系列有3个存储空间：

- 片内外统一编址的64 KB的程序存储器地址空间（用16位地址）；
- 片内数据存储器地址空间，寻址范围为00H～FFH；
- 64 KB片外数据存储器地址空间。

由图3.4可以看出片内程序存储器的地址空间（0000H～0FFFH）与片外程序存储器的低地址空间是相同的，片内数据存储器的地址空间（00H～FFH）与片外数据存储器的低地址空间是相同的。通过采用不同形式的指令（详见第4章），产生不同存储空间的选通信号，可以访问3个不同的逻辑空间。

在此要特别说明的是，随着51系列单片机的进一步发展，出现了不少片上存储器容量更大的型号，目前8位单片机的程序存储器容量最大的已经可以达到64 KB，在很多情况下只需要采用片上的2个存储器空间（图3.4所示的虚线框内）即可，也就是说片外的存储器空间不是必须使用的，特别是现在已经不需要再去扩展程序存储器了。

下面分别介绍程序存储器和数据存储器的配置特点。

3.2.2 程序存储器

程序存储器用于存放用户的程序和数据表格。

1. 程序存储器的结构和地址分配

AT89S51片内有4 KB(AT89S52为8 KB)闪存，通过片外16位地址线最多可扩展到64 KB，两者是统一编址的。如果$\overline{EA}$端保持高电平，AT89S51的程序计数器PC在0000H～0FFFH范围内(即前4 KB地址)是执行片内ROM的程序(AT89S52的片内程序存储器的地址范围为0000H～1FFFH)；当寻址范围在1000H～FFFFH时，则从片外存储器取指令。当$\overline{EA}$端保持低电平时，AT89S51的所有取指令操作均在片外程序存储器中进行，这时可以从0000H开始对片外存储器寻址。因为现在有很多其他型号的单片机片上闪存已经可以达到64 KB，而价格并不高，因而当需要较大的程序存储器时，可以更换芯片，而不必再扩展一片程序存储器芯片，所以现在已经没有必要再采用扩展片外程序存储器的方法了。

2. 程序存储器的入口地址

在程序存储器中，以下7个单元具有特殊用途。

0000H：主程序入口地址。上电复位后，PC＝0000H，程序将自动从0000H地址单元开始取指令执行。

0003H：外部中断0入口地址。

000BH：定时器0溢出中断入口地址。

0013H：外部中断1入口地址。

001BH：定时器1溢出中断入口地址。

0023H：串行口中断入口地址。

002BH：定时器2溢出中断入口地址(仅AT89S52/C52有)。

在上述地址中0000H是单片机复位后的起始地址，通常设计程序时应该在0000H～0002H存放一条无条件跳转指令(详见第4章)跳转到用户设计的主程序入口地址。在0003H～0002BH之间的6个单元已经被固定分配为外部中断0等的中断程序入口地址。通常在这些入口地址处存放一条绝对跳转指令，使程序跳转到用户安排的中断程序起始地址(详见第9章)。通常在0003H～0002FH之间的空闲单元也不再安排程序。一般从30H后面的单元开始安排主程序。

3.2.3 数据存储器

单片机中的数据存储器主要用于存放经常要改变的中间运算结果、数据暂存或标志位等，通常都是由随机存储器RAM组成的。数据存储器可分为片内和片外两部分。如果片内够用，则不必扩充片外的数据存储器。

1. 片内数据存储器的结构及操作

数据存储器的地址分布如图3.5所示。片内数据存储器为8位地址，寻址范围为00H～FFH，AT89S51片内供用户使用的RAM为片内低128字节，地址范围为00H～7FH，对其访问可采用直接寻址和间接寻址的方式。其中80H～FFH为特殊功能寄存器SFR(Special Function Register)所占用的空间。图中"*"表示仅AT89S52才有的寄存器，它们只能采用直接寻址方式访问。

AT89S52片内供用户使用的RAM为256字节，地址范围为00H～FFH。显然，80H～FFH这个存储器空间还有与特殊功能寄存器区地址相同的128字节数据存储器，用户可通过采用不同的寻址方式区分它们。对于AT89S52内80H～FFH范围RAM区的访问只能采用间接寻址方式访问(访问实例见4.3.1小节)。

特殊功能寄存器虽然在地址空间上被划分在数据存储器中，但它们并不是作为数据存储器使用的，它们的作用非常重要，这点将在3.3节作专门介绍。

2. 低128字节RAM

在低128字节RAM区中，根据存储器的用途，又可以分为3部分，如图3.5所示。其中：00H～1FH地址空间为通用工作寄存器区；20H～2FH地址空间为位寻址区；30H～7FH地址空间为用户RAM区。下面分别予以介绍。

(1) 通用工作寄存器区

80C51系列单片机的通用工作寄存器共分为4组，每组由8个工作寄存器(R0～R7)组成，共占32个单元，表3.1为工作寄存器的地址表。每组寄存器均可选作CPU当前的工作寄存器组，通过对程序状态字PSW(详见3.3节)中RS1、RS0的设置来决定CPU当前使用哪一组。因而如果在程序中使用了4组寄存器，则只要在使用前确定它的组别，每组之间就不会因为寄存器名称相同而发生混淆。在对这些寄存器操作时，可以用R0～R7，也可以直接用它的地址，所以如果不通过设置RS1、RS0确定组别，则可以直接用它的地址操作。若程序中并不需要用4组寄存器，那么其余的可用作一般的数据存储器。CPU复位后，自动选中第0组寄存器作为当前工作寄存器。

表3.1 工作寄存器的地址表

组	RS1	RS0	R0	R1	R2	R3	R4	R5	R6	R7
0	0	0	00H	01H	02H	03H	04H	05H	06H	07H
1	0	1	08H	09H	0AH	0BH	0CH	0DH	0EH	0FH
2	1	0	10H	11H	12H	13H	14H	15H	16H	17H
3	1	1	18H	19H	1AH	1BH	1CH	1DH	1EH	1FH

(2) 位寻址区

工作寄存器区后的16字节(即20H～2FH)称为"位寻址区"，可用位寻址方式访

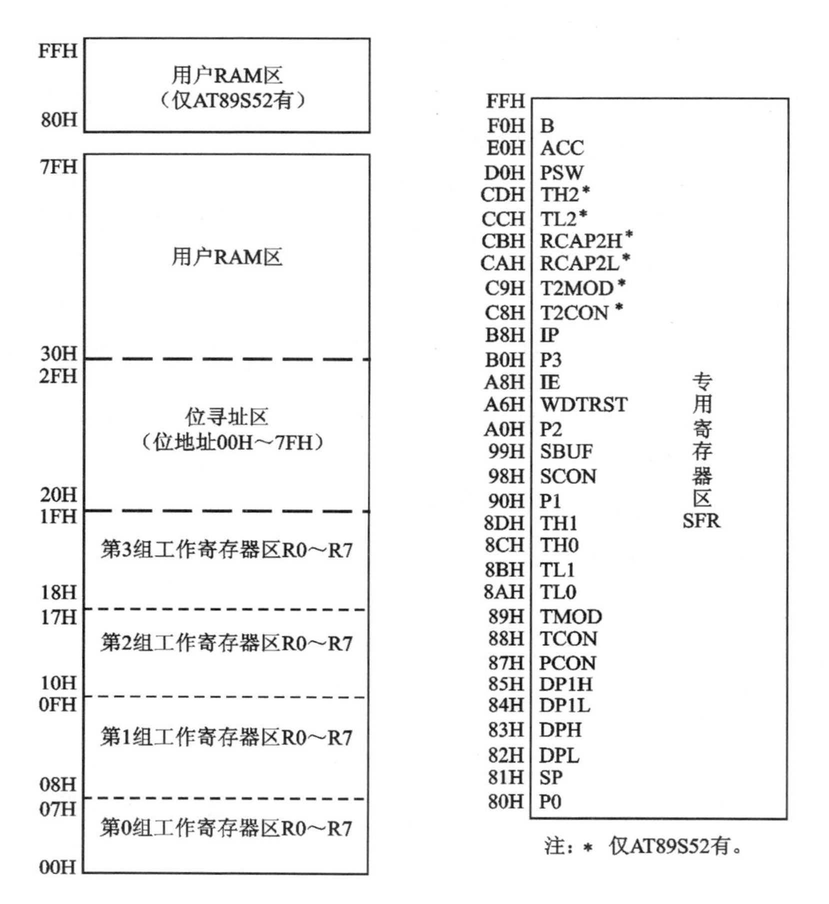

图 3.5 片内数据存储器的配置

问其各个位，字节地址与位地址的关系如表3.2所列。它们可用作软件标志位或用于1位(布尔)的处理。这种位寻址能力体现了单片机主要用于控制的重要特点。这128个位的位地址(位地址指的是某个二进制位的地址)为00H～7FH，而低128字节RAM单元地址的范围也是00H～7FH，80C51系列单片机是采用不同的寻址方式(详见4.2节)来区别00H～7FH的数值是位地址还是字节地址。

表 3.2 RAM位寻址区位地址表

字节地址	位7	位6	位5	位4	位3	位2	位1	位0
2FH	7F	7E	7D	7C	7B	7A	79	78
2EH	77	76	75	74	73	72	71	70
2DH	6F	6E	6D	6C	6B	6A	69	68
2CH	67	66	65	64	63	62	61	60
2BH	5F	5E	5D	5C	5B	5A	59	58

续表 3.2

字节地址	位 7	位 6	位 5	位 4	位 3	位 2	位 1	位 0
2AH	57	56	55	54	53	52	51	50
29H	4F	4E	4D	4C	4B	4A	49	48
28H	47	46	45	44	43	42	41	40
27H	3F	3E	3D	3C	3B	3A	39	38
26H	37	36	35	34	33	32	31	30
25H	2F	2E	2D	2C	2B	2A	29	28
24H	27	26	25	24	23	22	21	20
23H	1F	1E	1D	1C	1B	1A	19	18
22H	17	16	15	14	13	12	11	10
21H	0F	0E	0D	0C	0B	0A	09	08
20H	07	06	05	04	03	02	01	00

在此要特别说明的一点是，通用工作寄存器区和位寻址区在不用作寄存器或位寻址时都可作为一般的用户数据区。

(3) 用户 RAM 区

30H～7FH 为用户 RAM 区，可以通过直接或间接寻址方式(见第 4 章)访问这个 RAM 区。对于不使用的通用寄存器或位寻址区，它们也都可以作为一般的 RAM 使用。例如，如果在程序中只用到第 0 组通用寄存器，那么 08H～1FH 的区域就可以作为一般的 RAM 使用。

在 AT89S52/C52 单片机中还增加了 128 字节的用户 RAM 区，其地址范围为 80H～FFH，与 SFR 的地址相同。通过采用不同的寻址方式访问它们来加以区分：访问 SFR 必须采用直接寻址方式；访问 AT89S52/C52 增加的 128 字节用户 RAM 区，需要采用间接寻址方式。

3. 片外数据存储器的结构及操作

片外数据存储器最多可扩充到 64 KB，由图 3.4 可知片内 RAM 和片外 RAM 的低地址部分(00H～0FFH)的地址码是相同的，但它们却是两个地址空间。区分这两部分地址空间的方法是采用不同的寻址指令，访问片内 RAM 用“MOV”指令，访问片外 RAM 用“MOVX”指令。

对片外数据存储器采用间接寻址方式时(详见 4.2 节)，R0、R1 和 DPTR 都可以作为间址寄存器。前两个是 8 位地址指针，寻址范围仅为 256 字节；而 DPTR 是 16 位地址指针，寻址范围可达 64 KB。这个地址空间除了可安排数据存储器外，其他需要和单片机接口的外设地址也安排在这个地址空间(详见 10.1 节)。

3.3 特殊功能寄存器

特殊功能寄存器(Special Function Register,SFR)亦称“专用寄存器”,主要用于管理和控制单片机的工作。用户通过对 SFR 进行编程操作,即可方便地管理与单片机有关的所有功能部件(定时器、串行口、中断系统及外部扩展的存储器、外围芯片等),并且可方便地完成各种操作和运算。用户通过对这些 SFR 的逐步了解,可逐渐理解单片机的工作原理,并学会使用它。

3.3.1 80C51 系列的 SFR

80C51 系列的 SFR 在数量与功能上大同小异,在此以 AT89 系列为例进行说明。AT89S51 有 26 个(AT89S52 有 32 个)特殊功能寄存器 SFR,它们离散地分布在片内数据存储器的高 128 字节地址 80H~FFH 中。但它们不能作为数据存储器使用,所以对这些特殊功能寄存器是不能随意写入数字的,特别是功能部件中的控制寄存器,不同的数字将使它们具有不同的工作方式。

特殊功能寄存器并未占满 80H~FFH 整个地址空间,对空闲地址的操作是无意义的。若访问到空闲地址,则读出的是随机数。这些特殊功能寄存器的符号和名称如表 3.3 所列。

表 3.3 特殊功能寄存器

符 号	名 称	符 号	名 称
ACC	累加器 A	TL1	T1 低字节
B	B 寄存器	TH2*	T2 高字节
PSW	程序状态字	TL2*	T2 低字节
SP	堆栈指针	T2CON*	T2 控制
DPTR0**	数据指针 0(由 DP0H 和 DP0L 组成)	T2MOD*	T2 方式
DPTR1**	数据指针 1(由 DP1H 和 DP1L 组成)	RCAP2H*	T2 捕获寄存器高字节
P0~P3	端口 0~3	RCAP2L*	T2 捕获寄存器低字节
IP	中断优先级	SCON	串行控制
IE	中断允许	SBUF	串行数据缓冲器
TMOD	定时/计数器方式	PCON	电源控制
TCON	定时/计数器控制	WDTRST	看门狗复位寄存器
TH0	T0 高字节	AUXR	辅助寄存器
TL0	T0 低字节	AUXR1	辅助寄存器 1
TH1	Tl 高字节	—	—

注: * 仅 AT89S52 有;

** DRTR0 和 DPTR1 在指令中均用 DPTR 和 DPH、DPL 表示。

3.3.2 AT89S51/S52 的 SFR 地址分布及寻址

AT89S51/S52 的 SFR 地址分布如表 3.4 所列。访问这些专用寄存器仅允许使用直接寻址的方式(详见第 4 章)。对于 AT89S52 单片机,其片内 RAM 的 80H～FFH 地址上有两个物理空间(如图 3.4 所示),即 SFR 的物理空间和扩展的高 128 字节的数据存储器物理空间,可通过不同的寻址方式来区分这两个地址单元相同的空间。

这 26/32 个专用寄存器都可以字节寻址,其中有 11/12 个专用寄存器还具有位寻址能力,它们的字节地址正好能被 8 整除。

表 3.4 AT89S51/S52 特殊功能寄存器地址表

SFR		位地址/位定义							
名 称	字节地址	7	6	5	4	3	2	1	0
ACC	E0H	E7	E6	E5	E4	E3	E2	E1	E0
		ACC.7	ACC.6	ACC.5	ACC.4	ACC.3	ACC.2	ACC.1	ACC.0
B	F0H	F7	F6	F5	F4	F3	F2	F1	F0
		B.7	B.6	B.5	B.4	B.3	B.2	B.1	B.0
PSW	D0H	D7	D6	D5	D4	D3	D2	D1	D0
		P	CY	AC	F0	RS1	RS0	OV	—
IP	B8H	BF	BE	BD	BC	BB	BA	B9	B8
		PX0	—	—	—	PS	PT1	PX1	PT0
P3	B0H	B7	B6	B5	B4	B3	B2	B1	B0
		P3.0	P3.7	P3.6	P3.5	P3.4	P3.3	P3.2	P3.1
IE	A8H	AF	AE	AD	AC	AB	AA	A9	A8
		EX0	EA	—	—	ES	ET1	EX1	ET0
P2	A0H	A7	A6	A5	A4	A3	A2	A1	A0
		P2.0	P2.7	P2.6	P2.5	P2.4	P2.3	P2.2	P2.1
SBUF	(99H)								
SCON	98H	9F	9E	9D	9C	9B	9A	99	98
		RI	SM0	SM1	SM2	REN	TB8	RB8	TI
P1	90H	97	96	95	94	93	92	91	90
		P1.0	P1.7	P1.6	P1.5	P1.4	P1.3	P1.2	P1.1
WDTRST+	A6H								
TH2*	(CDH)								
TL2*	(CCH)								
RCAP2H*	CBH								

续表 3.4

SFR		位地址/位定义							
名　称	字节地址	7	6	5	4	3	2	1	0
RCAP2L*	CAH								
T2CON*	C8H	TF2	EXF2	RCLK	TCLK	EXEN2	TR2	C/T2	CP/RL2
T2MOD*	C9H							DCEN	T2OE
AUXR+	(8EH)				WDIDLE	DISETO			DISALE
AUXR1+	(A2H)								DPS
TH1	(8DH)								
TH0	(8CH)								
TL1	(8BH)								
TL0	(8AH)								
TMOD	(89H)	GATE	$C/\overline{T}$	M1	M0	GATE	$C/\overline{T}$	M1	M0
TCON	88H	8F	8E	8D	8C	8B	8A	89	88
		IT0	TF1	TR1	TF0	TR0	IE1	IT1	IE0
PCON	(87H)	SMOD	—	—	—	GF1	GF0	PD	IDL
DP1H+	(85H)								
DP1L+	(84H)								
DP0H	(83H)								
DP0L	(82H)								
SP	(81H)								
P0	80H	87	86	85	84	83	82	81	80
		P0.0	P0.7	P0.6	P0.5	P0.4	P0.3	P0.2	P0.1

注：+　表示 AT89C51/C52 单片机没有；

　　*　表示仅 AT89S52 有。

在此要特别提醒读者注意的一个问题是对于表 3.4 中的大多数 SFR，在直接寻址指令中可以采用其符号名，但对于标注有 * 和 + 的 SFR 则只能用直接地址寻址，因为汇编指令不能识别它们的符号，例如不能识别 TH2 等。

3.3.3 SFR 的功能及应用

因为单片机的工作是由 SFR 统一控制和管理的，可以说 SFR 是单片机的核心和灵魂，理解并学会应用 SFR 也就基本掌握了单片机的应用。

本小节将介绍与 CPU 内核相关的特殊功能寄存器的功能及应用，其余与单片机功能部件(如定时器、串行口和中断系统等)有关的特殊功能寄存器将在后面有关章节中陆续介绍。

1. 程序状态字寄存器 PSW

PSW 是用于反映程序运行状态的 8 位寄存器，当 CPU 进行各种逻辑操作或算术运算时，为反映操作或运算结果的状态，把相应的标志位置 1 或清 0。这些标志位的状态，可由专门的指令来测试，也可通过指令来读出。它的每一位都可以单独访问，它为计算机确定程序的下一步运行方向提供依据。

PSW 的字节地址是 D0H，各位名称及排列格式如表 3.5 所列，该状态字可以位寻址。

表 3.5 程序状态字寄存器 PSW 的位标志

PSW	位 7	位 6	位 5	位 4	位 3	位 2	位 1	位 0
位地址	D7H	D6H	D5H	D4H	D3H	D2H	D1H	D0H
位名称	CY	AC	F0	RS1	RS0	OV	—	P

下面说明各标志位的作用。

PSW.7　CY——进位标志位。

该位（在指令中用 C 表示）表示当进行加法或减法运算时，操作结果的最高位（位 7）是否有进位或有借位。

当 CY＝1 时，表示操作结果最高位（位 7）有进位或有借位；

当 CY＝0 时，表示操作结果最高位（位 7）没有进位或借位。

在进行位操作时，CY 又作为位操作累加器 C。

PSW.6　AC——半进位标志位。

该位表示当进行加法或减法运算时，低半字节向高半字节是否有进位或借位。

当 AC＝1 时，表示低半字节向高半字节有进位或借位；

当 AC＝0 时，表示低半字节向高半字节没有进位或借位。

PSW.5　F0——用户标志位。由用户置位或复位。

PSW.4、PSW.3　RS0、RS1——工作寄存器组选择位。

这两位用以选择当前所用的工作寄存器组。用户用软件改变 RS0 和 RS1 的组合，可以选择当前选用的工作寄存器组，其组合关系如表 3.6 所列。

表 3.6 RS0、RS1 对工作寄存器组的选择

RS1	RS0	寄存器组	片内 RAM 地址
0	0	第 0 组	00H～07H
0	1	第 1 组	08H～0FH
1	0	第 2 组	10H～17H
1	1	第 3 组	18H～1FH

单片机在复位后，RS0＝RS1＝0，CPU 默认第 0 组为当前工作寄存器组。根据

需要,用户可利用传送指令或位操作指令来改变其状态,这样的设置便于在程序中快速保护现场。

PSW. 2　OV——溢出标志位。

该位表示在有符号数进行算术运算时,是否发生了溢出。

当 OV=1 时,表示运算结果发生了溢出;

当 OV=0 时,表示运算结果没有溢出。

对于有符号数,其最高位表示正、负号,故只有 7 个有效位,能表示−128～+127 之间的数。如果运算结果超出了这个数值范围,就会发生溢出,此时,OV=1;否则 OV=0。

如例 1 所示,两个正数(69、105)相加超过+127 范围时,使其符号由正变负,由于溢出得负数,结果是错误的,这时 OV=1。

如例 2 所示,两个负数(−120、−105)相加,其和小于−128,由于溢出得正数,这时 OV=1。

例1:

```
        01000101  (+69)
  +)    01101001  (+105)
------------------------------
CY = 010101110  (结果为负数)
```

例2:

```
        10001000  (−120)
  +)    10010111  (−105)
------------------------------
CY = 100011111  (结果为正数)
```

其实单片机本身并不能识别所处理的数是否为有符号数,因而只要有加减操作,OV 位一律按照它是有符号数的规定变化;只在当编程者规定操作数是无符号数时,才不必理睬 OV 位的变化。

在执行乘法指令后:OV=0 表示乘积没有超过 255,乘积就在 A 中;OV=1 表示乘积超过 255,此时积的高 8 位在 B 中,低 8 位在 A 中;

在执行除法指令后:OV=0 表示除数不为 0;OV=1 表示除数为 0。

PSW. 1——用户标志位。由用户置位或复位,汇编语言中没有给该位定义位名称。

PSW. 0　P——奇偶标志位。

该位表示累加器 A 内容的奇偶性。在 80C51 的指令系统中,凡是改变累加器 A 中内容的指令均影响奇偶标志位 P。

当 P=1 时,表示有奇数个“1”;

当 P=0 时,表示有偶数个“1”。

2. 累加器 ACC

累加器 ACC 是 CPU 中工作最繁忙的 8 位寄存器,通过暂存器与 ALU 相连。它参与所有的算术、逻辑类操作,运算器的一个输入多为 ACC 的输出,而运算器的输出即运算结果也大多要送到 ACC 中。此外,在大多数传送指令和部分转移指令中也要用到 ACC。在指令系统中累加器的助记符一般为 A,以下简称 ACC 为 A。

3. 双数据指针寄存器 DPTR0 / 1

数据指针寄存器主要用于存放存储器和 I/O 接口电路的 16 位地址,作间址寄存器使用。为方便对16位地址的片内、片外存储器和外部扩展I/O器件的访问，在AT89S51/S52中有2个16位的数据指针寄存器(80C51系列多数型号为1个)，即DPTR0和DPTR1。它们也可拆成高字节DPH和低字节DPL这2个独立的8位寄存器，占据地址分别为82H～85H(如表3.4所列)。

在80C51的指令系统中，数据指针只有DPTR一种表示方法，通过辅助寄存器1(AUXR1)的DPS位选择DPTR0或DPTR1：当DPS=0时，选择DPTR0指针；当DPS=1时，选择DPTR1指针。用户在访问各自的数据指针寄存器之前，应将DPS位初始化为适当的值，其默认的数据指针寄存器是DPTR0。

AUXR1的字节地址是A2H，各位名称与排列格式如表3.7所列，该控制字不能位寻址。

表3.7 辅助寄存器AUXR1的位控制字

AUXR1	位7	位6	位5	位4	位3	位2	位1	位0
位名称	—	—	—	—	—	—	—	DPS

辅助寄存器1 AUXR1的DPS选择位作用如下：

当DPS=0时，选择DPTR寄存器的高、低字节为DP0H、DP0L；

当DPS=1时，选择DPTR寄存器的高、低字节为DP1H、DP1L。应用举例见第4章。

4. B寄存器

B寄存器可以作为一般的寄存器使用，在乘、除法运算中用来暂存其中的一个数据。乘法指令的2个操作数分别取自A和B，结果的高字节存于B中，低字节存于A中。除法指令中被除数取自A，除数取自B，结果商存于A中，余数存放在B中。

在其他指令中，B寄存器可作为RAM中的一个单元使用。B寄存器的地址为B0H。

5. 堆栈指针SP

堆栈指针SP(Stack Pointer)是一个8位的特殊功能寄存器，它用于存放堆栈栈顶的地址。每存入或取出一个字节数据，SP就自动加1或减1。SP始终指向新的栈顶。

(1) 堆栈的概念

堆栈是在单片机内部数据存储器中专门开辟的一个特殊的存储区，其主要功能是暂时存放数据和地址，通常用来保护断点和现场(详见第9章)。它的特点是按照“先进后出”的原则存取数据，此处的“进”与“出”是指“进栈”与“出栈”操作，也称为“压入”和“弹出”。如图3.6所示(图中均为十六进制数)，第一个进栈的数据所在的存储单元称为“栈底”，然后逐次进栈，最后进栈的数据所在的存储单元称为“栈顶”。随着存放数据的增/减，栈顶是变化的，从栈中取数总是先取栈顶的数据，即最后进栈的数据先取出。在图 3.6(a)中,堆栈的栈底为 60H,堆栈指针 SP 的内容为 6BH,即它的栈顶为 6BH,栈顶中内容为 98H。在图 3.6(b)中,向堆栈中压入 1 个数 D0H 后,SP 的内容为 6CH。在图 3.6(c)中,如果从堆栈中连续取 2 个数,即连续取出 D0H 和 98H 后,SP 的内容为 6AH,此时栈顶的数为 40H,而最先进栈的数据将最后取出,即图中 60H 中的 57H 最后取出。

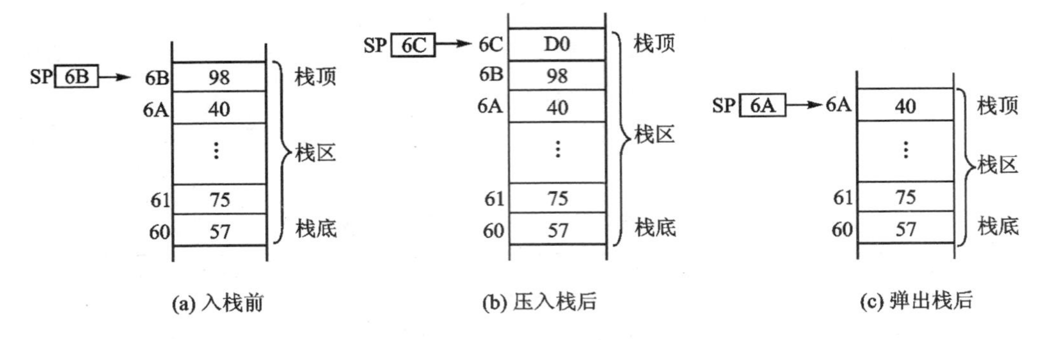

图 3.6 堆栈和堆栈指针示意图

(2) 堆栈的操作

堆栈的操作有两种方式:一种是自动方式,即在调用子程序或产生中断(见第 9 章)时返回地址(断点)自动进栈,程序返回时断点地址再自动弹回程序计数器 PC,这种堆栈操作不需用户干预,是通过硬件自动实现的;另一种是指令方式,即使用堆栈操作指令进行进/出栈操作,用户可根据其需要使用堆栈操作指令对现场进行保护和恢复。

(3) 堆栈的设置

在 80C51 单片机中通常是指定内部数据存储器 08H～7FH(AT89C52/S52 可到 FFH)中的一部分作为堆栈。

在使用堆栈前,一般要先给 SP 赋值,规定堆栈的起始位置,即栈底。系统复位后,SP 初始化为 07H,使得堆栈事实上由 08H 开始。因为 08H～1FH 单元为工作寄存器区 1～3,20H～2FH 为位寻址区。在程序设计中很可能要用到这些区,所以用户在编程时最好把 SP 初值设为 2FH 或是更大值,当然同时还要顾及其允许的深度。

在使用堆栈时要注意:由于堆栈的占用,会减少内部 RAM 的可利用单元;如设置不当,则可能引起内部 RAM 单元冲突。

6. P0～P3 端口寄存器

特殊功能寄存器 P0～P3 分别用于控制 P0～P3 端口的 I/O 操作。

在 AT89S51/S52 单片机中,是把 I/O 端口寄存器当作一般的专用寄存器来使用(详见 3.5 节)。

3.4 单片机的工作原理

学习单片机并不需要十分详细地了解其内部结构中的具体线路,但为了便于对后面章节的学习和理解,读者仍须清楚地理解单片机的工作原理。单片机是通过执行程序来工作的,即执行不同的程序就能完成不同的任务,因此单片机执行程序的过程实际上也体现了单片机的工作原理。

3.4.1 指令与程序概述

指令是规定计算机执行某种操作的命令,CPU 就是根据指令来指挥和控制计算机各部分以协调的动作完成规定的操作。指令是由二进制代码表示的,通常包括操作码和操作数两部分:操作码规定操作的类型;操作数给出参加操作的数据或存放数据的地址(只有少数指令是没有操作数的)。计算机全部指令的集合称为"指令系统",其性能与计算机硬件密切相关,不同的计算机其指令系统不完全相同。

程序是根据任务要求有序地编排指令的集合,程序的编制称为"程序设计"。为运行和管理计算机所编制的各种程序的总和称为"系统软件"。一般单片机中没有"系统软件",而只能装载用户自己编制的应用软件。

3.4.2 CPU 的工作原理

在执行程序中起关键作用的是 CPU,这里重点介绍 CPU 的工作原理。

CPU 主要是由控制器和运算器两大部分组成:控制器根据指令码产生控制信号,使运算器、存储器、输入/输出端口之间能自动协调地工作;运算器用于进行算术、逻辑运算以及位操作处理等。

1. 控制器

控制器是用来统一指挥和控制计算机工作的部件,其功能是从程序存储器中逐条取指令,进行指令译码,并通过定时和控制电路,在规定的时刻发出各种操作所需的全部内部控制信息及 CPU 外部所需的控制信号,使各部分按照一定的节拍协调工作,以完成指令所规定的各种操作。

它由指令部件、时序部件和操作控制部件三部分组成。

下面分述各部件的功能。

(1) 指令部件

指令部件是一种能对指令进行分析、处理和产生控制信号的逻辑部件,也是控制器的核心。通常,由程序计数器 PC、指令寄存器、指令译码器等组成。

下面介绍与 CPU 工作有关的几个部件。注意:这几个寄存器用户都不能直接访问,介绍的目的是便于读者对单片机工作原理的了解和后面指令的学习。

程序计数器——程序计数器 PC(Program Counter)是用于存放和指示下一条要执行指令的地址寄存器。它是一个16位专用寄存器,由2个8位寄存器PCH(存放地址的高8位)和PCL(存放地址的低8位)组成。它具有自动加1的功能,当一条指令(确切地说是指令字节)按照PC所指的地址从存储器中取出之后,PC就会自动加1。由于在单片机中取指令的操作是以字节为单位的(在80C51系列单片机中的指令长度一般为1~3字节),因而PC在自动加至该指令字节个数后,才指向下一条将要执行的指令地址,如果指令大于1字节,则指向的是指令的第一字节。PC是维持单片机有序执行程序的关键性寄存器。计算机执行程序的过程是把存储器内的指令依次取到指令寄存器里进行识别,然后去执行规定的操作。这里要取的指令地址码是由程序计数器提供的,并保证程序顺序执行。如果要求不按顺序执行指令,例如想要跳过一段程序再执行指令,这时可通过执行一条跳转指令或调用指令,将要执行的指令地址送入程序计数器,取代原有的指令地址,以实现程序的跳转或调用。

地址寄存器——地址寄存器分为程序地址寄存器和RAM地址寄存器。程序地址寄存器是一个16位专用寄存器,用于保存当前要访问的存储器或I/O外设的地址,程序计数器PC中的地址值通过数据总线送入地址寄存器保存,直至读/写操作完成。RAM地址寄存器用于保存RAM的地址。

指令寄存器——指令寄存器是8位寄存器,用于暂时存放指令,等待译码。

指令译码器——用于对送入指令译码器中的指令进行译码。所谓"译码",就是把指令转变成执行此指令所需要的电信号,根据译码器输出的信号,CPU控制电路定时地产生执行该指令所需的各种控制信号,使计算机正确执行程序所要求的各种操作。

(2) 时序部件

时序部件由时钟电路和脉冲分配器组成,用于产生操作控制部件所需的时序信号。产生时序信号的部件称为"时序发生器"或"时序系统",它由一个振荡器和一组计数分频器组成。振荡器是一个脉冲源,输出频率稳定的脉冲(也称为"时钟脉冲"),为CPU提供时钟基准。时钟脉冲经过进一步地计数分频,产生所需要的节拍信号或机器周期信号。

(3) 操作控制部件

操作控制部件可以与时序电路相配合,把译码器输出的信号转变为执行该指令所需的各种微命令,以完成规定的操作,该部件也可以处理外部输入的信号(如复位、中断源等)。

2. 运算器

运算器是对数据进行算术运算和逻辑操作的执行部件,包括算术/逻辑部件ALU、累加器ACC(Accumulator)、暂存寄存器、程序状态字寄存器PSW(Program Status Word)、BCD码运算调整电路等。为了提高数据处理和位操作功能,片内增加了一个通用寄存器区和一些专用寄存器，而且还增加了位处理逻辑电路的功能。

(1) 算术/逻辑部件 ALU

算术/逻辑部件 ALU(Arithmetic Logic Unit)是对数据进行算术运算和逻辑操作的执行部件，由加法器和其他逻辑电路(移位电路、判断电路等)组成。在控制信号的作用下，它能完成算术加、减、乘、除，逻辑"与"、"或"、"异或"等运算以及循环移位操作、位操作等功能。ALU 的运算结果将通过数据总线送到累加器 A，同时影响程序状态标志寄存器的有关标志位。

(2) 暂存器

暂存器用于暂存进入算术/逻辑部件 ALU 之前的数据。暂存器 1 和 2 均可暂存来自寄存器、立即数、直接寻址单元及内部 RAM 的数据，暂存器 2 还可以暂存累加器 A 的数据。暂存器不能通过编程访问，设置暂存器的目的是暂时存放某些中间过程所产生的信息，以避免破坏通用寄存器的内容。

运算器的其他部分已经在 3.3 节进行了详细介绍。

CPU 正是通过对这几部分的控制与管理，使单片机完成指定的任务。

3.4.3 单片机执行程序过程

单片机的工作过程实质就是执行程序的过程，即逐条执行指令的过程。计算机每执行一条指令均可分为 3 个阶段，即取指令、译码分析指令和执行指令。

取指令阶段的任务是：根据程序计数器 PC 中的值，从程序存储器读出当前要执行的指令，送到指令寄存器。

译码分析指令阶段的任务是：将指令寄存器中的指令操作码取出后进行译码，分析指令要求实现的操作性质，比如是执行传送还是加减等操作。

执行指令阶段的任务是：执行指令规定的操作，例如对于带操作数的指令，在取出操作码之后，再取出操作数，然后按照操作码的性质对操作数进行操作。

大多数 8 位单片机取指、译码和执行指令这 3 步是按照串行顺序进行的。32 位单片机的这 3 步也是不可缺少的，但它是采用预取指的流水线方法操作，并采用精简指令集，且均为单周期指令，其允许指令重叠并行操作。例如在第一条指令取出后，开始译码的同时，就取第二条指令；在第一条指令开始执行、第二条指令开始译码的同时，就取第三条指令；如此循环，从而使 CPU 可以在同一时间对不同指令进行不同的操作。这样就实现了不同指令的并行处理，显然这种方法大大加快了指令的执行速度。

计算机执行程序的过程实际上就是逐条指令地重复上述操作过程，直至遇到停机指令(80C51 系列单片机没有专门的停机指令)或循环等待指令。

为便于了解程序的执行过程，在这里给出单片机执行一条指令过程的示意图(如图 3.7 所示)。该图是将图 3.2 予以简化和提炼，突出了指令运行过程，图中大部分功能前面已说明，在此不赘述。另外，图 3.2 中的输入/输出口、定时器等因与待介绍

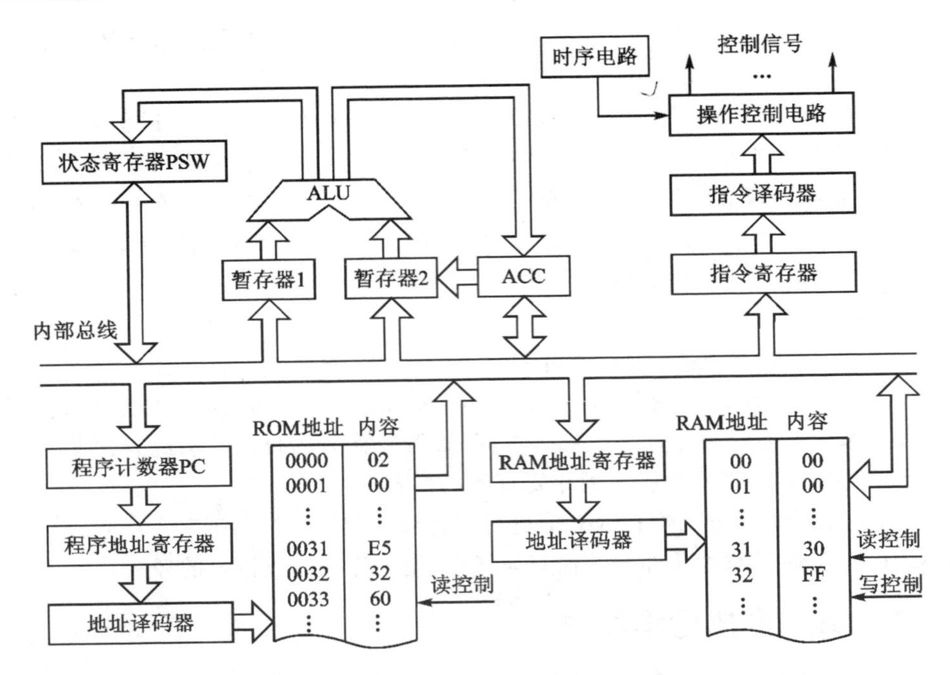

图 3.7 单片机指令执行过程示意图

指令执行无关,在此没有画出。

一般通用计算机进行工作时,首先要把程序和数据从外部设备(如光盘、磁盘等)输入到计算机内部的存储器,然后逐条取出执行。但单片机中的程序一般事先都已固化在程序存储器中,单片机在开始执行程序之后必须把程序指令按一定的顺序从存储器的单元中取出。每个单元都有称为地址的固定编号,只要给出地址,就能访问相应的存储单元。因此,单片机上电后即可执行指令。

下面通过一条指令的执行过程来简要说明单片机的工作过程。

现在假设准备执行的指令是“MOV A, 32H”,这条指令的作用是把片内RAM32H中的内容FFH送入累加器A中,这条指令的机器码(计算机能识别的数字)是“E5H,32H”。这条指令存放在程序存储器的0031H、0032H单元,存放形式参见图3.7。复位后单片机在时序电路作用下自动进入执行程序过程,也就是单片机取指令(取出存储器中事先存放的指令阶段)和执行指令(分析执行指令阶段)的循环过程。

为便于说明,现在假设程序已经执行到0031H,即PC变为0031H;在0031H中已存放E5H,0032H中已存放32H。当单片机执行到0031H时,首先进入取指令阶段。其执行过程如下:

① 程序计数器的内容(这时是0031H)送到地址寄存器;

② 地址寄存器中的内容(0031H)通过地址译码电路,使地址为0031H的单元被选中;

③ CPU 使读控制线有效；

④ 在读命令控制下，被选中存储器单元的内容(此时应为 E5H)送到内部数据总线上，因为是取指令阶段，该内容通过数据总线被送到指令寄存器；

⑤ 程序计数器的内容自动加 1(变为 0032H)。

至此，取指令阶段完成，后面将进入译码分析和执行指令阶段。

由于本次进入指令寄存器中的内容是 E5H(操作码)，经译码器译码后单片机就会知道该指令是要把一个数送到 A 累加器中，而该数是在片内 RAM 的 32H 存储单元中。所以执行该指令还必须把数据(FFH)从存储器中取出送到 A，即还要到 RAM 中取第二字节。其过程与取指令阶段很相似，只是此时 PC 已为 0032H，指令译码器结合时序部件，产生 E5H 操作码的微操作系列，使数据 FFH 从 RAM 的 32H 单元取出。因为指令是要求把取得的数送到 A 累加器中，所以取出的数据经内部数据总线进入 A 累加器，而不进入指令寄存器。至此，一条指令执行完毕。PC 寄存器在 CPU 每次向存储器取指令或取数时都自动加 1，此时 PC＝0033H，单片机又进入下一个取指令阶段。该过程将一直重复下去，直到收到暂停指令或循环等待指令才暂停。CPU 就是通过逐条执行指令来完成指令所规定的功能，这就是单片机的基本工作原理。

不同指令的类型、功能是不同的，因而其执行的具体步骤和涉及的硬件部分也不完全相同，但它们执行指令的 3 个阶段是相同的，限于篇幅不再一一列举。读者通过对指令系统的学习，可逐渐了解每条指令的作用及执行过程。

后续章节将详细介绍 AT89S51/S52 各部分的工作原理及应用，以帮助读者更透彻地理解单片机的工作原理。

3.5 输入/输出端口

单片机的输入/输出端口简称“I/O 端口”，是单片机与外界联系的重要通道。由于在数据的传输过程中，CPU 需要对接口电路中输入/输出数据的寄存器进行读/写操作，所以在单片机中，对这些寄存器像对存储单元一样进行编址。通常把接口电路中这些已编址并能进行读/写操作的寄存器称为“端口(PORT)”，或简称“口”。

AT89S51/S52 单片机共有 4 个 I/O 端口，即 P0～P3，每个端口都是 8 位双向口，共占用 32 个引脚。读者通过对 I/O 端口结构的学习，可以深入理解 I/O 端口的工作原理，并学会正确、合理地使用端口，且有助于对单片机外围逻辑电路的设计。

3.5.1 P0 口

P0 口是一个标准的双向 8 位并行口，既可以用作通用 I/O 口，也可以用作地址/数据线。由特殊功能寄存器 P0 管理 P0 口各位的工作状态，其地址为 80H，各位地址为 80H～87H。

在访问片外存储器时,它分时提供低8位地址和8位数据,故这些I/O线有“地址/数据总线”之称,简写为AD0～AD7。在不作总线时,它也可以作为普通I/O口使用。

1. P0口的位电路结构

P0口各位的结构完全相同,但又相互独立。图3.8所示为P0口某位P0.n(n=0～7)的结构图,它由1个输出锁存器、2个三态输入缓冲器和2个输出驱动场效应管FET(Field-Effect-Transistor)以及控制电路等组成。其输出级在结构上的主要特点是无内部上拉电阻。

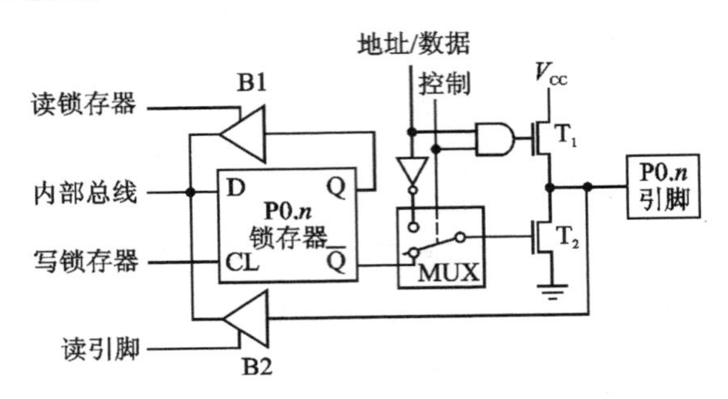

图3.8 P0口某位结构

输出锁存器用于锁存输出数据,2个三态输入缓冲器B1和B2分别用于对锁存器和引脚输入数据进行缓冲。在P0口的电路中有一个多路转换开关MUX,它的一个输入为锁存器,另一个输入为地址(低8位)/数据线的反相输出。在控制信号的作用下,多路开关MUX可以分别接通锁存器输出和地址/数据线输出。2个输出驱动场效应管T1和T2用于驱动输出的数据。

2. P0口的工作原理

下面按照P0口不同的功能分别进行介绍。

(1) P0口用作一般I/O口

当P0作为一般I/O口使用时,通过执行传送指令(详见第4章),则CPU内部发控制电平“0”,封锁“与”门,将输出上拉场效应管T1截止;同时控制多路开关MUX,将锁存器Q与输出驱动场效应管T2的栅极接通。此时,其输出与输入的工作原理如下:

当P0用作输出口时,显然内部总线与P0端口同相位,写脉冲加在D触发器CL上,内部总线就会向端口引脚输出数据。由于输出驱动级是漏极开路电路(称“开漏电路”),若驱动NMOS或其他拉电流负载,则需要外接上拉电阻(阻值一般为5～10 kΩ)。

当P0用作输入口时,分为读端口(即读锁存器)和读引脚两种输入方式,因此,端口中设有2个三态输入缓冲器用于读操作。通过CPU发出不同指令,实现不同的输入方式。

读引脚时，需要先向对应的锁存器写入“1”，以使FET截止。通过执行传送指令，读脉冲把三态缓冲器B2打开，端口引脚上的数据经过缓冲器读入到内部总线。同样，P1～P3口在进行读操作时，也需要先向对应的锁存器写入“1”。

读端口时，需要执行对端口的“读－改－写”指令(详见第4章)，因此CPU首先通过图3.8所示的缓冲器B1读锁存器Q端的数据，读入后进行运算修改，再写入锁存器，然后该数据通过缓冲器B1进入内部总线。这种方法可以避免因引脚外部电路的原因而使引脚状态变化引起误读。

AT89S51/S52的4个端口P0～P3都采用了具有两套输入缓冲器的电路结构。通过执行不同指令区分输入方式是读端口还是读引脚，该操作过程是CPU自动进行的，用户不必考虑。

(2) P0口用作地址/数据总线

在扩展系统中(详见第10章)，P0口作为地址/数据总线使用，可分为以下两种情况。

一种是由P0引脚输出地址/数据信息。CPU内部发控制电平“1”，打开“与”门，同时用多路开关MUX把低8位地址/数据线的某一位通过反相器与驱动场效应管T2栅极接通。从图3.8可以看到，上、下2个FET处于反相，从而构成了推拉式的输出电路。推拉式电路驱动能力较大，因而P0的输出级驱动能力比P1～P3口大。当地址/数据状态为“1”时，T1导通，T2截止，T1相当于一个较大的电阻，从而使加在T1上的V_{CC}与外接电路形成回路，输出为高电平“1”；当地址/数据状态为“0”时，T2导通，T1截止，T2相当于一个较大的电阻，从而使T2经过地与外接电路形成回路，输出为低电平“0”。

另一种情况是由P0输入数据。此时，通过指令CPU将自动对该口写入“1”，以使FET截止，此时输入信号从引脚通过输入缓冲器B2进入内部总线。

3.5.2 P1口

P1口是一个准双向的8位并行口，主要作为通用I/O口使用。由特殊功能寄存器P1管理P1口各位的工作状态，其地址为90H，各位地址为90H～97H。

1. P1口的位电路结构

P1口各位的电路结构如图3.9所示。其主要部分与P0口相同，但输出驱动部分与P0口不同，其内部有与电源相连的上拉负载电阻。

2. P1口的工作原理

下面按照其不同的功能分别介绍。

(1) P1口用作输出

P1口用作输出时，因其内部已经有上拉电阻，故可不外接上拉电阻。当CPU输

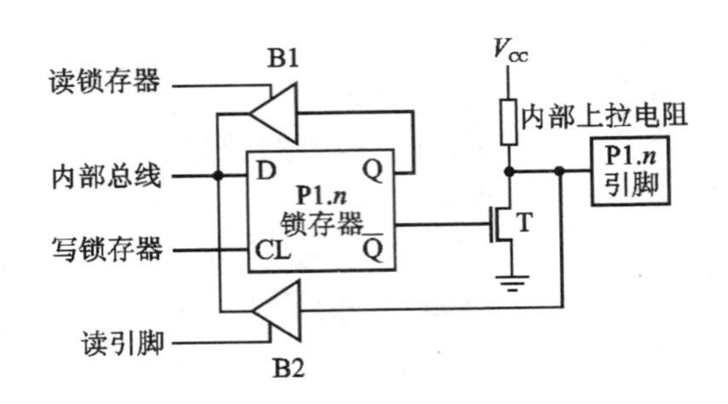

图 3.9 P1 口某位结构

出 1 时,Q=1,$\overline{Q}$=0,使 FET 截止,此时 P1 口引脚输出为 1;当 CPU 输出 0 时,Q=0,$\overline{Q}$=1,使 FET 导通,此时 P1 口引脚输出为 0。

(2) P1 口用作输入

P1 口用作输入时,与 P0 口相同也分为读锁存器和读引脚两种输入方式。读锁存器时,锁存器 Q 端的状态通过缓冲器 B1 进入内部总线;读引脚时,需要先向对应的锁存器写入“1”,使 FET 截止,然后引脚的状态通过缓冲器 B2 进入内部总线,由于片内负载电阻较大,约为 20~40 kΩ,所以不会对输入的数据产生影响。

AT89S51/S52 单片机的 P1 口除可以用作一般的 I/O 口外,其中 5 位还具有第二功能,如表 3.8 所列。由该表可知,P1.0、P1.1 用于定时器 2(AT89S51 除外),P1.5、P1.6、P1.7 用于在系统编程(In System Programmable,ISP)功能。它的作用是把在 PC 机上编好的程序通过所定义的这 3 根 ISP 接口线进行在线下载,即直接传输并烧录到 AT89S51/S52 单片机中的闪存中。烧录时,RST 引脚要接到 V_{CC} 端;编程前,首先要擦除该芯片,且接入 SCK 引脚的时钟频率不能大于单片机频率的 1/16。

这种方法比使用一般的编程器更廉价、方便。一般厂商都配有在线下载接口板和相应软件,读者只须学会如何使用即可。

表 3.8 P1 口部分引脚的第二功能

P1 口的各位	第二功能的名称及作用
P1.0	T2——定时/计数器 2 的外部计数输入/时钟输出
P1.1	T2EX——定时/计数器 2 的捕获触发和双向控制
P1.5	MOSI——输入线,用于在系统编程
P1.6	MISO——输出线,用于在系统编程
P1.7	SCK——串行时钟输入线,用于在系统编程

3.5.3 P2 口

P2 口是一个准双向的 8 位并行口,既可以作为通用 I/O 口使用,也可以作为高

8位地址线使用。由特殊功能寄存器P2管理P2口各位的工作状态，其地址为A0H，各位地址为A0H～A7H。

在访问片外存储器或者外围器件时，它输出高8位地址，即A8～A15；在不作总线时，也可以作为普通I/O口使用。

1. P2口的位电路结构

P2口各位的结构如图3.10所示。从该图中可看到，P2口的位结构比P1口多了一个转换控制部分，其余部分相同。

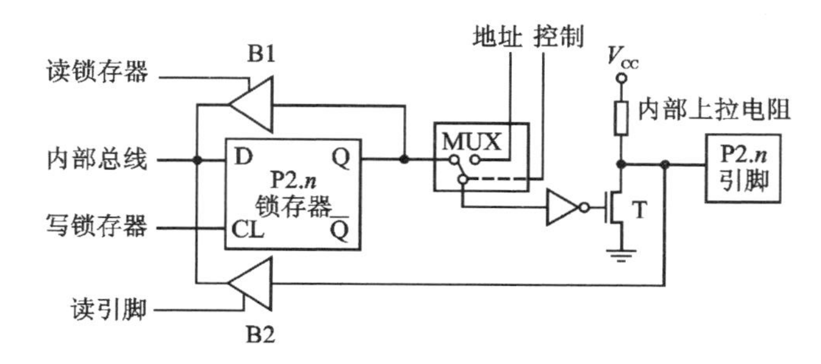

图3.10 P2口某位结构

当P2口用作通用I/O口时，多路开关MUX倒向锁存器输出Q端，构成输出驱动电路，此时用法与P1口相同；当P2口用作高8位地址线时，多路开关MUX与内部高8位地址线的某一位相接。

2. P2口的工作原理

下面按照其不同的功能分别进行介绍。

(1) P2口用作高8位地址线

在系统扩展片外存储器时，高8位地址由P2口输出(低8位地址由P0口输出)。此时，MUX在CPU的控制下与内部地址线相接。当地址线为“0”时，FET导通，P2口的引脚输出“0”；当地址线为“1”时，FET截止，P2口的引脚输出“1”。由于访问片外存储器的操作往往接连不断，P2口要不断送出高8位地址，故此时P2口无法再用作通用I/O口。

在只需扩展较小容量的片外数据存储器的系统中，使用“MOVX @Ri”类指令访问片外RAM，寻址范围为256字节(也可称为“页寻址”)，则只需低8位地址线就可实现。P2口不受该指令的影响，仍可用作通用I/O口。

如果寻址范围大于256字节，且小于64 KB，则可以用软件方法只利用P1～P3中的某几根口线送高位地址，而保留P2中的部分或全部口线以用作通用I/O口。

若扩展的数据存储器或外部器件容量超过256字节，则要使用“MOVX @DPTR”类指令，寻址范围扩展到64 KB，此时，高8位地址总线由P2口输出。在读/写周期内，P2口锁存器仍保持原来端口的数据，在访问片外RAM周期结束后，多路开关自动切换到锁存器Q端。由于CPU对RAM的访问不是经常的,在这种情况,P2口在一定的限度内仍可用作通用I/O口。

(2) P2口用作通用I/O口

在内部控制信号作用下,MUX在CPU的控制下与输出锁存器Q端相接。

作输出时,CPU输出1,Q=1,FET截止,P2口的引脚输出1;CPU输出0,Q=0,FET导通,P2口的引脚输出0。

作输入时,MUX仍然保持与输出锁存器Q端相接。其输入情况也分为读锁存器和读引脚2种输入方式,同P0口和P1口。

3.5.4 P3口

P3口是一个多功能的准双向8位并行口,它的每一位既可以作为通用I/O口使用,又都具有第二输出功能。由特殊功能寄存器P3管理P3口各位的工作状态,其地址为B0H,各位地址为B0H~B7H。

1. P3口的位电路结构

P3口各位的结构如图3.11所示。P3口也是多功能端口,与P1口结构相比,多了一个“与非”门和缓冲器B3。“与非”门的作用相当于一个开关。

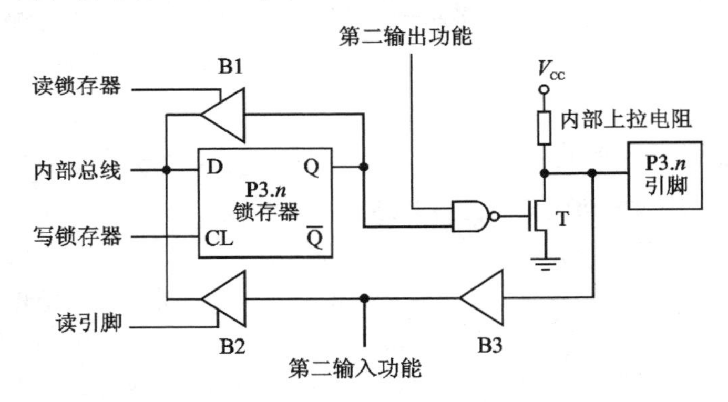

图3.11 P3口某位结构

2. P3口的工作原理

下面按照其不同的功能分别介绍。

(1) P3口用作通用I/O口

当执行对P3口的输出指令时,第二输出功能端自动置为高电平,则锁存器输出可通过“与非”门送至T,其状态决定了引脚端输出电平。

输入时,也分为读锁存器和读引脚两种输入方式,同其他口。当CPU发出读命令时,使左边缓冲器B2上的“读引脚”有效,右边的缓冲器B3是长开的,于是引脚信号读入CPU。

(2) P3 口用作第二功能引脚

当执行与第二功能有关的输出操作时,锁存器输出 Q 为 1,则端口用于第二功能,其 8 个引脚均具有专门的第二功能,如表 3.9 所列。第二输出功能端为输出时,信号通过"与非"门和 FET 送至端口引脚,此时:当第二输出功能端为 1 时,FET 截止,P3 口引脚为 1;当第二输出功能端为 0 时,FET 导通,P3 口引脚为 0,从而实现第二功能信号输出。

当执行与第二功能有关的输入操作时,该位的锁存器和第二输出功能端均置 1,FET 保持截止,端口引脚的第二功能信号通过右边的缓冲器 B3 送到第二输入功能端。

以上各引脚的功能与作用,读者须通过对后面章节的学习才能逐渐加深理解并学会如何应用。

表 3.9 P3 口各位的第二功能

P3 口各位	第二功能的名称及作用	P3 口各位	第二功能的名称及作用
P3.0	RXD:串行口输入	P3.4	T0:定时/计数器 0 的外部输入
P3.1	TXD:串行口输出	P3.5	T1:定时/计数器 1 的外部输入
P3.2	$\overline{INT0}$:外部中断 0 输入	P3.6	$\overline{WR}$:片外数据存储器写选通控制输出
P3.3	$\overline{INT1}$:外部中断 1 输入	P3.7	$\overline{RD}$:片外数据存储器读选通控制输出

3.5.5 4 个 I/O 端口的主要异同点

AT89S51/S52 单片机上述 4 个 I/O 端口在结构和特性上基本相同,但也存在一定的差别,因此,它们的负载能力和接口要求有相同之处,但又各具特点,从而在使用上也有一定的差别。现对它们的主要异同点总结如下。

(1) 主要相同点

- 都是 8 位双向口,在无片外扩展存储器的系统中,这 4 个端口的每一位都可以作为双向通用 I/O 端口使用。
- 每个端口都包括锁存器(即专用寄存器 P0~P3)、输出驱动器和输入缓冲器。
- 系统复位时,4 个端口锁存器全为 1,则作为输入时不必写 1。如果程序执行后改变过 I/O 端口的状态,则必须重新向锁存器写入 1,使驱动管 FET 截止。
- 4 个端口均可以按字节访问,也可以按位访问,每一位均可独立操作。

(2) 主要不同点

- P0 口是一个真正的双向口。它的每一位都具有输出锁存、输入缓冲和悬浮状态(即高阻态)3 种工作状态。
- P1~P3 口被称作准双向口。它的每一位都具有输出锁存、输入缓冲 2 种工作状态。

- P0 口的每一位可驱动 8 个 LSTTL 负载。它在低电平状态下每一位的最大吸收电流为 3.2 mA，P1～P3 口每位可驱动 4 个 LSTTL 负载，每一位的最大吸收电流为 1.6 mA。
- P0 口既可作 I/O 端口使用，也可作地址/数据总线使用。当用作通用口输出时，输出级是开漏电路，在驱动 NMOS 或其他拉电流负载时，只有外接上拉电阻，才有高电平输出；当用作地址/数据总线时，无需外接电阻，此时不能再作 I/O 口使用。
- P1 口除用作一般的 I/O 口外，某些位还增加了第二功能，参见表 3.7。
- P2 口除用作一般的 I/O 口外，在具有片外并行扩展存储器的系统中，P2 口通常用作高 8 位地址线，P0 口分时用作低 8 位地址线和双向数据总线，详见第 10 章。
- P3 口除用作一般的 I/O 口外，其各位均增加了第二功能，参见表 3.8。

3.6 CPU 时序及时钟电路

单片机的时序就是 CPU 在执行指令时各控制信号之间的时间顺序关系。为了保证各部件间协调一致地同步工作，单片机内部的电路应在唯一的时钟信号控制下严格地按时序进行工作。下面介绍有关电路及 CPU 时序的概念。

3.6.1 CPU 时序及有关概念

CPU 执行指令的一系列动作都是在统一的时钟脉冲控制下逐拍进行的，这个脉冲是由单片机控制器中的时序电路发出的。由于指令的字节数不同，则取这些指令所需的时间就不同，即使是字节数相同的指令，因为执行操作存在较大差别，故不同指令的执行时间也不一定相同，即所需要的节拍数不同。

为了便于对 CPU 时序进行分析，人们按指令的执行过程规定了几种周期(也称为“时序定时单位”)。对于 80C51 系列单片机定义了如下 4 种时序单位，即振荡周期、状态周期、机器周期以及指令周期。这几种时序单位之间的时序关系如图 3.12 所示，这里选用的是 2 个机器周期的指令。下面分别予以说明。

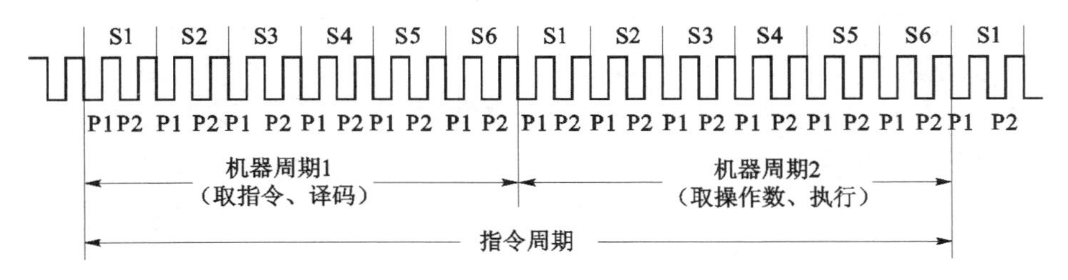

图 3.12 基本定时时序关系

(1) 振荡周期

振荡周期也称为“时钟周期”，定义为时钟脉冲频率的倒数。在80C51系列单片机中，1个振荡周期定义为1个节拍，用P表示。它是计算机中最基本、最小的时间单位。在一个振荡周期内，中央处理器CPU仅完成一个最基本的动作。对于某种单片机，若采用1 MHz的时钟频率，则时钟周期为1 μs；若采用4 MHz的时钟频率，则时钟周期为250 ns。由于时钟脉冲是计算机的基本工作脉冲，因此它控制着计算机的工作节奏(使计算机的每一步都统一到它的步调上来)。显然，对同一种机型的计算机，时钟频率越高，计算机的工作速度就越快；但是，由于不同的单片机其硬件电路和器件不完全相同，所以其所要求的时钟频率范围也不一定相同，是不能随意提高的，通常频率升高，电路工作加快，功耗也会增加。AT89S系列单片机的时钟频率范围是0～33 MHz。80C51系列单片机其他型号的时钟频率范围不完全相同，使用时须注意。

(2) 状态周期

80C51系列单片机中2个节拍定义为1个状态周期，即图3.12中所示的P1、P2，用S表示。由图3.12可以看出二者之间的相互关系。

(3) 机器周期

在计算机中，为了便于管理，常把一条指令的执行过程划分为若干个阶段，每一阶段完成一个基本操作，如取指令、存储器读、存储器写等。完成一个基本操作所需要的时间称为“机器周期”。80C51的1个机器周期包含6个状态周期S，因此，1个机器周期可依次表示为S1P1、S1P2、S2P1、S2P2、…、S6P1和S6P2共12个振荡周期，如图3.12所示。

不同计算机1个机器周期所包含的振荡周期数不一定相同。

(4) 指令周期

指令周期是指执行一条指令所需要的时间，一般由若干个机器周期组成。指令不同，所需要的机器周期数也不同。对于一些简单的单字节指令，在取指令周期中，指令取出到指令寄存器后立即译码执行，仅用1个机器周期即可；对于一些比较复杂的指令(如转移指令、乘除指令)，则需要2个或2个以上的机器周期。

图3.12中还标明了CPU取指令和执行指令的时序。通常，包含1个机器周期的指令称为“单周期指令”，包含2个机器周期的指令称为“双周期指令”。不同计算机的时序关系一般是不完全相同的，比如每个指令周期包含的机器周期数、每个机器周期包含的时钟周期数都可能不同。目前的发展趋势是尽可能都精简为单周期指令，且1个振荡周期即1个机器周期，这样在相同的运行速度下可大大降低时钟频率。因此，在选择单片机时，不仅要看其适用的工作频率范围，还要看它是否为精简的单周期指令集，每条指令的执行时间是否都很短。

注意：在采用精简指令的单片机中已经没有“机器周期”、“状态周期”这样的时序单位了。

3.6.2 振荡器和时钟电路

要给CPU提供上述时序需要有相关的硬件电路，即振荡器和时钟电路。下面就来介绍其工作原理和外部电路的不同接法。

1. 振荡器和时钟电路的工作原理

图3.13所示为振荡器和时钟电路的工作原理。80C51系列单片机内部有一个高增益反相放大器，用于构成振荡器，但要形成时钟，外部还需要附加电路。XTAL1引脚为反相放大器和时钟发生电路的输入端，XTAL2引脚为反相放大器的输出端。

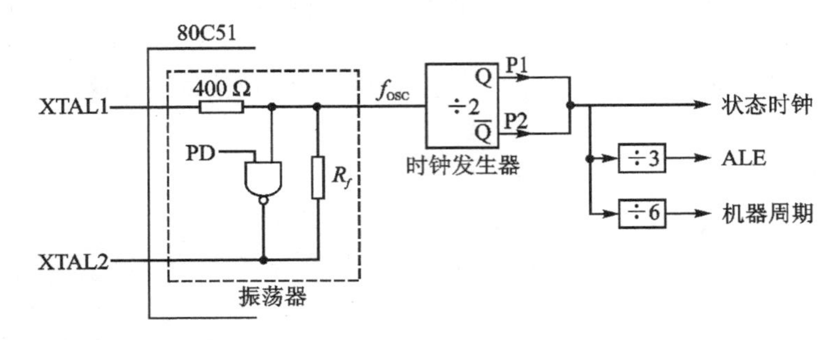

图3.13 振荡器和时钟电路工作原理

片内时钟发生器实质是个2分频的触发器，其输入来自振荡器的f_{OSC}，输出为2相时钟信号，即节拍信号P1、P2，其频率为$f_{OSC}/2$。2个节拍为1个状态时钟S。状态时钟再3分频后为ALE信号，其频率为$f_{OSC}/6$；状态时钟6分频后为机器周期信号，其频率为$f_{OSC}/12$。

特殊功能寄存器PCON(详见3.8节)的PD位可以控制振荡器的工作。当PD=1时，振荡器停止工作，单片机进入低功耗工作状态；复位后，PD=0，振荡器正常工作。

2. 时钟电路接法

不同计算机的时钟电路接法是不完全相同的，80C51的时钟电路接法有以下两种方式。

(1) 内部时钟方式

通过在引脚XTAL1和XTAL2两端跨接晶体或陶瓷谐振器，再利用芯片内部的振荡电路，就构成了稳定的自激振荡器，其发出的脉冲直接送入内部时钟电路，如图3.14所示。外接晶振时，C_1和C_2值通常选择为20～30 pF；外接陶瓷谐振器时，C_1和C_2为30～50 pF。C_1、C_2对频率有微调作用，影响振荡的稳定性和起振速度。所采用的晶体或陶瓷谐振器的频率选择0～24/33 MHz(不同型号之间有所差别)。为了减小寄生电容，更好地保证振荡器稳定、可靠地工作，谐振器和电容应尽可能与单片机芯片靠近安装。

(2) 外部时钟方式

此方式是利用外部振荡脉冲接入 XTAL1。对于 AT89S51/S52 单片机，因内部时钟发生器的信号取自反相放大器的输入端，故采用外部时钟源时，接线方式为外时钟信号接至 XTAL1，XTAL2 悬空，如图 3.15 所示。

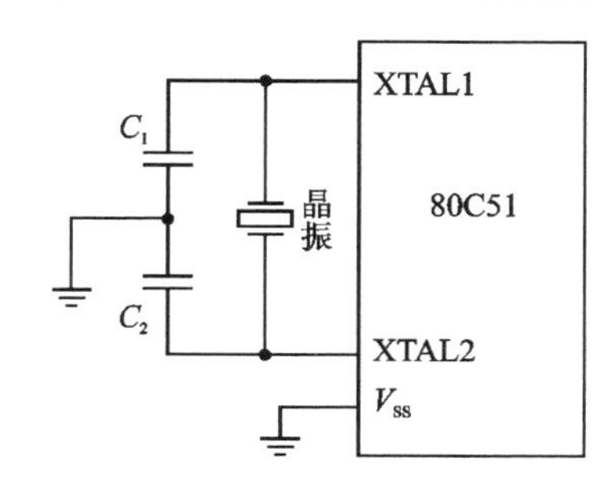

图 3.14 内部时钟方式

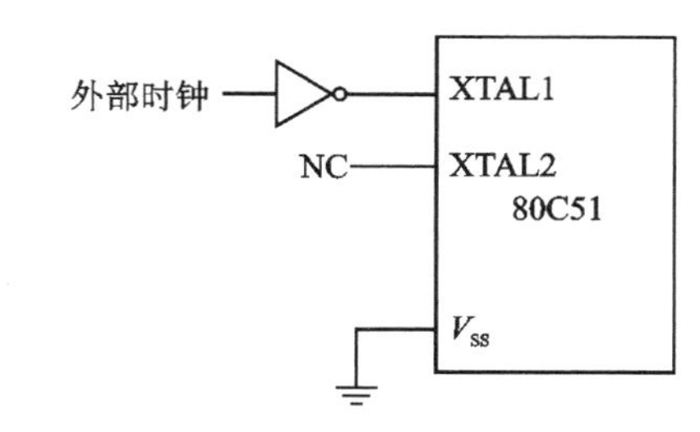

图 3.15 80C51 外时钟源接法

外部时钟信号经振荡器中的 400 Ω 电阻直接进入 2 分频的触发器而成为内部时钟信号，要求这个信号的高电平和低电平的持续时间均大于 20 ns，一般为频率低于 24 MHz 或 33 MHz 的方波。当多块芯片同时工作时，这种方式有利于同步。

现在已有某些型号的单片机将振荡器集成到单片机内部，不接外部晶振即可工作，这样进一步简化了单片机的使用。只是目前采用这种方法的时钟精度不如采用外部晶体谐振器的方法高，选择时须注意使用场合。

3.6.3 80C51 的指令时序

在 80C51 指令系统中，根据各种操作的繁简程度，其指令可由单字节、双字节和 3 字节组成。从单片机执行指令的速度看，单字节和双字节指令都可能是单周期和双周期，而 3 字节指令都是双周期，只有乘/除法指令占 4 周期。所以不同指令的取指令与操作指令的时序与执行时间是不完全相同的，此外不同指令所用到的控制信号也不完全相同，例如 ALE、$\overline{RD}$、$\overline{WR}$这几个控制信号只在外扩存储器或者其他外围器件时用到。通过图 10.7 访问片外 RAM 的操作时序可以对时序与控制信号的关系有一定了解，并可以更好地理解 ALE、$\overline{RD}$、$\overline{WR}$、P0 及 P2 等信号和数据线的作用。

作为一般用户不必了解每条指令的取指令与操作指令的时序，但要知道在振荡周期确定后，每条指令的指令周期所需时间。例如，如果采用 24 MHz 晶振，则执行 1 条单周期、双周期和 4 周期指令的时间(指令周期)分别为 0.5 μs、1 μs 和 2 μs。在编制软件延时程序或者定时中断程序时需要用到这方面的知识。

单片机在工作时的内部时钟信号无法从外部观察，故当采用 XTAL1 和 XTAL2 之间接晶振的方法时，可通过示波器观察 XTAL2 端引脚信号，判断晶振是否已经起振。ALE 引脚可用作内部工作状态指示信号。通过 ALE 端引脚信号，简单判断 CPU 是否已经工作。在此要特别提醒读者注意的是，ALE 引脚在访问外部存储器

时,在一个指令周期中将丢失一个脉冲。

3.7 复位和复位电路

复位是单片机的初始化操作。单片机在启动运行时,都要先复位。它的作用是使CPU和系统中其他部件都处于一个确定的初始状态,并从这个状态开始工作。例如复位后,PC初始化为0,于是单片机自动从0单元开始执行程序。因此,复位是一个很重要的操作方式。一般,80C51系列单片机本身是不能自动复位的,必须配合相应的外部电路才能实现。

3.7.1 内部复位信号的产生

单片机的整个复位电路包括芯片内、外两部分,外部电路产生的复位信号通过复位引脚RST进入片内一个施密特触发器(抑制噪声作用),然后与片内复位电路相连。80C51内部复位电路原理如图3.16所示。复位电路在每个机器周期对施密特触发器的输出采样一次。当RST引脚端保持2个机器周期(24个时钟周期)以上的高电平时,80C51进入复位状态。

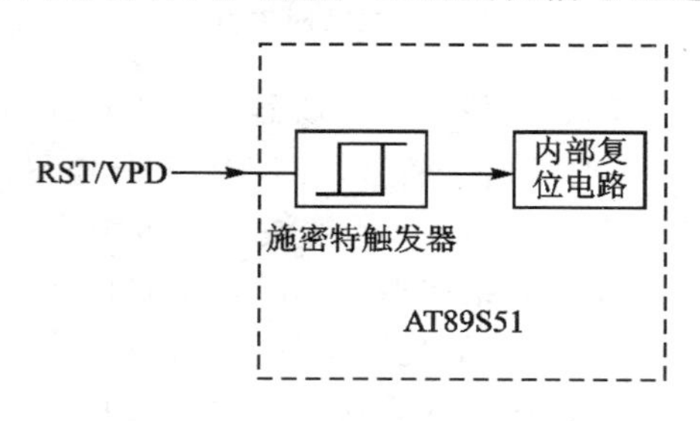

图3.16 复位电路原理图

3.7.2 复位状态

复位后,片内各特殊功能寄存器的状态如表3.10所列,其中的X表示此值为不确定数。

表3.10 复位后特殊功能寄存器的状态

寄存器	内 容	寄存器	内 容
PC	0000H	TMOD	00H
ACC	00H	TCON	00H
B	00H	TH0	00H
PSW	00H	TL0	00H
SP	07H	TH1	00H
DPTR0	0000H	TL1	00H
DPTR1	0000H	TH2*	00H
P0~P3	FFH	TL2*	00H
IP	XX000000B	T2MOD*	XXXXXX00B

续表 3.10

寄存器	内 容	寄存器	内 容
IE	0X000000B	T2CON*	00H
SCON	00H	RCAP2H*	00H
SBUF	XXXXXXXXB	RCAP2L*	00H
PCON	0XXX0000B	WDTRST	XXXXXXXXB
AUXR	XXX00XX0B	AUXR1	XXXXXXX0B

注：* 表示仅 AT89S52 有该寄存器。

复位时，ALE 和$\overline{PSEN}$呈输入状态，即 ALE=$\overline{PSEN}$=1，片内 RAM 不受复位影响；但在系统刚上电（也称为“冷启动”）时，RAM 的内容是随机的。复位后，P0～P3 口输出高电平且使这些双向口皆处于输入状态，并将 07H 写入堆栈指针 SP，同时将 PC 和其余专用寄存器清为初始状态，此时单片机从起始地址 0000H 开始重新执行程序。因此，单片机运行出错或进入死循环时，可使其复位后重新运行。

3.7.3 复位方式与外部复位电路

1. 复位方式

80C51 系列单片机有冷启动（也称为“上电自动复位”）和热启动（也称为“按键手动复位”）2 种复位启动方式。

冷启动是指在关机（断电）下给单片机加电，上电瞬间，RC 电路充电，RST 引脚端出现正脉冲，只要 RST 引脚端保持 2 个机器周期以上高电平（通常设计时间大于 10 ms），就能使单片机有效地复位。

热启动是指单片机已经加电，此时通过按键的方法，给 RST 引脚端一个复位电平，使单片机重新运行。按键手动复位又分为：按键电平复位和按键脉冲复位。按键电平复位相当于按复位键后复位端通过电阻与 V_{CC} 电源接通；按键脉冲复位是利用 RC 微分电路产生正脉冲。

此外，如果单片机内部启用了看门狗，当看门狗定时溢出产生的复位也属于热启动，此时外部复位电路不起作用。还有内部具有低压检测、软件复位和时钟失效等复位源的单片机，它们内部的这些复位源引起的复位均属于热启动复位。

2. 基本复位电路

几种基本复位电路如图 3.17(a)、(b)、(c)所示，参数选取应保证复位高电平持续时间大于 2 个机器周期，通常选择的时间都大于 10 ms（图中参数适宜 12 MHz 晶振）。

在实际的应用系统中，有些外围芯片也需要复位，如果这些复位端的复位电平要求与单片机的复位要求一致，则可与之相连。

复位电路关系到一个系统能否可靠地工作，由电阻、电容元件和门电路组成的复

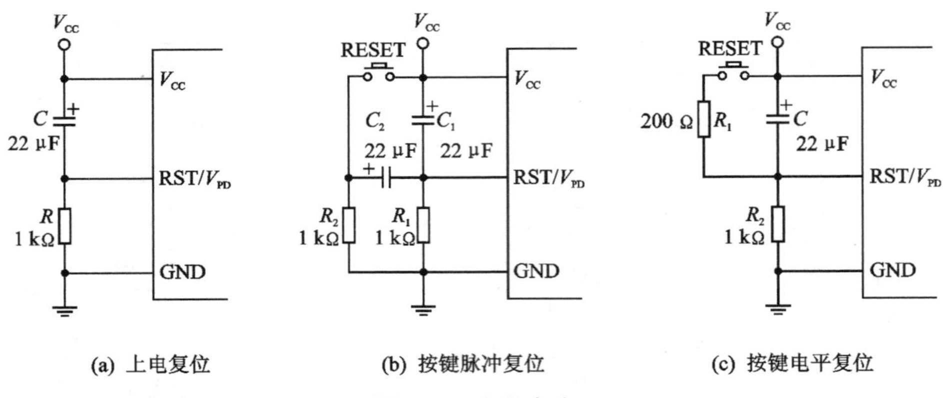

(a) 上电复位　　(b) 按键脉冲复位　　(c) 按键电平复位

图 3.17　复位电路

位电路虽然在多数情况下均能良好地工作,但对于电源瞬时跌落的情况,这种电路可能无法保证复位脉冲的宽度。另外,阻、容复位电路的复位触发门限较难在设计时确定,因为它与电阻、电容的精度,供电电源的精度以及门电路的触发电平有关,且受温度的影响较大。对于要求不高的场合,选用阻、容元件和门电路作为复位电路是一种廉价且简单的选择方案,并且这种电路多数情况下均能正常地工作。但对于应用现场干扰大、电压波动大的工作环境,常常要求系统在任何异常情况下都能自动复位恢复工作,这样的系统选用专用复位监控芯片作为系统的复位产生器是最理想的。复位监控芯片在上电、掉电情况下,均能提供正确的复位脉冲,其宽度和触发门限值均是由生产厂家设计并经出厂测试保证的,近年来已陆续出现了多种专用复位监控器。当应用系统中有多个需要复位的器件时,这种芯片能保证可靠地同步复位。

由上所述可知,给一块内部含有程序存储器的单片机配上时钟电路和复位电路即可构成单片机的最小应用系统。

目前,有的系列型号单片机内部已配有复位电路(即把阻容电路做在单片机内部),这样外部就不再需要接复位电路了。

80C51 系列单片机有些型号内部是不能自动进行复位的,必须配合相应的外部电路才能实现,但也有很多型号内部有看门狗电路(详见 7.6 节),可以通过看门狗自动复位。目前有不少系列单片机还具有其他能引起单片机自动复位的复位源,如低压检测复位、非法操作码复位、时钟失锁或者缺失复位和后台调试复位等。在这类单片机中通常都有一个复位状态寄存器,用于指示复位源。

3.8　80C51 系列单片机的低功耗方式

为了降低单片机的功耗,也为了减少外界干扰,单片机通常都有可程序控制的低功耗工作方式。低功耗方式也称为“省电方式”。80C51 系列单片机除具有一般的程序执行方式外,还具有两种低功耗方式,即待机(或称“空闲”)(Idle)方式和掉电(或称“停机”)(Power-down)方式,备用电源直接由 V_{CC} 端输入。第一种方式可使功耗降低,电流一般为正常工作时的 15%;而后一种方式可使功耗降到最小,电流一般为 6 mA 以下,最小可降到 50 μA 甚至更低,因此,这种单片机适用于低功耗应用场合。

在其他型号单片机中,低功耗方式还有切换到低的时钟频率、在外部唤醒方式下工作等,可参见相应单片机的使用说明。

3.8.1 电源控制寄存器 PCON

在 80C51 系列单片机中,有一个电源控制寄存器 PCON,通过对其中有关位进行设置,可以选择待机方式和掉电方式。PCON 的字节地址是 87H,各位名称及排列格式如表 3.11 所列,该控制字不可以位寻址。

表 3.11 电源控制寄存器 PCON 的位控制字

PCON	位 7	位 6	位 5	位 4	位 3	位 2	位 1	位 0
位名称	SMOD	—	—	—	GF1	GF0	PD	IDL

其各位作用如下:

SMOD——波特率倍增位。在串行口工作方式 1、2 或 3 下,SMOD=1 使波特率加倍(详见第 8 章)。

GF1 和 GF0——通用标志位。用户使用软件置、复位。

PD——掉电方式位。若 PD=1,则进入掉电工作方式。

IDL——待机方式位。若 IDL=1,则进入待机工作方式。

如果 PD 和 IDL 同时为 1,则进入掉电工作方式。复位时,PCON 中所有定义位均为 0。下面介绍两种低功耗方式的操作过程。

3.8.2 待机方式

1. 待机方式的工作特点

待机方式下,振荡器继续运行,时钟信号继续提供给中断逻辑、串行口和定时器,但提供给 CPU 的内部时钟信号被切断,CPU 停止工作。这时,堆栈指针 SP、程序计数器 PC、程序状态字 PSW、累加器 ACC 以及所有工作寄存器的内容都被保留起来。

通常 CPU 耗电量占芯片耗电的 80%~90%,因此一旦 CPU 停止工作,功耗就会大大降低。在待机方式下,AT89S51/S52 消耗电流可由正常的 20 mA 降为 6 mA,甚至更低。

2. 单片机进入待机方式的方法

只要向 PCON 中写入 1 个字节,使 IDL=1,单片机即进入待机方式。例如,执行“ORL PCON,#1”指令后,单片机即进入待机方式,此指令即为待机方式的启动指令。

3. 单片机终止待机方式的方法

终止待机方式的方法有以下两种：

通过硬件复位 由于在待机方式下时钟振荡器一直在运行，RST引脚上的有效信号只须保持2个时钟周期就能使IDL复位为0，单片机即退出待机状态，从它停止运行的地址恢复程序的执行，即从空闲方式的启动指令之后继续执行。注意：为了防止对端口的操作出现错误，置空闲方式指令的下一条指令不应为写端口或写外部RAM的指令。

通过中断方法 若在待机期间，任何一个允许的中断被触发，IDL都会被硬件置0，从而结束待机方式，单片机即进入中断服务程序。这时，通用标志GF0或GF1可用来指示中断是在正常操作还是在待机期间发生的。例如，使单片机进入待机方式的那条指令也可同时将通用标志置位，中断服务程序可以先检查此标志位，以确定服务的性质。中断结束后，程序将从空闲方式的启动指令之后继续执行。

3.8.3 掉电方式

1. 掉电方式的工作特点

在掉电方式下，V_{CC}可降至2 V，使片内RAM处于50 μA左右的“饿电流”供电状态，以最小的耗电保存信息。在进入掉电方式之前，V_{CC}不能降低到正常电压以下，而在退出掉电方式之前，V_{CC}必须恢复正常的电压值。V_{CC}恢复正常之前，不可进行复位。当单片机进入掉电方式时，必须使外围器件、设备处于禁止状态。为此，在请求进入掉电方式之前，应将一些必要的数据写入到I/O口的锁存器中，以防止外围器件或设备产生误动作。例如，当系统扩展有外部数据存储器时，在进入掉电方式之前应在P2口中置入适当数据，使之不产生任何外部存储器的片选信号。

在这种方式下，片内振荡器被封锁，所有功能均禁止，只有片内RAM单元的内容被保留，端口的输出状态值都保存在对应的SFR中，ALE和$\overline{\text{PSEN}}$均为低电平。

2. 单片机进入掉电方式的方法

PCON寄存器的PD位控制单片机进入掉电方式。当CPU执行一条置PCON.1位(PD)为1的指令后，单片机即进入掉电方式。例如，执行“ORL PCON，#2”指令后，单片机即进入掉电方式。

3. 单片机退出掉电方式的方法

退出掉电方式的唯一方法是硬件复位。硬件复位10 ms即可使单片机退出掉电方式。复位后，所有的特殊功能寄存器的内容重新初始化，但内部RAM区的数据不变。

思考与练习

1. AT89S51/S52单片机内部包含哪些主要的逻辑功能部件？各有什么主要

功能？

2. 什么是指令？什么是程序？简述程序在计算机中的执行过程。

3. 如何认识80C51单片机存储器空间在物理结构上可划分为4个空间，而在逻辑上又可划分为3个空间？

4. 开机复位后，80C51单片机CPU使用的是哪组工作寄存器？它们的地址是什么？CPU如何确定和改变当前工作寄存器组？

5. 什么是堆栈？堆栈有何作用？在程序设计时，为什么有时要对堆栈指针SP重新赋值？如果CPU在操作中要使用2组工作寄存器，SP的初值应为多大？

6. AT89S51/S52的时钟周期、机器周期、指令周期是如何分配的？当振荡频率为8 MHz时，1个时钟周期为多少μs(微秒)？指令周期是否为唯一的固定值？

7. 在AT89S51/S52扩展系统中，片外程序存储器和片外数据存储器共处同一地址空间为什么不会发生总线冲突？

8. 程序状态寄存器PSW的作用是什么？常用状态标志有哪几位？其作用是什么？

9. 位地址7CH与字节地址7CH有何区别？位地址7CH具体在内存中的什么位置？

10. AT89S51/S52的4个I/O端口的作用是什么？AT89S51/S52的片外三总线是如何分配的？

11. AT89S51/S52的4个I/O端口在结构上有何异同？使用时有何注意事项？

12. 复位的作用是什么？有几种复位方法？复位后，单片机的状态如何？

13. AT89S51/S52有几种低功耗方式？如何实现？

第4章 指令系统

学习和使用单片机的一个很重要的环节，就是理解并熟练掌握它的指令系统。不同种类的单片机其指令系统一般是不同的，但89系列单片机的指令系统与80C51系列单片机完全相同。本章将详细介绍80C51系列单片机指令系统的寻址方式、各类指令的格式及功能。

4.1 指令系统简介

指令是规定计算机进行某种操作的命令。一条指令只能完成有限的功能，为使计算机完成一定的或复杂的功能就需要一系列指令。计算机能够执行的各种指令的集合就称为"指令系统"。计算机的主要功能也是由指令系统来体现的。通常，若一台计算机的指令越丰富，寻址方式(参见4.2节)越多，且每条指令的执行速度都较快，那么它的总体功能也就越强。

80C51的指令系统使用了7种寻址方式，共有111条指令，参见附录A。若按字节数分类，则单字节指令49条，双字节指令46条，3字节指令16条；若按运算速度分类，则单周期指令64条，双周期指令45条，4周期指令2条。由此可见，80C51指令系统在占用存储空间和运行时间方面，效率都比较高。另外，80C51单片机有丰富的位操作指令，这些指令与位操作部件组合在一起，可以把大量的硬件组合逻辑用软件来代替，这样即可方便地应用于各种逻辑控制，这是80C51指令系统的一大特色。

指令一般由两部分组成，即操作码和操作数。对于单字节指令，有两种情况：一种是操作码、操作数均包含在这1字节之内；另一种是只有操作码无操作数。对于双字节指令，均为1字节是操作码，1字节是操作数。对于3字节指令，一般是1字节为操作码，2字节为操作数。

由于计算机只能识别二进制数，故计算机的指令均由二进制代码组成。为了阅读和书写方便，常将其写成十六进制形式，通常称这样的指令为"机器指令"。现在一般的计算机都有几十甚至几百种指令。显然，即便用十六进制去书写和记忆也是极不方便且不容易的。因此，为了人们记忆和使用方便，制造厂家对指令系统的每一条指令都给出了助记符。助记符是根据机器指令不同的功能和操作对象来描述指令的符号。由于助记符是用英文缩写来描述指令的特征，因此它不但便于记忆，也便于理解和分类。这种用助记符形式来表示的机器指令称为“汇编语言指令”。计算机的指令一般用汇编语言指令来表示。

80C51 汇编语言指令格式如下：

操作码 [操作数] ;[注释]

操作码是用助记符表示的字符串，它规定了指令的操作功能。操作数是指参加操作的数据或数据的地址。注释是为该条指令所作的说明，以便于阅读。

在 80C51 指令系统中，操作码是指令的核心，不可缺少。操作码与操作数之间必须用空格分隔，而操作数与操作数之间必须用逗号(,)分开。带方括号的项可有可无，称为“可选项”。

操作数可以是 1、2 或 3 个，也可以没有。不同功能的指令，其操作数的作用不同。例如，传送类指令多数有 2 个操作数，写在左边的称为“目的操作数”(表示操作结果存放单元地址)，写在右边的称为“源操作数”(指出操作数的来源)。

操作数的表达方式较多，可以是寄存器名、常数、标号名、表达式，还可以使用一个特殊符号“$”，用来表示程序计数器的当前值，通常用在转移指令中(见后面的例题)。

例如，一条传送指令的书写格式为：

```
MOV  A,3AH              ;(3AH)→A
```

它表示将 3AH 存储单元中的内容送到累加器 A 中。

4.2 寻址方式

指令的一个重要组成部分是操作数，它指出了参与操作的数或数所在的地址。寻址方式是指在指令代码中用以表示操作数地址的各种规定。寻址方式与计算机的存储器空间结构是密切相关的。寻址方式越多，则计算机的功能越强，灵活性也越高，也就能更有效地处理各种数据。为了更好地理解、掌握指令系统，须首先了解它的寻址方式。

80C51 共有 7 种寻址方式，下面以指令为例逐一进行介绍。

4.2.1 符号注释

在描述 80C51 指令系统的功能时，规定了一些描述寄存器、地址及数据等的符号，其意义如下：

Rn　　当前选中的工作寄存器组 R0～R7($n=0\sim7$)。它在片内数据存储器中的地址由 PSW 中的 RS1、RS0 确定，可以是 00H～07H(第 0 组)、08H～0FH(第 1 组)、10H～17H(第 2 组)、18H～1FH(第 3 组)。

Ri　　当前选中的工作寄存器组中可作为地址指针的 2 个工作寄存器 R0、

R1(i=0 或 1)。它在片内数据存储器中的地址由 RS0、RS1 确定,分别为 00H、01H;08H、09H;10H、11H;18H、19H。

#data　8 位立即数,即包含在指令中的 8 位常数。

#data16　16 位立即数,即包含在指令中的 16 位常数。

direct　8 位片内 RAM 单元(包括 SFR)的直接地址。对于 SFR,此地址可以直接用它的名称来表示,例如 ACC(此时不能用 A 代替)、PSW、P0 等。

addr11　11 位目的地址。用于 ACALL 和 AJMP 指令中,目的地址必须放在与下一条指令第 1 个字节同一个 2KB 程序存储器地址空间之内。

addr16　16 位目的地址。用于 LCALL 和 LJMP 指令中,目的地址范围在 64 KB 程序存储器地址空间。

rel　补码形式的 8 位地址偏移量,用于相对转移指令中。偏移量以下一条指令第 1 个字节地址为基值,偏移范围为－128～＋127。

bit　片内 RAM 或特殊功能寄存器的直接寻址位地址。

@　在间接寻址方式中,表示间址寄存器的符号。

/　在位操作指令中,表示对该位先取反,再参与操作,但不影响该位原值。

以下符号仅出现在指令注释或功能说明中(不同教科书中表达方式略有不同)。

X　片内 RAM 的直接地址(包含位地址)或寄存器。

(X)　表示 X 中的内容。

((X))　在间接寻址方式中,表示由间址寄存器 X 指出的地址单元中的内容。

→　在指令操作流程中,将箭头左边的内容送入箭头右边的单元内。

4.2.2 寻址方式说明

1. 立即寻址

在立即寻址方式中,指令多是双字节的。一般,第 1 字节是操作码,第 2 字节是操作数。该操作数直接参与操作,所以又称"立即数",以"#"表示。立即数就是存放在程序存储器中的常数。

【例 4.1】 指令助记符:MOV　A,#3AH

指令代码为 74H、3AH,是双字节指令。

这条指令的功能是把立即数 3AH 送入累加器 A 中。设把指令存放在存储区的 100H、101H 单元(存放指令的起始地址是任意假设的)。该指令的执行过程如图 4.1* 所示。

---

* 从本图开始,以后所有图中的数字均为十六进制且省略后缀"H"。——作者注

在80C51的指令系统中，仅有1条指令操作数是16位的立即数，其功能是向地址指针DPTR传送16位的地址，即把立即数的高8位送入DPH，低8位送入DPL。

【例4.2】 指令助记符：MOV DPTR，#3FA6H

指令代码为90H、3FH、A6H，是3字节指令。设把该指令放在存储区的1000H、1001H、1002H单元。当该指令执行后，立即数3FA6H被送到DPTR中。该指令的执行过程如图4.2所示。

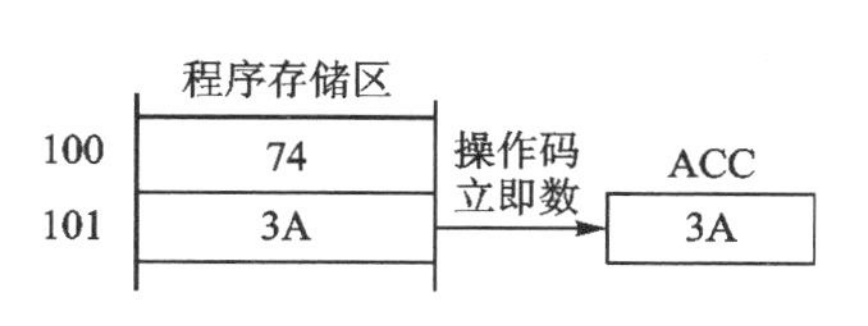

图4.1 "MOV A，#3AH"执行示意图

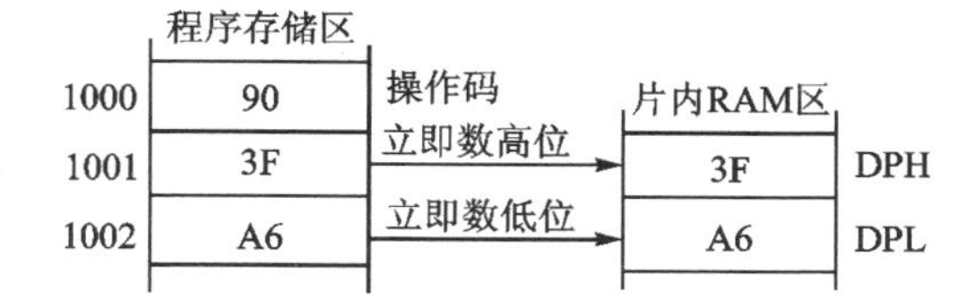

图4.2 "MOV DPTR，#3FA6H"执行示意图

2. 直接寻址

在直接寻址方式中，操作数项给出的是参加运算的操作数的地址。在80C51单片机中，直接地址只能用来表示特殊功能寄存器、内部数据存储器以及位地址空间。其中，特殊功能寄存器和位地址空间只能用直接寻址方式来访问。

【例4.3】 指令助记符：MOV A，3AH

指令代码为E5H、3AH，是双字节指令。设把该指令放在存储区的500H、501H单元，且3AH单元中存放的数值为10H。当该指令执行后，数值10H就被送到A累加器中。该指令的执行过程如图4.3所示。

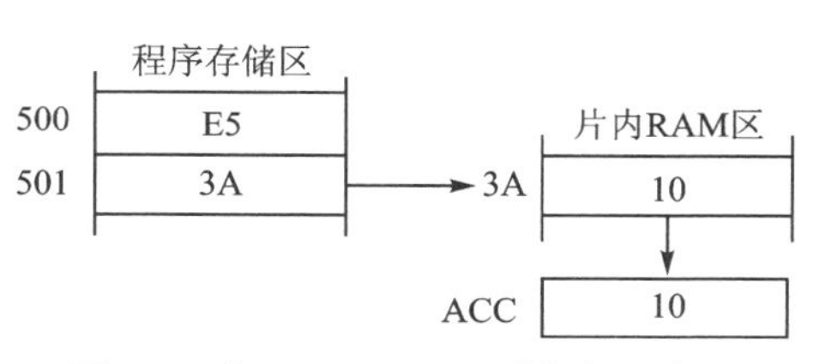

图4.3 "MOV A，3AH"执行示意图

3. 寄存器寻址

寄存器寻址是对选定的工作寄存器R0～R7、累加器A、通用寄存器B、地址寄存器DPTR和进位位CY中的数据进行操作。其中，R0～R7由操作码低3位的8种组合表示，ACC、B、DPTR及CY则隐含在操作码中。

工作寄存器组的选择是由状态标志寄存器PSW中的RS1、RS0来确定的。

【例4.4】 指令助记符：MOV A，R2

指令代码的二进制形式为11101010，十六进制为EAH。注意：其二进制数低3位(010)正好为2，表示操作数为R2。

现假设这条指令存放在1020H单元中，且PSW中RS1、RS0的值分别为1、0，则可知现在的R2是属于第二组的，那么它的地址为12H。现已知12H中存放着数值4AH，则执行该指令后，4AH即送入A累加器中。该指令的执行过程如图4.4所示。

4. 寄存器间接寻址

在寄存器间接寻址方式中,操作数所指定的寄存器中存放的不是操作数本身,而是操作数的地址。这种寻址方式可用于访问片内数据存储器或片外数据存储器。当访问片内RAM低128字节或片外RAM 256字节时,可采用当前工作寄存器组中的R0或R1作间接地址寄存器(用@表示),即由R0或R1间接给出操作数所在的地址,这样,R0或R1为存放操作数单元的地址指针。

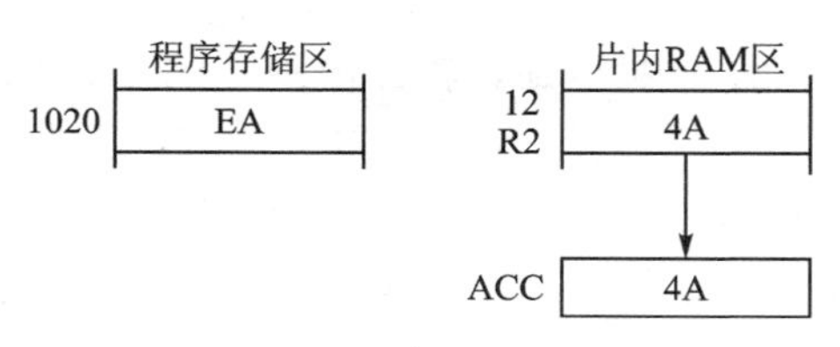

图4.4 "MOV A,R2"执行示意图

这类指令操作码的最低位用于标识R0或R1,即1字节指令包含了操作码、操作数,从而节省了1字节。

【例4.5】 指令助记符:MOV A,@R0

指令代码的二进制形式为11100110,注意其最低位为0,表示现用寄存器为R0,其十六进制形式为E6H。

现假设该指令存放在2030H单元。工作寄存器为第0组,R0中存放50H,50H为片内RAM的一个单元。现在50H中存放的数值为ACH,则执行该指令后,ACH即送入ACC中。该指令的执行过程如图4.5所示。

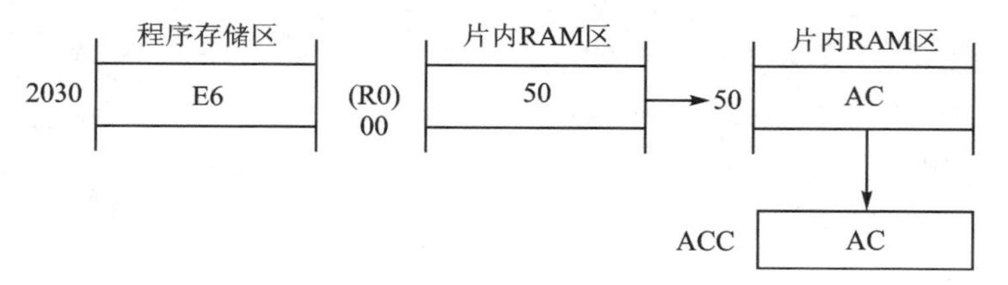

图4.5 "MOV A,@R0"执行示意图

【例4.6】 指令助记符:MOVX A,@R1

指令代码的二进制形式为11100011,注意其最低位为1,表示现用寄存器为R1。现假设此指令存放在30H单元,工作寄存器组为第0组,在R1中存放的数值为AFH,片外数据存储器AFH单元中的数值为30H,则执行该指令后,30H即送入ACC中。该指令的执行过程如图4.6所示。

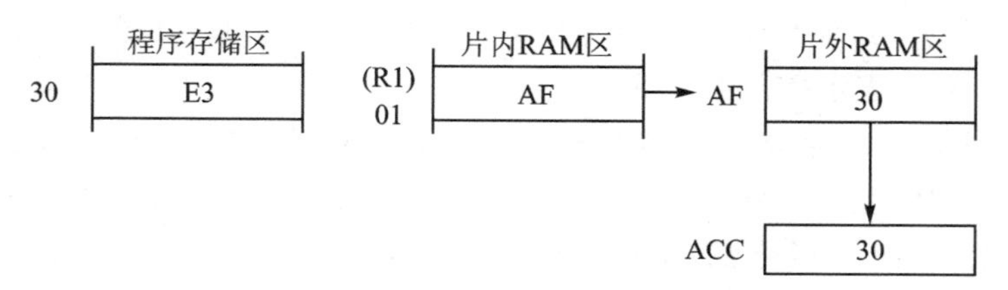

图4.6 "MOVX A,@R1"执行示意图

访问片外数据存储器时，还可用数据指针 DPTR 作间址寄存器。DPTR 是 16 位寄存器，故它可对整个 64K 片外数据存储器空间寻址。

例如指令“MOVX　A，@DPTR”，其功能是把 DPTR 指定的片外 RAM 中的内容送到 A 中。

在执行 PUSH（压栈）和 POP（出栈）指令时，采用堆栈指针 SP 作寄存器间接寻址。

5. 变址寻址（基址寄存器＋变址寄存器间接寻址）

变址寻址方式以 DPTR 或 PC 为基址寄存器，以累加器 A 为变址寄存器。变址寻址时，把两者的内容相加所得到的结果作为操作数的地址。这种寻址方式常用于查表操作。

【例 4.7】　指令助记符：MOVC　A，@A＋DPTR

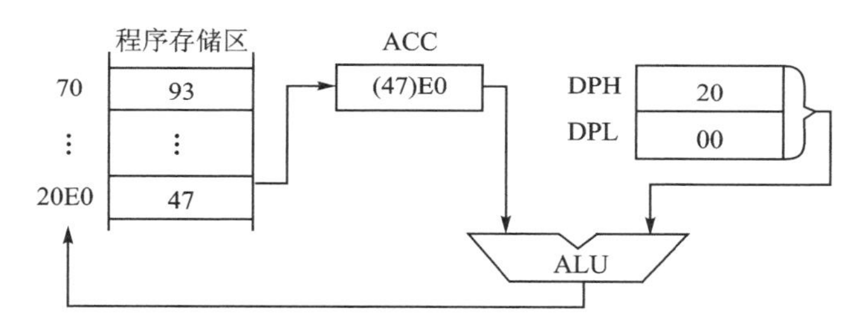

图 4.7　“MOVC　A，@A＋DPTR”执行示意图

指令代码为 93H，其为单字节指令。

现假设该指令存放在 70H 单元，ACC 中原存放值为 E0H，DPTR 中的存放值为 2000H，则 A＋DPTR 形成的地址为 20E0H。20E0H 单元中的内容为 47H，则执行该指令后，ACC 中的原 E0H 被 47H 代替。该指令的执行过程如图 4.7 所示。

6. 相对寻址

相对寻址是将程序计数器 PC 中的当前内容与指令第 2 字节所给出的数值相加，其结果作为跳转指令的转移地址。转移地址也称为“转移目的地址”。PC 中的当前内容称为“基地址”（实际是本指令之后的字节地址），指令第 2 字节给出的数据称为“偏移量”。偏移量为带符号的数值，其表示的范围为＋127～－128。目的地址是相对于 PC 的基地址而言的，这种寻址方式主要用于跳转指令。

【例 4.8】　指令助记符：JC　03H

指令代码为 40H、03H，是双字节指令。

该指令表示：若进位 C＝0，则程序顺序执行，即不跳转，PC＝ PC＋2；若进位 C＝1，则以 PC 中的当前内容为基地址，加上偏移量 03H 后所得到的结果为该转移指令的目的地址。

现假设该指令存放在 1000H、1001H 单元，且 C＝1，则取指令后，PC 当前内容

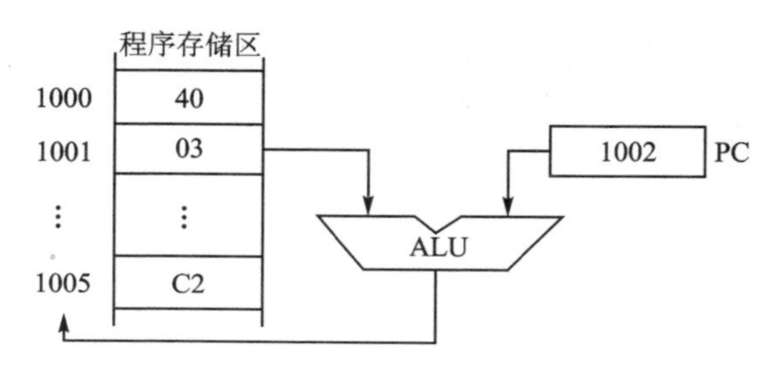

图 4.8 “JC 03H”执行示意图

为1002H,对C进行判断后,把PC当前内容与偏移量03H相加得到转移目的地址1005H。因此,该指令执行完毕后,PC中的值为1005H,程序将从1005H开始执行。该指令的执行过程如图4.8所示。

7. 位寻址

位寻址即对片内RAM的位寻址区和某些可位寻址的特殊功能寄存器中的任意二进制位进行位操作时的寻址方式。在进行位操作时,用进位位C作为操作累加器。操作数直接给出该位的地址,然后根据操作码的性质对其进行位操作。位地址与字节直接寻址中的字节地址形式完全一样,主要由操作码来区分,使用时须注意。

【例4.9】 指令助记符:SETB 3DH

指令代码为D2H、3DH,是双字节指令。

3DH是片内RAM中27H单元的第5位。现假设27H中的原内容为00H,那么执行此指令后,它就把3DH位置1,因此,27H中的内容就变为20H。该指令的执行示意图如图4.9所示。

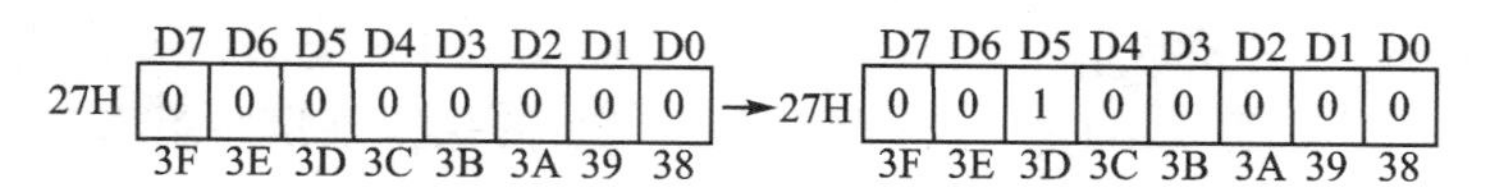

图 4.9 “SETB 3DH”指令执行示意图

以上介绍了80C51指令系统中的7种寻址方式,表4.1总结了每种寻址方式所涉及的存储器空间。

表 4.1 操作数寻址方式和有关空间

寻址方式	寻址空间
立即寻址	程序存储器ROM
直接寻址	片内RAM低128字节和特殊功能寄存器SFR
寄存器寻址	工作寄存器R0～R7,A,B,CY,DPTR
寄存器间接寻址	片内RAM[@R0,@R1,SP(仅PUSH,POP)],片外RAM(@R0,@R1,@DPTR)
变址寻址	程序存储器(@A+PC,@A+DPTR)
相对寻址	程序存储器256字节范围(PC+偏移量)
位寻址	片内RAM的20H～2FH字节地址和部分特殊功能寄存器SFR

4.3 指令系统分类介绍

80C51系列单片机的指令系统共有111条指令，按其功能特点可分为5大类，即数据传送类、算术运算类、逻辑运算类、控制转移类和位操作类。本节将分类介绍指令的助记符及功能，并举例说明它们的应用方法。相应的指令代码参见附录A。

4.3.1 数据传送类指令

数据传送类指令是最常用、最基本的一类指令。这类指令的操作一般是把源操作数传送到目的操作数，指令执行后，源操作数不变，目的操作数修改为源操作数，但交换型传送指令不丢失目的操作数，它只是把源操作数和目的操作数交换了存放单元。传送类指令一般不影响标志位，只有堆栈操作可以直接修改程序状态字PSW。另外，对于传送目的操作数为ACC的指令，将影响奇偶标志P(后面不再对此进行说明)。

数据传送类指令用到的助记符有MOV、MOVX、MOVC、XCH、XCHD、SWAP、PUSH和POP共8种。源操作数可以采用寄存器寻址、寄存器间接寻址、直接寻址、立即寻址、变址寻址5种方式，目的操作数可以采用前3种寻址方式。

数据传送指令共有29条，为便于记忆和掌握，下面根据这些指令的特点将其分为以下5类分别进行介绍。

1. 内部RAM数据传送指令

单片机内部的数据传送指令最多，包括寄存器、累加器、RAM单元及专用寄存器之间数据的相互传送。下面分类进行介绍。

(1) 累加器为目的操作数的指令

```
MOV   A,Rn              ;(Rn)→A
MOV   A,direct          ;(direct)→A
MOV   A,@Ri             ;((Ri))→A
MOV   A,#data           ;data→A
```

这组指令的功能是将源操作数所指定的内容送入累加器A中。源操作数可以采用寄存器寻址、直接寻址、寄存器间接寻址和立即寻址4种方式。

上述指令在上节中均有例题和图示，这里不再重复。

(2) 以寄存器Rn为目的操作数的指令

```
MOV   Rn,A          ;(A)→Rn
MOV   Rn,direct     ;(direct)→Rn
MOV   Rn,#data      ;data→Rn
```

这组指令的功能是把源操作数所指定的内容送到当前工作寄存器组R0～R7中

的某个寄存器中。源操作数有寄存器寻址、直接寻址、立即寻址3种方式。注意：没有“MOV　Rn,Rn”指令。

【例4.10】 A=5BH,Rl=10H,R2=20H,R3=30H,(30H)=4FH,执行指令：

```
MOV   R1,A             ;(A)→R1
MOV   R2,30H           ;(30H)→R2
MOV   R3,#83H          ;83H→R3
```

结果：R1=5BH,R2=4FH,R3=83H。

这一类指令的操作过程类似于第(1)类。

(3) 以直接地址为目的操作数的指令

```
MOV   direct,A          ;(A)→direct
MOV   direct,Rn         ;(Rn)→direct
MOV   direct,direct     ;(direct)→direct
MOV   direct,@Ri        ;((Ri))→direct
MOV   direct,#data      ;data→direct
```

这组指令的功能是把源操作数指定的内容送入由直接地址direct指定的片内存储单元中。源操作数可以采用寄存器寻址、直接寻址、寄存器间接寻址、立即寻址等方式。

【例4.11】 已知：R0中的内容为60H,片内存储单元60H中的内容为50H,现执行如下指令：

```
MOV   40H,@R0           ;((R0))→40H
```

该指令的执行过程如图4.10所示。执行结果：40H单元中的内容为50H。

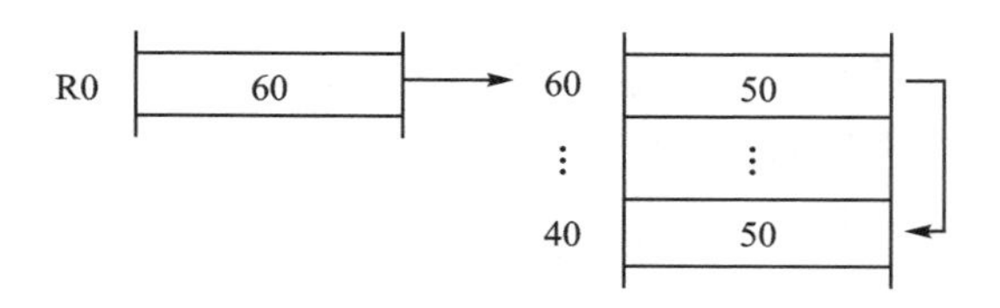

图4.10 “MOV　40H,@ R0”执行示意图

注意：“MOV　direct,direct”指令在译成机器码时,源地址在前,目的地址在后。如“MOV　0A0H,90H”对应的机器码为85,90,A0。

另外,在汇编指令中,寄存器既可以写成地址形式,也可以写成代号形式。例如,“MOV　0A0H,A”也可写成“MOV　P2,A”。这是由于A0H为P2的地址。

(4) 以间接地址为目的操作数的指令

```
MOV   @Ri,A            ;(A)→(Ri)
MOV   @Ri,direct       ;(direct)→(Ri)
MOV   @Ri,#data        ;data→(Ri)
```

这组指令的功能是把源操作数指定的内容送入以 R0 或 R1 为地址指针的片内存储单元中。源操作数有寄存器寻址、直接寻址和立即寻址 3 种方式。

这一类指令与第(3)类指令功能类似,这里不再举例说明。

(5) 16 位数据传送指令

```
MOV   DPTR,#data16          ;dataH→DPH,datal→DPL
```

这是唯一的 16 位立即数传送指令,其功能是把 16 位数送入 DPTR。在 4.2 节已举例说明。

注意: 在 AT89S51/S52 中,DPTR 的高、低字节默认值为 DP0H 和 DP0L。若要使用另一个数据指针,则在对 DPTR 操作前执行一条"MOV A2H,#1"指令,此时将选择 DPTR1 为数据指针,其高、低字节分别为 DP1H 和 DP1L,可参看例 4.20。

2. 外部数据传送指令

累加器 A 与片外数据存储器间的数据传送是通过 P0 口和 P2 口进行的,片外数据存储器的地址总线低 8 位和高 8 位分别与 P0 口和 P2 口相接,数据信息通过 P0 口与低 8 位地址选通信号分时传送。

在 80C51 指令系统中,CPU 对片外 RAM 的访问只能采用寄存器间接寻址方式,且仅有 4 条指令:

```
MOVX   A,@DPTR            ;((DPTR))→A
MOVX   @DPTR,A            ;(A)→(DPTR)
MOVX   A,@Ri              ;((Ri))→A
MOVX   @Ri,A              ;(A)→(Ri)
```

前 2 条指令以 DPTR 为片外数据存储器 16 位地址指针,寻址范围达 64 KB。其功能为在 DPTR 所指定的片外数据存储器与累加器 A 之间传送数据。

后 2 条指令是用 R0 或 R1 作低 8 位地址指针,由 P0 口送出。这 2 条指令用来完成以 R0 或 R1 为地址指针的片外数据存储器与累加器 A 之间的数据传送。寻址范围为一页,具体哪一页由 P2 决定,例如当 P2 口不参加寻址时,寻址范围为 00H~0FFH。此时,P2 口仍可用作通用 I/O 口。当 P2.0 参加寻址,且 P2.0=1 时,寻址范围为 100H~1FFH,此时,P2.0 就不能再用作 I/O 口。而如果用其他位作 I/O 口时,还需要注意屏蔽已经用作地址线的引脚,在使用上较麻烦,因此,这 2 条指令很少使用。

由于在 80C51 指令系统中没有专门对外设的 I/O 指令,且片外扩展的 I/O 与片外 RAM 是统一编址的;因此,如果在片外数据存储器的地址空间上安置 I/O 接口,则上面的 4 条指令就可以作为输入/输出指令。80C51 单片机只能用这种指令方式与外部设备进行联系。

【例 4.12】 现有一个输入设备口地址为 E000H,在这个口中已有数字量 89H。欲将此值读入 ACC,则可编写指令如下:

```
MOV   DPTR,#0E000H          ;E000H→DPTR
MOVX  A,@DPTR               ;(E000H)→A
```

运行完指令后,A中值为89H。

【例4.13】 把外部数据存储器2040H单元中的数取出,传送到2230H单元中。

解:根据题意,可编写程序如下:

```
MOV   DPTR,#2040H          ;2040H→DPTR
MOVX  A,@DPTR              ;((DPTR))→A
MOV   DPTR,#2230H          ;2230H→DPTR
MOVX  @DPTR,A              ;(A)→(DPTR)
```

3. 查表指令

在80C51指令系统中,有2条极为有用的查表指令,其数据表格放在程序存储器中。

```
MOVC  A,@A+PC              ;(PC)+1→PC,((A)+(PC))→A
MOVC  A,@A+DPTR            ;((A)+(DPTR))→A
```

CPU读取前一条单字节指令后,PC内容自动加1。其功能为将新的PC内容与累加器A内8位无符号数相加形成地址,并取出该地址单元中的内容送至累加器A。这种指令查表很方便,但只能查找指令所在地址以后256字节范围内的代码或常数。

后一条指令以DPTR为基址寄存器进行查表。使用前,先给DPTR赋予某指定查表地址,其范围可达整个程序存储器64 KB空间。但此前,若DPTR已赋值另作他用,则装入新查表地址值之前必须保存原值,可用栈操作指令PUSH保存。

上述2条指令执行后,不改变PC或DPTR的内容。

【例4.14】 在程序存储器中,数据表格为:

```
1010H: 02H
1011H: 04H
1012H: 06H
1013H: 08H
```

执行程序如下:

```
1000H: MOV    A,#0DH         ;0DH→A
1002H: MOVC   A,@A+PC        ;(0DH+1003H)→A
1003H: MOV    R0,A           ;(A)→R0
```

结果:A=02H,R0=02H,PC=1004H。

【例4.15】 在程序存储器中,数据表格为:

```
7010H: 02H
```

7011H：04H
7012H：06H
7013H：08H

执行程序如下：

```
1004H：MOV    A,#10H          ;10H→A
1006H：MOV    DPTR,#7000H     ;7000H→DPTR
1009H：MOVC   A,@A+DPTR       ;(10H+7000H)→A
```

结果：A＝02H,PC＝100AH。

4. 堆栈操作指令

```
PUSH direct         ;(SP)+1→SP,(direct)→(SP)
POP  direct         ;((SP))→direct,(SP)-1→SP
```

前一条指令是入栈(也称"压栈"或"进栈")指令,其功能是先将栈指针 SP 的内容加 1,然后,将直接寻址单元中的数传送(也称"压入")到 SP 所指向的单元中。若数据已推入堆栈,则 SP 指向最后推入数据所在的存储单元(即指向栈顶)。

后一条指令是出栈(也称"弹出")指令,其功能是先将栈指针 SP 所指向单元的内容送入直接寻址单元中,然后将 SP 的内容减 1,此时,SP 指向新的栈顶。

使用堆栈时,一般须重新设定 SP 的初始值。由于压入堆栈的第一个数必须存放在(SP＋1)存储单元,故实际栈底是在(SP＋1)所指向的单元。

另外,须注意留出足够的存储单元作栈区。由于栈顶是随数据的弹入和弹出而变化的,若栈区设置不当,则可能发生数据重叠,从而引起程序混乱,以至无法运行。

一般情况下,执行此指令不影响标志,但如果目标操作数为 PSW,则有可能使一些标志改变。这也是通过指令强行修改标志的一种方法。

下面举例说明执行压入和弹出指令的执行过程。

【例 4.16】 已知片内 RAM 50H 单元中存放的数值为 AAH,设堆栈指针为 30H,将此数值压入堆栈,然后再弹出到 40H 单元中。

解：根据题意编写指令如下：

```
MOV    SP,#30H          ;30H→SP
PUSH   50H              ;(SP)+1→SP,(50H)→31H
POP    40H              ;(31H)→(40H),(SP)-1→SP
```

程序执行过程如图 4.11 所示。

由图可见,程序执行结果：40H 单元内装入数值 AAH,SP 终值为 30H。

5. 交换指令

```
XCH    A,Rn          ;(A)↔(Rn)
XCH    A,direct      ;(A)↔(direct)
```

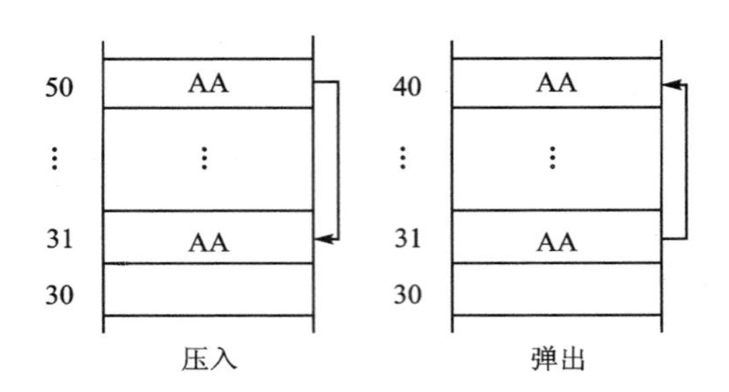

图 4.11　例 4.16 的程序执行示意图

```
XCH   A,@Ri        ;(A)↔((Ri))
XCHD  A,@Ri        ;(A3～0)↔((Ri3～0))
SWAP  A            ;(A3～0)↔(A7～A4)
```

这组指令的前 3 条为全字节交换指令,其功能是将累加器 A 与源操作数所指出的数据相互交换。其操作执行示意图如图 4.12 所示。

这组指令的后 2 条为半字节交换指令。其中,“XCHD　A,@Ri”是将累加器 A 中低 4 位与 Ri 中的内容所指示的片内 RAM 单元中的低 4 位数据相互交换,各自的高 4 位不变。

【例 4.17】　A 中内容为 FFH,R0 中内容为 5BH,5BH 中内容为 6DH,在执行指令“XCHD　A,@R0”后,ACC 中内容变为 FDH,5BH 中内容变为 6FH。该指令的执行过程如图 4.13 所示,括号中的数为交换前的值。

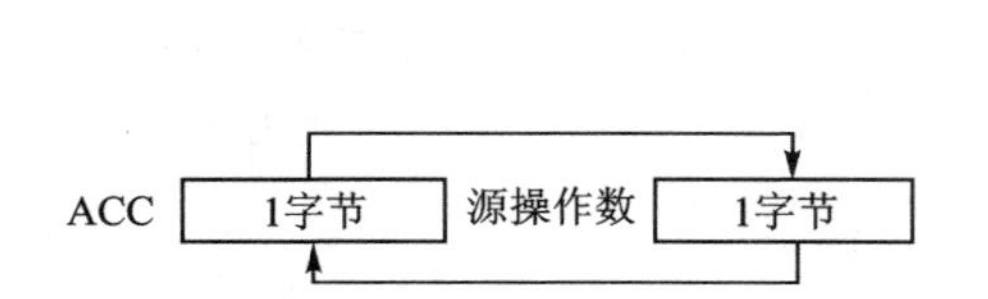

图 4.12　全字节交换指令执行示意图

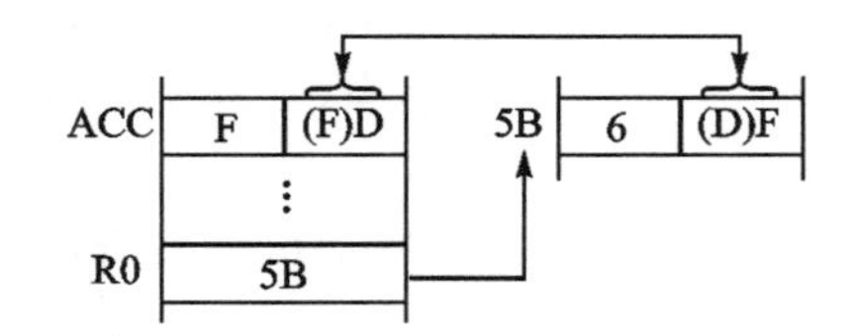

图 4.13　“XCHD　A,@R0”执行示意图

“SWAP　A”指令是将累加器 A 的高、低 2 半字节交换。例如：A＝F0H,执行指令“SWAP　A”后,A＝0FH。

从以上传送指令中可以看出,累加器 A 是一个特别重要的寄存器。无论 A 是作目的寄存器还是作源寄存器,CPU 对它都备有专用指令。若用 A 的地址 E0H 直接寻址,也可以实现上述功能,但机器码要多 1 字节,执行周期也会加长。工作寄存器 Rn 也具有类似特点。

在上述指令中,当前工作寄存器组由 PSW 中的 RS1、RS0 选定,Rn 对应于该组寄存器R0～R7中的某一个。直接地址 direct 指出的存储单元为片内 RAM 的 00H～7FH 单元及80H～FFH中的特殊功能寄存器 SFR。在间接寻址@Ri 中,用当前 R0 或 R1 作地址指针,利用指令 MOV 和 MOVX 可访问片内 RAM 的 00H～7FH 共 128 个单元(对于 AT89C52/S52,为片内 RAM 的 00H～FFH 共 256 个单元)和片外 RAM 的 256 个单元。

6. 传送指令举例

【例 4.18】 把累加器 A 中的数传送到外部数据存储器 3040H 单元中。

解：根据题意,可编写程序如下：

```
MOV     DPTR,#3040H         ;3040H→DPTR
MOVX    @DPTR,A             ;(A)→(DPTR)
```

【例 4.19】 把 AT89S52 片内 9AH 单元中的数取出,传送到外部数据存储器的 3000H 单元中。

解：根据题意,可编写程序如下：

```
MOV     DPTR,#3000H         ;3000H→DPTR
MOV     R0,#9AH             ;9AH→R0
MOV     A,@R0               ;(9AH)→A
MOVX    @DPTR,A             ;A→(DPTR)
```

【例 4.20】 把程序存储器 ROM 中起始地址为 2000H,长度为 30H 的数据块传送到以 3A00H 为起始地址的外部 RAM 中,要求使用 2 个 DPTR 数据指针来简化程序,注意辅助寄存器 AUXR1 的地址为 A2H。

解：根据题意,可编写程序如下：

```
     MOV    DPTR,#3A00H       ;3A00H→DPTR0,作为外部 RAM 首地址
     ORL    A2H,#1            ;使 AUXR1 寄存器的 DPS 位为 1,选择 DPTR1
     MOV    DPTR,#2000H       ;2000H→DPTR1,作为程序存储器首地址
     MOV    R1,#30H           ;数据块长度→R1
LP2: MOVC   A,@A+DPTR         ;取程序存储器中的数据
     INC    DPTR              ;DPTR1 加 1
     ANL    A2H,#0FEH         ;恢复 RAM 的指针
     MOVX   @DPTR,A           ;数据送到外部 RAM 中
     INC    DPTR              ;DPTR0 加 1
     ORL    A2H,#01           ;恢复 ROM 的指针
     DJNZ   R1,LP2            ;数据没有传送完继续
```

为便于说明问题,本例用到了后面章节的指令。

上电复位时,DSP 位为 0,因而 16 位数据指针 DPTR 默认为 DPTR0。

4.3.2 算术运算类指令

算术运算类指令主要用来对 8 位无符号数据进行算术操作,其中包括加法、减法、加 1、减 1 以及乘法、除法运算指令。借助溢出标志,可对有符号数进行补码运算;借助进位标志,可进行多字节加、减运算;也可以对压缩 BCD 数进行运算(所谓

“压缩BCD数”,是指在1字节中存放2位BCD码)。

算术运算指令将影响程序状态标志寄存器PSW的有关位。例如:加法、减法运算指令执行结果影响PSW的进位位CY、溢出位OV、半进位位AC和奇偶校验位P;乘法、除法运算指令执行结果影响PSW的溢出位OV、奇偶校验位P。加1、减1指令仅当源操作数为A时,对PSW的奇偶校验位P有影响。对这一类指令,要特别注意正确地判断结果对标志位的影响。

算术运算类指令共有24条,下面分类进行介绍。

1. 加法指令

```
ADD   A,Rn          ;(A) + (Rn)→A
ADD   A,direct      ;(A) + (direct)→A
ADD   A,@Ri         ;(A) + ((Ri))→A
ADD   A,#data       ;(A) + data→A
```

这组指令的功能是把源操作数所指出的内容加到累加器A,其结果存在A中。加法指令执行示意图如图4.14所示。

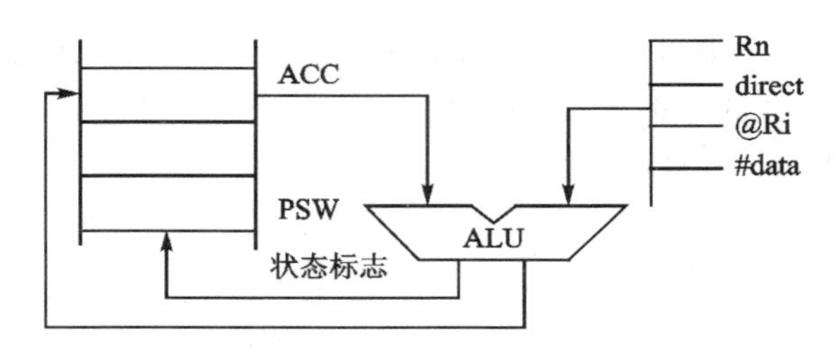

图4.14 加法指令执行示意图

在加法运算中,若位7有进位,则进位位CY置1,否则清0;若位3有进位,则半进位位AC置1,否则清0。若看作2个带符号数相加,还须判断溢出位OV;若OV为1,表示和数溢出。

【例4.21】 A=AEH,R1=81H,执行指令“ADD A,R1”,则操作如下:

```
      10101110
  +)  10000001
  ------------
     1 00101111
```

结果:A=2FH,CY=1,OV=1,AC=0,P=1。

此例中,若把AEH、81H看作无符号数相加,则结果为12FH(在看作无符号数时,不考虑OV位);若将上述2值看作有符号数,则有“2个负数相加得到正数”的错误结论,此时,OV=1,表示有溢出,指出了这一错误。

2. 带进位加法指令

```
ADDC   A,Rn          ;(A) + (Rn) + CY→A
```

```
ADDC    A,direct        ;(A) + (direct) + CY→A
ADDC    A,@Ri           ;(A) + ((Ri)) + CY→A
ADDC    A,#data         ;(A) + data + CY→A
```

这组指令的功能是把源操作数所指出的内容和累加器内容及进位标志 CY 相加，结果存放在 A 中。运算结果对 PSW 各位的影响同加法指令。

带进位加法指令多用于多字节数的加法运算，低位字节相加时可能产生进位。因此，高位字节运算时，必须使用带进位的加法运算。

【例 4.22】 A=AEH，R1=81H，CY=1，执行指令“ADDC A，R1”，则操作如下：

```
      10101110
      10000001
+)           1
--------------
    1 00110000
```

结果：A=30H，CY=1，OV=1，AC=1，P=0。

3. 带借位减法指令

```
SUBB    A,Rn            ;(A) - (Rn) - CY→A
SUBB    A,direct        ;(A) - (direct) - CY→A
SUBB    A,@Ri           ;(A) - ((Ri)) - CY→A
SUBB    A,#data         ;(A) - data - CY→A
```

这组指令的功能是将累加器 A 中的数减去源操作数所指出的数和进位位 CY，其差值存放在累加器 A 中。运算结果将影响程序状态标志寄存器 PSW 的 CY、OV、AC 和 P。

在多字节减法运算中，低字节被减数有时会向高字节产生借位（即 CY 置 1），所以在多字节运算中必须使用带借位减法指令。在进行单字节减法或多字节的低 8 位字节减法运算时，应先将程序状态标志寄存器 PSW 的进位位 CY 清 0（注意：80C51 指令系统中没有不带借位的减法指令）。

本组指令的执行过程与加法类似，这里不再图示。需要强调的一点是，减法运算在计算机中实际上是变成补码相加。下面举例说明。

【例 4.23】 已知 A=DBH，R4=73H，CY=1，执行指令“SUBB A，R4”，则操作如下：

```
      11011011 (DBH)
      01110011 (73H)
-)           1 (CY)
--------------------
      01100111
```

(a) 常规减法

```
       11011011
       10001101 (73H的补码)
+)     11111111 (-1 的补码)
-----------------------------
    10 01100111
```

(b) 减法变补码相加

结果：A=67H,CY=0,AC=0,OV=1。

由以上2式可知,2种算法的最终结果是一致的。在此例中,若看作是2个无符号数相减,结果67H是正确的;若看做有符号数相减,则得出"负数减正数,结果是正数"的错误结论,OV=1指出了这一错误。

4. 乘法指令

```
MUL   AB        ;(A)×(B)→BA,B15~8,A7~0
```

这条指令的功能是把累加器A和寄存器B中2个无符号8位数相乘,所得16位积的低字节存放在A中,高字节存放在B中。若乘积大于FFH,则OV置1,否则清0;CY总为0。另外,此指令也影响奇偶标志位P。

【例4.24】 已知A=4EH,B=5DH,执行指令"MUL AB",则操作如下：

```
          01001110   (4EH)
      ×)  01011101   (5DH)
  ---------------------------
    11100 01010110   (1C56H)
```

结果：B=1CH,A=56H,OV=1,P=0。

5. 除法指令

```
DIV   AB     ;A÷B的商→A,余数→B
```

这条指令的功能是进行A除以B的运算,A和B的内容均为8位无符号整数。指令执行后,整数商存于A中,余数存于B中。

本指令执行后,标志CY和OV均复位。只有当除数为0时,A和B中的内容为不确定值。此时,OV标志置1,说明除法溢出。另外,此指令影响奇偶标志位P。

【例4.25】 已知A=11H,B=04,执行指令"DIV AB"。

结果：A=4,B=1,CY=0,OV=0,P=1。

6. 加1指令

```
INC   A            ;(A)+1→A
INC   Rn           ;(Rn)+1→Rn
INC   direct       ;(direct)+1→direct
INC   @Ri          ;((Ri))+1→(Ri)
INC   DPTR         ;(DPTR)+1→DPTR
```

这组指令的功能是将操作数所指定单元的内容加1,其操作除第1条指令影响奇偶标志位外,其余指令操作均不影响PSW。

第3条指令,若直接地址是I/O端口,则进行"读—改—写"操作。其功能是修改输出口的内容。指令执行过程中,首先读入端口的内容,然后在CPU中加1,再输出到端口。注意：读入内容来自端口锁存器而不是端口引脚。

最后一条指令是唯一的一条16位加1指令。这条指令在加1过程中，若低8位有进位，可直接向高8位进位。

【例4.26】 已知DPTR＝1FFH，执行指令“INC　DPTR”。

结果：DPTR＝200H。

7. 减1指令

```
DEC  A          ;(A) - 1→A
DEC  Rn         ;(Rn) - 1→Rn
DEC  direct     ;(direct) - 1→(direct)
DEC  @Ri        ;((Ri)) - 1→(Ri)
```

这组指令的功能是将操作数所指定的单元内容减1。其操作除第1条指令影响奇偶标志位外，其余操作均不影响PSW标志。其他与加1指令情况类似，注意没有DPTR减1的指令。

8. 十进制调整指令

汇编指令格式如下：

```
DA  A
```

这条指令是在进行BCD码加法运算时，跟在ADD和ADDC指令之后，用来对压缩BCD码(所谓“压缩BCD码”，是指在1字节中存放2位BCD码，通常简称“BCD码”)的加法运算结果自动进行修正，使其仍为BCD码表达形式。

下面说明为什么要用“DA　A”指令以及如何使用它。

在计算机中，十进制数0～9之间的数字均可以用BCD码(用二进制表示的十进制数)来表示；然而计算机在进行运算时，是按照二进制规则进行的，用于表达BCD码的4位二进制数在计算机中逢16进位，不符合十进制的要求，因而可能会导致错误的结果。

例如：执行加法指令“ADD　A，#84H”，已知累加器A中BCD数为99。

由于在CPU中是按二进制加法进行的，所以上述指令在正常情况下的结果如下：

```
       10000100    (84的BCD码)
    +) 10011001    (99的BCD码)
   ---------------------------
     1 00011101
```

显然，所得值为非法BCD码，但如果在这条指令后紧接着运行一条“DA　A”指令，则CPU将自动把上述结果高、低4位分别加6调整，即可得到正确的BCD码表达数。“DA　A”指令将自动进行如下操作：

```
      100011101
  +)   01100110
  --------------
      110000011
```

所得BCD数为183,结果正确。由上例可知,当2个BCD数之和出现下述情况之一时,必须对结果加6进行“十进制调整”,才能得到正确的BCD数。

该指令正是针对上述情况对十进制数的运算结果进行调整的,其实现的功能如下:

当结果的低4位A0～A3>9或半进位位AC=1时,自动执行(A)+6→A;

当结果的高4位A4～A7>9或进位位CY=1时,自动执行(A)+60H→A。

当结果的高4位A4～A7>9,低4位A0～A3>9时,则自动执行(A)+66H→A。

在计算机中,当遇到十进制调整指令时,中间结果的修正是由ALU硬件中的十进制修正电路自动进行的。用户不必考虑何时加6,使用时只需在上述加法指令后紧跟一条“DA　A”指令即可。

注意:*在80C51单片机中,“DA　A”指令不能对减法指令的结果进行修正。*

9. 算术运算指令举例

【例4.27】 试编写计算1234H+0FE7H的程序,将和的高8位存入41H,低8位存入40H单元。

解:2个16位数相加可分为2步进行:第1步先对低8位相加,第2步再对高8位相加。因考虑到第1步相加时可能产生进位,因而第2步必须用带进位加指令。根据题意,可编程如下:

```
MOV     A,#34H          ;34H→A
ADD     A,#0E7H         ;(A) + E7H→A
MOV     40H,A           ;(A)→40H
MOV     A,#12H          ;12H→A
ADDC    A,#0FH          ;(A) + 0FH + CY→A
MOV     41H,A           ;(A)→41H
```

【例4.28】 将上例中的加法改为减法,其他要求同。

解:进行16位减法运算时,也要分为2步进行,先进行低8位运算。若产生借位,则在高8位运算时一起减去。根据题意,可编程如下:

```
CLR     C               ;进位位C清0
MOV     A,#34H          ;34H→A
SUBB    A,#0E7H         ;(A) - E7H - CY→A
MOV     40H,A           ;(A)→40H
MOV     A,#12H          ;12H→A
SUBB    A,#0FH          ;(A) - 0FH - CY→A
MOV     41H,A           ;(A)→41H
```

【例4.29】 试编写计算17H×68H的程序,将乘积的高8位存入31H单元,低8位存入30H单元。

解:根据题意,可编程如下:

```
MOV    A,#17H          ;17H→A
MOV    B,#68H          ;68H→B
MUL    AB              ;(A)×(B)→BA
MOV    30H,A           ;(A)→30H
MOV    31H,B           ;(B)→31H
```

4.3.3 逻辑操作类指令

这类指令主要用于对2个操作数按位进行逻辑操作,操作结果送至A累加器或直接寻址单元。其所能执行的操作主要有"与"、"或"、"异或"以及移位、取反、清除等。这些指令执行时,一般不影响程序状态字寄存器PSW,仅当目的操作数为ACC时,对奇偶标志位有影响。

逻辑运算类指令共24条,下面分类进行介绍。

1. 逻辑"与"指令

```
ANL    A,Rn            ;(A)∧(Rn)→A
ANL    A,direct        ;(A)∧(direct)→A
ANL    A,@Ri           ;(A)∧((Ri))→A
ANL    A,#data         ;(A)∧data→A
ANL    direct,A        ;(direct)∧A→direct
ANL    direct,#data    ;(direct)∧data→direct
```

这组指令中的前4条指令是将累加器A中的内容和操作数所指出的内容按位逻辑"与",结果存放在A中。指令执行结果将影响奇偶标志位P。

后2条指令是将直接地址单元中的内容和操作数所指出的内容按位逻辑"与",结果存入直接地址单元中。若直接地址为I/O端口,则为"读—改—写"操作。

【例4.30】 已知A=8FH,(40H)=96H,执行指令"ANL A,40H",则操作如下:

$$
\begin{array}{rl}
 & 10001111\,(8FH) \\
\wedge) & 10010110\,(96H) \\
\hline
 & 10000110\,(86H)
\end{array}
$$

结果:A=86H,(40H)=96H,P=1。

2. 逻辑"或"指令

```
ORL    A,Rn            ;(A)∨(Rn)→A
ORL    A,direct        ;(A)∨(direct)→A
ORL    A,@Ri           ;(A)∨((Ri))→A
ORL    A,#data         ;(A)∨data→A
ORL    direct,A        ;(direct)∨(A)→direct
ORL    direct,#data    ;(direct)∨data→direct
```

这组指令的功能是将2个指定的操作数按位逻辑“或”，前4条指令的操作结果存放在累加器A中，执行后将影响奇偶标志位P；后2条指令的操作结果存放在直接地址单元中。若地址为I/O端口，也为“读—改—写”操作。

【例4.31】 已知A=1AH，R0=45H，(45H)=39H，执行指令“ORL　A，@R0”，则操作如下：

```
     00011010   (1AH)
∨)   00111001   (39H)
-------------------------
     00111011   (3BH)
```

结果：A=3BH，R0=45H，(45H)=39H，P=1。

3. 逻辑“异或”指令

```
XRL   A,Rn               ;(A)⊕(Rn)→A
XRL   A,direct           ;(A)⊕(direct)→A
XRL   A,@Ri              ;(A)⊕((Ri))→A
XRL   A,#data            ;(A)⊕data→A
XRL   direct,A           ;(direct)⊕(A)→direct
XRL   direct,#data       ;(direct)⊕data→direct
```

这组指令的功能是将2个指定的操作数按位“异或”，前4条指令的操作结果存放在累加器A中；后2条指令的操作结果存放在直接地址单元中。若地址为I/O端口，则同样为“读—改—写”操作。

【例4.32】 已知A=87H，(32H)=77H，执行指令“XRL　32H，A”，则操作如下：

```
     01110111   (77H)
⊕)   10000111   (87H)
-------------------------
     11110000   (F0H)
```

结果：A=87H，(32H)=F0H，P=0。

4. 循环移位指令

```
RL    A
RR    A
RLC   A
RRC   A
```

图4.15所示为循环移位指令执行示意图。

前2条指令的功能分别是将累加器A的内容循环左移或右移1位，执行后不影响PSW中各位。后2条指令的功能分别是将累加器A的内容与进位位CY一起循环左移或右移1位，执行后影响PSW中的进位位CY和奇偶状态标志位P。

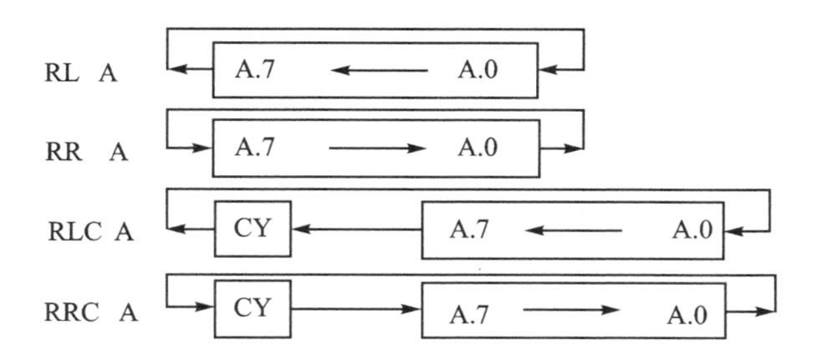

图 4.15 循环移位指令执行示意图

【例 4.33】 已知 A＝7AH,CY＝1,执行指令"RLC A"。

结果：A＝F5H,CY＝0,P＝0。

5. 取反指令

```
CPL   A          ;(Ā)→A
```

本指令的功能是将累加器 A 中的内容按位取反。

【例 4.34】 已知 A＝0FH,执行指令"CPL A"。

结果：A＝F0H。

6. 清 0 指令

```
CLR   A                 ;0→A
```

本指令的功能是将累加器 A 中的内容清 0。

7. 逻辑运算指令举例

【例 4.35】 把累加器 A 中数据的低 4 位送入外部数据存储器的 300H 单元。

解：根据题意,可编程如下：

```
MOV    DPTR,#300H        ;300H→DPTR
ANL    A,#0FH            ;(A)∧ 0FH→A
MOVX   @DPTR,A           ;(A)→(DPTR)
```

【例 4.36】 将累加器 A 中低 4 位的状态通过 P1 口的高 4 位输出。

解：根据题意,可编程如下：

```
ANL    A,#0FH        ;屏蔽 A.7～A.4
SWAP   A             ;高、低半字节交换
ANL    P1,#0FH       ;清 P1 口高 4 位
ORL    P1, A         ;使 P1.7～ P1.4 按 A 中初始值的 A.3～A.0 值置位
```

本例中交换高、低半字节的功能也可用 4 条"RL A"指令实现。

4.3.4 控制转移类指令

这类指令的功能主要是控制程序从原顺序执行地址转移到其他指令地址上。

计算机在运行过程中,有时因为任务要求,程序不能顺序逐条执行指令,需要改变程序运行方向,或需要调用子程序,或需要从子程序中返回。此时都需要改变程序计数器 PC 中的内容,控制转移类指令可用来实现这一要求。

80C51 指令系统中有 17 条(本节不包括位操作类的 4 条转移指令)控制程序转移类指令。它们是无条件转移和条件转移,绝对转移和相对转移,长转移和短转移,还有调用和返回指令等。这类指令多数不影响程序状态标志寄存器。下面分类进行介绍。

1. 无条件转移指令

```
LJMP   addr16          ;addr16→PC
AJMP   addr11          ;(PC) + 2→PC,addr11→PC.10～PC.0
SJMP   rel             ;(PC) + 2 + rel→PC
```

这类指令是指当程序执行完该指令时,程序即无条件地转到指令所提供的地址上。

第 1 条指令称"长转移指令"。因为指令中包含 16 位地址,所以转移的目标地址范围是程序存储器的 0000H～FFFFH。指令执行结果是将 16 位地址 addr16 送程序计数器 PC。

第 2 条指令称"绝对转移指令",也称为"短转移指令"。指令中包含 11 位地址,转移的目标地址是在下一条指令地址开始的 2 KB 范围内。它把 PC 原来的高 5 位、操作码的第 7～5 位(即图 4.16 中的 A_{10}～A_8)以及操作数的低 8 位合并在一起,构成 16 位的转移地址,如图 4.16 所示。

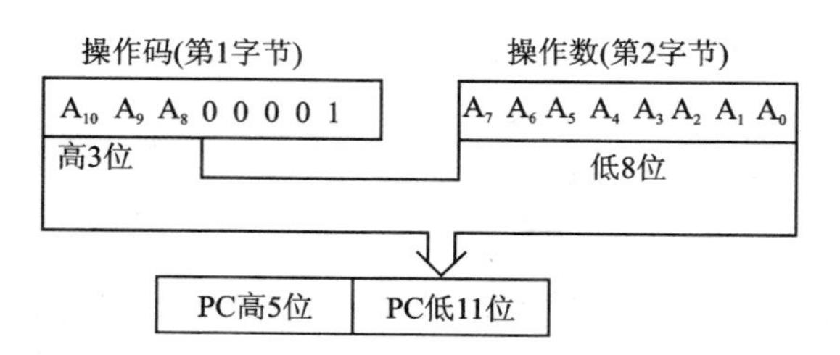

图 4.16　11 位转移地址形成示意图

因为地址高 5 位保持不变,仅低 11 位发生变化,因此,寻址范围必须在该指令地址加 2 后的 2 KB 区域内。

第 3 条指令是无条件相对转移指令。该指令为双字节,指令的操作数是相对地址,rel 是一个带符号的偏移字节数(2 的补码),其范围为－128～＋127。负数表示向后转移。正数表示向前转移。该指令执行后目的地址值的计算公式如下:

目的地址值＝本指令地址值＋2＋rel

其执行过程类似于图 4.8 所示的例子，只是无须判断 C 位。

【例 4.37】 执行如下指令：

```
1000H    LJMP   3000H
```

执行后，PC 值由 1003H 变为 3000H。

【例 4.38】 执行如下指令：

```
2030H    AJMP   60H
```

执行后，PC 值由 2032H 变为 2060H。

【例 4.39】 执行如下指令：

```
2000H    SJMP   7
```

执行后，PC 值由 2002H 变为 2009H。

在实际编程中，通常是不写具体的转移地址和转移字节数的，而是写目的地址的标号，详见第 5 章说明。

2. 条件转移指令

```
JZ      rel                  ;(A) = 0: (PC) + 2 + rel→PC
                             ;(A)≠0: (PC) + 2→PC
JNZ     rel                  ;(A)≠0: (PC) + 2 + rel→PC
                             ;(A) = 0: (PC) + 2→PC
CJNE    A,direct,rel         ;(A) = (direct): (PC) + 3→PC,0→C
                             ;(A)>(direct): (PC) + 3 + rel→PC,0→C
                             ;(A)<(direct): (PC) + 3 + rel→PC,1→C
CJNE    A,#data,rel          ;(A) = data: (PC) + 3→PC,0→C
                             ;(A)>data: (PC) + 3 + rel→PC,0→C
                             ;(A)<data::(PC) + 3 + rel→PC,1→C
CJNE    Rn,#data,rel         ;(Rn) = data: (PC) + 3→PC,0→C
                             ;(Rn)>data: (PC) + 3 + rel→PC,0→C
                             ;(Rn)<data: (PC) + 3 + rel→PC,1→C
CJNE    @Ri,#data,rel        ;((Ri)) = data: (PC) + 3→PC,0→C
                             ;((Ri))>data: (PC) + 3 + rel→PC,0→C
                             ;((Ri))<data: (PC) + 3 + rel→PC,1→C
DJNZ    Rn,rel               ;(Rn) - 1→Rn,Rn≠0: (PC) + 2 + rel→PC
                             ;(Rn) = 0: (PC) + 2→PC
DJNZ    direct,rel           ;(direct) - 1→direct,
                             ;(direct)≠0: (PC) + 3 + rel→PC
                             ;(direct) = 0: (PC) + 3→PC
```

这类指令先测试某一条件是否满足，只有满足规定条件时，程序才能转到指定转移地址,否则程序将继续执行下一条指令。其条件是由条件转移指令本身提供(或规定)的。

这组指令中的前2条是累加器判别转移指令,通过判别累加器A中是否为0来决定转移还是顺序执行。

第3~6条为比较转移指令,是本指令系统中仅有的具有3个操作数(其一隐含在操作码中)的指令组。这些指令的功能是比较前2个无符号操作数的大小。若不相等,则转移;否则顺序执行。这4条指令影响CY位。执行结果不影响任何操作数。

最后2条指令是减1非0转移指令。在实际问题中,经常需要多次重复执行某段程序,在程序设计时,可以设置一个计数值,每执行一次某段程序,计数值减1。若计数值非0,则继续执行,直至计数值减至0为止。使用此指令前,要将计数值预置在工作寄存器或片内RAM直接地址中,然后再执行某段程序和减1判0指令。

3. 间接转移指令

```
JMP   @A+DPTR       ;(A)+(DPTR)→PC
```

该指令也属于无条件转移指令,其转移地址由数据指针DPTR的16位数和累加器A的8位无符号数相加形成,并直接送入PC。指令执行过程对DPTR、A和标志位均无影响。这条指令可代替众多的判别跳转指令,具有散转功能,故又称为“散转指令”。

本指令的使用举例详见5.3.3小节。

4. 调用子程序及返回指令

```
LCALL  addr16        ;(PC)+3→PC,(SP)+1→SP,
                     ;(PC.7~PC.0)→(SP),(SP)+1→SP,
                     ;(PC.15~PC.8)→(SP),addr16→PC
ACALL  addr11        ;(PC)+2→PC,(SP)+1→SP,
                     ;(PC.7~PC.0)→(SP),(SP)+1→SP,
                     ;(PC.15~PC.8)→(SP),addr11→PC.10~PC.0
RET                  ;((SP))→PC.15~PC.8,(SP)-1→SP,
                     ;((SP))→PC.7~PC.0,(SP)-1→SP
RETI                 ;除具有RET指令的功能外,还将清除优先级状态触发器,详见第9章
```

在实际应用程序中,有时需要多次执行某段程序。程序设计时,可把这段程序独立出来作为子程序,原来的程序作为主程序。子程序可以被主程序多次调用,能实现这种功能的指令称为“调用指令”。子程序执行完毕,须自动返回到主程序原断点地址继续执行主程序。在子程序结尾放1条返回指令,即可实现此功能。调用和返回构成了子程序调用的完整过程。

本类第1条指令是长调用指令(3字节)。执行时,先将PC加3,指向下条指令

地址(即断点地址),然后将断点地址压入堆栈,再把指令中的16位子程序入口地址装入PC,则程序转到子程序。

第2条指令称为“绝对调用指令”(双字节),也称为“短调用指令”,其保护断点地址过程同上,但PC只需加2,其转入子程序入口的过程类似“LCALL”指令。被调用的子程序入口地址必须与调用指令ACALL下一条指令的第1字节在相同的2 KB存储区之内。其操作码的形成类似于AJMP指令。

第3条指令是子程序返回指令。执行时,将堆栈内的断点地址弹出并送入PC,使程序返回到原断点地址。

最后一条指令是中断返回指令,它只能用于中断服务程序的结束指令。RET与RETI绝不能互换使用。

此类指令不影响标志位。

【例4.40】 某子程序SUB1入口地址是340BH,调用指令“LCALL SUB1”地址为2042H,该段程序调用过程中,PC及SP的变化如下:

```
地  址          指  令                    注  释

2040H           MOV    SP,#20H    ;设置堆栈指针,20H→SP
2042H           LCALL  SUB1       ;调用子程序,2045H→PC,(21H)→SP, 45H→21H,(22H)→SP,
                                  ;20H→(22H),340BH→PC
  ⋮               ⋮
340BH    SUB1: MOV    A,R0
  ⋮               ⋮
3412H           RET               ;(22H)→PCH,(21H)→PCL,此时,PC = 2045H,SP = 20H
```

5. 空操作指令

```
NOP
```

这是一条单字节指令,它控制CPU不进行任何操作(即空操作)而转到下一条指令。这条指令常用于产生1个机器周期的延时。

6. 程序控制类指令举例

【例4.41】 把累加器A中内容与立即数13H相加。结果若不等于80H,则程序跳转5字节后继续执行;否则顺序执行。程序起始地址为100H。

解:根据题意,可编程如下:

```
地  址    机器码        源程序

100       24 13         ADD  A,#13H          ;(A) + 13H→A
102       B4 80 05      CJNEA,#80H,LP        ;(A) = 80H,(PC) + 3→PC
105                                          ;(A)≠80H,(PC) + 3 + 5→PC
 ⋮          ⋮             ⋮
```

```
10A         24 56         LP：ADD   A,#56H
```

由程序可见，只有当A中原来内容为6DH时，程序才顺序执行，其他情况均跳转至10AH后继续执行。

【例4.42】 将累加器A的内容由0递增，加到100，结果存在累加器A中。

解：根据题意，可编程如下：

```
地  址     机器码           源程序

2000       E4               CLR    A              ;0→A
2001       75 50 64         MOV    50H,#64H       ;64H→50H
2004       04               L1:                   INCA ;(A) + 1→A
2005       D5 50 FC         DJNZ   50H,L1         ;(50H) - 1→50H
                                                  ;(50H)≠0, (PC) + 3 - 4→PC
                                                  ;(50H) = 0, (PC) + 3→PC
```

4.3.5 位操作类指令

80C51单片机的特色之一就是具有丰富的位处理功能。在80C51的硬件结构中，有个位处理机(即布尔处理机)，它具有一套处理位变量的指令集，包括位变量传送、逻辑运算、控制程序转移等指令。

在80C51单片机的内部数据存储器中，20H～2FH为位操作区域，其中每一位都有自己的位地址(参见表3.2)，可对其中每一位进行操作。位地址空间为00H～7FH，共16×8=128位。另外，对于字节地址能被8整除的特殊功能寄存器的每一位，也具有可寻址的位地址。

在进行位操作时，位累加器C即为进位标志CY。

在汇编语言中，位地址的表达方式有如下几种：

① 直接(位)地址方式，如D4H；

② 点操作符号方式，如PSW.4和(D0H).4；

③ 位名称方式，如RS1；

④ 用户定义名方式，如用伪指令bit定义“SUB.REG　bit　RS1”，经定义后，允许指令中用“SUB.REG”代替“RS1”。

上面4种方式都可表达PSW(D0H)中位4，它的位地址是D4，名称为RS1，用户定义为SUB.REG。

位操作类指令共17条，下面分类进行介绍。

1. 位数据传送指令

```
MOV   C,bit                ;(bit)→C
MOV   bit,C                ;(C)→bit
```

这2条指令主要用于对位操作累加器C进行数据传送，均为双字节指令。

前一条指令的功能是将某指定位的内容送入位累加器 C 中，不影响其他标志值。后一条指令是将 C 的内容传送到指定位，在对端口操作时，先读入端口 8 位的全部内容，然后把 C 的内容传送到指定位，再把 8 位内容传送到端口的锁存器，所以也是“读—改—写”指令。

【例 4.43】 已知片内 RAM(21H)＝8FH＝1000 1111B，把 21H 的最低位传送入 C 中。按照题意编写指令如下：

```
MOV   C,08H                ;(21H.0)→C
```

结果：C＝1。

【例 4.44】 把 P1.3 状态传送到 P1.7。按照题意编写指令如下：

```
MOV   C,P1.3              ;(P1.3)→C
MOV   P1.7,C              ;(C)→P1.7
```

2. 位修正指令

```
CLR     C              ;0→C
CLR     bit            ;0→bit
CPL     C              ;(C̄)→C
CPL     bit            ;(bit̄)→bit
SETB    C              ;1→C
SETB    bit            ;1→bit
```

这类指令的功能分别是清除、取反、置位进位标志 C 或直接寻址位，执行结果不影响其他标志位。当直接位地址为端口中某一位时，即具有“读—改—写”功能。

3. 位逻辑运算指令

```
ANL     C,bit              ;(C)∧(bit)→C
ANL     C,/bit             ;(C)∧(bit̄)→C
ORL     C,bit              ;(C)∨ (bit)→C
ORL     C,/bit             ;(C)∨(bit̄)→C
```

这组指令的功能，是把进位标志 C 的内容及直接位地址的内容逻辑“与”、“或”后的操作结果送回到 C 中。斜杠(/)表示对该位取反后再参与运算，但不改变原来的数值。

【例 4.45】 已知位 0AH＝1，CY＝1。

若执行指令“ANL　C,0AH”，则 $(C)\wedge(0AH)\rightarrow C$，C 为 1；

若执行指令“ANL　C,/0AH”，则 $(C)\wedge(\overline{0AH})\rightarrow C$，C 为 0；

若执行指令“ORL　C,0AH”，则 $(C)\vee(0AH)\rightarrow C$，C 为 1；

若执行指令“ORL　C,/0AH”，则 $(C)\vee(\overline{0AH})\rightarrow C$，C 为 1。

4. 判位转移指令

```
JC      rel             ;(C) = 1,(PC) + 2 + rel→PC
                        ;(C) = 0:(PC) + 2→PC
JNC     rel             ;(C) = 0, (PC) + 2 + rel→PC
                        ;(C) = 1, (PC) + 2→PC
JB      bit,rel         ;(bit) = 1, (PC) + 3 + rel→PC
                        ;(bit) = 0, (PC) + 3→PC
JNB     bit rel         ;(bit) = 0, (PC) + 3 + rel→PC
                        ;(bit) = 1, (PC) + 3→PC
JBC     bit,rel         ;(bit) = 1, (PC) + 3 + rel→PC,0→bit
                        ;(bit) = 0, (PC) + 3→PC
```

这组指令的功能分别是判进位 C 或直接寻址位是 1 还是 0,条件符合则转移,否则继续执行程序。

前 2 条指令是双字节,所以 PC 要加 2;后 3 条指令是 3 字节,所以 PC 要加 3。其中,最后一条指令的功能是:若直接寻址位为 1 则转移,并同时将该位清 0;否则顺序执行。这类指令也具有“读—改—写”功能。

5. 位操作类指令举例

【例 4.46】 将 ACC.5 与 80H 位相“与”的结果,通过 P1.4 输出。

解:按照题意,可编程如下:

```
地  址        源程序

60            MOV   C,ACC.5          ;(ACC.5)→C
62            ANL   C∧80H            ;(80H)∧(C)→C
64            MOV   P1.4,C           ;(C)→P1.4
```

【例 4.47】 比较片内 RAM 40H、50H 中 2 个无符号数的大小。若 40H 中的数小,则把片内 RAM 中的 40H 位置 1;若 50H 中的数小,则把 50H 位置 1;若相等,则把 20H 位置 1,然后返回。

解:设程序起始地址为 40H,根据题意,可编程如下:

```
地  址        源程序

40            MOV      A,40H
42            CJNE     A,50H,L1     ;两数不等,则转 L1
45            SETB     20H          ;两数相等,置 20H 位为 1
47            RET
48      L1:   JC       L2           ;若 C 为 1,则(40H)中数小,转 L2
4A            SETB     50H          ;若(50H)数小,则 50H 位置 1
4C            RET
```

```
4D    L2:  SETB    40H        ;若(40H)数小,则 40H 位置 1
4F         RET
```

至此,80C51 的指令系统全部介绍完毕。指令系统是熟悉和应用单片机必需的软件基础,但要真正掌握指令系统,一方面必须与单片机的硬件结构结合起来,另一方面要结合实际问题多做程序分析和简单程序设计,这样才能达到事半功倍的效果。

思考与练习

1. 简述下列基本概念。

(1) 指令　(2) 指令系统　(3) 程序　(4) 汇编语言指令

2. 80C51 单片机有哪几种寻址方式?这几种寻址方式是如何寻址的?

3. 访问特殊功能寄存器和片外数据存储器应采用哪些寻址方式?

4. 80C51 单片机的指令系统可分为哪几类?试说明各类指令的功能。

5. 外部数据传送指令有哪几条?试比较下面每组中 2 条指令的区别。

```
(1) MOVX  A,@R0     MOVX  A,@DPTR
(2) MOVX  @R0,A     MOVX  @DPTR,A
(3) MOVX  A,@R0     MOVX  @R0,A
```

6. 在 80C51 片内 RAM 中,已知(30H)=38H,(38H)=40H,(40H)=48H,(48H)=90H,请分析下段程序中各指令的作用,并翻译成相应的机器码,说明源操作数的寻址方式以及顺序执行每条指令后的结果:

```
MOV  A,40H
MOV  R0,A
MOV  P1,#0F0H
MOV  @R0,30H
MOV  DPTR,#1246H
MOV  40H,38H
MOV  R0,30H
MOV  90H,R0
MOV  48H,#30H
MOV  A,@R0
MOV  P2,P1
```

7. 试说明下列指令的作用,并将其翻译成机器码。执行最后一条指令对 PSW 有何影响? A 的终值为多少?

```
(1) MOV  R0,#72H
    MOV  A,R0
    ADD  A,#4BH

(2) MOV  A,#02H
```

```
    MOV  B,A
    MOV  A,#0AH
    ADD  A,B
    MUL  AB
(3) MOV  A,#20H
    MOV  B,A
    ADD  A,B
    SUBB A,#10H
    DIV  AB
```

8. “DA　A”指令的作用是什么？怎样使用？

9. 试编程将片外数据存储器60H中的内容送至片内RAM 54H单元中。

10. 试编程将寄存器R7内容送至R1中。

11. 已知当前PC值为210H,请用2种方法将程序存储器2F0H中的常数送至累加器A中。

12. 试说明下段程序中每条指令的作用,并分析指令执行完成后,R0中的内容是什么？

```
MOV  R0,#0A7H
XCH  A,R0
SWAP A
XCH  A,R0
```

13. 请用2种方法实现累加器A与寄存器B的内容互换。

14. 试编程将片外RAM 40H单元与R1的内容互换。

15. 已知A=0C9H,B=8DH,CY=1。若执行指令“ADDC　A,B”结果如何？若执行指令“SUBB　A,B”结果又如何？

16. 试编程将片外RAM中30H和31H单元中内容相乘,结果存放在32H和33H单元中(高位存放在33H单元中)。

17. 试用3种方法将累加器A中的无符号数乘2。

18. 请分析依次执行下面指令的结果：

```
MOV   30H,#0A4H
MOV   A,#0D6H
MOV   R0,#30H
MOV   R2,#47H
ANL   A,R2
ORL   A,@R0
SWAP  A
CPL   A
XRL   A,#0FFH
```

```
ORL   30H,A
```

19. 求下列指令执行后，累加器 A 及 PSW 中进位位 CY、奇偶位 P 和溢出位 OV 的值。

(1) 当 A=5BH 时，执行“ADD　A，＃8CH”；

(2) 当 A=5BH 时，执行“ANL　A，＃7AH”；

(3) 当 A=5BH 时，执行“XRL　A，＃7FH”；

(4) 当 A=5BH，CY=1 时，执行“SUBB　A，＃0E8H”。

20. 请说明指令“LJMP　addrl6”和“AJMP　addr11”的区别。

21. 试说明指令“CJNE　@R1，＃7AH，10H”的作用。若本指令地址为 250H，其转移地址是多少？

22. 试说明压栈指令和弹出栈指令的作用及执行过程。

23. 请分析下述程序执行后，SP、A 和 B 的值分别为多少？解释每一条指令的作用。

```
     ORG     200H
     MOV     SP,＃40H
     MOV     A,＃30H
     LCALL   250H
     ADD     A,＃10H
     MOV     B,A
L1:  SJMP    L1
     ORG     250H
     MOV     DPTR,＃20AH
     PUSH    DPL
     PUSH    DPH
     RET
```

24. 用 80C51 单片机的 P1 端口作输出，接 8 只发光二极管，如图 4.17 所示。当输出位为 0 时，发光二极管点亮；输出位为 1 时，发光二极管变暗。试分析下述程序执行过程及发光二极管点亮的工作规律。

```
LP: MOV     P1,＃7EH
    LCALL   DELAY
    MOV     P1,＃0BDH
    LCALL   DELAY
    MOV     P1,＃0DBH
    LCALL   DELAY
    MOV     P1,＃E7H
    LCALL   DELAY
    MOV     P1,＃0DBH
```

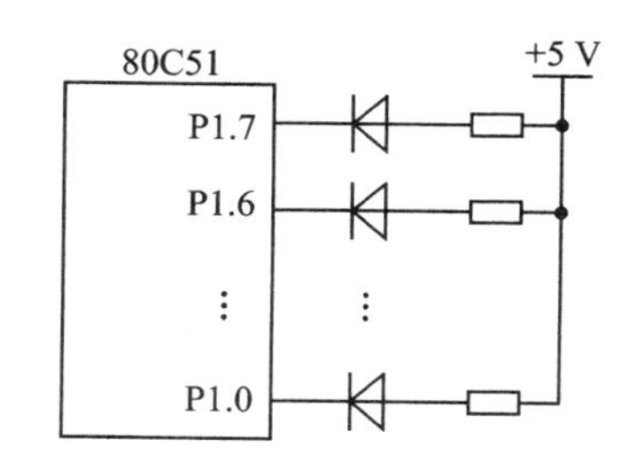

图 4.17　第 24～26 题图

```
        LCALL   DELAY
        MOV     P1,#0BDH
        LCALL   DELAY
        SJMP    LP
```

子程序：

```
DELAY: MOV    R2,#0FAH
L1:    MOV    R3,#0FAH
L2:    DJNZ   R3,L2
       DJNZ   R2,L1
       RET
```

25. 在上题中，若系统的晶振频率为6 MHz，求子程序DELAY的延时时间。若想增长或缩短延时时间，应如何修改？

26. 根据图4.17所示的电路，试编制灯亮移位程序，即8个发光二极管每次亮1个，循环左移，逐个点亮，循环不止。

27. 试编程将外部数据存储器2100H单元中的高4位置1，其余位清0。

28. 试编程将内部数据存储器40H单元中的第0位和第7位置1，其余位变反。

29. 请用位操作指令，求下面逻辑方程：

(1) $P1.7=ACC.0\wedge(B.0\vee P2.1)\vee\overline{P3.2}$

(2) $PSW.5=P1.3\wedge ACC.2\vee B.5\wedge\overline{P1.1}$

(3) $P2.3=\overline{P1.5}\wedge B.4\vee\overline{ACC.7}\wedge P1.0$

第5章

汇编语言程序设计

第4章介绍了80C51单片机的指令系统。这些指令只有按工作要求有序地编排为一段完整的程序，才能完成某一特定任务；而通过程序的设计、调试和执行，又可以加深对指令系统的了解与掌握，从而也在一定程度上提高了单片机的应用水平。

本章主要介绍80C51单片机的汇编语言与一些常用的汇编语言程序设计方法，并列举一些具有代表性的汇编语言程序实例，作为读者设计程序的参考。

5.1 概　述

计算机按照给定的程序，逐条执行指令，以完成某项规定的任务。因此，使用计算机，首先必须编写出计算机能执行的程序。

5.1.1 程序设计语言

计算机能执行的程序可以用很多种语言来编写。从语言结构及其与计算机的关系两方面可分为以下3大类型。

1. 机器语言

机器语言是一种用二进制代码“0”和“1”表示指令和数据的最原始的程序设计语言，用这种语言编写的程序称为“目标程序”。由于计算机只能识别二进制代码，因此，这种语言与计算机的关系最为直接，计算机能够快速识别这种语言并立即执行，响应速度最快。但对使用者来说，用机器语言编写程序非常繁琐、费时，且不易看懂，不便记忆，容易出错。为了克服上述缺点，因而促进了汇编语言和高级语言的诞生。

2. 汇编语言

汇编语言是一种用助记符来表示的面向机器的程序设计语言。不同的机器所使用的汇编语言一般是不同的。这种语言比机器语言更加直观、易懂、易用，且便于记忆，对指令中的操作码和操作数也容易区分。

采用汇编语言编写程序确实比采用机器语言更方便。但由于计算机不能直接识别汇编语言而不能执行，因此，采用汇编语言编写的源程序在交由计算机执行之前，必须将其翻译成机器语言程序。这一翻译过程称为“汇编”。简单的程序可以通过人工查询指令系统代码对照表进行翻译,称为"手工汇编"或"人工代真"。这种方法易出错且麻烦,所以通常采用"机器汇编"。机器汇编是由专门的程序在PC机上运行实现的,这种程序称为"汇编程序"(不同指令系统的汇编程序不同),这是一种软件工具,通常称为"汇编器"。汇编程序可以把由汇编语言编写的源程序翻译成用机器语言表示的目的程序(也称"目标程序")。源程序、汇编程序和目的程序三者之间的关系如图5.1所示。

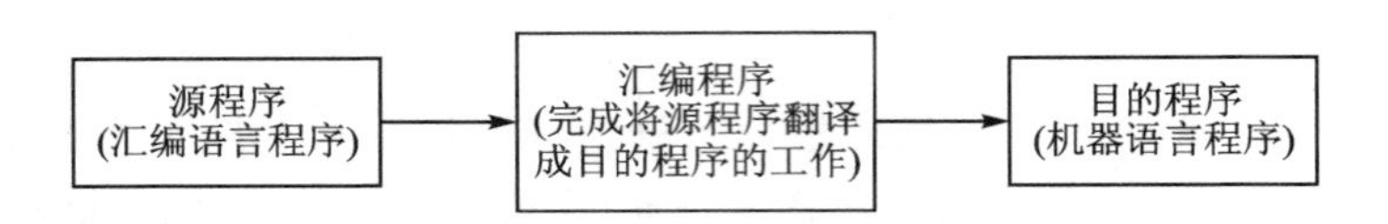

图5.1　源程序、汇编程序、目的程序三者之间的关系示意图

第4章所举各例均为汇编语言程序,显然它比机器语言前进了一大步。由于汇编语言和机器语言一样,是面向机器的,它能把计算机的工作过程刻画得非常精细而又具体,因此,可以编制出结构紧凑、运行时间精确的程序。这种语言非常符合实时控制的需要,但是用汇编语言编写和调试程序周期较长,程序可读性较差,因此,在对实时性要求不高的情况下,最好使用高级语言。

3. 高级语言

高级语言是一种面向过程且独立于计算机硬件结构的通用计算机语言,如C、FORTRAN、PASCAL、BASIC等语言。目前,在单片机应用中使用最广泛的是C语言。这些语言是参照数学语言而设计的近似于日常会话的语言。使用者不必了解计算机的内部结构,因此,它比汇编语言更易学、易懂,而且通用性强,易于移植到不同类型的计算机上去。

高级语言也不能被计算机直接识别和执行,同样需要翻译成机器语言。这一翻译工作通常称为"编译"或"解释",而进行编译或解释的程序则称为"编译程序"或"解释程序"。

高级语言的语句功能强,它的一条语句往往相当于许多条指令,因而用于翻译的程序要占用较多的存储空间,执行时间长,且不易精确掌握,故一般不适用于高速实时控制。

由上述可知,3种语言各具特色。本书介绍的是单片机基础知识,读者要想深入理解和掌握单片机,首先应该学会使用汇编语言,再学C语言。

5.1.2　汇编语言源程序的格式

汇编语言是面向机器的程序设计语言。对于CPU不同的单片机,其汇编语言一般是不同的,但它们所采用的语言规则却有很多相似之处。在此,以面向80C51的汇编语言为例说明汇编语言的格式。

汇编语言源程序是由汇编语句(即指令语句)构成的。汇编语句由 4 部分组成,每一部分称为“1 段”。其格式如下:

标　号:　操作码　操作数　;注释

在书写汇编语句时,上述各部分应该严格地用定界符加以分离。定界符包括空格符、冒号、分号、逗号等。例如:

```
标　号:　操作码　操作数　;注释

LP:      MOV     A,#20H   ;20H→A
```

在标号段之后要加冒号(:);操作码与操作数之间一定要有空格间隔;在操作数之间要用逗号(,)将源操作数与目的操作数隔开;在注释段之前要加分号(;)。

下面分别解释这 4 段的含义。

标号段:标号是用户设定的一个符号,表示存放指令或数据的存储单元地址。

标号由以字母开头的 1～8 个字母或数字串组成。注意:不能用指令助记符、伪指令或寄存器名来作标号名。

标号是任选的,并非每条指令或数据存储单元都要有标号,只在需要时才设置。例如,转移指令所要访问的存储单元前面一般要设置标号,而转移指令的转移地址也用相应的标号表示。采用标号便于查询、修改程序,也便于转移指令的书写。

一旦用某标号定义一个地址单元,则在程序的其他地方就不能随意修改这个定义,也不能重复定义。

操作码段:是指令或伪指令的助记符,用来表示指令的操作性质。它在指令中是必不可少的。

操作数段:给出的是参加运算(或其他操作)的数据或数据的地址。表示操作数的方法有很多种,例如既可用 3 种数制(二、十、十六进制码)表示,也可用标号及表达式表示。在汇编过程中,这个表达式的值将被计算出来。

注释段:为便于今后的阅读和交流而对本指令的执行目的和所起作用所作的说明。在汇编时,对这部分不予理会,它不被译成任何机器码,也不会影响程序的汇编结果。

5.1.3　汇编语言伪指令

在用汇编程序对汇编语言编写的源程序进行汇编时,有一些控制汇编用的特殊指令,它们不属于指令系统,不产生机器代码,因此称为“伪指令”或“汇编指令”。伪指令用来告诉汇编程序如何进行汇编,同时也为编程提供了方便。下面介绍几条 80C51 单片机中常用的伪指令。

(1) ORG(Origin)——汇编起始指令

这是一条程序汇编起始地址定位伪指令,用来规定汇编语言程序汇编时,目的程序在程序存储器中存放的起始地址。其格式如下:

标　号　　操作码　　　操作数

　　　　　ORG　　　　表达式(exp)

exp必须是16位的地址值,如“ORG　200H”表示这段程序从200H开始。在一个源程序中,可多次使用ORG指令,以规定不同程序段的起始位置,且地址应从小到大顺序排列,不允许重叠。

(2) END——汇编结束指令

这条伪指令用在程序的末尾,表示程序已结束。汇编程序对END后的指令不再进行汇编。

(3) EQU(Equate)——赋值指令

赋值指令也称为“等值伪指令”。它的作用是把操作数段中的地址或数据赋值给标号字段中的标号。其格式如下:

标　号　　操作码　　操作数

字符名称　EQU　　　数或汇编符号

【例5.1】 AA　EQU　R1　;R1与AA等值

则“MOV　A,AA”指令与“MOV　A,R1”指令结果相同。

【例5.2】 DL　EQU　0FA4CH

则执行“LJMP　DL”指令的结果是FA4CH→PC。

(4) DB(Define Byte)——定义字节指令

其功能是从指定单元开始定义(存储)若干个字节的数值或ASCII码字符,常用于定义数据常数表。每个数或字符之间要用逗号(,)隔开,在表示ASCII字符时需要用单引号(‘ ’)或双引号(“”)标示。其格式如下:

操作码　　操作数

DB　　　　字节常数或ASCII字符

【例5.3】
```
ORG     1000H
DB      76H,73,‘C’,‘B’
DB      0ACH
```

则　(1000H)=76H　　(1001H)=49H　　(1002H)=43H

　　(1003H)=42H　　(1004H)=0ACH

(5) DW(Define Word)——定义字指令

其功能是从指定单元开始定义(或存储)若干个字的数据或ASCII码字符。其格式如下:

操作码　　　操作数

DW　　　　　字常数或ASCII字符

【例5.4】
```
ORG   2200H
DW    1246H,7BH,10
```

则　(2200H)=12H　　(2201H)=46H

(2202H)=00　　　　(2203H)=7BH

(2204H)=00　　　　(2205H)=0AH

(6) BIT——定义位地址指令

其功能是把位地址赋予所规定的字符名称。其格式如下：

标　号　　操作码　操作数

字符名称　BIT　　位地址

【例 5.5】 ABC　BIT　P1.0

Q4　BIT　P2.2

汇编后,位地址 P1.0 和 P1.2 分别赋给变量 ABC 和 Q4。

(7) DATA——定义标号数值伪指令

其功能是给标号段中的标号赋予数值。其格式如下：

标　号　　操作码　操作数

字符名称　DATA　表达式

【例 5.6】 MN　DATA　3000H

汇编后,MN 的值为 3000H。

DATA 与 EQU 的区别在于：用 DATA 定义的标识符汇编时作为标号登记在符号表中,所以可以先使用后定义;而 EQU 定义的标识符则必须先定义后使用,这是由于后者不登记在符号表中。

(8) DS——定义存储空间指令

其功能是从指定地址开始保留 DS 之后表达式的值所规定的存储单元以备使用。其格式如下：

操作码　操作数

DS　表达式

【例 5.7】
```
ORG    500H
DS     10H
DB     4BH,5AH
```

汇编后,从 500H 开始保留 16 个单元,对这 16 个单元不赋值;然后从 511H 开始按 DB 指令给存储器赋值,即(511H)=4BH,(512H)=5AH。

在编写汇编语言源程序时,必须严格按照汇编语言的规范书写。在伪指令中,ORG 和 END 最重要,不可缺少。

5.1.4 汇编语言程序设计步骤

要想使计算机完成某一具体的工作任务,首先要对任务进行分析,然后确定计算方法或者控制方法,再选择相应指令按照一定的顺序编排,就构成了实现某种特定功能的程序。这种按工作要求编排指令序列的过程称为“程序设计”。

使用汇编语言作为程序设计语言的编程步骤与高级语言类似,但又略有差异。

其程序设计大致可分为以下几个步骤：

① 熟悉并分析工作任务，明确其要求和要达到的工作目的、技术指标等；

② 确定解决问题的计算方法和工作步骤；

③ 画工作流程图(其图形的符号规定均同于高级语言，在此不赘述)；

④ 分配内存工作单元，确定程序与数据区存放地址；

⑤ 按照流程图编写源程序；

⑥ 上机调试、修改并最终确定源程序。

在进行程序设计时，必须根据实际问题和所使用计算机的特点来确定算法，然后按照尽可能使程序简短及缩短运行时间2个原则编写程序。编程技巧须经大量实践后，才能逐渐提高。

由上述步骤可以看出，在用汇编语言进行程序设计时，主要方法和思路与高级语言相同，其主要不同点也是非常重要的一点即第④点，而这也正是汇编语言面向机器的特点，即在设计程序时还要考虑程序与数据的存放地址，在使用内存单元和工作寄存器时须注意它们相互之间不能发生冲突。

下面结合80C51单片机的特点，介绍一些常用的程序设计方法。

5.2 顺序与循环程序设计

顺序结构程序是一种最简单、最基本的程序(也称为“简单程序”)，其特点是按程序编写的顺序依次执行，程序流向不变。这类程序是所有复杂程序的基础或是其某个组成部分。

在很多实际程序中都会遇到需多次重复执行某段程序的情况，这时可把这段程序设计为循环结构程序(通常称为“循环体”)。这种结构可大大缩短程序。

以下是两种最常见的程序设计方法。

5.2.1 顺序程序设计

顺序程序虽然并不难编写，但要设计出高质量的程序还需要掌握一定的技巧。为此，读者需要熟悉指令系统以正确地选择指令，掌握程序设计的基本方法和技巧，以达到提高程序执行效率，缩短程序长度，最大限度地优化程序的目的。下面举例说明。

【例5.8】 将20H单元的2个BCD码拆开并变成ASCII码存入21H、22H单元。注意：ASCII码0～9为30H～39H。

解：先把20H中低4位BCD码交换出来并加以转换、存放，然后再把高4位BCD码交换至低4位加以转换、存放。

源程序编写如下：

```
        ORG     0000H
```

```
        LJMP    MAIN
MAIN:
        MOV     R0,#22H
        MOV     @R0,#0
        MOV     A,20H
        XCHD    A,@R0
        ORL     22H,#30H
        SWAP    A
        ORL     A,#30H
        MOV     21H,A
        SJMP    $
        END
```

这是一个简单但格式编写完整的小程序。开始的无条件跳转指令 LJMP 是所有程序中都必须写的，当然也可以使用其他无条件跳转指令。最后的指令 SJMP 后面加“$”，表示在此指令处循环等待。80C51 系列单片机的指令系统中没有专门的等待或暂停指令，故通常采用此方法表示等待或者程序结束。为节省篇幅，以后再出现类似情况将不再重复讲述。多数情况只写出相关的程序段落。

【例 5.9】 设有 2 个 4 位 BCD 码，分别存放在 23H、22H 单元和 33H、32H 单元中，求它们的和，并送入 43H、42H 单元中（以上均为低位在低字节，高位在高字节）。

解：由于本题中 BCD 码分放在高、低位 2 字节中，因此要从低位字节开始相加，且每进行 1 次加法运算，就需要进行 1 次 BCD 码调整。

源程序编写如下：

```
CLR     C
MOV     A,22H
ADD     A,32H               ;(22H) + (32H)→A
DA      A                   ;BCD码调整
MOV     42H,A               ;存结果低位
MOV     A,23H
ADDC    A,33H               ;(33H) + (23H) + C→A
DA      A
MOV     43H,A               ;存结果高位
```

5.2.2 循环程序设计

循环结构的程序一般包括以下几部分：

(1) 循环初态

循环初态（或称“初始条件”）是指设置循环过程中工作单元的初始值。例如，设置循环次数计数器、地址指针初值、存放和数的单元初值等。

(2) 循环体

循环体是指重复执行的程序段部分,完成主要的计算或操作任务,同时也包括对地址指针的修改。

(3) 循环控制部分

循环控制部分用于控制循环的执行和结束。在循环初态中已经给出了循环结束条件,即循环次数初值。循环程序每执行一次都要检查结束条件。当条件不满足时,即修改地址指针和控制变量;当条件满足时,则停止循环。

若循环程序的循环体中不再包含循环程序,即为“单重循环程序”;若在循环体中还包含有循环程序,那么这种现象就称为“循环嵌套”,这样的程序就称为“多重循环程序”。

在多重循环程序中,只允许外重循环嵌套内重循环程序,而不允许循环体互相交叉;另外,也不允许从循环程序的外部跳入循环程序的内部。

【例 5.10】 已知:80C51 单片机使用的晶振频率为 6 MHz,要求设计一个软件延时程序,延时时间为10 ms。

解:延时程序的延时时间主要与两个因素有关:一个是所用晶振;另一个是延时程序中的循环次数。一旦晶振确定之后,则主要问题为如何设计与计算需给定的延时循环次数。在本题中已知晶振频率为 6 MHz,则可知 1 个机器周期为 2 μs,那么可预计采用单重循环有可能实现 1 ms 的延时。因此,采用双重循环实现 10 ms 延时,编写源程序如下:

```
周期数         源程序                        注  释

  1              MOV    R0,#0AH          ;毫秒数→R0
  1     DL2:     MOV    R1,#MT           ;1 ms 延时的预定值 MT→R1
  1     DL1:     NOP
  1              NOP
  2              DJNZ   R1,DL1           ;1 ms 延时循环
  2              DJNZ   R0,DL2           ;毫秒数减 1,若不等于 0 则继续循环,若等于 0
                                         ;则结束
```

该延时程序第 1 条指令为外循环的循环初态,下面的指令为循环体,最后 1 条指令是循环控制部分。在内循环中,第 2 条指令为其循环初态,后 2 条指令为其循环体,“DJNZ　R1,DL1”为内循环的循环控制部分。

内循环的预定值 MT 尚需计算。因为各条指令的执行时间是确定的,需延时的总时间也已知,因此,MT 可计算如下:

$$(1+1+2)\times 2\ \mu s\times MT=1\ 000\ \mu s$$

$$MT=125=7DH$$

因此,将 7DH 代替上述程序中的 MT,该程序执行后即可实现 10 ms 的延时。

若考虑其他指令的执行时间,则该段延时程序的精确延时时间应计算如下:

$$2\ \mu s\times1+[(1+2)\times2\ \mu s+(1+1+2)\times2\ \mu s\times125]\times10=10\ 062\ \mu s$$

若需要延时更长时间，则可采用更多重的循环。如 3 重循环可延时 1 s，而 7 重循环可延时 1 年。

在使用软件实现延时功能时，注意不能允许中断，否则将影响定时精度。

【例 5.11】 用 P1 口作为数据读入口，为了读取稳定的值，要求连续读 8 次后取平均。

解：设 R0、R1 作为连续 8 次累加的 16 位工作寄存器，R0 为高位字节，累加的结果再取平均值，即除以 8，相当于除以 2^3。在此，采用将 R0、R1 各右移 1 次的操作重复 3 次。最后结果在 R1 中。

源程序编写如下：

```
        MOV     R0,#00H         ;清16位中间寄存器
        MOV     R1,#00H
        MOV     R2,#08H         ;累加次数→R2
LP2:    MOV     P1,#0FFH        ;P1口设置为输入口
        MOV     A,P1            ;输入读数
        ADD     A,R1            ;加入中间寄存器低8位
        JNC     LP1             ;无进位则暂存结果
        INC     R0              ;有进位则中间寄存器高8位增1
LP1:    MOV     R1,A            ;暂存低8位结果
        DJNZ    R2,LP2          ;未完循环
        MOV     R2,#03H
LP3:    MOV     A,R0            ;高8位结果送入A
        RRC     A               ;A中最低位右移入C
        MOV     R0,A
        MOV     A,R1
        RRC     A               ;低8位结果带进位右移,则高8位的低位进入低8位
                                ;的最高位;
        MOV     R1,A
        DJNZ    R2,LP3
LP:     SJMP    LP
```

此程序实际是 2 段单重循环程序。第 1 段循环实现 8 次读数的累加，结果在 R0、R1 中；第 2 段取 8 次的平均值，结果在 R1 中。

【例 5.12】 从 22H 单元开始有一个无符号数据块，其长度存在 20H 单元。求数据块中的最大值，并存入 21H 单元。

解：根据题意，先设初始最大值为 0。然后，逐个取出队列中的数与初始最大值比较，如果大于初始值，则此值与初始最大值交换后再继续比较；如果小于或等于初始最大值，则恢复原初始最大值（因为使用减法指令比较后，还须恢复原值）再继续比较。当所有数据均比较完后，则可得到最大值。其程序流程图如图 5.2 所示。

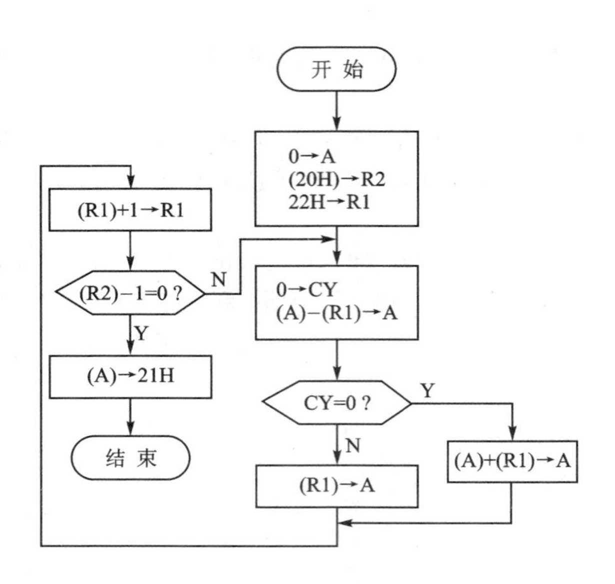

图 5.2　求最大值流程图

源程序编写如下：

```
        CLR    A              ;清 A 作为初始最大值
        MOV    R2,20H         ;数据个数初值
        MOV    R1,#22H        ;数据存放区首地址
LP:     CLR    C              ;清进位
        SUBB   A,@R1          ;初始最大值减队列中的数
        JNC    NEXT           ;小于初始最大值,则继续
        MOV    A,@R1          ;大于初始最大值,则用此值作为最大值
        SJMP   NEXT1
NEXT:   ADD    A,@R1          ;小于初始最大值,则恢复原最大值
NEXT1:  INC    R1             ;修改地址指针
        DJNZ   R2,LP          ;依次重复比较,直至 R2 = 0
        MOV    21H,A          ;最大值存入 21H 单元
```

这是一个单重循环程序,前 3 条指令为循环初始条件,第 4 条至 DJNZ 指令之间的程序段为循环体,“DJNZ　R2,LP”指令也用于循环控制。

请读者思考：如果把此程序改为求最小值,须改动哪几条指令?

5.3　分支程序设计

分支结构程序的特点是在程序中含有转移指令。分支结构程序可以根据程序要求,无条件或有条件地改变程序执行顺序,选择程序流向。

5.3.1 分支程序设计综述

编写分支结构程序的重点在于正确使用转移指令。转移指令有 3 种,即无条件转移、条件转移和散转。由这 3 类指令形成的分支程序具有如下特点:

无条件转移 其程序转移方向是设计者事先安排的,与已执行程序的结果无关,使用时只须给出正确的转移目标地址或偏移量即可。

条件转移 根据已执行程序对标志位、累加器或内部 RAM 某位的影响结果来决定程序的走向,形成各种分支。在编写有条件转移语句时,要特别注意以下两点:

- 在使用条件转移指令形成分支前,一定要安排可供条件转移指令进行判别的条件。例如:若采用“JC rel”指令,在执行此指令前必须使用影响 CY 标志的指令;若采用“CJNE A,#data,rel”指令,在执行此指令前必须使用改变累加器 A 内容的指令,以便为测试准备条件。
- 要正确选择所用的转移条件和转移目标地址。

散转 根据某种已输入的或运算的结果,使程序转到各个处理程序中。一般单片机实现散转程序常用逐次比较和算法处理的方法。这些方法一般都较麻烦,且易出错。80C51 单片机具有一条专门的散转指令,可以较方便地实现散转功能。

5.3.2 无条件/条件转移程序设计

这是分支程序中最常见的一类。其中,条件转移类程序编写较容易出错,且编程时需要确定转移条件。下面举例说明。

【例 5.13】 设 5AH 单元中有一个变量 X,试编写计算下述函数式的程序,并将结果存入 5BH 单元中。

$$Y=\begin{cases}3X & X<10\\2X+10 & 15\geqslant X\geqslant 10\\40 & X>15\end{cases}$$

解:本函数式有 3 条路径需要选择,显然需要采用分支程序设计。根据题意首先计算 $2X$ 并暂存于 R1 中,在第二个条件中,$2X$ 最大值不大于 30,故可只用一个寄存器;然后,根据 X 值的范围确定 Y 值。本题程序流程图如图 5.3 所示。R0 用作中间寄存器。

源程序如下:

```
        MOV    A,5AH
        ADD    A,5AH           ;2A→A
        MOV    R1,A
        MOV    A,5AH           ;将 X 重新装入 A
        CJNE   A,#10,L1
L1:     JC     L2              ;X<10,则转 L2
```

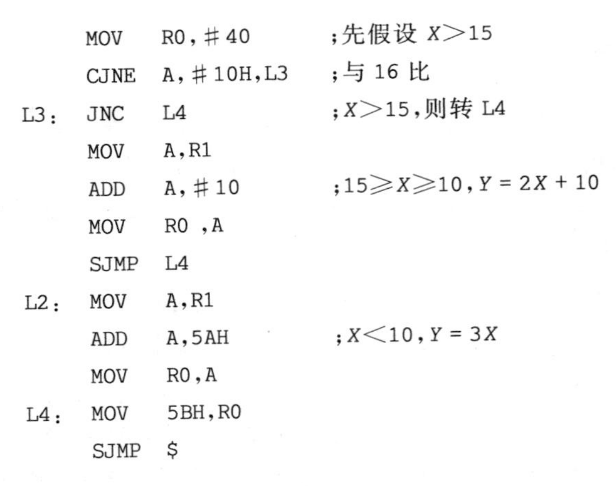

```
        MOV    R0,#40        ;先假设 X>15
        CJNE   A,#10H,L3     ;与 16 比
L3:     JNC    L4            ;X>15,则转 L4
        MOV    A,R1
        ADD    A,#10         ;15≥X≥10,Y = 2X + 10
        MOV    R0 ,A
        SJMP   L4
L2:     MOV    A,R1
        ADD    A,5AH         ;X<10,Y = 3X
        MOV    R0,A
L4:     MOV    5BH,R0
        SJMP   $
```

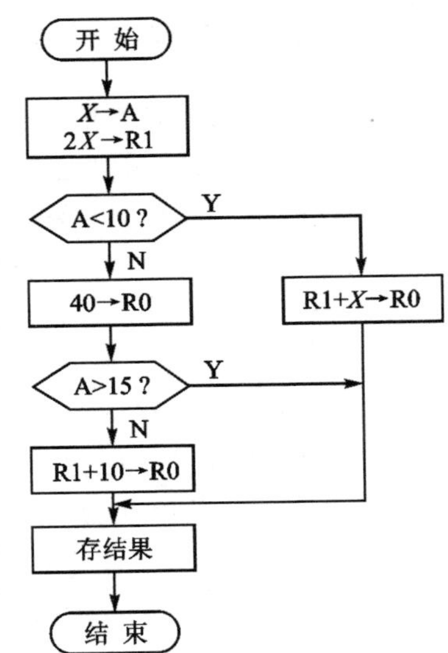

图 5.3　计算函数 Y 的流程图

由于本题的具体情况,在判别 A<10 和 A>15 时,分别采用了 CJNE 和 JC、CJNE 和 JNC 2 条指令相结合的方法。

从以上条件分支程序可见,它与简单程序的区别在于:分支程序存在 2 个或 2 个以上的结果。这需要根据给定的条件进行判断,以得到某一个结果。这样,就要用到比较指令、测试指令以及无条件/条件转移指令。条件分支程序设计的技巧,就在于能够正确而巧妙地使用这些指令。

5.3.3　散转程序设计

在 80C51 指令系统中有一条间接转移指令,也称为“散转指令”。散转指令的操作是把 16 位数据指针 DPTR 的内容与累加器 A 中的 8 位无符号数相加,形成新的目标地址,装入程序计数器 PC,此即散转的目的地址。其操作结果不影响 A 和 DPTR。

散转程序的设计可采用下面两种方法:

① 固定数据指针 DPTR,根据累加器 A 的内容,程序转入相应的分支程序中;

② 累加器 A 清 0,根据数据指针 DPTR 的值,决定程序转向目的地址。DPTR 的值可通过查表或其他方法获得。

下面介绍采用两种不同方法的散转程序。

1. 采用转移指令表

在许多应用中,需要根据某标志单元的内容(输入或运算结果)是 0、1、2、…、n,分别转向操作程序 0、操作程序 1、操作程序 2、…、操作程序 n。针对这种情况,可以先按序组成一张转移表,再将转移表首地址装入数据指针 DPTR 中,然后将转移次序的内容装入累加器 A,经运算后作为变址值,执行“JMP　@A+DPTR”指令实现散转,最后用无条件转移指令(AJMP 或 LJMP)转到目的操作程序的入口地址。

【例 5.14】 根据 R3 的内容，转向各个操作程序：

R3=0，转入 OPR0；

R3=1，转入 OPR1；

⋮

R3=n，转入 OPRn。

解：程序清单如下。

```
        MOV    DPTR,#TAB1          ;跳转表首地址送数据指针
        MOV    A,R3                ;R3×2→A(修正变址值)
        ADD    A,R3
        JNC    NOAD                ;判有否进位
        INC    DPH                 ;有进位则加到高字节地址
NOAD:   JMP    @A+DPTR             ;转向形成的散转地址入口
TAB1:   AJMP   OPR0                ;转移到 OPR0
        AJMP   OPR1
         ⋮
        AJMP   OPRn
```

程序中，转移表是由双字节短转移指令 AJMP 组成，各转移指令地址依次相差 2 字节，所以累加器 A 中变址值必须作乘 2 修正。若转移表是由 3 字节长转移指令 LJMP 组成，则累加器 A 中变址值必须作乘 3 修正。当修正值有进位时，则应将进位先加在数据指针高位字节 DPH 上，然后再转移。

由于转移表中使用 AJMP 指令，这就限制了转移的入口地址 OPR0、OPR1、…、OPRn 必须和散转表首 TAB1 位于同一个 2 KB 空间范围内。另一个局限性表现在散转点不得超过 256，这是因为工作寄存器 R3 为单字节。为了克服上述两个局限性，除了可用 LJMP 指令组成跳转表外，还可利用双字节的工作寄存器存放散转点，并采用对 DPTR 进行加法运算的方法，直接修改 DPTR，然后再用“JMP @A+DPTR”指令来执行散转。

2. 采用转向地址表

前面的例 5.14 是 DPTR 不变，根据 A 的内容转移到其他地址，下面的例 5.15 是在转移前，将累加器 A 清 0，然后根据数据指针 DPTR 的值，决定程序转向目的地址。这种方法需要将所要转向的双字节地址组成一张表，即建立一张转向地址表。在散转时，先用查表方法获得表中的转向地址，然后将该地址装入数据指针 DPTR 中，再清累加器 A，最后执行“JMP @A+DPTR”指令，使程序转入所要到达的目的地址中。

【例 5.15】 根据 R2 的内容转入各对应的操作程序中。

解：设转移入口地址为 OPR0、OPR1、…、OPRn，散转程序及转移表如下：

```
        MOV    DPTR,#TAB4
```

```
        MOV     A,R2
        ADD     A,R2            ;R2×2→A
        JNC     NADD
        INC     DPH             ;R2×2 进位加至 DPH
NADD:   MOV     R3,A            ;暂存
        MOVC    A,@A+DPTR       ;取地址高 8 位
        XCH     A,R3            ;保存转移地址高 8 位
        INC     A
        MOVC    A,@A+DPTR       ;取地址低 8 位
        MOV     DPL,A           ;置转移地址低 8 位
        MOV     DPH,R3
        CLR     A
        JMP     @A+DPTR
TAB4:   DW      OPR0            ;16 位转移地址表的首地址
        DW      OPR1
        ⋮
        DW      OPRn
```

这种散转方法显然可以达到64 KB地址空间范围内的转移,但其散转数 n 最大为255。若要 n 大于255,可仿照前面用双字节加法运算的方法来修改DPTR。

可实现散转的方法有多种,以上仅是较常用的几种方法。

5.4 查表程序设计

所谓"查表法",就是对一些复杂的函数运算,如 $\sin x$、$x+x^2$ 等,事先把其全部可能范围的函数值按一定规律编成表格存放在计算机的程序存储器(一般为只读存储器)中。当用户程序中需要用到这些函数时,直接按编排好的索引值(或程序号)寻找答案即可。这种方法节省了运算步骤,使程序更简单,执行速度更快。在控制应用场合或智能化仪器仪表中,经常使用查表法。这种方法唯一的不足之处就是需要占用较多的存储单元。但随着存储器价格的大幅下降,这个问题的影响已经微不足道,因而查表法的应用也越来越广泛。

5.4.1 查表程序综述

为便于实现查表功能,80C51汇编语言中专门设置了2条查表指令,即"MOVC A,@A+DPTR"和"MOVC A,@A+PC"。

第1条查表指令采用DPTR存放数据表格的地址,其查表过程比较简单。查表前,需要把数据表格起始地址存入DPTR;然后把所查表的索引值送入累加器A中;最后利用"MOVC　A,@A+DPTR"指令完成查表。

采用第2条查表指令时,操作过程与第1条不同,其步骤可分为以下3步:

① 使用传送指令将所查数据的索引值送入累加器 A。

② 用“ADD A,#data”指令对累加器 A 进行修正。data 值由下式确定：

$$PC + data = 数据表首地址$$

其中,PC 是“MOVC A,@A+PC”下一条指令的地址。因此,data 值实际等于查表指令和数据表格之间的字节数。

③ 利用查表指令“MOVC A,@A+PC”完成查表。

为了查表方便,要求表中的数或符号按照便于查找的次序排列,并将其存放在从指定的首地址(或称“基地址”)开始的存储单元。函数值在表中的序号即索引值,应该和函数值有直接的对应关系。函数值的存放地址等于首地址加上索引值。

已知变量 X 的表示方法有两种,即规则变量和非规则变量。表格中答案存放的格式与 X 值的表示方法密切相关,下面分别进行介绍。

5.4.2 规则变量的查表程序设计

规则变量 X 的值与表格中的 Y 值是一一对应的。Y 值可以是单字节、双字节或 3 字节等,但所有的 Y 值必须具有相同的字节数。这样的表格具有规律性,且结构简单,便于编制查表程序。

1. 单字节查表法

如果数据表格中 Y 值为单字节,并且表格占有的单元数少于 256,则查表方法比较简单。

【例 5.16】 设计一个将十六进制数转换成 ASCII 码的子程序。设十六进制数存放在 R0 中的低 4 位,要求将转换后的 ASCII 码送回 R0 中。

解：已知 0～9 的 ASCII 码为 30H～39H,AH～FH 的 ASCII 码为 41H～46H。按照题意,程序的入口、出口都在 R0 中,表中所有的值均为单字节,表格长度为 16 字节。程序编写如下：

```
      ORG    60H
      MOV    A,R0
      ANL    A,#0FH           ;保留低 4 位
      ADD    A,#02            ;变址调整
      MOVC   A,@A+PC          ;查表获取 ASCII 码值
      MOV    R0,A
      RET
TAB:  DB     30H,31H,32H
      DB     33H,34H,35H
      DB     36H,37H,38H
      DB     39H,41H,42H
      DB     43H,44H,45H,46H
```

在本程序中,由于“MOVC　A,@A+PC”指令与表格首地址相隔2字节,故变址调整值为2。例如,若R0中原值为07,则执行“MOVC　A,@A+PC”指令后,PC内容为66H,加A值后即可得所寻数值37H的地址6FH。

2. 多字节Y值的查表法

前面例5.16中Y值为单字节,但在实际应用中,Y值可能为多字节,此时所须采用的方法比较复杂。

【例5.17】 某仪器的键盘程序中,根据命令的键值(0、1、2、…、9)转换成相应的双字节16位命令操作入口地址,其键值与对应入口地址的关系如下:

键　值	0	1	2	3	4
入口地址	0123	0186	0234	0316	0415
键　值	5	6	7	8	9
入口地址	0520	0626	0710	0818	0929

解:设键值存放在20H单元中,出口地址值存放在22H、23H单元中。

按照题意,编写子程序如下:

```
        ORG     200H
        MOV     DPTR,#TAB        ;表格的首地址(212H)送DPTR
        MOV     A,20H            ;取键值
        RL      A                ;键值乘2作查表偏移量
        MOV     20H,A            ;暂存偏移量
        MOVC    A,@A+DPTR        ;取高8位地址
        MOV     22H,A            ;暂存高8位地址
        INC     DPTR             ;指向表首低8位
        MOV     A,20H            ;取偏移量
        MOVC    A,@A+DPTR        ;取低8位地址
        MOV     23H,A            ;暂存低8位地址
        RET
TAB:    DB      01,23H           ;“0”键入口地址
        DB      01,86H           ;“1”键入口地址
        DB      02,34H           ;“2”键入口地址
        DB      03,16H           ;“3”键入口地址
        DB      04,15H           ;“4”键入口地址
        DB      05,20H           ;“5”键入口地址
        DB      06,26H           ;“6”键入口地址
        DB      07,10H           ;“7”键入口地址
        DB      08,18H           ;“8”键入口地址
        DB      09,29H           ;“9”键入口地址
```

在此程序中,由于Y值为双字节,所以把键值乘2作查表偏移量。例如:当键值

为“3”时，偏移量为6，则“@A+DPTR”的地址值为218H，其内容为03，219H内容为16H，正好为“3”键入口地址。

因为A的值最大为255，所以此查表法的表格长度不能超过256。如果表格长度超过256，可采用使累加器A清0，改变数据指针DPTR的方法寻找对应的入口地址。

5.4.3 非规则变量的查表程序设计

如果X为非规则变量，即X并非是$0\sim n$中的所有数，则对应某些正整数I无定义，即在$0\sim n$区域中，仅有部分正整数与Yi有对应关系。在这种情况下，可以这样设计表格：

DB　X的高字节

DB　X的低字节

DB　Y的高字节

DB　Y的低字节

表格的每一项均由4个连续单元组成，每个单元的存放顺序如上所示。

【例5.18】 设有一个80C51单片机控制系统，其输入参数X是非规则变量，X与Y的对应关系如下：

X	0123H	0234H	…	0AC4H
$Y=f(x)$	34A7H	5678H	…	E345H

共存在m对对应关系，试编写查表子程序。

解：本程序表格就按上述原则编排。这样，一旦找到X的存放地址，相应的Y值就在其后的2个单元内。

设子程序提供的X值存放在20H、21H单元中，所查出的Y值存入22H、23H单元中。表格末地址加1后存放在24H、25H单元中，以检查表格是否查完。当查到表尾时，把FFH送入26H单元。

源程序如下：

```
        MOV     DPTR,#TAB       ;DPTR指向表格首地址
LP:     CLR     A               ;清除A
        MOVC    A,@A+DPTR       ;取表中X高8位
        CJNE    A,20H,LP1       ;与已知X高8位比较,不等则转LP1,指向下一组数据
        INC     DPTR            ;相等,则指向X低8位地址
        MOVC    A,@A+DPTR       ;取表中X低8位
        CJNE    A,21H,LP2       ;与已知X低8位比较,不等则转LP2,指向下一组数据
        INC     DPTR            ;相等,则指向Y高8位地址
        MOVC    A,@A+DPTR       ;取表中Y高8位数据
        MOV     22H,A           ;存入22H单元
```

```
        INC     DPTR            ;指向 Y 低 8 位
        MOVC    A,@A+DPTR       ;取表中 Y 低 8 位数据
        MOV     23H,A           ;存入 23H 单元
        RET                     ;查到即返回
LP1:    INC     DPTR            ;跳过 4 字节指向下一组数地址
LP2:    INC     DPTR            ;跳过 3 字节指向下一组数地址
        INC     DPTR            ;跳过 2 字节 Y 的地址
        INC     DPTR
        MOV     A,25H           ;判断是否已查到表格结尾
        CJNE    A,DPL,LP
        MOV     A,24H
        CJNE    A,DPH,LP
        MOV     26H,#0FFH       ;若已查到表尾,则把 FFH 送 26H
        RET                     ;查不到即返回
TAB:    DB      01H,23H
        DB      34H,0A7H        ;0123H 对应的值
        DB      02H,34H
        DB      56H,78H         ;0234H 对应的值
        ⋮
        DB      0AH,0C4H
        DB      0E3H,045H       ;0AC4H 对应的值
```

5.5 子程序设计

在实际问题中,常常会在一个程序中有许多相同的运算或操作,例如多字节的加、减、乘、除、代码转换、字符处理等。如果每次遇到这些运算或操作都要从头编起,就会使程序非常繁琐,且浪费内存。因此,在实际应用中,通常把这种多次使用的程序段按一定结构编好,存放在内存中;当需要时,程序就可以去调用这些独立的程序段。通常将这种可以被调用的程序段称为“子程序”。调用子程序的程序称为“主程序”。使用子程序的过程,称为“调用子程序”,子程序执行完后返回主程序的过程称为“子程序返回”。

5.5.1 子程序结构与设计注意事项

子程序是一种具有某种功能的程序段,其资源需要为所有调用程序共享,因此,子程序在功能上应具有通用性,在结构上应具有独立性。

子程序在结构上与一般程序的主要区别是:在子程序末尾有一条子程序返回指令(RET),其功能是当子程序执行完后,通过将堆栈内的断点地址弹出至 PC 返回到主程序中去。

在编写子程序时，须注意以下几点：

- 要给每个子程序赋一个名字，实际是一个入口地址的代号。
- 要能正确地传递参数。即首先要有入口条件，用来说明进入子程序时，它所要处理的数据如何得到（比如，是把它放在 ACC 中，还是放在某工作寄存器中等）。另外，要有出口条件，即处理的结果是如何存放的。
- 注意保护现场和恢复现场。在执行子程序时，可能要使用累加器或某些工作寄存器。而在调用子程序之前，这些寄存器中可能存放有主程序的中间结果，这些中间结果是不允许破坏的。因此，在子程序使用累加器和这些工作寄存器之前，需要将其中的内容保存起来，即保护现场。当子程序执行完，即将返回主程序之前，再将这些内容取出，送回到累加器或原来的工作寄存器中，这一过程称为"恢复现场"。

  保护和恢复现场通常用堆栈来进行。在需要保护现场的情况下编写子程序时，要在子程序的开始使用压栈指令，将需要保护的寄存器内容压入堆栈。当子程序执行完，在返回指令前使用弹出指令，把堆栈中保护的内容弹出到原来的寄存器，这样即恢复了现场。
- 为了使子程序具有一定的通用性，子程序中的操作对象应尽量采用地址或寄存器形式，而不用立即数形式。另外，子程序中如含有转移指令，应尽量采用相对转移指令，以便它不管存放在内存的哪个区域都能正确执行。

5.5.2 子程序调用与返回

主程序调用子程序是通过子程序调用指令"LCALL add16"和"ACALL add11"来实现的。前者称为"长调用指令"，其操作数给出 16 位的子程序首地址。后者称为"绝对（短）调用指令"，其操作数提供子程序的低 11 位入口地址，此地址与程序计数器 PC 的高 5 位合在一起，构成 16 位的转移地址（即子程序入口地址）。

子程序调用指令的功能是将 PC 中的内容（调用指令的下一条指令地址，称为"断点"）压入堆栈（即保护断点），然后将调用地址送入 PC，使程序转入子程序的入口地址。

子程序的返回是通过返回指令 RET 实现的。该指令的功能是将堆栈中存放的返回地址（即断点）弹出堆栈，并送回到 PC 中，使程序继续从断点处执行。

主程序在调用子程序时，须注意以下问题：

- 在主程序中，要安排相应指令，满足子程序的入口条件，提供子程序的入口数据。
- 在主程序中，不希望被子程序更改内容的寄存器也可在调用前，在主程序中安排压栈指令来保护现场；子程序返回后，再安排弹出指令恢复现场。

● 在主程序中,安排相应的指令处理子程序提供的出口数据。

● 在需要保护现场的程序中,要正确地设置堆栈指针。

5.5.3 子程序嵌套

子程序嵌套(或称“多重转子”)是指在子程序执行过程中,还可以调用另一个子程序。子程序嵌套次数从理论上说是无限的,但实际由于受到堆栈深度的限制,嵌套次数是有限的。

子程序嵌套过程如图5.4所示。

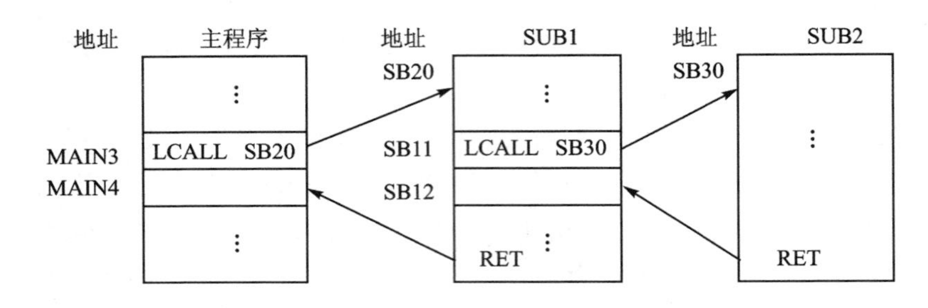

图5.4 子程序嵌套示意图

它怎样实现多重转子呢?当主程序执行到“LCALL SB20”指令时,将下一条指令操作码的地址MAIN4压入堆栈,并将子程序SUB1的首地址SB20送到PC,使程序转去执行SUB1程序。在执行SUB1程序中,又遇到“LCALL SB30”指令,于是将其下一条指令操作码地址SB12压入堆栈,并将SB30送到PC,使程序转去执行SUB2程序。假设在子程序SUB1、SUB2中,没有使用堆栈操作指令(亦即没有保护现场),则当执行完2次LCALL指令后,返回地址压入堆栈后的情况如图5.5所示。

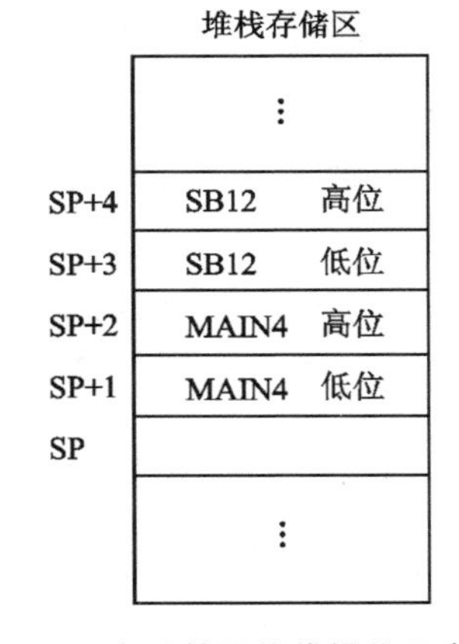

图5.5 多重转子堆栈操作示意图

当执行完SUB2中的RET指令后,将SB12地址值弹出,并送到PC,则程序返回SUB1的断点继续执行。当执行完该程序的RET指令,又从堆栈中弹出MAIN4地址值送到PC,即回到主程序断点,继续执行主程序。

从上述过程可以看出,堆栈在子程序调用中是必不可少的,因为断点地址均是自动按照“先进后出”的原则存入堆栈区的,从而保证了存入的断点地址能依次正确地返回。

5.5.4 子程序设计

由于应用子程序给程序设计带来很多方便，在实际程序特别是在监控程序中，经常把一些常用的运算、操作等编成子程序，如数码转换、延时、拆字等，从而给用户提供了方便。

下面通过具体例子来说明子程序的设计和调用。

【例 5.19】 用程序实现 $c=a^2+b^2$。设 a、b 均小于 10，a 存在 31H 单元，b 存在 32H 单元，并将 c 存入 33H 单元。

解：因本题两次用到平方值，所以在程序中采用把求平方的程序段编为子程序的方法。根据题意，编写主程序和子程序如下。

主程序：

```
地  址              源程序
                    ORG    200H
200                 MOV    SP,#3FH           ;设堆栈指针
203                 MOV    A,31H             ;取 a 值
205                 LCALL  SQR               ;求 a²
208                 MOV    R1,A              ;a²值暂存 R1
209                 MOV    A,32H             ;取 b 值
20B                 LCALL  SQR               ;求 b²
20E                 ADD    A,R1              ;求 a² + b²
20F                 MOV    33H,A             ;存入 33H
```

子程序：

```
地  址              源程序
                    ORG   400H
400         SQR:    INC   A
401                 MOVC  A,@A + PC
402                 RET
403         TAB:    DB    0,1,4,9,16
408                 DB    25,36,49
40B                 DB    64,81
```

求平方的子程序在此采用的是查表法。A 之所以要增 1，是因为 RET 指令占了 1 字节。本程序的入口、出口参数均为 A。

下面说明堆栈内容在执行程序过程中的变化。当程序执行完第 1 条“LCALL SQR”指令后，断点地址为 208H，此时，08H 压入 40H，22H 压入 41H。400H 装入 PC，当子程序执行完 RET 指令后，208H 弹入 PC，主程序接着从此地址运行。当执行完第 2 条“LCALL SQR”指令后，断点地址为 20EH，此时，0EH 压入 40H，22H

压入41H。400H装入PC,当子程序执行完RET指令后,20EH弹入PC,主程序接着从此地址运行。

【例5.20】 求2个无符号数据块中的最大值。数据块的首地址分别为60H和70H,每个数据块的第1个字节用来存放数据块长度。结果存入5FH单元。

解:本例可采用分别求出2个数据块的最大值,然后比较其大小的方法,且求最大值的过程可采用子程序。子程序的入口条件是数据块首地址,返回参数即为最大值,放在A中。

主程序和子程序编写如下。

主程序:

```
        MOV     R1,#60H         ;置入口条件参数
        ACALL   QMAX            ;调求最大值子程序
        MOV     40H,A           ;第一个数据块的最大值暂存40H
        MOV     R1,#70H         ;置入口条件参数
        ACALL   QMAX            ;调求最大值子程序
        CJNE    A,40H,NEXT      ;2个最大值进行比较
NEXT:   JNC     LP              ;若A大,则转LP
        MOV     A,40H           ;若A小,则把40H中内容送入A
LP:     MOV     5FH,A           ;把2个数据块中的最大值送入5FH
        SJMP    $
```

子程序:

```
;子程序入口参数:R1为数据块首地址
;子程序出口参数:A为最大值
QMAX:   MOV     A,@R1           ;取数据块长度
        MOV     R2,A            ;设置计数值
        CLR     A               ;设0为最大值
LP1:    INC     R1              ;修改地址指针
        CLR     C               ;C清0
        SUBB    A,@R1           ;两数相减
        JNC     LP3             ;原数仍为最大值转LP3
        MOV     A,@R1           ;否,用此数代替最大值
        SJMP    LP4             ;无条件转LP4
LP3:    ADD     A,@R1           ;恢复原最大值
LP4:    DJNZ    R2,LP1          ;若未比较完,则继续比较
        RET                     ;比较完,返回
```

在这一节里,只举了两个简单应用子程序的例子。实际上,可以把各种功能的程序都编成子程序,如任意数的平方、数据块排队、多字节的加/减/乘/除等。把子程序结构利用到编写大块的复杂程序中,就可以把一个复杂的程序分割成很多独立的、关联较少的功能模块,通常称为“模块化结构”。这种方式不但结构清晰,节省内存,且易于调试,是大程序

中经常采用的一种编程方式。

思考与练习

1. 编程将片内 40H～60H 单元中的内容送到以 3000H 为首的存储区中。

2. 编写计算下列算式的程序。

(1) 23H+45H+ABH+03H

(2) CDH+15H-38H-46H

(3) 1234H+8347H

(4) AB123H-43ADCH

3. 编程计算片内 RAM 区 50H～57H 单元中数的算术平均值，结果存放在 5AH 中。

4. 编写计算下式的程序，设乘积与平方结果均小于 255。a 和 b 的值分别存于片外 3001H 和 3002H 单元中，结果存于片外 3000H 单元中。

(1) $Y=\begin{cases} 25 & a=b \\ a\times b & a<b \\ a\div b & a>b \end{cases}$

(2) $Y=\begin{cases} (a+b)^2+10 & (a+b)^2<10 \\ (a+b)^2 & (a+b)^2=10 \\ (a+b)^2-10 & (a+b)^2>10 \end{cases}$

5. 设有 2 个长度均为 15 的数组，分别存放在以 200H 和 300H 为首地址的存储区中。试编程求其对应项之和，结果存放在以 400H 为首地址的存储区中。

6. 设有 100 个有符号数，连续存放在以 2000H 为首地址的外部数据存储区中，试编程统计其正数、负数、0 的个数。

7. 请将片外数据存储器地址为 1000H～1030H 的数据块，全部搬迁到片内 RAM 的30H～60H 中，并将原数据块区域全部清 0。

8. 试编写一个子程序，使间址寄存器 R1 所指向的 2 个片外 RAM 连续单元中的高 4 位二进制数合并为 1 字节装入累加器 A 中。已知 R1 指向低地址，并要求该单元高 4 位放在 A 的高 4 位中。

9. 试编程把以 2040H 为首地址的连续 50 个单元中的无符号数按降序排列，存放到以 3000H 为首地址的存储区中。

10. 试编写一个查表程序，从首地址为 1000H，长度为 100 的数据块中找出 ASCII 码 A，将其地址送到 10A0H 和 10A1H 单元中。

11. 设在 200H～204H 单元中，存放有 5 个压缩 BCD 码，试编程将它们转换成 ASCII 码，并存放到以 205H 为首地址的存储区中。

12. 在以 200H 为首地址的存储区中，存放着 20 个用 ASCII 码表示的 0～9 之间的数，试编程将它们转换成 BCD 码，并以压缩 BCD 码(即 1 个单元存放 2 位 BCD

码)的形式存放在 300H～309H 单元中。

13. 试编程实现下列逻辑表达式的功能。设 P1.0～P1.7 为 8 个变量的输入端，且其中的 P1.7 又作为变量输出端。

(1) $Y = X_0 \wedge X_1 \wedge \overline{X_2} \vee \overline{X_2} \vee X_4 \wedge X_5 \wedge X_6 \vee \overline{X_7}$

(2) $Y = \overline{X_0 \wedge X_1} \vee \overline{X_2 \wedge X_3 \wedge X_4} \vee \overline{X_5 \wedge X_6 \wedge X_7}$

14. 试编写一个多字节无符号数加法子程序，设字节数 N 为小于 6 的整数。

15. 试编写一个多字节无符号数减法子程序，设字节数 N 为小于 6 的整数。

16. 试编写延时 1 s、1 min、1 h 的子程序。

17. 如何实现将内存单元 40H～60H 中的数逐个对应传到片外 2540H～2560H 单元中？

18. 在片内 30H 和 31H 单元各有一个小于 10 的数，试编程求这 2 个数的平方和，用调用子程序的方法实现，结果存在 40H 单元。

19. 本题内容同上题，要求用查表方法实现。

20. 求一个 16 位二进制数的补码。设此 16 位二进制数存放在 R1、R0 中，求补后存入 R3、R2 中。

21. 将累加器 A 中 00H～FFH 范围内的二进制数转换为 BCD 码(0～255)。

22. 把 A 中的压缩 BCD 码转换成二进制数。

第6章

C51语言程序设计

由于汇编语言编程难度大、编程周期长、可移植性差,所以目前绝大多数嵌入式系统工程都使用C语言作为编程语言。本章介绍用于51系列单片机的C51语言程序设计,考虑到多数读者已经学习过通用C语言,因此对于通用C语言的基本知识仅提纲挈领地简要介绍,重点介绍C51语言与通用C语言的不同处和应用于单片机编程时的使用注意事项,并列举相关实例。

6.1 单片机的C51语言概述

汇编语言对单片机的操作直接、简洁、结构紧凑、实时性强,但对于复杂的运算或者大型程序,其编制周期长、出错率高、相互交流差,且不易移植。此时应选择用高级语言编程,对于51系列单片机则建议选择C51语言。C语言是一种在计算机中使用较广泛的程序设计语言,它既具有一般高级语言的特点,又能直接对计算机的硬件进行操作,表达和运算能力较强,许多以前只能采用汇编语言来解决的问题现在都可以改用C语言来完成。它在作为单片机编程语言之前,已经应用到许多领域。C51语言是建立在通用C语言基础上的用于单片机编程的最流行的高级语言。一个好的单片机程序员应该是在掌握汇编语言的基础上,再学会用于单片机编程的C51语言。两种语言各有优缺点,在有些情况下可能需要采用汇编语言与C语言混合编程的方法,因而通常需要同时掌握这两种语言。

6.1.1 C51语言的主要优点

C51语言是一种结构化语言,可产生紧凑代码,语言简洁,使用方便灵活。C51语言既具有一般高级语言的特点,又可以对计算机硬件直接进行操作,可直接访问单片机的物理地址,包括寄存器、不同存储器以及外部接口器件,还能与汇编语言混合编程,这些正是单片机编程应用所需要的。除此之外,其与汇编语言相比,主要有如下优点:

① 对单片机的指令系统不要求十分熟悉,仅要求对单片机的基本硬件结构有一定的了解;

② C51语言具有丰富的数据结构类型及多种运算符,易于表达,使用方便;

③ C51语言是以函数为程序设计基本模块的，程序容易移植，可以把需要的功能模块方便地移植到一个新程序中，也可以在不同型号的单片机之间相互移植；

④ 具有丰富的库函数，其中包括许多标准子程序，因此它具有较强的数据处理能力；

⑤ 源代码可读性较强，容易理解和编程，源文件简短，易于交流，相互协作更加方便。

大多数计算机都支持对C语言的应用，因而可以方便地在PC机上直接编写和测试部分程序。多数情况下，在PC机上调试正常的代码段可以直接移植到目标单片机上，这样可以在没有硬件的情况下开始编写和调试程序。除可减少在硬件上的调试外，其第④和第⑤条优点也有助于大大缩短编程和调试时间，从而提高编程效率，加快开发进程。

6.1.2 C51语言的运算符及表达式

运算符是完成某种运算的符号，用于进行数据处理，包括算术、关系、逻辑运算符等；表达式是由运算符和括号将运算对象连接为具有指定功能的式子。由运算符或表达式可以构成C51程序的各种语句。

现简要说明如下。

(1) 算术运算符

＋　　加或取正值运算符；

－　　减或取负值运算符；

*　　乘运算符；

/　　除运算符；

%　　模运算符(或称求余运算符)。

算术运算符中的优先级规定为：先乘除模，后加减，括号最优先。

(2) 关系运算符

＜　　小于运算符；

＞　　大于运算符；

＜＝　　小于或等于运算符；

＞＝　　大于或等于运算符；

＝＝　　测试等于运算符；

！＝　　测试不等于运算符。

前4种运算符优先级相同，后2种优先级相同，且前4种运算符优先级高于后2种。关系运算符优先级低于算术运算符，高于赋值运算符。

(3) 逻辑运算符

&&　　逻辑“与”运算符；

||　　逻辑“或”运算符；

!　　逻辑“非”运算符。

逻辑操作运算符的优先级从高至低依次为：!→&&→||。逻辑“非”运算符优先级高于算术运算符；逻辑“或”运算符优先级低于关系运算符，高于赋值运算符。

(4) 位操作运算符

&　　按位“与”运算符；

|　　按位“或”运算符；

^　　按位“异或”运算符；

～　　按位取反运算符。

注意：位逻辑运算与上述的逻辑运算是两个不同的概念。

＜＜　按位左移运算符，如 a＜＜b，即 a 变量的值按位左移 b 位；

＞＞　按位右移运算符，如 a＞＞b，即 a 变量的值按位右移 b 位。

上述两条移位指令移位后，空白位补 0，溢出位舍弃。

位操作运算符的优先级从高至低依次为：～→＜＜和＞＞→&→^→|。

(5) 自增减运算符

＋＋　自增运算符，如 a＋＋或＋＋a，即 a 变量的值自动加 1；

－－　自减运算符，如 a－－“或”－－a，即 a 变量的值自动减 1。

自增减运算符位置不同，则变量的运算过程也不一样：＋＋a(或－－a)是在使用 a 值之前，先使 a 值加 1(或减 1)；而 a＋＋(或 a－－)是在使用 a 值之后，再使 a 值加 1(或减 1)。

(6) 复合赋值运算符

在赋值运算符“＝”前面加上其他运算符，就构成了复合赋值运算符。C51 中共提供了 11 种复合赋值运算符，即＋＝，－＝，*＝，/＝，%＝，＞＞＝，＜＜＝，&＝，|＝，^＝，～＝。

这种复合赋值运算可简化程序，提高 C51 程序编程效率。例如：a＋＝b，相当于 a＝a＋b；a＞＞＝b，相当于 a＝ a＞＞b。

当表达式中出现多种运算符时，要注意运算符的优先级及结合性。

6.1.3 C51 语言的程序结构

C51 语言的程序结构与 C 语言相同，都是采用函数结构，在 C 语言的源程序中都包括一个名为 main()的主函数，它是程序入口；除了主函数外，一般还包含其他函数。主函数可以调用其他函数，这些函数类似子程序，C51 程序是从执行 main()函数开始，调用其他函数后返回到主函数中，最后在主函数中结束程序运行。

函数定义由类型、函数名、参数表和函数体组成。C51 函数的一般格式如下：

```
类型　函数名(参数表)
参数说明;
```

```
{
数据定义说明部分;
执行语句部分;
}
```

C51程序就是由一个个函数构成的,其一般组成结构如下:

```
预处理命令 include< >
全程变量定义说明
函数说明
Main()                  /*主函数*/
{
局部变量定义说明
执行语句
}
function1(形式参数表)   /*功能函数1*/
形式参数定义说明
{
局部变量定义
执行语句
}
⋮
function n(形式参数表)  /*功能函数n*/
形式参数说明
{
局部变量定义说明
执行语句
}
```

C语言的主要语句规则是:每个变量必须先定义再使用;一行可以写多条语句,但每个语句必须以";"结尾;"{"必须成对使用;注释用"/*…*/"或者"//"表示。

6.1.4 C51语言的流程控制语句

C51语言是一种结构化语言,其基本单元是模块,每个模块包含若干基本结构,基本结构中又可以有若干语句。C51程序的基本结构是顺序结构、选择结构和循环结构。顺序结构是最基本、最简单的结构,不需要流程控制语句。下面仅简要介绍选择结构和循环结构中常用到的流程控制语句。

1. 选择结构

在选择结构中都有一个条件语句，按照不同的条件选择执行不同的分支。在C51中实现选择的语句主要是：if语句和switch/case语句。

(1) if 语句

if语句是C51中的基本判断语句，有3种形式的if语句：

① if(表达式){语句;}

【例】

```
if (x==y) P1=0 ;        /* 如果x等于y,则执行P1=0 */
```

② if(表达式){语句1;}else{语句2;}

【例】

```
if(x==y) P1=0;
else P1=0xff ;          /* 如果x等于y,则执行P1=0,否则执行P1=0xff */
```

③ if(表达式1){语句1;}
else if(表达式2){语句2;}
else if(表达式3){语句3;}
…
else if(表达式m—1){语句m—1;}
else {语句m;}

【例】

```
if(a>3) { b=60;}
else if(a>2) { b=50;}
else if (a>1) {b=40;}
else { b=100;}
```

(2) switch / case 语句

switch/case是专门处理并行多分支的选择语句，其格式如下：

```
switch(表达式)
{
case 常量表达式1:{语句1;break;}
case 常量表达式2:{语句2;break;}
…
    case 常量表达式n:{语句n;break;}
    default:{语句n+1;break;}
}
```

【例】

```
switch(y)
{
case 1: x = 1;break;
case 10: b = 2;break;
case  100: a = 20;break;
default:
break;
}
```

2. 循环结构

循环结构用于实现程序段的重复执行。在C51中可实现循环的语句为：while语句、do-while语句和for语句。

(1) while语句

while语句用于实现在循环执行之前检测循环结束条件，其格式如下：

```
while(表达式)                /* 表达式是能否循环的条件 */
{语句;}                      /* 循环体 */
```

【例】

```
while(a>10)
{b = 20;}
```

(2) do-while语句

do-while语句用于实现在循环体的结尾处检测循环结束条件，其格式如下：

```
do{
    语句;}                   /* 循环体 */
    while(表达式);
```

【例】

```
int sum = 0,i = 0;
do { sum  += i;              /*  sum求和 */
    i++ ;                    /* 循环 */
  }while (i< = 10) ;         /* 判定条件 */
```

(3) for语句

for语句是使用最多，也最灵活的一种循环语句，它既可用于循环次数确定的情况，也可用于循环次数不确定但已给出循环条件的情况。

其格式如下：

```
for(表达式 1;表达式 2;表达式 3)
{ 语句;}                    /* 循环体 */
```

【例】

```
int i,sum;
sum = 0  ;
for(i = 0;i< = 10;i ++ )
{
sum = sum + i;
}
```

6.2 C51 语言对通用 C 语言的扩展

虽然 C51 语言与 C 语言基本兼容，但为了支持 80C51 系列单片机的硬件结构，C51 中加入了一些扩展的内容，包括：数据类型、存储器类型、存储模式、指定函数的寄存器组、指定函数的存储模式及定义中断服务程序等。本节简要介绍 C51 语言对通用 C 语言的扩展，以及扩展后对单片机硬件结构的访问。

6.2.1 数据的存储类型

80C51 的存储区域有以下两个特点：

- 程序存储器和数据存储器是截然分开的；
- 特殊功能寄存器与内部数据存储器是统一编址的。

C51 编译器支持 80C51 的这种存储器结构，能够访问 80C51 的所有存储器空间。

针对 80C51 存储空间的多样性，扩展了修饰存储空间的修饰符，用以指明所定义的变量应分配在什么样的存储空间，如表 6.1 所列。

表 6.1 C51 存储类型与 80C51 存储空间的对应关系

存储类型	与 80C51 存储空间的对应关系
code	程序存储器空间(64 KB)；通过“MOVC @A+DPTR”访问
data	直接访问的内部数据存储器；访问速度最快(128 字节)
idata	间接访问的内部数据存储器；可以访问所有的内部存储器空间(256 字节)
bdata	可位寻址的内部数据存储器；可用字节或位方式访问(16 字节)
xdata	外部数据存储器(64 KB)；通过“MOVX @DPTR”访问
pdata	分页的外部数据存储器(256 字节)；通过“MOVX @Ri”访问

1. 程序存储区

程序(CODE)存储区是只读的，不能写入。硬件决定最多只能有 64 KB 的程序存储区。

用 code 标识符访问片内、片外统一编址的程序存储区,寻址范围为 0～65 535。此空间用来存放程序编码和其他非易失性信息。在汇编语言中是用间接寻址的方式访问程序存储区数据,如“MOVC A,@A+DPTR”或“MOVC A,@A+PC”。

定义举例:

```
char code  text[ ] = "ENTER ";        /* 在程序代码段定义了一个字符型数组 */
```

2. 内部数据存储区

内部数据存储区是可读、可写的。80C51 系列最多可有 256 字节的内部数据存储区。内部数据区可以分成 3 个不同的存储类型,即 data、idata 和 bdata。

data 存储类型标识符通常是指低 128 字节的内部数据区,为片内直接寻址的 RAM 空间,寻址范围为 0～127。在此空间内存取速度最快。

idata 存储类型标识符是指全部 256 个字节的内部存储区,为片内间接寻址的 RAM 空间,寻址范围为 0～255。在汇编语言中采用的寻址指令形式为“MOV @Ri”。由于只能间接寻址,访问速度比直接寻址慢。

bdata 存储类型标识符是指可位寻址的 16 字节内部存储区(20H～2FH),位地址范围为 0～127。此空间允许按字节和按位寻址。在本区域可以声明可位寻址的数据类型。

定义举例:

```
char data vr;              /* 定义字符变量 vr 在 data 存储区 */
float idata x,y;           /* 定义浮点变量 x,y 在 idata 存储区 */
bit bdata flags;           /* 定义位变量 flags 在 bdata 存储区 */
```

3. 外部数据存储区

外部数据存储区是可读、可写的,并可通过一个数据指针加载一个地址间接访问外部数据区。因此,访问外部数据存储区的速度比访问内部数据存储区慢。

外部数据存储区最多可有 64 KB。这些地址不一定都用来作为数据存储区。因为单片机外围设备的地址也在该存储区(详见第 10 章)。

编译器提供 2 种不同的存储类型 xdata 和 pdata,用于访问外部数据存储区。

xdata 存储类型标识符是指外部数据存储区(64 KB)内的任何地址,寻址范围为 0～65 535。汇编语言中采用的寻址指令形式为“MOVX A,@DPTR”和“MOVX @DPTR,A”。

pdata 存储类型标识符仅指一页或 256 字节的外部数据存储区,寻址范围为 0～255。具体页数由 P2 口决定。汇编语言中采用的寻址指令形式为“MOVX A,@Ri”和“MOVX @Ri,A”。

定义变量时,通过指明存储器类型可将所定义的变量存储在指定的存储区域中。

访问内部数据存储器将比访问外部数据存储器快得多。因此，应该把频繁使用的变量放置在内部数据存储器中，同时把很少使用的变量放在外部数据存储器中。

在变量的声明中，可以包括存储器类型和有符号 signed 或无符号 unsigned 属性。

定义举例：

```
unsigned long xdata array[100];          /* 定义无符号长整型数组 array[100]
                                            在片外数据存储区 */
unsigned int pdata dimension;            /* 定义无符号整型数 dimension 在
                                            一页范围内的片外数据存储区 */
unsigned char xdata vector[10][4][4];    /* 定义无符号字符型三维数组
                                            变量 vector[10][4][4]在片外数据存储区 */
char bdata flags;                        /* 定义字符型变量 flags 位于片内位寻址区 */
```

如果在变量的定义中，没有包括存储器类型，将自动选用默认的存储器类型。

虽然 C 语言程序看起来操作很简单，但实际上 C 编译器需要用一系列指令对其进行复杂的变量类型、数据类型的处理，特别是对于浮点变量的处理，将大大增加运算时间和程序长度。如果在编程时使用大量不必要的变量类型，最终会导致程序过于庞大，运行速度减慢，因此必须特别慎重地选择变量和数据类型。

4. 存储模式

在 C51 编译器中，可以用控制命令 SMALL、COMPACT 和 LARGE 定义存储模式，用以指明所定义变量的默认存储器类型。

(1) 小(SMALL)模式

在这种模式下，所有变量都默认定义在内部数据存储器中。这和用 data 显式定义变量作用相同。一般情况下，应该使用小(SMALL)模式，它产生最快、最紧凑、效率最高的代码。如果没有指定，则系统都默认为小模式。

(2) 紧凑(COMPACT)模式

在这种模式下，所有变量都默认存放在外部数据存储器的一页中，最多只能提供 256 字节的变量。这和用 pdata 显示定义变量作用相同。

(3) 大(LARGE)模式

在这种模式下，所有的变量都默认在外部存储器(xdata)中。这和用 xdata 显示定义变量作用相同。

存储模式定义性格式为：

类型说明符　函数标识符(形参表)　　存储模式修饰符{small,compact,large}

存储模式为本函数的参数和局部变量指定的存储空间，在指定了存储模式之后，该空间将不再随编译模式而变。如：

```
extern int func (int i, int j)    large;          /* 修饰为大模式 */
```

在定义变量时,如果已经指定存储器类型,则不必加上述存储模式命令。

6.2.2 数据类型

在C51程序中用到的变量一定要先定义数据类型,定义之后C51编译器才能在内存中按数据类型长度为该变量分配空间,C51支持的各种规格的数据类型如表6.2所列。除这些数据类型以外,变量可以组合成结构、联合及数组。在用C51语言编写单片机程序时,需要根据单片机的存储器结构和内部资源定义相应的数据类型和变量。

表6.2 C51支持的数据类型

数据类型	长 度	数值范围
signed char	1字节	−128～+127
unsigned char	1字节	0～255
signed int	2字节	−32 768～+32 767
unsigned int	2字节	0～65 535
signed long	4字节	−2 147 483 648～+2 147 483 647
unsigned long	4字节	0～4 294 967 295
float	4字节	±1.175 494E−38～±3.402 823E+38
bit	1位	0或1
sbit	1位	0或1
sfr	1字节	0～255
sfr16	2字节	0～65 535

表6.2所列的数据类型中:bit、sbit、sfr和sfr16这4种类型是C51编译器中新增的数据类型,在通用C语言中没有;sbit、sfr和sfr16类型的数据用于操作80C51的特殊功能寄存器。现分别介绍如下。

1. bit类型

bit数据类型可以定义一个位变量,可能在变量声明参数列表和函数返回值中有用。所有的bit变量放在80C51内部RAM存储区的位操作数段。因为这个区域只有16字节长,所以最多只能声明128个位变量。

bit变量的声明中,应包含存储类型。但因为bit变量存储在80C51的内部数据区,故只能用data、bdata和idata(只限于可位操作的部分)存储类型,不能用别的存储类型。

一个bit变量的声明与其他数据类型相似,例如:

```
bit flag1;                    /* 定义 flag1 为位变量 */
bit bdata   ag1;              /* 定义 ag1 为位变量 */
```

bit 变量和 bit 声明有以下限制：

- 禁止中断的函数（# pragma disable）和用一个明确的寄存器组（using *n*）声明的函数，不能返回位值；
- 一个位不能被声明为一个指针，例如：bit * ptr 为非法；
- 不能声明 bit 类型的数组，例如：bit ware[5]为非法；
- 不能用 data 和 idata 存储类型外的其他存储类型，例如：bit xdata ag1 为非法。

2. sbit、sfr 和 sfr16 数据类型

80C51 系列单片机用特殊功能寄存器 SFR 来控制计时器、计数器、串行口、并行口和外围设备。它们可以用位、字节和字访问。与此对应的，编译器提供 sbit、sfr 和 sfr16 数据类型访问 SFR。下面进一步说明这些数据类型。

(1) sfr 类型

sfr 可访问一个 8 位的 SFR。例如：

```
sfr P0 = 0x80;      /* 定义 80C51 的 P0 口,地址为 80H */
sfr P1 = 0x90;      /* 定义 80C51 的 P1 口,地址为 90H */
sfr TL0 = 0x8A;     /* 定义 80C51 定时器低字节 TL0,地址为 08AH */
```

P0、P1 和 TL0 是声明的 SFR 名。在等号(=)后指定的地址必须是一个常数值，不允许用带操作数的表达式。传统的 80C51 系列支持 SFR 地址从 0x80 到 0xFF。在 C51 语言中表示十六进制时，在数字前面用 0x 表示，所以 0x80 即 80H。

(2) sfr16 类型

sfr16 将两个 8 位的 SFR 作为一个 16 位的 SFR 来访问。访问该 16 位的 SFR 只能是低字节跟着高字节，即将低字节的地址用作 sfr16 声明的地址。例如：

```
sfr16 DPTR = 0x82;/* 定义数据指针 DPL 的地址为 082H,DPH 的地址为 083H */
```

在这个例子中，DPTR 被声明为 16 位 SFR。

sfr16 声明和 sfr 声明遵循相同的原则。任何符号名可用在 sfr16 的声明中，等号(=)指定的地址必须是一个常数值，不允许使用带操作数的表达式，而且必须是 SFR 的低位和高位字节中的低位字节的地址。

(3) sbit 类型

编译器用 sbit 数据类型访问可位寻址的 SFR 中的位。例如：

```
sbit EA = 0xAF;         /* 定义 EA 位的地址为 0AFH */
sbit RS0 = PSW^3;       /* 定义 RS0 是 PSW 的第 3 位 */
```

需要注意：int 整型数与 long 长整型数在 C51 中的存放格式与标准 C 语言不同，在 C51 中是高字节存放在低地址，低字节存放在高地址，而标准 C 语言则相反。在使用结构体和共用体定义变量时要明确其存放的前后顺序，其他情况可不考虑。

6.2.3 指 针

指针是C语言中的一个重要概念,也是主要特色之一。简言之,指针就是存放变量的地址。它用于间接访问变量,类似于汇编语言中的用寄存器间接寻址方式。正确使用指针,可以有效地表示复杂的数据结构,直接处理内存地址,并可以有效方便地使用数组,从而使程序简洁、高效。

1. 指针的概念

指针的2个基本概念就是变量的指针和指针变量。

变量的指针——在C语言中,变量的指针是该变量的地址。当在程序中定义了一个变量,C51编译器在编译时就给这个变量分配一定的字节单元进行存储。通常字符型(char)变量、整型(int)变量和浮点型(int)变量分别被分配1、2、4字节的内存单元。变量名相当于内存单元的地址,变量的值即该地址中的内容。

指针变量——即用于存放"变量的指针"的变量。如果有一个变量b,它被指定用于存放整型变量a的地址,则b就被称为a的指针变量。

2. 指针变量的定义

C语言规定所有的变量在使用前必须定义,以确定其类型。为了表示指针变量与变量地址之间的关系,C51语言中规定了以下2个运算符:

&——取地址运算符;定义 & 后的变量为变量地址;

*——指针运算符或者指针类型说明符。

"*"在不同的场合所代表的含义是不同的,例如:int *sp,此时的*为指针变量类型说明符;x= *sp,此时的*为指针变量sp的运算符,即把sp所指向的变量值赋给x。

指针定义的一般形式为:

类型识别符[存储器类型] *指针变量名

类型识别符是指针变量的类型,存储器类型是可选项,如果没有则是一般指针(也称为"通用指针"),如果有则是存储器指针。一般指针需要3字节存储:第一字节用于表示存储器类型;第二字节是指针的高字节;第三字节是指针的低字节。

一般指针可以用来访问所有类型的变量,而不管变量存储在哪个存储空间中。因此,许多库函数都使用通用指针。

通过使用通用指针,一个函数可以访问数据,而不用考虑它存储在什么存储器中。一般指针的声明和标准C语言中一样。例如:

```
char   *s;            /* 定义一个指向字符串变量的指针变量 s */
sp = &s  ;            /* 通过取地址运算符 & 使 sp 指向变量 s 的地址 */
```

3. 存储器指针

存储器指针在定义时需要包含一个存储器类型说明。用这种指针访问对象,可以只占用 1～2 字节。指向 idata、data、bdata 和 pdata 的存储器指针使用 1 字节来保存;指向 code 和 xdata 的存储器指针用 2 字节来保存。例如：

```
char data   * str;     /* 在 data 区域中定义一个指向字符串变量的指针变量 str,指
                          针为 1 字节长 */
int xdata   * numtab;  /* 在 xdata 区域中定义一个指向整型变量的指针变量 numtab,
                          指针为 2 字节长 */
long code   * powtab;  /* 在 code 区域中定义一个指向长整型变量的指针变量 powtab,
                          指针为 2 字节长 */
```

使用存储器指针比使用通用指针效率更高,速度更快。然而,使用存储器指针不是很方便。通常是在所指向目标的存储空间明确且不会变化的情况下使用它。

4. 指针变量的引用

在对变量、指针变量定义之后,就可以用指针进行间接访问了。举例说明如下：

```
int x;               /* 定义整型变量 x */
int a;               /* 定义整型变量 a */
int  * sp;           /* 定义指针变量 sp */
a = 10;              /* 给整型变量 a 赋值为 10 */
sp = &a;             /* 通过取地址运算符 & 使 sp 指向变量 a 的地址 */
x = * sp;            /* 整型变量 a 的值 10 通过间接寻址的方法赋给 x */
```

在对变量、指针变量定义之后,C 编译器会自动给它们在内存中安排相应的内存单元,例如把 a 安排在 120、121 内存单元中,把 sp 的地址安排在 200、201 内存单元中。在实际编程和运算过程中,变量和指针变量的地址都是不可见的,它们的对应关系完全是由 C 编译器自动确定的。程序设计者只须通过取地址运算符“&”和指针运算符“*”把变量、指针变量联系起来。

6.2.4 函 数

C 语言程序是由函数构成的,函数是 C 语言程序中的基本模块。C51 函数分为两类,即用户定义函数与库函数。用户定义函数是用户自己设计的函数。库函数是在库文件中已经定义的函数,其函数说明在相关的头文件中,用户在编程时只要用 include 指令将头文件包含在用户文件中即可,例如：

```
#include<math.h>       /* math.h 为专用数学库函数,在包含了这个文件后,程序就可
                          以调用相关数学计算 */
```

库函数中通常已经由系统设计者保存了很多常用的功能模块(例如相关数学计算等),用户若充分利用这些库函数,可大大提高编程效率。

C51 语言中函数的定义、参数和函数值及函数调用等内容与标准 C 语言基本相同,下面仅对几个不同点进行说明。

1. 寄存器组的切换(using修饰符的应用)

在51系列单片机中有4个寄存器组,每组寄存器包含8个通用寄存器。在采用中断程序时,经常需要保护某些寄存器组,此时采用交换寄存器组的方法方便快捷,可避免采用多个入栈及出栈指令的麻烦。C51编译器定义了一个函数using可方便地用于寄存器组的交换。

函数使用指定寄存器组的定义性说明如下:

void 函数标识符(形参表) using *n*

其中 $n=0\sim3$,为寄存器组号,对应80C51中的4个寄存器组。

函数使用了using *n* 后,C51编译器自动在函数的汇编码中加入如下函数头段和尾段:

```
{    push      psw
     mov       psw,    #与寄存器组号 n 有关的常量
     ⋮
     pop       psw
}
```

应注意的是,using *n* 不能用于有返回值的函数。因为C51的返回值是放在寄存器中的,而返回前寄存器组却改变了,故将导致返回值发生错误。

2. 中断服务程序(interrupt修饰符的应用)

为实现在C51源程序中直接编写中断程序(有关中断的概念详见第9章),C51编译器允许用C语言创建中断服务程序。在C51编译器中增加了一个扩展关键字interrupt,在函数声明时包括interrupt *m*,将把所声明的函数定义为一个中断服务程序。其格式为:

void 函数标识符(void) interrupt m [using n]

其中,$m=0\sim31$,0对应于外部中断0;1对应于定时器0中断;2对应于外部中断1;3对应于定时器1中断;4对应于串行口中断;5对应于定时器2中断;其他为预留。

using *n* 是可选项,用于为中断函数指定所用的寄存器组,*n* 为组号,默认为0。

从定义中可以看出,中断函数必须是无参数、无返回值的函数。例如:

```
unsigned int interruptcnt;        /* 定义一个无符号整型数 interruptcnt */
unsigned char second;             /* 定义一个无符号字符串 second */
void  timer0 (void)  interrupt  1 using  2
          /* 定义函数名为 timer0 的定时器 0 中断 1 服务函数,使用第 2 组寄存器 */
    {
    if ( ++ interruptcnt == 4000)       /* 加 1 计数,测试是否到 4 000 */
        {                               /* 计数开始 */
```

```
            second++;              /* 秒计数器加 1 */
            interruptcnt = 0;      /* 清除中断计数器 */
        }
    }
```

在 C 语言中调用中断服务程序,用户只需关心中断号和寄存器组的选择。编译器将自动产生中断向量和程序的入栈及出栈代码。对于 A 累加器及 PSW 等寄存器的保护与恢复都是由 C51 编译器自动进行的,用户可不考虑,但其他寄存器和内存是要考虑保护的。

注意:在任何情况下都不能直接调用中断服务程序。如果在中断函数中又调用了其他函数,则为了保证使用寄存器组的一致性,通常要用到 using 选项。结合第 9 章的内容,读者可更深刻地理解这个问题。

6.2.5 C51 语言对单片机硬件的访问

用于单片机的 C51 语言其最主要的特色就是解决了与单片机的硬件接口问题。通常的做法是对片内/片外的 I/O 口、特殊功能寄存器及存储器地址进行定义,之后变量就与实际地址建立了联系,也就可以用软件对硬件进行操作了。下面分别介绍如何用 C 语言访问单片机的特殊功能寄存器、存储器及片外接口器件。

1. 访问特殊功能寄存器

C51 中定义了一个头文件 reg51.h(对于 52 系列,如 AT89S52,则是 reg52.h),它定义了 80C51 的所有功能寄存器和中断。

在 C51 语言的源程序中采用 #include<reg51.h>就可包含这个头文件,之后程序就可以识别这些寄存器以及可位寻址的寄存器位的符号,从而省略用 sbit 和 sfr 去定义这些寄存器的地址。例如:

```
#include<reg51.h>          /* 包含寄存器头文件 */
P0 = 0;                    /* 将端口 P0 全部设为低电平,就可不写 sfr P0 = 0x00 了 */
unsigned char  in1;        /* 定义一个字节变量 in1 */
unsigned char  in2;        /* 定义一个字节变量 in2 */
in1 = P0;                  /* 读取端口 0 中的数据到变量 in1 中 */
in2 = TL0;                 /* 读取定时器 0 TL0 中的数据到变量 in2 中 */
CY = 0;                    /* 将进位位 CY 清为 0 */
```

2. 访问存储器

在 C51 中可以通过变量的形式访问存储器,也可以通过绝对地址访问存储器。通过变量的形式实际就是通过指针的方法,用户可不关心具体地址。但有些情况是需要知道绝对地址的,在此主要介绍如何访问绝对地址,主要有以下 3 种形式。

(1) 采用C51中的预定义宏

C51编译器提供了8个宏定义用于对51单片机的存储器进行绝对寻址，其函数原型为：

```
#define CBYTE ((unsigned char volatile code  *) 0)
#define DBYTE ((unsigned char volatile data  *) 0)
#define PBYTE ((unsigned char volatile pdata *) 0)
#define XBYTE ((unsigned char volatile xdata *) 0)
#define CWORD ((unsigned int volatile code   *) 0)
#define DWORD ((unsigned int volatile data   *) 0)
#define PWORD ((unsigned int volatile pdata *) 0)
#define XWORD ((unsigned int volatile xdata *) 0)
```

其中，宏名CBYTE是以字节形式访问code区，DBYTE是以字节形式访问data区，PBYTE是以字节形式访问pdata区，XBYTE是以字节形式访问xdata区。后面4条则是以字的形式访问这4个区。访问形式为：

宏名[地址]

这些函数原型放在头文件absacc.h中。使用时采用#include<absacc.h>就可包含这些函数。例如：

```
#include<reg51.h>              /*包含寄存器头文件 */
#include<absacc.h>             /*包含绝对地址头文件 */
#define uchar unsigned char    /*定义符号uchar为数据类型符unsigned char  */
#define uint unsigned int      /*定义符号uint为数据类型符unsigned int  */
void main (void)
{
uchar var1;
uint  var2;
var1 = DBYTE[0x30];            /*把data区中30H地址单元中的数赋给var1 */
var2 = XWROD[0x1000];
                       /*把xdata区中1000H和1001H地址单元中的16位数赋给var2 */
…
}
```

(2) 通过指针访问

采用指针可以不关心具体地址指针，同时也可以实现对任意指定存储单元的访问。例如：

```
uchar data var1;
uchar data *dp1;               /*定义一个data区中指针dp1 */
uint xdata *dp2;               /*定义一个xdata区中指针dp2 */
uchar pdata *dp3;              /*定义一个pdata区中指针dp3 */
```

```
dp1 = &var1;                    /* 取 data 区中变量 var1 的指针 */
*dp1 = 0xa0;                    /* 给变量 var1 赋值 a0H */
dp2 = 0x2000;                   /* dp2 指针赋值,指向 xdata 区的 2000H */
*dp2 = 0x16;                    /* 将数据 16H 送到片外 RAM 区的 2000H 单元 */
dp3 = 0x20;                     /* 给 dp3 指针赋值,指向 pdata 区的 20H */
*dp3 = 0x80;                    /* 将数据 80H 送到 pdata 区的 20H 单元 */
```

(3) 采用扩展关键字_at_

采用扩展关键字_at_访问存储器绝对地址的一般格式如下:

[存储器类型] 数据类型说明符 变量名 _at_ 地址常数

例如:

```
data   uchar x1   _at_ 0x20;     /* 在 data 区中定义字符变量的地址为 20 H */
xdata  uint  x2   _at_ 0x2000;   /* 在 xdata 区中定义整数变量的地址为 2000 H */
```

注意:这个关键字的定义必须放在主函数前。

3. 访问外围接口器件地址

当单片机内部功能部件的功能不够用时,可以采用系统扩展的方法接入外围芯片。它们都可以直接与单片机接口(详见第 10 章),扩展的外围芯片 I/O 口采取与数据存储器相同的寻址方法,与片外数据存储器统一编址,可以采取上述寻址方法的任何一种。例如假设一块外围芯片的地址确定为 FFADH,则可编写程序如下:

```
#define PD8255 XBYTE [0xFFAD]        /* 定义芯片地址在片外 RAM 的 FFADH */
PD8255 = 0x80;                       /* 给该芯片端口赋值 80H */
```

6.3 C51 语言编程举例

C51 语言的一般程序设计方法与汇编语言相似,其程序都是顺序、选择、循环三种结构的复杂组合。C51 语言中有一大批控制语句,用于控制程序的流程,以实现程序的选择结构和循环结构。本节将举例说明用 C51 语言编程的方法。通过对比,读者将更容易理解 C 语言与汇编语言编程方法的异同及各自的优缺点。随着后续章节对单片机内部功能模块的学习,读者可逐步掌握单片机的 C51 语言编程要领。

【例 6.1】 编程将 5 个十六进制数转化为 ASCII 码。十六进制数放在片内 40H 开始的 5 个单元内,转化的数据放在片内 4AH 开始的 5 个单元内。

解:由 ASCII 码表可知,对于小于等于 9 的十六进制数直接加上 30H,对大于 9 的十六进制数加上 37H,即可转化为相应的 ASCII 码数。

汇编语言程序如下:

```
ORG     0000H
SJMP    MAIN
```

```
        ORG     0030H
MAIN:   MOV     R2,#05;
        MOV     R0,#40H;
        MOV     R1,#4AH;
LOOP:   MOV     A,@R0;
        CLR     C
        SUBB    A,#0AH;
        JC      NEXT
        MOV     A,@R0;
        ADD     A,#37H
        SJMP    NEXT1
NEXT:   MOV     A,@R0
        ADD     A,#30H
NEXT1:  MOV     @R1,A
        INC     R0
        INC     R1
        DJNZ    R2,LOOP
        END
```

C语言程序如下:

```
#include <reg51.h>                                      //包含51单片机SFR定义的头文件
idata unsigned char  hex_value[5] _at_ 0x40;            //十六进制数存放地址表
idata unsigned char  asc_value[5] _at_ 0x4A;            //ASCII码数存放地址表
unsigned char i;
void main(void)
 {
    unsigned char value;
    for (i = 0;i<5;i++)
        {
            value = hex_value[i];                       //从表中取出一个数据
            if (value< = 9)                             //小于等于9加上30H
                asc_value[i] = value + 0x30;
            else                                        //否则加上37H
                asc_value[i] = value + 0x37;
        };
    while (1);
 }
```

【例6.2】 编写一个循环闪烁灯的程序。有8个发光二极管,每次其中1个灯闪烁点亮10次后,即转移到下一个灯闪烁点亮10次,并循环不止。

解:本程序的硬件连接如图6.1所示,AT89S51的P1口输出经74HC240的8路反相驱动后,点亮发光二极管。由图可知,P1口为高电平时,发光二极管可被点亮。

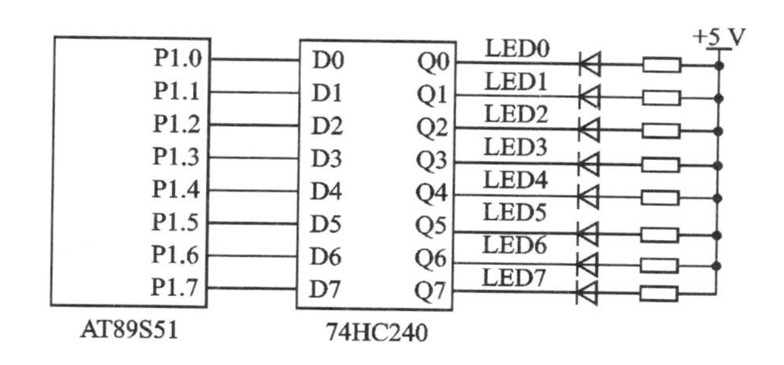

图 6.1 LED 闪烁线路

汇编语言程序如下：

```
        MOV     A,#01           ;初值
SHIFT:  LCALL   FLASH           ;调闪亮 10 次子程序
        RL      A               ;左移
        SJMP    SHIFT           ;循环
FLASH:  MOV     R2,#0AH         ;闪烁 10 次
FLASH1: MOV     P1,A            ;点亮
        LCALL   DELAY           ;延时
        MOV     P1,#00H         ;熄灭
        LCALL   DELAY           ;延时
        DJNZ    R2,FLASH1       ;循环
        RET
```

本程序中，DELAY 为延时子程序，读者可根据需求自行设置延时时间。

C51 语言程序如下：

```
#include <reg51.h>              //包含 51 单片机 SFR 定义的头文件
unsigned char  i,j;             //定义一个整型变量
void Delay(void);
void main(void)
 {
   i = 0x01;
   while(1)
   {
     for(j = 0;j<10;j++)
    {
     P1 = i;                    //点亮
     Delay();                   //延时一段时间
     P1 = 0;                    //熄灭
     Delay();                   //延时一段时间
    }
```

```
    i = i<<1;                      //左移1位,低位补零
    if (i== 0x00)i = 0x01;         //8个全亮后重新开始
  }
  while (1) ;
}
void Delay(void)                   //延时采用定时器0,可参考第7章
{
    TMOD = 0x01;
    TH0 = 0x3C;
    TL0 = 0xB0;
    TR0 = 1;
    while (TF0 == 0);
    TF0 = 0;
}
```

通过对比,显然采用C语言编程使程序更简洁明了。

C语言编程与汇编语言编程各有所长。为了充分发挥二者各自的优势,在有些情况下希望能够实现它们的混合编程。此时通常是用C语言编写主程序,把有严格时间限制的、与硬件有关的子程序用汇编语言编写。在混合编程时,汇编语言要按照C语言的规定进行函数名的转换和函数调用,在函数调用时存在参数传递与返回值问题。对于初学者来说,这些问题不易理解且易出错,加之在实用中这种方法较少采用,故本书略去此内容,读者可参看参考文献[13]。

6.4 Keil C51集成开发环境的使用

集成开发环境是单片机公司为用户提供的产品开发环境,包括单片机的软件和硬件平台:硬件平台是一种硬件开发工具,如仿真器和调试器(详见第12章);软件平台是指装入通用PC机的软件开发调试系统,它的作用是编辑、汇编、编译、仿真与调试等,可以在没有单片机硬件的条件下进行仿真调试,称为Windows下的集成开发环境。

近40年来,世界上出现过几种用于51系列单片机的开发软件,目前公认的效率高且使用方便的集成开发环境是Keil公司的IDE(Integrated Development Environment)。Keil公司是一家业界领先的微控制器(MCU)软件开发工具的独立供应商,本书就以Keil μVision5 IDE为例介绍。

6.4.1 Keil IDE简介

1. Keil IDE的主要功能

Keil公司所提供的集成开发环境μVision5 IDE是Windows下的集成开发环

境，可仿真 51 及 ARM 等多种系列单片机及嵌入式微处理器，支持软件仿真、用户系统实时调试 2 种功能。在这个环境下可以完成编辑、汇编、编译、仿真与调试等整个开发流程。Keil 编译器既可以对汇编语言源程序进行汇编，也可以对 C 语言源程序编译，因此在应用程序中可以根据每种语言的优缺点选择使用哪种语言编程。Keil IDE 可以在没有硬件和仿真器的条件下进行仿真调试，不过该模拟仿真调试与真实的硬件调试还是有区别的，所以在软件模拟调试完成后，还是要用硬件进行调试。Keil C51 编译器可支持 500 种以上的 51 系列单片机，自 1988 年面市以来已经成为事实上的行业标准。

现将 Keil C51 开发软件包中的软件工具简介如下：

C51 编译器　将 C 语言源程序(后缀是.C)编译成地址可重新定位的目标代码，并产生一个列表文件(后缀为.LST)。

A51 宏汇编器　将汇编语言源程序(后缀是.ASM)汇编成可重新定位的目标代码，也产生一个列表文件。

BL51 连接/定位器　用于连接由编译器或汇编器生成的一个或多个目标模块和从库中提取的目标模块，并将可重新定位的段(段可以是数据段和程序段)分配到固定的地址上，产生一个绝对地址目标模块或文件。

LIB51 库管理器　用于管理库文件，库文件是由编译器或汇编器产生的可重新定位的目标模块的集合，包括很多标准子程序(后缀为.LIB)。

所有的代码和数据连接完毕被安置在固定的存储器单元中。所产生的绝对地址目标文件可以直接写入单片机的存储器，或者用在线仿真器对程序进行调试。

如果所编的程序是单独的汇编或单独的 C 语言程序，则可方便地形成独立的目标程序。在汇编和编译时如果发现程序中用到某个库文件，则连接/定位器可自动把该库文件与该程序的目标程序(后缀为.OBJ)连接到一起形成一个具有明确绝对地址的最终目标文件(后缀为.OBJ)，然后再将 OBJ 文件转换为可以直接输出到单片机中的 HEX 目标文件格式。

2. Keil IDE 主界面简介

Keil μVision5 IDE 的安装方法与一般软件相同。安装后启动 Keil μVision5 IDE 程序即出现如图 6.2 所示的主界面。下面简要介绍 Keil IDE 的主界面。

在主界面标题栏下是菜单栏，选取菜单栏上的任意选项都会立即出现一个该选项的下拉菜单。通过鼠标或者键盘选取该菜单上的命令按钮，则可快速执行 Keil 的许多命令。菜单栏中所包括的菜单如下：

(1) 文件菜单

文件菜单(File)中包括了创建新文件(New)、打开已经存在的文件(Open)、关闭当前文件(Close)、保存当前文件(Save)等 10 多项与文件操作有关的命令。

(2) 编辑菜单

编辑菜单(Edit)中包括了撤销上次操作(Undo)、重复上次操作(Redo)、剪贴操

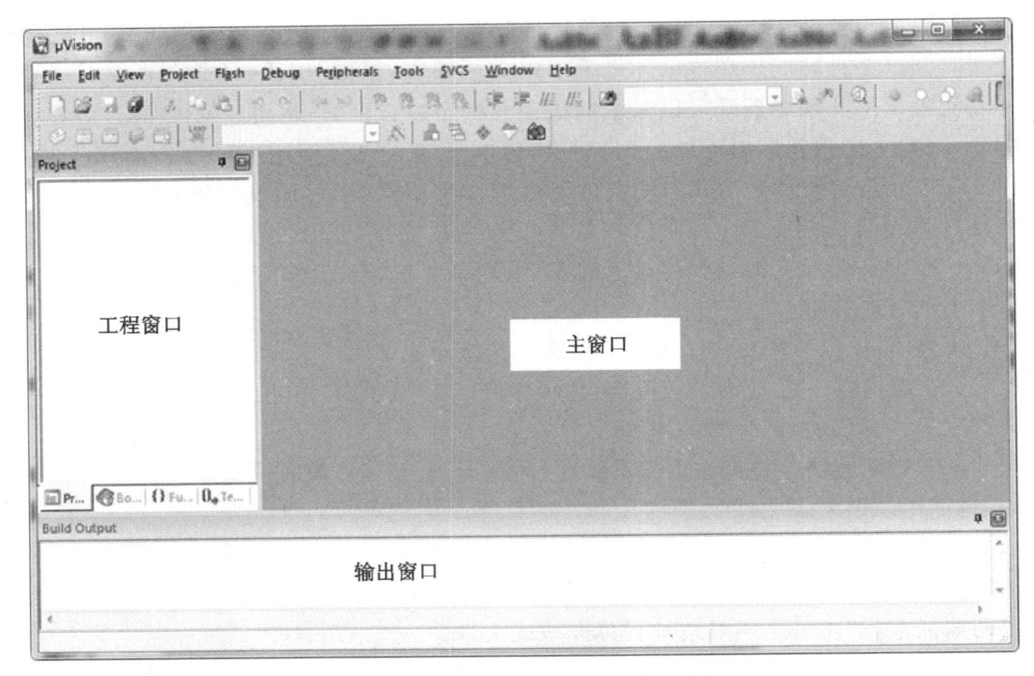

图 6.2 Keil µVision5 IDE 的的主界面

作(Cut)、复制操作(Copy)等 10 多项与文本编辑有关的操作命令。

(3) 视图菜单

视图菜单(View)中包括了显示/隐藏状态栏(Status Bar)、显示/隐藏工具栏(Toolbars)、显示/隐藏项目窗口(Project Window)、建立输出窗口(Build Output Window)等 10 多项与窗口显示有关的操作命令。

(4) 项目菜单

项目菜单(Project)中包括了创建新项目(New Project)、创建新多项目工作区(New multi－Project workspace)、打开一个已经存在的项目(Open Project)、关闭当前项目(Close Project)等 10 多项与项目有关的操作命令。

(5) Flash 菜单

Flash 菜单(Flash)用于对单片机中的 Flash(即闪存)进行操作。包括下载到闪存(Download)、擦除闪存(Erase)和打开闪存配置工具(Configure flash tools)3 项与闪存有关的操作命令。

(6) 调试菜单

调试菜单(Debug)中包括了开始/停止调试(Start/Stop Debug Session)、CPU 复位(Reset CPU)、连续运行(Run)、停止运行(Stop)等 10 多项与调试有关的操作命令。

(7) 片上外设菜单

片上外设菜单(Peripherals)中包括了打开片上外设中断(Interrupt)对话框、打开片上外设 I/O 口(I/O - Port)对话框、打开片上外设串行口(Serial)对话框、打开片上外设定时/计数器(Timer)对话框等 4 项与片上外设有关的操作命令。片上外设菜单命令调试时才会出现,外设对话框的内容与所选择的单片机有关。

(8) 工具菜单

工具菜单(Tool)中包括了配置 Gimpel Software 的 PC - Lint 程序(Setup PC - Lint),用 PC - Lint(一种更加严格的编译器)处理当前编辑的文件(Lint)、用 PC - Lint处理项目中所有的 C 源代码文件(Lint all C source files)、添加用户程序到工具菜单中(Customize tools menu)等 4 项操作命令。

(9) 视窗菜单

视窗菜单(Window)中包括了恢复调试窗口 view(Debug restore view)、使 view 复原为默认值(Reset view to defaults)、分割当前的文件窗口(Split)以及关闭所有窗口(Close all)等几项与窗口操作有关的命令。

除上述常用菜单外还有软件版本控制系统菜单(SVCS)和帮助菜单(Help)。

菜单栏下是工具栏,工具栏中的快捷按钮允许用户快速执行一些常用的操作命令。

图 6.2 中的工程窗口即项目管理窗口,主窗口用于编辑程序文件,输出窗口用于输出各种信息。这些窗口均可以通过视图菜单(View)下的命令打开与关闭。

6.4.2 项目的建立与设置

在 Keil μVision5 IDE 中对文件的管理是通过项目方式,即将所需要的 C 语言源程序、汇编程序和头文件等都放在一个工程项目里统一管理。

工程项目的建立与设置步骤如下。

1. 建立项目文件

通过用 Project 菜单下的 New Project 命令建立项目文件,操作如下:选择 New Project 命令后,出现如图 6.3 所示的 Create New Project 对话框。此时可以在编辑框中输入一个项目文件名,如 Myproject;然后单击“保存”按钮,即创建了一个名为 Myproject. uvproj 的新项目文件。

2. 选择用户芯片型号

在 Create New Project 对话框中选择建立新项目文件的位置、名称。输完项目文件名并单击“保存”按钮后,将弹出 Select Device Target 对话框,如图 6.4 所示。Keil IDE 将按公司分类以列表形式给出其所支持的单片机型号(不只限于 51 系列,还包括 ARM 等),用户应根据实际所采用的单片机选择型号,也可在 Search 框中输入待选择的 AT89S51,选择后,右边的描述框将出现该型号单片机的相关信息。单击 OK 按钮,系统提示是否加入“STARTUP. A51”,单击“否”进入如图 6.2 所示的主界面。

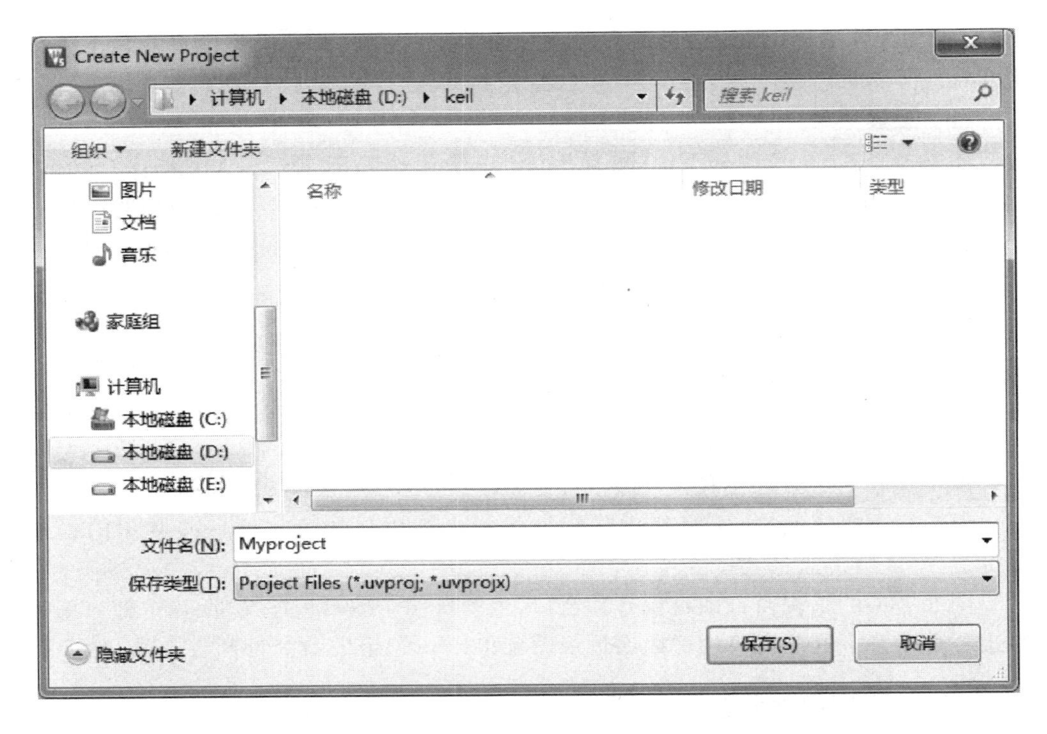

图 6.3 Create New Project 对话框

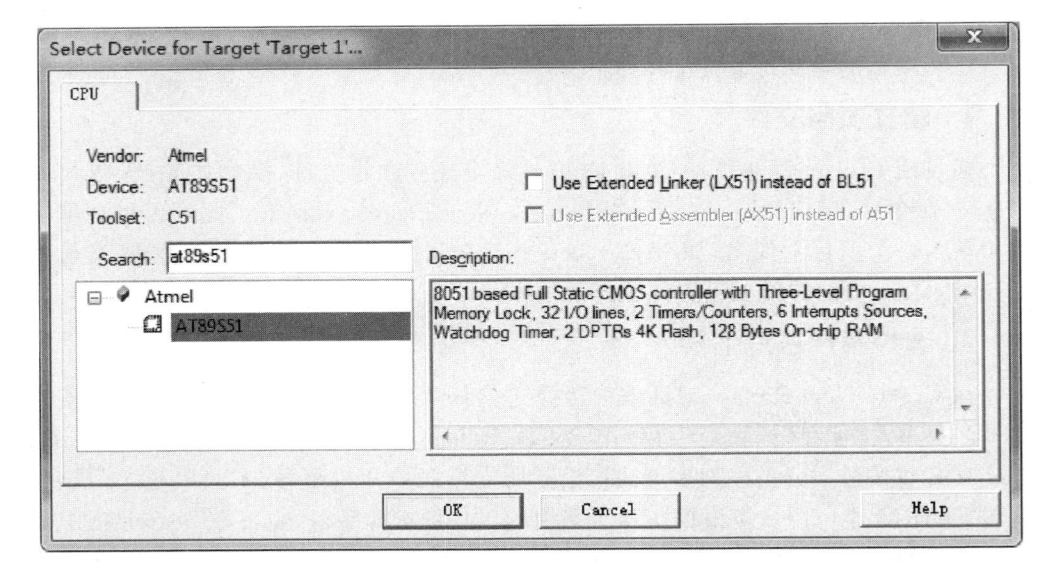

图 6.4 Select Device Target 对话框

3. 给项目中添加程序文件

在建立或者选择好项目文件后，要给项目文件中添加程序文件。如果还没有程序文件，则应先通过 File 菜单下的 New 命令建立程序文件。添加的文件可以是汇编语言程序，也可以是 C 语言程序。用户可用任意一种文本编辑工具编写汇编语言或 C 语言程序的源文件。

在此要提醒读者注意的是，录入和编辑源文件时一定要用英文字符和符号，不能混入中文标点符号。如果是新建立的程序，则注意将汇编语言程序用“.ASM”后缀，C 语言程序用“.C”后缀存盘后再添加到项目中。

其步骤如下：

① 在项目管理窗口下打开 Target1，选择子项 Source Group1 并右击，即出现 Add Fies to Group ‘Source Group1’对话框，如图 6.5 所示。

② 在图 6.5 所示的对话框中选择要添加的文件，单击 Add 按钮即可把所选择文件加到项目中，一次可连续添加多个文件。

③ 如果是已经存在的文件，则添加结束就可以编译连接；如果为新文件，则要先输入文件内容，存盘，然后再编译连接。

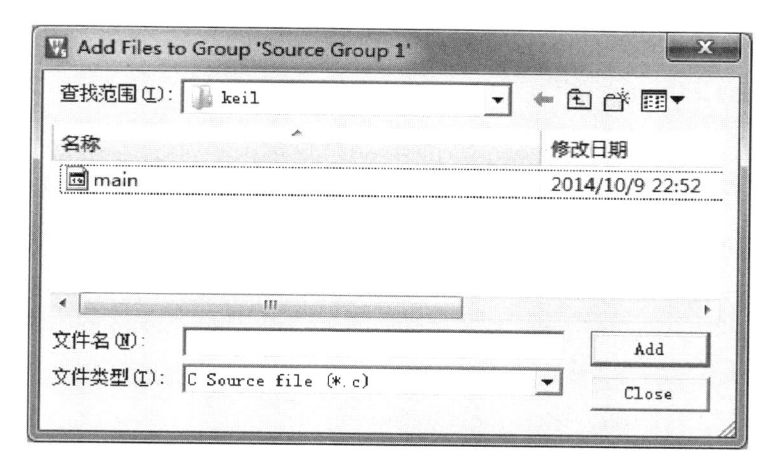

图 6.5 Add Files to Group Source Group1 对话框

4. 编译、连接项目

用 Project 菜单下的 Built Target 命令对项目中的文件进行编译、连接以便形成目标文件。如果源程序有语法错误，则编译不能通过，并在下面的窗口给出错误类型和行号；修改后重新编译，若正确，则编译、连接成功，窗口给出提示信息，如图 6.6 所示。

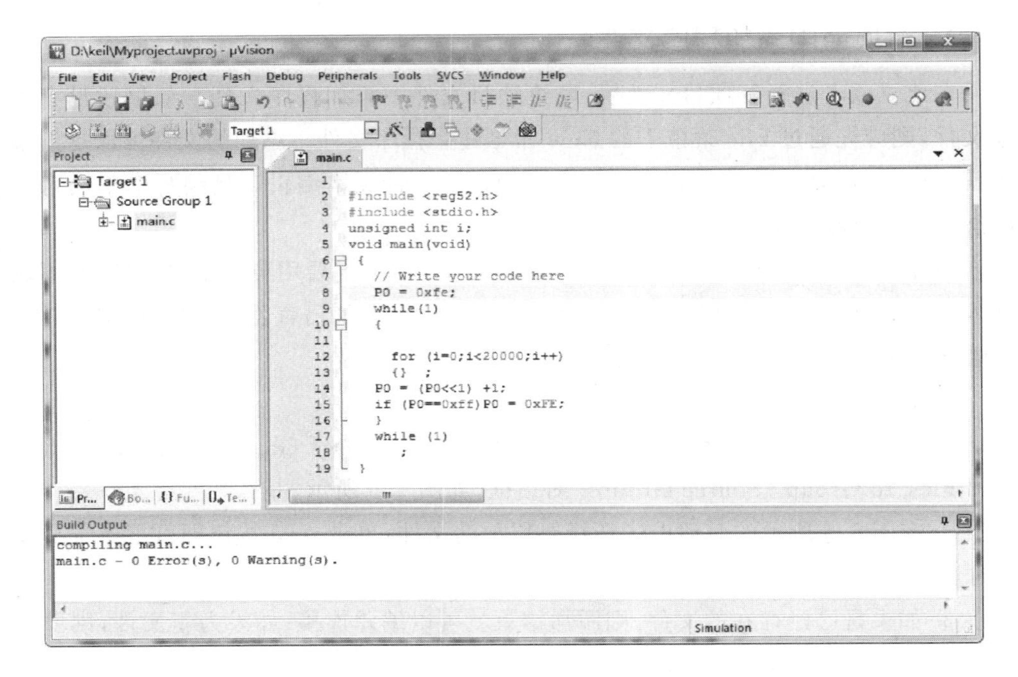

图 6.6　对项目中的文件进行编译、连接后的显示界面

6.4.3　运行调试

当编译、连接成功后就可以开始对程序运行调试了。Project 菜单选项(Options for Target …)可以对软件仿真和硬件仿真进行设置,如图 6.7 所示。硬件仿真时需要相应的驱动程序与硬件仿真器进行通信,以便把各种调试命令发送到硬件仿真器控制单片机的实时硬件仿真,同时可以接收单片机返回的实时数据。通过 Debug 菜单下的 Start/Stop Debug Session 命令启动调试过程,如图 6.8 所示。

该系统具有下列主要调试功能。

1. 运行控制功能

该功能使用户有效地控制应用程序的运行,以便检查程序运行的结果,对存在的硬件故障和软件错误进行定位。其主要功能步骤如下:

Run(F5)连续运行——能使 CPU 从指定地址开始连续地全速运行应用程序。

Step(F11)单步运行——能使 CPU 从任意的程序地址开始,每执行一条指令后暂停运行。

Step Over(F10)过程单步运行——与 Step 功能的不同之处是遇到子函数时是连续执行的。

Stop停止控制——在各种运行方式中,允许用户根据调试的需要,来启动或者

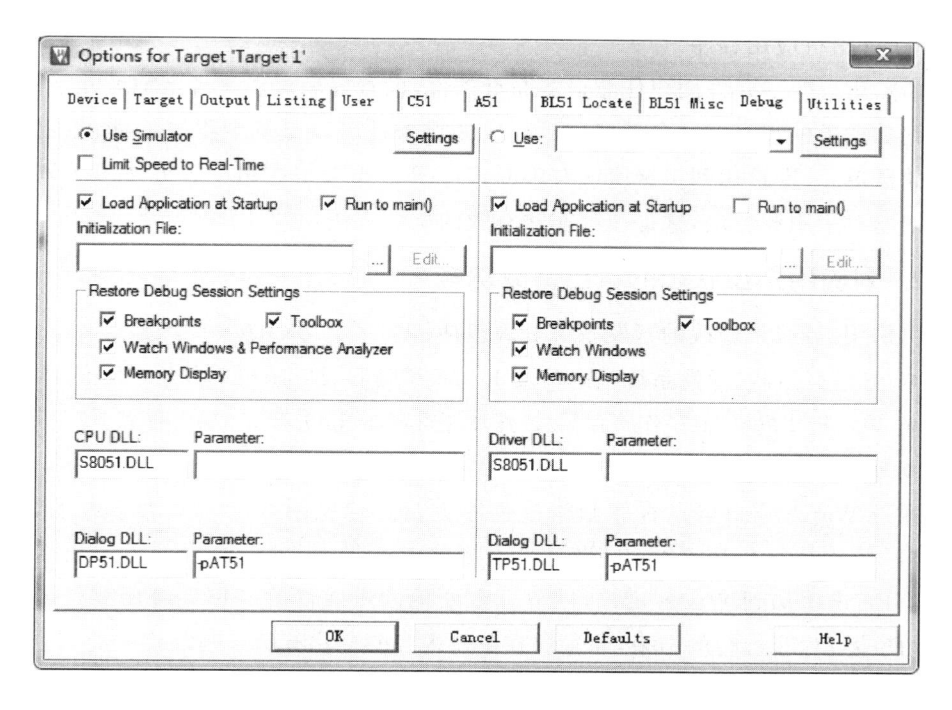

6.7 仿真参数设置

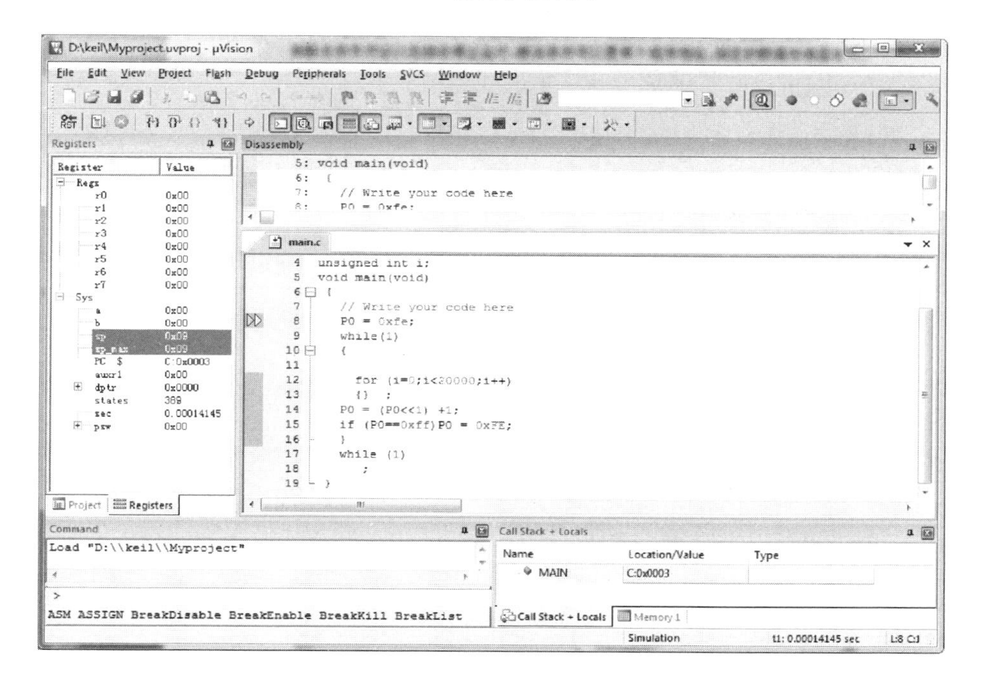

图 6.8 启动调试过程

停止 CPU 执行应用程序。

断点运行——允许用户任意设置断点条件,设置好后可以从规定地址开始运行,当碰到断点条件符合以后自动停止运行。断点条件可以是某个程序地址、指定的数据存储器单元、变量达到一定值或有中断产生等。通常是在用单步方法很难调试和发现问题时采用此方法,这是一种非常有效的调试方法。

2. 对应用系统状态的读出修改功能

可供用户读出/修改的开发系统资源包括:

- 程序存储器(开发系统中的仿真 RAM 存储器或应用机中的程序存储器);
- 单片机片内资源(工作寄存器、特殊功能寄存器、I/O 口、RAM 存储器、位单元);
- 系统中扩展的数据存储器、I/O 口。

通过 Watch 窗口可以查看和修改程序变量。参见图 6.9 所示右下方的方框。当 CPU 停止执行应用系统的程序后,光标停在变量上,软件会自动显示出变量内容,也可右击添加到 Watch 窗口,用户可方便地读出或修改应用系统所有资源的状态,以便检查程序运行的结果,通过观察窗口内容的变化有助于判断程序的问题。发现问题后,可重新设置断点条件以及程序的初始参数,再运行调试,直至解决程序中的所有问题。此时再用 Run 连续运行程序,确认结果正确无误,可用 Stop 停止运行,再退出调试过程。

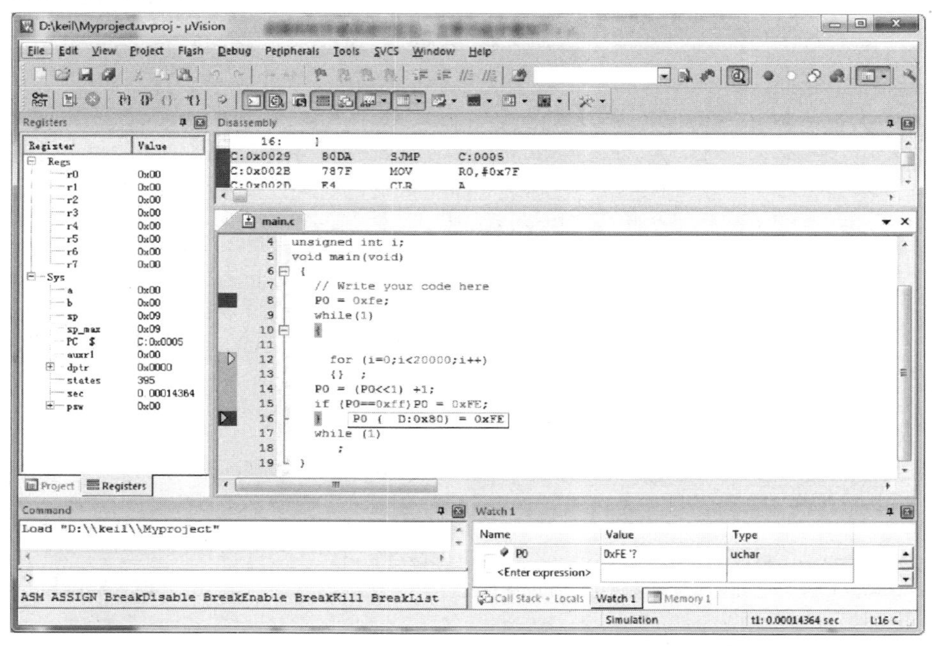

图 6.9 Watch 窗口

当系统程序调试完成后，要生成用以烧录到单片机的 HEX 格式文件，以便写入到单片机中。生成 HEX 格式文件的操作过程如下：单击 Target1，右击选择 Option for Target‘Target’选项，然后激活 Output，选择 Creat Hex File 即生成 HEX 格式文件。

思考与练习

1. 在单片机领域，目前使用最广泛的是哪种语言？有哪些优越性？这种语言单片机能否直接执行？

2. 有哪些数据类型是 80C51 系列单片机直接支持的？C51 语言特有的数据类型是哪些？

3. 在 C51 语言中有哪几种存储类型？分别表示哪些存储器区域？

4. 在 C51 语言中，bit 位与 sbit 位有什么区别？

5. 在 C51 语言中，中断函数与一般函数有什么不同？

6. 循环结构程序有何特点？80C51 系列单片机的循环转移指令有何特点？请用汇编语言和 C 语言编写下列程序。编程时应注意些什么？

① 请编写延时 1 s 的延时程序段，主频为 6 MHz。

② 请编写多字节十进制(BCD 码)减法程序段。

③ 请编写多字节无符号十进制数(BCD 码)除法程序段，并画出程序流程图。

第7章

定时/计数器

在实时测量控制应用系统中,常需要定时控制以及对外界事件进行计数。要实现此功能,可以采用实时时钟和计数器。80C51 系列单片机内部一般有 2~3 个定时/计数器,它们都具有这两种功能,有的型号还具有输入捕获和监视定时功能。本章将介绍定时/计数器的结构、原理、工作方式及使用方法。

7.1 定时/计数器 T0、T1 概述

80C51 系列单片机内部都设有 2 个 16 位的可编程定时/计数器,可分别简称为“定时器 0(T0)”和“定时器 1(T1)”。不论哪种型号,T0、T1 的结构、原理和工作方式都是相同的。可编程是指其功能(如工作方式、定时时间、量程、启动方式等)可由指令来确定和改变。

7.1.1 定时/计数器 T0、T1 的结构

定时器的原理结构框图如图 7.1 所示。虚线框内即为定时器 T0、T1 的结构图,它通过内部总线与 CPU 相接,此外由 TCON 寄存器中引出 2 根中断源信号线送入 CPU。

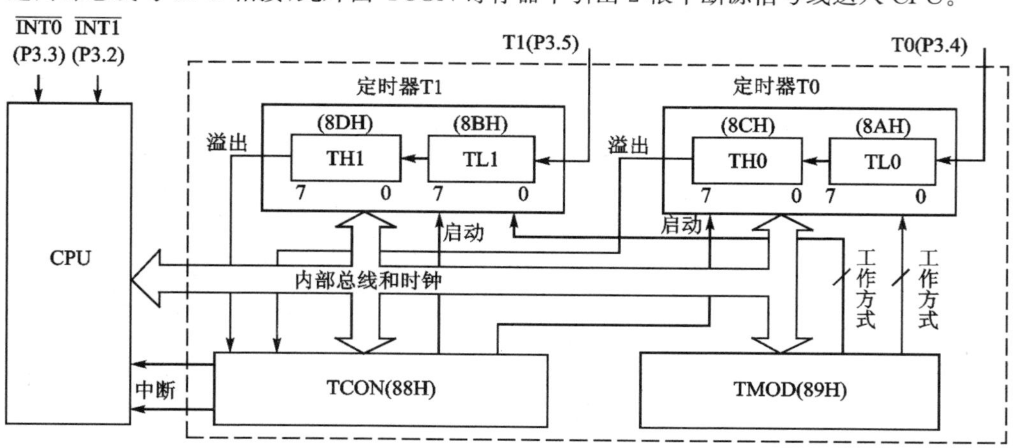

图 7.1 80C51 定时/计数器 T0、T1 的原理结构框图

从图7.1可以看出,这些寄存器之间是通过内部总线和控制逻辑电路连接起来的。与定时器有关的8位寄存器一共有6个,其中16位定时/计数器分别由2个8位专用寄存器组成,即T0由TH0和TL0构成,T1由TH1和TL1构成。其访问地址依次为8AH~8DH。每个寄存器均可单独访问,这些寄存器是用于存放定时或计数初值的。除了这2个16位的计数器之外,在定时器中还有2个特殊功能寄存器:一个是8位的定时器方式寄存器TMOD;另一个是8位的定时器控制寄存器TCON。TMOD主要用于选定定时器的工作方式;TCON主要用于控制定时器的启动与停止,此外,还可用来保存T0、T1的溢出和中断标志。当定时器工作在计数方式时,外部事件通过引脚T0(P3.4)和T1(P3.5)输入。

7.1.2 定时/计数器的原理

16位的定时/计数器实质上是一个加1计数器,其电路受软件控制、切换。通过软件可以设置为4种工作方式(详见7.3节),每种方式都可以用作定时或计数。

当选择定时/计数器作为定时器工作时,计数器的加1信号由振荡器的12分频信号产生,即每经过1个机器周期,计数器增1,直至计满溢出为止。显然,定时器的定时时间与系统的振荡频率有关。因为1个机器周期等于12个振荡周期,所以计数频率 $f_{COUNT}=(1/12)f_{OSC}$。如果晶振频率为12 MHz,则计数周期为:

$$T=\frac{1}{(12\times10^6)\ \text{Hz}\times(1/12)}=1\,\mu\text{s}$$

这是最短的定时周期。若要延长定时时间,则须改变定时器的初值,并要适当选择定时器的长度(如8位、13位或16位等)。

当选择定时/计数器作为计数器工作时,通过引脚T0和T1对外部信号计数,外部脉冲的下降沿将触发计数。计数器在每个机器周期的S5P2期间对引脚输入电平采样。如果一个机器周期采样值为1,下一个机器周期采样值为0,则计数器加1,新的计数值装入计数器。即检测一个由1至0的跳变需要2个机器周期,故外部事件的最高计数频率为振荡频率的1/24。例如,如果选用24 MHz晶振,则最高计数频率为1 MHz。虽然对外部输入信号的占空比无特殊要求,但为了确保某给定电平在变化前至少被采样一次,则外部计数脉冲的高电平与低电平保持时间均需在1个机器周期以上,其幅值不能超过单片机的电源电压。

作为定时器使用时,计数脉冲是由单片机内部产生的,这个信号的频率和幅值都是稳定的;而作为计数器使用时,计数脉冲是由单片机外部提供的,这个信号的频率和幅值是可以随机变化的,但一定要注意这二者的限制范围。

当用软件给定时器设置了某种工作方式之后,定时器就会按设定的工作方式自动运行,不再占用CPU的操作时间,除非定时器计满溢出,才可能中断CPU当前操作。CPU也可以随时重新设置定时器工作方式,以改变定时器的操作。由此可见,定时器是单片机中效率高且工作方式灵活的部件。

7.2 定时/计数器的控制方法

综上所述,定时/计数器是一种可编程部件,它不会自动开始工作,必须通过软件确定其工作方式,并启动它开始工作。所以在定时/计数器开始工作之前,CPU 必须将一些命令(称为“控制字”)写入定时/计数器的特殊功能寄存器。将控制字写入定时/计数器的过程称作“定时/计数器的初始化”。在初始化程序中,须将工作方式控制字写入方式寄存器,工作状态控制字(或相关位)写入控制寄存器,赋予定时/计数初值。本节将详述这些控制字的格式和各位的功能及控制定时/计数器的工作方法。

7.2.1 定时/计数器寄存器

控制与管理定时/计数器 T0、T1 工作的特殊功能寄存器有 2 个,分别介绍如下。

1. 工作方式寄存器 TMOD

TMOD 为 T0、T1 的工作方式寄存器,其各位的格式如下:

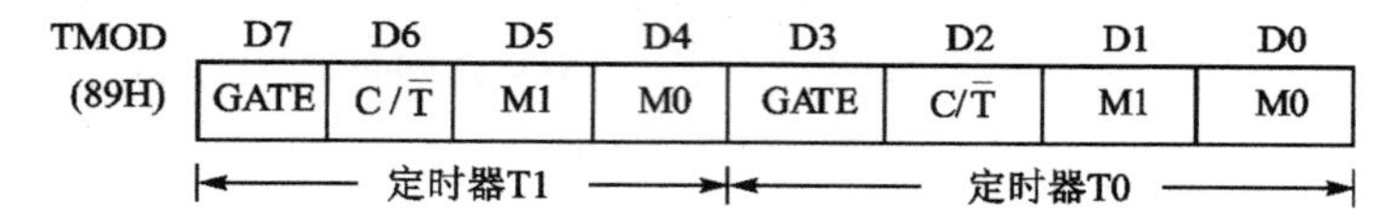

其各位功能如下:

位 7 GATE——T1 的门控位。

当 GATE=0 时,只要控制位 TR1 置 1,即可启动定时器 T1 开始工作;

当 GATE=1 时,除需要将 TR1 置 1 外,还要使$\overline{\text{INT1}}$引脚为高电平,才能启动相应的定时器开始工作。详细原理可参见 7.3 节。

位 6 $C/\overline{T}$——T1 的功能选择位。

当 $C/\overline{T}$=0 时,T1 为定时器方式;

当 $C/\overline{T}$=1 时,T1 为计数器方式。

位 5 和位 4 M1 和 M0——T1 的方式选择位。

由这 2 位的组合可以定义 T1 的 3 种工作方式,如表 7.1 所列。

有关这 3 种工作方式的详细介绍可参见 7.3 节。

位 3 GATE——T0 的门控位。

当 GATE=0 时,只要控制位 TR0 置 1,即可启动定时器 T0 开始工作;

当 GATE=1 时,除需要将 TR0 置 1 外,还要使$\overline{\text{INT0}}$引脚为高电平,才能启动相应的定时器开始工作。详细原理可参见 7.3 节。

位 2 $C/\overline{T}$——T0 的功能选择位。

当 $C/\overline{T}$=0 时,T0 为定时器方式;

当 $C/\overline{T}=1$ 时，T0 为计数器方式。

位 1 和位 0　M1 和 M0——T0 的方式选择位。

由这 2 位的组合可以定义 T0 的 4 种工作方式，如表 7.2 所列。

有关这 4 种工作方式的详细介绍可参见 7.3 节。

表 7.1　定时器 T1 工作方式选择表

M1	M0	工作方式	功能描述
0	0	方式 0	13 位计数器
0	1	方式 1	16 位计数器
1	0	方式 2	自动再装入 8 位计数器
1	1		定时器 1:停止计数

表 7.2　定时器 T0 工作方式选择表

M1	M0	工作方式	功能描述
0	0	方式 0	13 位计数器
0	1	方式 1	16 位计数器
1	0	方式 2	自动再装入 8 位计数器
1	1	方式 3	定时器 0:分成 2 个 8 位计数器

TMOD 不能进行位寻址，只能用字节传送指令设置定时器工作方式，低半字节定义定时器 0，高半字节定义定时器 1。复位时，TMOD 所有位均为 0，定时器处于停止工作状态。

2. 定时/计数器控制寄存器 TCON

TCON 的作用是控制定时器的启/停，标志定时器的溢出和中断情况。定时器控制寄存器 TCON 各位格式如下：

TCON	8FH	8EH	8DH	8CH	8BH	8AH	89H	88H
(88H)	TF1	TR1	TF0	TR0	IE1	IT1	IE0	IT0

各位名称和功能如下：

TF1(TCON.7)——定时器 1 溢出标志。

当定时器 1 计满溢出时，由硬件使 TF1 置 1，并且申请中断。进入中断服务程序后，由硬件自动清 0，在查询方式下用软件清 0。

TR1(TCON.6)——定时器 1 运行控制位。

当 TR1=1 时，启动定时器 1 工作；

当 TR1=0 时，关闭定时器 1。

TF0(TCON.5)——定时器 T0 溢出标志。

其功能及操作情况同 TF1。

TR0(TCON.4)——定时器 T0 运行控制位。

其功能及操作情况同 TR1。

IE1(TCON.3)——外部中断 1 请求标志。

IT1(TCON.2)——外部中断 1 触发方式选择位。

IE0(TCON.1)——外部中断 0 请求标志。

IT0(TCON.0)——外部中断 0 触发方式选择位。

TCON 的低 4 位与中断有关，故将在中断章节中详细介绍。

当系统复位时,TCON 的所有位均清 0。

为说明方式字的应用,现举例如下:

设定时器 T1 为定时工作方式,要求由软件启动其按照方式 2 工作;定时器 0 为计数方式,要求由软件启动其按照方式 1 工作。根据 TMOD 各位的作用,可知命令字为0010 0101B,其指令形式为:

```
MOV  TMOD,#25H
```

由于 TCON 是可以位寻址的,因而如果只清溢出或启动定时器工作即可利用位操作指令。例如:执行“CLR TF0”(也可表达为“CLR 8DH”或“CLR TCON.5”)指令后,就清定时器 0 的溢出;执行“SETB TR1”指令后,即可启动定时器 1 开始工作(当然前面还要设置方式字)。

7.2.2 定时/计数器的初始化与启动

由于定时/计数器的功能是由软件编程确定的,所以一般在使用定时/计数器前都要对其进行初始化,使其按照设定的功能工作。初始化步骤一般如下:

① 确定工作方式——对 TMOD 赋值。

② 预置定时或计数的初值——可直接将初值写入 TH0、TL0 或 TH1、TL1。

③ 根据需要开放定时/计数器的中断——直接对 IE 寄存器的定时器中断位赋值(详见第 9 章)。

在对 T0 和 T1 初始化完成后,即可准备启动定时/计数器工作。在初始化时,如果已规定用软件启动,则将 TR0 或 TR1 置 1;如果已规定由外中断引脚电平启动,则须给外引脚加启动电平。当实现了启动要求之后,定时/计数器即按规定的工作方式和初值开始定时或计数。

7.2.3 定时/计数器初值的确定方法

由于不同工作方式下,计数器的位数不同,因而最大计数值也不同。下面介绍确定定时/计数器初值的具体方法。

现假设最大计数值为 M,那么各种方式下的 M 值如下:

方式 0:$M=2^{13}=8192$;

方式 1:$M=2^{16}=65536$;

方式 2:$M=2^{8}=256$;

方式 3:定时器 T0 分成 2 个 8 位计数器,所以 2 个 M 值均为 256。

因为定时/计数器是作“加 1”计数,并在计满溢出时产生中断,故初值 X 可这样计算:

$$X=M-\text{计数值}$$

现举例说明定时初值的计算方法:若 80C51 时钟频率为 6 MHz,要求产生 1 ms

的定时,试计算初值。

在时钟频率为 6 MHz 时,计数器每次加 1 所需的时间为 2 μs。如果要产生 1 ms 的定时时间,则需“加 1”500 次,500 即为计数值。如果要求在方式 1 下工作,则初值 $X=M-$计数值$=65\,536-500=65\,036=$FE0CH。

上式表示如果初值为 65036,再计 500 个脉冲就到了 65536,此时定时器产生溢出。一旦溢出,计数器中的值就变为 0,在时钟频率为 6 MHz 时,正好产生 1 ms 的定时时间。如果下一次计数从 0 开始,定时时间就不是 1 ms 了,所以在定时溢出后,须立即把 65 036送入计数器。但是对于具有自动重装载功能的方式 2,则不必由用户软件重新装入初值,详见 7.3 节。

7.3 定时器 T0、T1 的工作方式

由上节可知,通过对 M1、M0 位的设置,T0 可选择 4 种工作方式,T1 可选择 3 种工作方式。本节将介绍这 4 种工作方式的结构、特点及工作过程。

7.3.1 方式 0

定时器 T0、T1 都可以设置为方式 0。在方式 0 下,定时器 1 与定时器 0 的结构和操作完全相同,均为 13 位的计数器。由于采用方式 0 计算初值时比较麻烦且容易出错,故一般尽量避免采用此方法。方式 0 是为了与其早期产品兼容而保留下来的功能,在实际应用中完全可以用方式 1 代替。为节省篇幅,本书不予介绍,读者可参见参考文献[1]。

7.3.2 方式 1

定时器 T0、T1 都可以设置为方式 1。在方式 1 下,定时器 T0、T1 均为 16 位的计数器。在方式 1 下,定时器的结构和操作与方式 0 基本相同。唯一不同的是:在方式 1 中,定时器是以全 16 位二进制数参与操作的。图 7.2 是 T0 在方式 1 下的逻辑电路结构,当 TL0 的低 8 位溢出时向 TH0 进位,而 TH0 溢出时向中断标志 TF0 进位(称“硬件置位 TF0”),并申请中断。通过查询 TF0 是否置位或是否产生定时器 T0 中断,可判断定时器 T0 计数是否溢出。

下面通过图 7.2 进一步说明定时器在方式 1 下的工作原理。

当 $C/\overline{T}=0$ 时,多路开关连接振荡器的 12 分频器输出,T0 对机器周期计数,这就是定时工作方式。其定时时间为:

$$t=(2^{16}-\text{T0 初值})\times \text{时钟周期}\times 12$$

当 $C/\overline{T}=1$ 时,多路开关与引脚 T0(P3.4)相连,外部计数脉冲由引脚 T0 输入。当外信号电平发生 1 到 0 跳变时,计数器加 1,这时 T0 成为外部事件计数器。

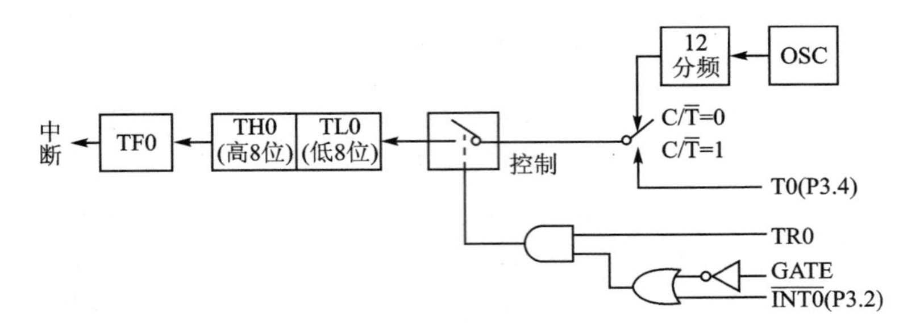

图 7.2 T0(或 T1)方式 1 结构

当 GATE=0 时,封锁"或"门,这时"或"门输出为 1,使引脚$\overline{\text{INT0}}$输入信号无效。打开"与"门,此时由 TR0 控制定时器 T0 的开启和关断。若 TR0=1,则接通控制开关,启动定时器 0 工作,允许 T0 在原计数值上作加法计数,直至溢出。溢出时,计数寄存器值为 0,TF0 置位,并申请中断,T0 从 0 开始计数。因此,如果希望计数器按原计数初值开始计数,则在计数溢出后,应给计数器重新赋初值。若 TR0=0,则关断控制开关,停止计数。

当 GATE=1,且 TR0=1 时,"或"门、"与"门全部打开,外信号电平通过$\overline{\text{INT0}}$引脚直接开启或关断定时器计数。输入 1 电平时,允许计数,否则停止计数。这种操作方法可用来测量外信号的脉冲宽度等。

7.3.3 方式 2

定时器 T0、T1 都可以设置为方式 2。在方式 2 下,定时器 1 的结构和操作与定时器 0 完全相同。方式 2 设置定时器为能重置初值的 8 位定时/计数器。

方式 2 在使用方法和结构上与方式 0、方式 1 的区别如下:方式 0、方式 1 若用于循环重复定时/计数(如产生连续脉冲信号),则每次计满溢出,寄存器全部为 0,第二次计数还得重新装入计数初值,这样不仅在编程时麻烦而且影响定时时间精度;而方式 2 具有自动恢复初值(初值自动再装入)功能,避免了上述缺陷,适合用作较精确的定时脉冲信号发生器。

方式 2 的定时时间为:

$$t=(2^8-\text{TH0 初值})\times \text{时钟周期}\times 12$$

方式 2 的结构原理如图 7.3 所示。由图可知,16 位的计数器被拆为 2 个,TL0 用作 8 位计数器,TH0 用以保持初值。在程序初始化时,TL0 和 TH0 由软件赋予相同的初值。一旦 TL0 计数溢出,则置位 TF0,并将 TH0 中的初值再装入 TL0,继续计数,重复循环不止。

这种工作方式可省去用户软件中重装常数的程序,并可产生相当精确的定时时间,特别适合用作串行口波特率发生器(详见第 8 章)。

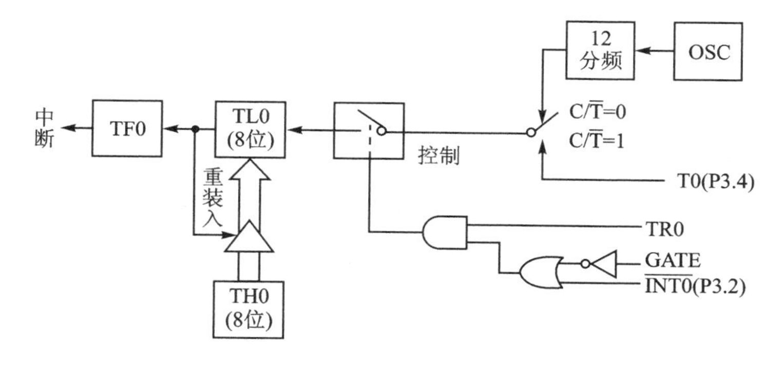

图 7.3 T0(或 T1)方式 2 结构

7.3.4 方式 3

只有定时器 T0 可以设置为方式 3。定时器 T0 在方式 3 下被拆为 2 个独立的 8 位计数器 TL0 和 TH0，如图 7.4 所示。其中，原 T0 的控制位、引脚和中断源即 $C/\overline{T}$、GATE、TR0、TF0、T0(P3.4)引脚和$\overline{INT0}$(P3.2)引脚，均用于 TL0 的控制。除了仅用 8 位寄存器 TL0 外，其功能和操作与方式 1 完全相同，可定时，也可计数。

从图 7.4 中可看出，此时 TH0 只可用作简单的内部定时功能，它占用原定时器 T1 的控制位 TR1 和 TF1，同时占用 T1 的中断源，其启动和关闭仅受 TR1 置 1 和清 0 控制。方式 3 为定时器 T0 增加了一个 8 位定时器，所以通常在需要用到 2 个 8 位定时器时，才采用方式 3。

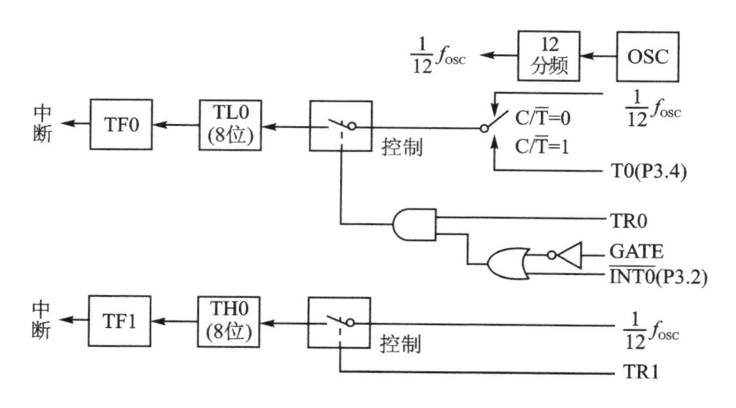

图 7.4 T0 方式 3 结构

在定时器 T0 用作方式 3 时，T1 仍可设置为方式 0～2，如图 7.5 所示。由于 TR1、TF1 和 T1 中断源均被定时器 T0 占用，此时仅有控制位 $C/\overline{T}$切换其定时器或计数器工作方式，计数溢出时，只能将输出送入串行口。由此可见，在这种情况下，定时器 T1 一般用作串行口波特率发生器。当设置好工作方式后，定时器 1 自动开始运行；若要停止操作，只须送入一个设置定时器 1 为方式 3 的方式字。通常把定时器

T1设置为方式2,用作波特率发生器。

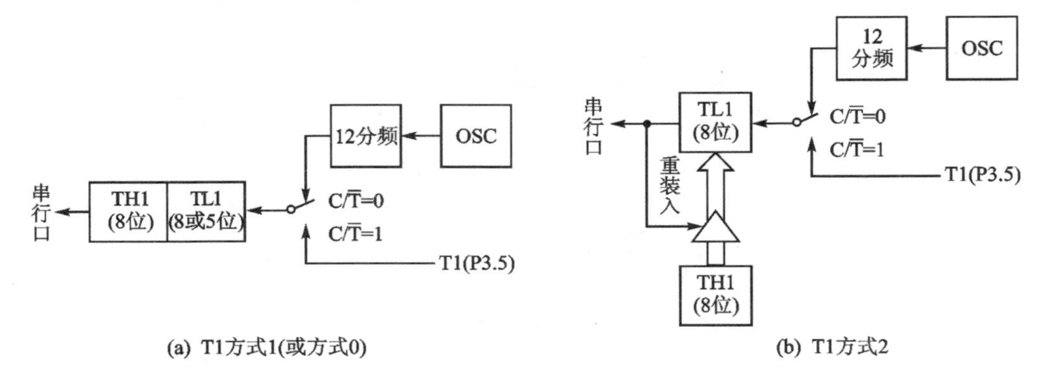

(a) T1方式1(或方式0)　　(b) T1方式2

图7.5　T0方式3下的T1结构

7.4　定时器T0、T1应用举例

定时器是单片机应用系统中的重要功能部件,通过灵活应用其不同的工作方式可减轻CPU负担并简化外围电路。

定时器的4种工作方式都可以实现定时或计数的功能,此外,其门控位可以方便地用于测量脉冲宽度。

本节将通过应用实例说明定时器的使用方法。在此暂不使用中断方式。

7.4.1　方式1应用举例

【例7.1】　用定时器T1实现定时,完成日历时钟秒、分、时的定时。设晶振频率为12 MHz。

解:根据题目要求,首先要完成1 s的定时。在这个基础上,每计满60 s,分钟加1;而每计满60 min,时钟的时加1;计满24 h,时钟清0,然后从0 h开始继续重复上述过程。因此,要完成日历时钟的设计,首先要解决1 s的定时。AT89S51单片机在方式1下定时时间最长,定时时间的最大值T_{MAX}为:

$$T_{MAX}=M\times 12/f_{OSC}=65\ 536\times 12/(12\times 10^6\ \text{Hz})=65\ 536\ \mu\text{s}=65.536\ \text{ms}$$

显然不能满足1 s的定时时间要求,因此需要设置一个软件计数器,对分、时的计数同样通过软件完成。在此采用片内50H、51H、52H、53H单元分别进行秒、分、时以及24 h的计数。

可要求T1定时50 ms,此时T1的初始值X为:

$$(M-X)\times 1\times 10^{-6}=50\times 10^{-3}$$

$$X=65\ 536-50\ 000=15\ 536=3CB0H$$

汇编语言源程序如下：

```
        MOV    50H,#20        ;定时 1 s 循环次数
        MOV    51H,#60        ;定时 1 min 循环次数
        MOV    52H,#60        ;定时 1 h 循环次数
        MOV    53H,#24        ;24 h 循环次数
        MOV    TMOD,#10H      ;设定时器 1 为方式 1
        MOV    TH1,#3CH       ;赋初值
        MOV    TL1,#0B0H
        SETB   TR1            ;启动 T1
L2:     JBC    TF1,L1         ;查询计数溢出,当 TF1 为 1,转移到 L1,同时将该位清 0
        SJMP   L2
L1:     MOV    TH1,#3CH       ;重赋初值
        MOV    TL1,#0B0H
        DJNZ   50H,L2         ;未到 1 s 继续循环
        MOV    50H,#20
        DJNZ   51H,L2         ;未到 1 min 继续循环
        MOV    51H,#60
        DJNZ   52H,L2         ;未到 1 h 继续循环
        MOV    52H,#60
        DJNZ   53H,L2         ;未到 24 h 继续循环
        MOV    53H,#24
        SJMP   L2             ;反复循环
```

C51 语言程序如下：

```
#include <REG51.H>                                   //包含 51 单片机 SFR 库
#define  Sec_data 20                                 //定义秒计数上限
#define  Min_data 60                                 //定义分计数上限
#define  Hou_data 60                                 //定义 1 小时计数上限
#define  Day_data 24                                 //定义 1 天计数上限
unsigned char  Second,Minute,Hour,Day;               //定义各变量
void main (void)
{
    TMOD  = 0x10;                                    //设定时器 1 为方式 1
    TH1   = 0x3c;                                    //赋初值
    TL1+  = 0xb0;
    TR1   = 1;                                       //启动 T1
    for (Day = 0;Day<Day_data;Day++)                 // 天计数循环
    {
        for(Hour = 0;Hour<Hou_data;Hour++)           //时计数循环
        {
         for(Minute = 0;Minute<Min_data;Minute++)    //分计数循环
```

```
            {
            for(Second = 0;Second<Sec_data;Second ++ )    //秒计数循环
           {
                while(TF1  == 0);
                TF1  =  0;                                //标志位清0
                TH1  = 0x3c;                              //重赋初值
                TL1  += 0xb0;
             }
            }
        }
    }
}
```

在C51中没有对位操作判别并清0的语句,因此只能先判别TF1的状态,然后再对TF1进行清0,比汇编程序复杂一点。

7.4.2 方式2应用举例

【例7.2】 用定时器T0方式2计数,要求每计满100次,将P1.0端取反。

解:外部计数信号由T0(P3.4)脚引入,每产生1次负跳变计数器加1,由程序查询TF0。方式2具有初值自动重装入功能,初始化后不必再置初值。

$$\text{初值 } X=2^8-100=156D=9CH$$
$$TH0=TL0=9CH, TMOD=06H$$

汇编语言源程序如下:

```
        MOV     TMOD,#06H         ;设置T0为方式2计数
        MOV     TH0,#9CH          ;赋初值
        MOV     TL0,#9CH
        SETB    TR0               ;启动T0
DEL:    JBC     TF0, REP          ;查询计数溢出
        SJMP    DEL
REP:    CPL     P1.0              ;输出取反
        SJMP    DEL
```

C51语言程序如下:

```
#include <REG51.H>          //包含51单片机SFR库
sbit Pout = P1^0 ;          //定义输出位
void main (void)
    {
    TMOD    = 0x06;         //设定时器工作方式
    TH0     = 0x9c;         //赋初值
```

```
    TL0    = 0x9c;          //赋初值
    TR0    = 1;             //启动 T0
    while(1)
    {
    while(TF0 == 0);        //等待定时器时间到
    TF0  =  0;              //标志位清 0
    Pout  =! Pout;          //反相输出
    }
}
```

【例 7.3】 由 P3.4 引脚(T0)输入一个低频脉冲信号(其频率<500 Hz),要求输入 P3.4 的信号每发生 1 次负跳变时,P1.0 输出 1 个 500 μs 的同步负脉冲,同时 P1.1 输出一个 1 ms 的同步正脉冲。已知晶振频率为 6 MHz。

解：按照题意,这 3 个引脚的输入/输出状态如图 7.6 所示。

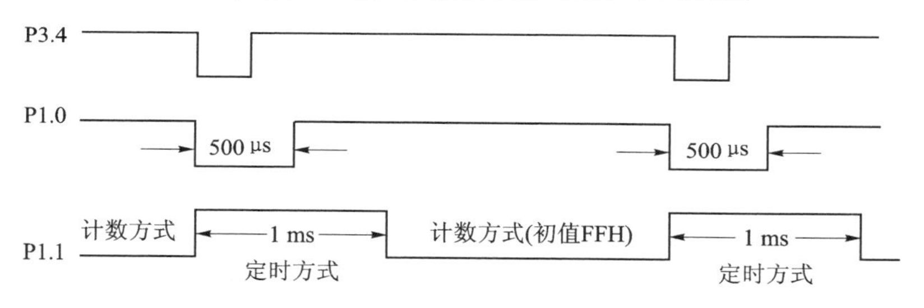

图 7.6 例 7.3 波形示意图

P1.0 的初态为高电平(系统复位时实现),P1.1 输出低电平(通过软件实现),T0 选方式 2 计数工作方式,初值选为 FFFFH,则加 1 即溢出。当加在 P3.4 上的外部脉冲发生负跳变时,则使 T0 加 1 计数器溢出,程序查询到 TF0 为 1 时,改变 T0 为 500 μs定时器工作方式,并使 P1.0 输出 0,P1.1 输出 1。T0 第 1 次计数溢出后,P1.0 恢复 1;T0 第 2 次计数溢出后,P1.1 恢复 0,T0 恢复外部计数。设定时 500 μs 的初始值为 X,则:

$$(256-X)\times 2\times 10^{-6}=500\times 10^{-6}$$

$$X=6$$

汇编语言源程序如下:

```
BEGIN:  MOV     TMOD,#06H           ;设 T0 为方式 2 外部计数
        MOV     TH0,#0FFH           ;T0 赋初值
        MOV     TL0,#0FFH
        CLR     P1.1                ;P1.1 初值为 0
        SETB    TR0                 ;启动计数器
DEL1:   JBC     TF0,RESP1           ;检测外跳变信号
        SJMP    DEL1
```

```
RESP1:  CLR    TR0
        MOV    TMOD,#02H        ;重置 T0 为 500 μs 定时
        MOV    TH0,#06H         ;重置定时初值
        MOV    TL0,#06H
        SETB   P1.1             ;P1.1 置 1
        CLR    P1.0             ;P1.0 清 0
        SETB   TR0              ;启动定时器
DEL2:   JBC    TF0,RESP2        ;检测第 1 次 500 μs 到否
        SJMP   DEL2             ;若到则将 TF0 清 0,转 RESP2
RESP2:  SETB   P1.0             ;P1.0 恢复 1
DEL3:   JBC    TF0,RESP3        ;检测第 2 次 500 μs 到否
        SJMP   DEL3
RESP3:  CLR    P1.1             ;P1.1 复 0
        CLR    TR0
        LJMP   BEGIN
```

C51 语言程序如下:

```
#include <REG51.H>                //包含 51 单片机 SFR 库
sbit Pout0 = P1^0;                //定义输出位
sbit Pout1 = P1^1;                //定义输出位
void main (void)
{
    while(1)
    {
    TMOD = 0x06;                  //设 T0 为方式 2 外部计数
    TH0 = 0xff;                   //计数器赋初值
    TL0 = 0xff;
    Pout1 = 0;                    //P1.1 初值为 0
    TR0 = 1;                      //启动计数器
    while(TF0 == 0);              //检测外跳变信号
    TF0 = 0;                      //清标志位
    TR0 = 0;                      //T0 停止工作
    TMOD = 0x02;                  //重置 T0 为 500 μs 定时
    TH0 = 0x06;                   //重置定时初值
    TL0 = 0x06;
    Pout1 = 1;                    //P1.1 置 1
    Pout0 = 0;                    //P1.0 清 0
    TR0 = 1;                      //启动定时器 T0
    while(TF0 == 0);              //等待第 1 次 500 μs 到
    TF0 = 0;                      //将 TF0 清 0
    Pout0 = 1;                    //P1.0 恢复 1
    while(TF0 == 0);              //等待第 2 次 500 μs 到
```

```
    TF0 = 0;                    //将 TF0 清 0
    Pout1 = 0;                  //P1.1 清 0
    TR0 = 0;                    //TR0 清 0
    }
}
```

7.4.3 方式 3 应用举例

【例 7.4】 要求用 80C51 单片机的 P1.0 产生周期为 200 μs 的方波，用 P1.1 产生周期为 400 μs 的方波。并要求用定时器 1 作为串行通信的波特率发生器(详见第 8 章)，产生 2 400 的波特率，单片机的晶振频率为12 MHz。

解：由于所要求的 2 路方波周期较短，因此，可采用 T0 在方式 3 下工作，此时 T1 可在方式 2 下工作，作为波特率发生器。首先，计算 2 路信号的定时初值如下：

$$TL0=2^8-(12\times10^6\times100\times10^{-6})/12=256-100=156$$

$$TH0=2^8-(12\times10^6\times200\times10^{-6})/12=256-200=56$$

定时器 1 的波特率时间常数 X 如下计算(详见第 8 章)：

$$X=2^8-(12\times10^6\times(0+1))/(384\times2\,400)=256-13=243=F3H$$

汇编语言源程序如下：

```
        ORG     0000
        LJMP    MAIN
        ORG     0BH                 ;TL0 的中断入口(有关中断的内容详见第 9 章)
        LJMP    ITL0
        ORG     001BH               ;TH0 的中断入口,原来是 T1 的中断入口
        LJMP    ITH0
        ORG     100H
MAIN:
        MOV     SP,#50H             ;设堆栈指针
        MOV     TMOD,#00100011B     ;设 T0 为方式 3,T1 为方式 2
        MOV     TL0,#156            ;TL0 赋初值
        MOV     TH0,#56             ;TH0 赋初值
        MOV     TL1,#0F3H           ;TL1 赋初值
        MOV     TH1,#0F3H           ;TH1 赋初值
        SETB    TR0                 ;启动 TL0
        SETB    TR1                 ;启动 TH0
        SETB    ET0                 ;允许 TL0 中断
        SETB    ET1                 ;允许 TH0 中断
        SETB    EA                  ;CPU 开放中断
        SJMP    $
```

```
        ORG     200H
ITL0:
        MOV     TL0,#156          ;重新装初值
        CPL     P1.0              ;输出取反,形成方波
        RETI
        ORG     300H
ITH0:
        MOV     TH0,#56           ;重新装初值
        CPL     P1.1              ;输出取反,形成方波
        RETI
```

C51 语言程序如下:

```
#include <REG51.H>
sbit Pout0 = P1^0;
sbit Pout1 = P1^1;
void main (void)
{
    SP  = 0x50H;                 //设堆栈指针
    TMOD  = 0x23;                //设 T0 为方式 3,T1 为方式 2
    TL0  = 156;                  //TL0 赋初值
    TH0  = 56;                   //TH0 赋初值
    TL1  = 0xf3;                 //TL1 赋初值
    TH1  = 0xf3;                 //TH1 赋初值
    TR0  = 1;                    //启动 TL0
    TR1  = 1;                    //启动 TH0
    ET0  = 1;                    //允许 TL0 中断
    ET1  = 1;                    //允许 TH0 中断
    EA   = 1;                    //CPU 开放中断
    while(1);
 }
void ITL0(void) interrupt 1      //定时器 TL0 中断服务程序
{
 TL0  = 156;                     //重新装初值
 Pout0 =! Pout0;                 //输出取反,形成方波
 }
void ITH0(void)  interrupt 3     //定时器 TH0 中断服务程序
{
 TH0  = 56;                      //重新装初值
 Pout1 =! Pout1;                 //输出取反,形成方波
 }
```

注意:在程序中把定时器 T1 初始化为方式 2 之后,它就可作为波特率发生器自动

工作,而不必再对它进行操作。

7.4.4 门控位应用举例

门控位 GATE 为 1 时,允许外部输入电平控制启/停定时器。利用这个特性可以测量外部输入脉冲的宽度。

【例 7.5】 利用门控位测量一个低频方波信号周期,图 7.7 所示为门控位应用示意图。已知低频信号频率为 100 Hz~100 kHz,晶振频率为 12 MHz,测量结果依次存入片内 70H、71H 单元。

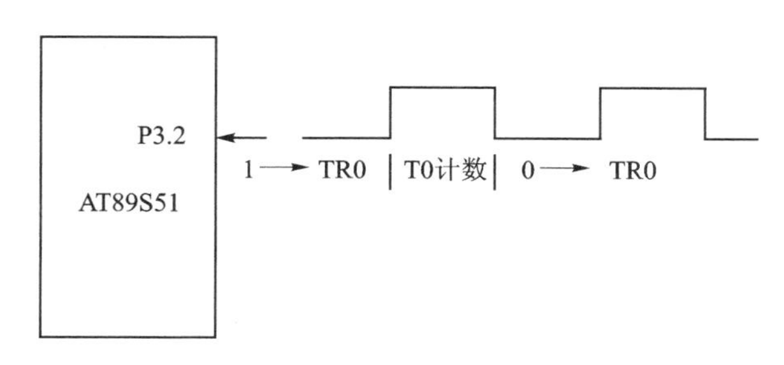

图 7.7 门控位应用示意图

解:为实现方波信号周期的测量,可以利用定时/计数器的门控位测量出方波信号的高电平时间,这个时间的 2 倍就是方波信号的周期。

被测信号从$\overline{INT0}$(P3.2)引脚输入,定时器 T0 设置在定时工作方式 1(16 位计数),对输入的时钟信号定时计数,门控位 GATE 设为 1。测量时,应在$\overline{INT0}$为低电平时,设置 TR0 为 1,这样,当$\overline{INT0}$变为高电平时,即自动启动定时器开始工作;当$\overline{INT0}$再次变低时,定时器自动停止计数。此时读出的计数值对应被测信号高电平宽度,这个值乘以 2 就是方波信号的周期。根据信号频率范围,在 100 Hz 时,信号的周期为 10 ms,因此,高电平期间定时器可能计数的最大值为 5 000。

汇编语言源程序如下:

```
MOV   TMOD,#09H          ;设 T0 为方式 1,GATE = 1
MOV   TL0,#00H           ;计数器清 0
MOV   TH0,#00H
MOV   R0,#70H
SETB  P3.2               ;置 P3.2 输入方式
JB    P3.2,$             ;等待 P3.2 变低
SETB  TR0                ;允许由INT0引脚信号启/停计数器
JNB   P3.2,$             ;等待 P3.2 变高
JB    P3.2,$             ;等待 P3.2 再次变低
CLR   TR0                ;关闭 T0
MOV   A,TL0
RLC   A                  ;低字节乘以 2
MOV   @R0,A              ;存放计数的低字节
DEC   R0
```

```
MOV     A,TH0
RLC     A                       ;高字节乘以 2
MOV     @R0,A                   ;存放计数的高字节
RET
```

C51 语言程序如下：

```
#include <REG51.H>
sbit INPUT = P3^2 ;                        //定义信号输入引脚
data unsigned int count _at_ 0x70;         //定义测量结果存放位置
void main (void)
{
  TMOD = 0x09;                             //设 T0 为方式 1,GATE = 1
  TL0 = 0;                                 //计数器清 0
  TH0 = 0;
  INPUT = 1;                               //置 P3.2 输入方式
  while(INPUT == 1);                       //等待输入变低
  TR0 = 1;                                 //允许由 INT0 引脚信号启/停计数器
  while(INPUT == 0);                       //等待输入变高
  while(INPUT == 1);                       //等待输入再次变低
  TR0 = 0;                                 //关闭 T0
  count = TL0;                             //取计数值的低 8 位
  count += TH0 * 256;                      //高 8 位乘以 256 后与低 8 位相加,得到计数值
  count = count * 2;                       //计数值乘以 2 得到信号周期
  while(1);
}
```

在这个例子中,程序定义了一个无符号的整型变量,占用两个存储字节 70H 和 71H,C51 语言中数据在内存中按高字节存放在低位地址,低字节存放在高位地址的顺序存放。因此,在 70H 单元存放的是 TH0,71H 单元存放的是 TL0。在大多数情况下不需要定位变量的绝对地址,如果程序在运行过程中与定义的变量发生地址冲突,则将造成整个系统崩溃。

例 7.5 中由于靠外部信号启动/停止计数器的工作,测量精度主要取决于时钟频率的稳定度和计数中的±1 误差,因此,测量精度较高;而如果通过指令判断定时器 T0 溢出位的状态来停止计数器 T1 对被测信号的计数,这样就会引入一定的测量误差,误差大小与相关指令的执行时间有关。

当采用软件控制计数器的启/停时,在某些情况下,不希望在读计数值时打断计数过程,为此,在读时间值时必须采取一定措施。否则,读取的计数值就有可能是错的,这是由于不可能在同一时刻读取 THX 和 TLX 的内容。比如,先读 TL0,然后读 TH0,由于定时器在不停地运行,读 TH0 前若恰好产生 TL0 溢出向 TH0 进位的情形,则读得的 TL0 值就完全不对了。同样,先读 TH0 再读 TL0 也可能出错(对于 T1,情况相同)。

一种解决错读问题的方法是：先读 THX,后读 TLX,再读 THX。若两次读得的 THX 没有发生变化,则可确定读得的内容是正确的。若前后两次读得的 THX 有

变化，则再重复上述过程，重复读得的内容就应该正确了。下面是按照此思路编写的程序段，读得的TH0和TL0放在R1和R0内。

```
        ⋮
RP:  MOV    A,TH0           ;读 TH0
     MOV    R0,TL0          ;读 TL0
     CJNE   A, TH0,RP       ;比较两次读得的 TH0,不等则重读
     MOV    R1, A
        ⋮
```

以上所给出的定时器例题大多采用查询方式，使CPU在执行其他操作时不断查询定时器，从而影响了CPU的工作效率，没有体现出定时器能独立运行的优越性，因此，最好采用中断方式工作。第9章将介绍定时器的中断工作方式。

7.5 定时/计数器 T2

在AT89C52/S52单片机中，增加了一个16位定时/计数器T2。T2与T0、T1具有类似的功能，即它也可以作定时器或计数器使用，同时还增加了捕捉等新功能。其功能比其他2个定时器更强，使用也较复杂。

7.5.1 T2 的寄存器

在AT89C52/S52单片机的特殊功能寄存器组中，有6个与T2相关的寄存器，分别是：控制寄存器T2CON、方式控制寄存器T2MOD、重装/捕捉寄存器RCAP2L和RCAP2H、计数器TL2和TH2。它们在片内存储器中的地址依次为C8H～CDH。

T2的6个寄存器中，TL2、TH2与TL0、TH0相同，是用于存放计数值的。重装/捕捉寄存器RCAP2L、RCAP2H是在捕捉工作方式下用于存放所捕获的TL2、TH2的瞬时值。控制寄存器T2CON和方式控制寄存器T2MOD用于控制和管理T2的工作。下面分别进行介绍。

1. 控制寄存器 T2CON

T2的工作是靠软件对控制寄存器T2CON进行设置而启动和运行的。

T2CON的格式如下：

T2CON	D7	D6	D5	D4	D3	D2	D1	D0
(C8H)	TF2	EXF2	RCLK	TCLK	EXEN2	TR2	$C/\overline{T2}$	$CP/\overline{RL2}$

各位名称及功能如下：

TF2(T2CON.7)—— T2的溢出中断标志。

T2溢出时由硬件置为1，须由用户用软件清0。当RCLK=1或TCLK=1时，

即使溢出也不会将TF2置位。

EXF2(T2CON.6)—— T2外部中断标志。

当T2在捕捉方式和常数自动重装入方式下,若EXEN2=1,则在T2EX端(P1.1)发生的负跳变使EXF2置位。如果此时允许T2中断,则EXF2=1会使CPU响应中断。同样需要由软件清0。

当T2在加1/减1计数方式(DCEN=1)工作时,EXF2不会置位。

RCLK(T2CON.5)——串行口接收时钟选择位。

当RCLK=1时,T2工作于波特率发生器方式。此时,T2的溢出脉冲作串行口方式1和方式3的接收脉冲;

当RCLK=0时,T1的溢出脉冲作接收时钟脉冲。

TCLK(T2CON.4)——串行口发送时钟选择位。

当TCLK=1时,T2工作于波特率发生器方式,T2的溢出脉冲作为串行口方式1和方式3的发送时钟脉冲;

当TCLK=0时,T1的溢出脉冲作发送时钟脉冲。

EXEN2(T2CON.3)——T2的外部触发允许控制位。

当EXEN2=1时,如果T2EX引脚上有一个负跳变,则会引发捕捉或常数重装入动作,同时使EXF2置位为1(注意此时T2不能作为串行口的时钟);

当EXEN2=0时,T2EX端的电平变化对T2没有影响。

TR2(T2CON.2)——T2的计数控制位。

当TR2=1时,开始计数;

当TR2=0时,禁止计数。

$C/\overline{T2}$(T2CON.1)——定时器或计数器功能选择位。

当$C/\overline{T2}$=0时,T2为内部定时器(对振荡脉冲的信号进行计数);

当$C/\overline{T2}$=1时,T2为外部事件计数器(由T2(P1.0)脚上的下降沿触发)。

$CP/\overline{RL2}$(T2CON.0)——捕捉或常数重装入方式选择位。

当$CP/\overline{RL2}$=1时,T2工作于捕捉方式,即当EXEN2=1时,T2EX端的负跳变引发捕捉动作;

当$CP/\overline{RL2}$=0时,T2工作于常数自动重装入方式,即当EXEN2=1时,T2EX端的负跳变引发常数重装入动作。

当TCLK=1或RCLK=1时,该位无效,定时器2被强制工作于自动重装入方式,在定时器溢出时引发常数自动重装。

2. 方式控制寄存器T2MOD

T2的方式控制寄存器T2MOD中只有D1和D0这2位对T2的工作有影响。

T2MOD的格式如下:

T2MOD	D7	D6	D5	D4	D3	D2	D1	D0
(C9H)	X	X	X	X	X	X	T2OE	DCEN

各位名称及功能如下：

位 7～2——无作用，可为任意值。

T2OE(T2MOD.1)——T2 的输出允许位。

当 T2OE＝1 时，允许 T2 输出；

当 T2OE＝0 时，禁止 T2 输出。

DCEN(T2MOD.0)——T2 加 1/减 1 计数允许位。

当 T2 工作于自动重装入方式时，DCEN＝1，允许 T2 加 1/减 1 计数。具体为加 1 还是减 1，又与 T2EX(P1.1)引脚的电平有关。

当 T2EX(P1.1)＝1 时，T2 加 1 计数；反之，则减 1 计数。复位时，DCEN＝0，则 T2 为加 1 计数。

7.5.2 T2 的工作方式

T2 共有 4 种工作方式，分别为 16 位自动捕捉方式、16 位自动重装入方式、波特率发生器方式和时钟输出方式。

由 T2CON 寄存器中的 D0、D2、D4、D5 及 T2MOD.1 几位的组合选择 T2 的 4 种方式。其组合的对应关系如表 7.3 所列。其中，16 位捕捉方式和 16 位常数自动重装入方式通过设置均可选择定时/计数功能。

表 7.3 定时器 T2 的工作方式

RCLK＋TCLK	CP/$\overline{RL2}$	C/$\overline{T2}$	T2OE	TR2	工作方式
0	0	1/0	0	1	16 位自动重装入
0	1	1/0	0	1	16 位自动捕捉方式
1	×	1/0	×	1	波特率发生器方式
×	×	0	1	1	时钟输出方式
×	×	×	×	0	停止计数

表 7.3 中，“×”表示此值无影响；1/0 表示该位按照功能要求选择为 0 或 1。

下面对 T2 增加的 4 种方式予以简介。

1. 16 位自动重装入方式

16 位常数自动重装入是指在满足某规定条件时，RCAP2L 和 TCAP2H 中存放的计数初值可自动重新装入 TL2 和 TH2 中。当 CP/$\overline{RL2}$＝0 时，选择自动重装入方式。根据 DCEN 位所选择的计数状态，自动重装入操作又可分为如下两种情况。

(1) 加 1 计数方式

当 DCEN＝0 时，T2 为自动加 1 计数方式，其结构原理如图 7.8 所示。由该图可知，T2CON 寄存器的 EXEN2 位控制选择 T2 的两种重装方式。

- 当 EXEN2＝0 时，T2 用作定时/计数器。当 C/$\overline{T2}$＝0 时，作定时器用，以振荡频率的 12 分频计数；当 C/$\overline{T2}$＝1 时，作计数器用，以 T2 外部输入引脚(P1.0)的输入脉冲作计数脉冲(下降沿触发)。当 TR2＝1 时，从初值开始加

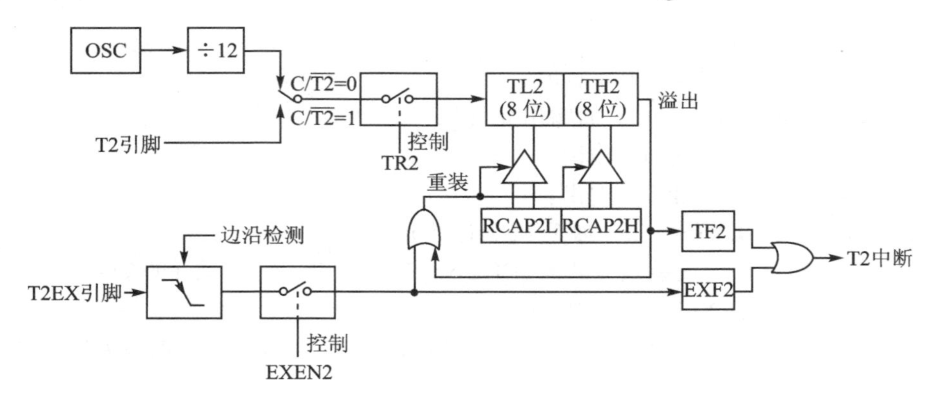

图 7.8 定时器 T2 的 16 位自动重装入方式(DCEN=0)原理图

1 计数至 0FFFFH 溢出时,溢出信号控制打开三态门将 RCAP2L 和 RCAP2H 寄存器中存放的计数初值重新装入 TL2 和 TH2 中,使 T2 从该值开始重新计数,同时将溢出标志位 TF2 置 1。计数器的初值在初始化时由软件编程设置。

- 当 EXEN2=1 时,T2 除可完成上述功能外,还可实现以下功能。当外部输入引脚 T2EX(P1.1)的输入电平发生负跳变时,可以控制将重装/捕捉寄存器 RCAP2L 和 RCAP2H 的内容重新装入 TH2 和 TL2 中,使 T2 重新从新值开始计数,同时把中断标志位 EXF2 置 1,向 CPU 发出中断请求。

(2) 加 1/减 1 计数方式

当 DCEN=1 时,T2 为加 1/减 1 计数方式,其结构原理如图 7.9 所示。由 T2EX 引脚的电平状态决定 T2 是作加计数还是减计数,即由 T2EX 引脚状态控制选择 T2 的两种重装方式。

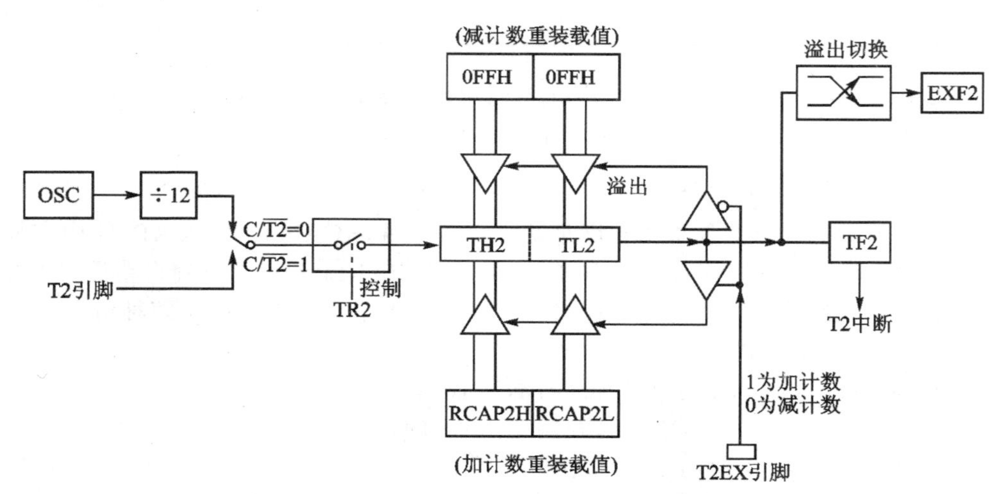

图 7.9 定时器 T2 的 16 位自动重装入方式(DCEN=1)原理图

- 当 T2EX=1 时，T2 作加 1 计数，计数至 0FFFFH 时产生溢出，将 RCAP2L 和 RCAP2H 寄存器中存放的计数初值重新装入 TL2 和 TH2 中，同时将溢出标志 TF2 置 1。
- 当 T2EX=0 时，T2 作减 1 计数，当 TH2 和 TL2 中的值减至与 RCAP2H 和 RCAP2L 寄存器中数值相同时，自动把 FFFFH 重新装入 TL2 和 TH2 中，同时将溢出标志 TF2 置 1。

无论是加 1 计数还是减 1 计数，计数溢出时，EXF2 的状态会切换，但在这种方式下，EXF2 标志的变化都不会引起中断。此时可以把 EXF2 标志看作结果的第 17 位。

2. 16 位自动捕捉方式

当 $CP/\overline{RL2}=1$ 时，T2 除可用于定时计数外，还可工作于捕捉方式，其 16 位捕捉方式的结构原理如图 7.10 所示。T2CON 中的 EXEN2 位可控制选择 T2 的两种工作方式。

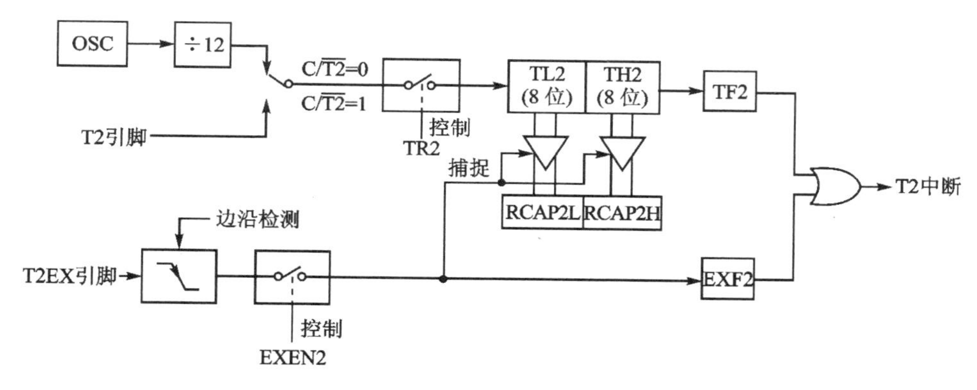

图 7.10 定时器 T2 的捕捉方式原理图

- 如果 EXEN2=0，则由 $C/\overline{T2}$ 位决定 T2 作定时器还是作计数器使用。如果作定时器使用，则其计数输入为内部振荡脉冲的 12 分频信号；如果作计数器使用，则以 T2 的外部输入引脚(P1.0)上的输入脉冲作计数脉冲。当定时/计数器 T2 增 1 计数至溢出时，将 TF2 标志置 1，并发出中断请求信号。在这种方式下，TL2 和 TH2 的内容不会送入捕捉寄存器中。
- 如果 EXEN2=1，T2 除可实现上述定时/计数器功能外，还可实现捕捉功能，即当外部输入端 T2EX(P1.1)的输入电平发生负跳变时，就会把 TH2 和 TL2 的内容锁入捕捉寄存器 RCAP2L 和 RCAP2H 中，并将 T2CON 中的中断标志位 EXF2 置 1，向 CPU 发出中断请求信号。

3. 波特率发生器方式

T2 还可作串行口的波特率发生器。由控制寄存器 T2CON 中的控制位 RCLK=1 和/或 TCLK=1 来确定串行口波特率发生工作方式。如果 RCLK=1 和/或

TCLK＝1,则定时器2以波特率发生器方式工作。波特率发生器的结构原理图如图7.11所示。

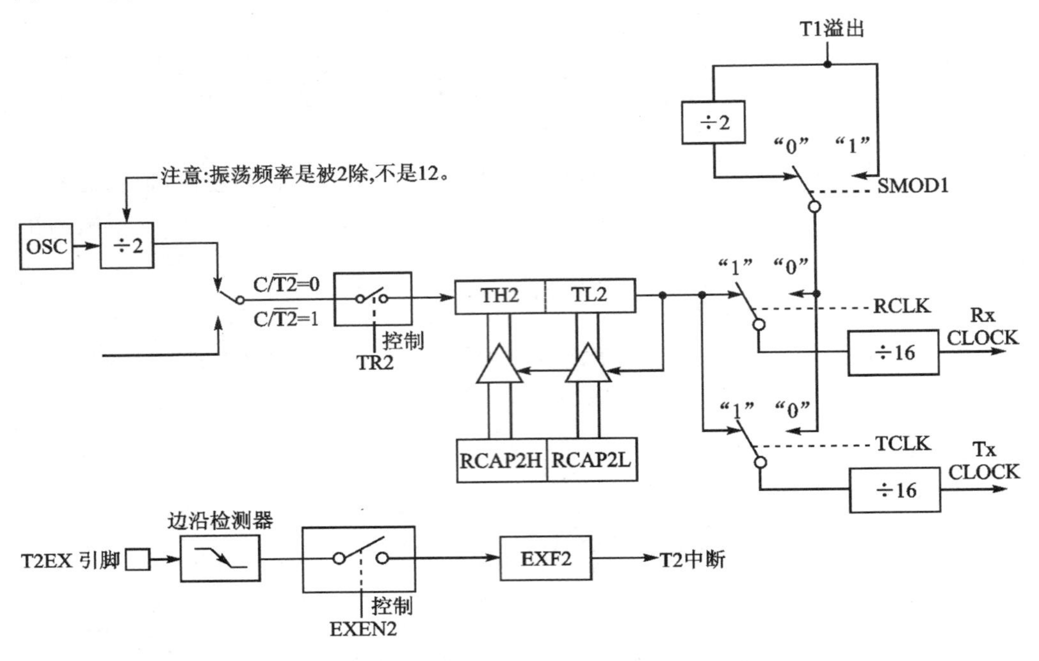

图7.11 定时器T2的波特率发生器方式结构图

波特率发生器方式类似于常数自动重装入方式。在此方式下,TH2溢出,定时器2的RCAP2L和RCAP2H寄存器中存放的计数初值重新装入TL2和TH2中,使T2从该值开始重新计数。

在方式1和方式3时,波特率由定时器T2的溢出速率确定,计算公式如下:

$$方式1和方式3的波特率＝定时器2的溢出率/16 \tag{7-1}$$

在这种方式下,C/$\overline{T2}$可以设置为0或1,多数应用中设为0。定时器T2作为波特率发生器与作为定时器时的操作不同。作为定时器时,是每个机器周期(1/12振荡频率)定时器的计数值加1。作为波特率发生器时,是每个状态周期(1/2振荡频率)定时器的计数值加1,因而波特率的具体计算公式如下:

$$方式1和方式3的波特率＝振荡器频率/[32\times(65\,536-X)] \tag{7-2}$$

上式中,X是一个16位的无符号整数,其高、低8位分别为RCAP2H和RCAP2L中的值。

定时器T2工作在波特率发生器方式时,须特别注意以下两点:

- TH2溢出时,不会使TF2置1,不产生中断,但如果EXEN2设为1,T2EX引脚的负跳变将使EXF2置1,并产生中断,所以T2EX引脚可作附加的外部中断输入用,但中断时不会引起自动重装;

- 当定时器 T2 作为波特率发生器定时运行期间，不应对 TH2、TL2 进行读/写操作，对于 RCAP2 寄存器只能读不能写，如果需要对其进行访问，则应先将 TR2 置 0，停止其运行。

4. 可编程时钟输出方式

定时器 2 通过编程可从 P1.0 引脚输出占空比为 50%的时钟信号。此即可编程时钟输出方式，其原理图如图 7.12 所示。

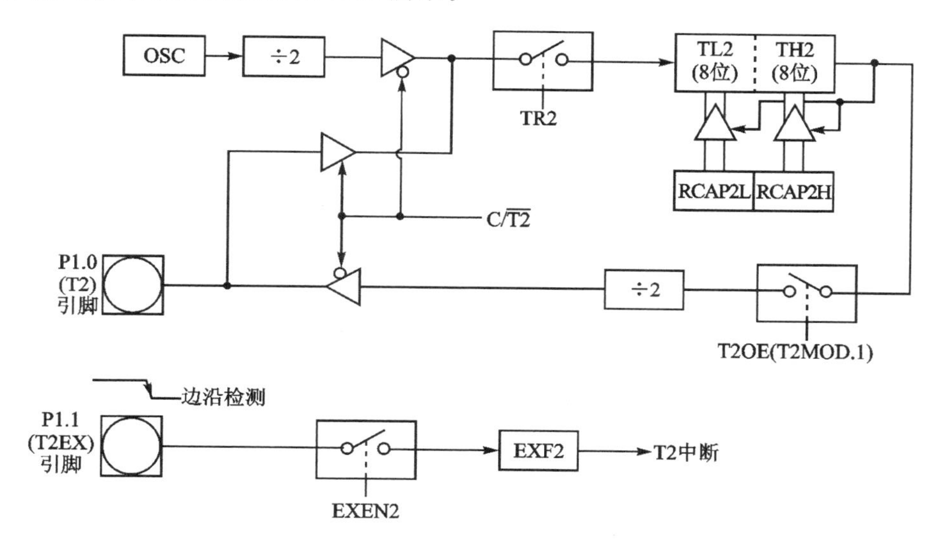

图 7.12 可编程时钟输出方式原理图

当 C/$\overline{T2}$置 0，且 T2OE 位置 1 时，定时/计数器 2 工作于时钟发生器方式，TR2 位控制定时器 T2 的启动与停止。时钟输出频率取决于振荡器频率和定时器 2 捕获寄存器(RCAP2H、RCAP2L)的重装载数值，计算公式如下：

$$\text{时钟输出频率} = \text{振荡器频率}/[4\times(65\,536-X)] \tag{7-3}$$

式中，X 同式(7-2)。

当 CPU 工作频率为 16 MHz 时，通过 P1.0 脚输出时钟，其频率范围为 61 Hz～4 MHz。

在时钟输出方式下，定时器 T2 即使溢出也不会产生中断，T2EX 引脚也可作附加的外部中断输入，这种情况与波特率发生器方式类似。

定时器 2 可以同时工作在波特率发生器方式和时钟输出方式。但由于这两种方式都要使用重装/捕获寄存器 RCAP2，因此，当 T2 同时工作在这两种方式时，输出的时钟频率值与波特率的设置值有关，式(7-2)和式(7-3)中的 X 必须是相同的，在使用时要注意这一点。

综上所述，定时器 T2 具有多种工作方式，既可用作定时器，也可用作计数器，且无论是用作定时器还是计数器，都有捕捉方式和自动重装入方式。当T2作为定时器使用时，还有波特率发生器方式。

在AT89C52/S52中，还增加了定时器T2的中断请求源，入口地址是2BH。T2中断级别最低，其中断请求是由标志位TF2(T2CON.7)和EXF2(T2CON.6)各自单独，或两者经逻辑"或"产生的。当CPU响应该中断请求后，必须由软件来判别是TF2还是EXF2产生的中断，所以也必须由软件将该标志位清0。

7.5.3 应用例题

利用T2的捕捉功能测试外部输入引脚T2EX(P1.1)上的正脉冲宽度，捕捉到后，用P1.7脚报警提示，并使与P1.7脚相接的二极管灯亮。脉冲宽度值分别存放在内存单元60H、61H中。

本例题的硬件连接电路如图7.13所示。由于80C51系列的汇编指令中没有T2寄存器的符号，故有关T2的寄存器都要在伪指令中专门定义，否则在程序中就只能用直接地址。

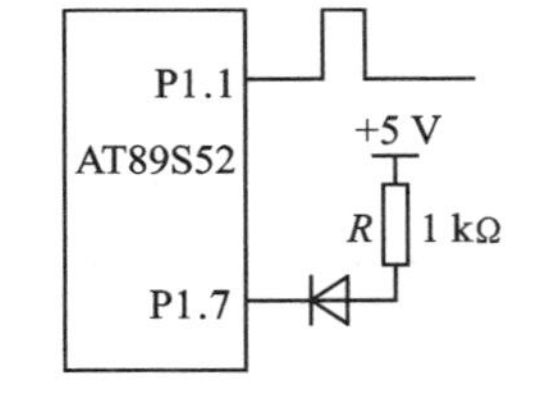

图7.13 硬件连接示意图

汇编语言程序清单如下：

```
        T2CON   EQU   0C8H
        RCAP2L  EQU   0CAH
        RCAP2H  EQU   0CBH
        TL2     EQU   0CCH
        TH2     EQU   0CDH
        TR2     BIT   0CAH
        EXF2    BIT   0CEH
        TF2     BIT   0CFH

        ORG     0000H
        LJMP    MAIN
        ORG     002BH                   ;定时器2中断入口地址
        LJMP    T2T                     ;转定时器2中断服务程序
        ORG     0030H
MAIN:   MOV     IE,#0A0H                ;CPU和T2开中断
        JB      P1.1,$                  ;等待信号变低
        MOV     T2CON,#00001001B        ;设T2为捕捉工作方式
        JNB     P1.1,$                  ;等待信号变高
        MOV     TH2,#0                  ;清定时器T2
        MOV     TL2,#0
        SETB    TR2                     ;启动T2开始工作
        SJMP    $                       ;等待
        ORG     100H
```

```
T2T:   MOV     61H,RCAP2L          ;取捕捉寄存器的低 8 位
       MOV     60H,RCAP2H          ;取捕捉寄存器的高 8 位
       CLR     P1.7                ;报警灯亮
       CLR     EXF2                ;清中断标志位
       CLR     EA
       RETI
       END
```

C51 语言程序清单如下:

```
#include <REG52.H>                    //包含 52 单片机 SFR 库
sbit INPUT = P1^1 ;                   //定义输入位
sbit ALARM = P1^7 ;                   //定义输出位
sfr16 RCAP2 = 0xca;                   //给定时器 2 的捕捉寄存器赋 16 位数初值
sfr16 TMR2 = 0xcc;                    //给定时器 2 赋 16 位数初值
data unsigned int count _at_ 0x60;    //定义计数值存放位置
void main (void)
{
    IE  =  0xa0;                      // CPU 和 T2 开中断
    ALARM = 1;                        //输出为 1,灭灯
    INPUT = 1;                        //设定为输入方式
    while(INPUT  == 1);               //等待信号变低
    T2CON = 0x09;                     //设 T2 为捕捉工作方式
    while(INPUT  == 0);               //等待信号变高
    TMR2 = 0;
    TR2 = 1;                          //启动 T2 开始工作
    while(1);
}
void Timer2_Pro(void) interrupt 5
{
 count  =  RCAP2;                     //取捕捉寄存器中的值
 ALARM  =  0;                         //报警灯亮
 EXF2   =  0;                         //清中断标志位
 EA     =  0;
}
```

在这个例子中,由于利用了定时器 T2 的捕捉功能,因此,即使在读数时也不必停止计数过程,也就不必像 T0、T1 那样采用两次读取高字节的方法,从而简化了读数方法,提高了测量外部脉冲高电平的精度,这时的测量误差主要是由软件启动定时器产生的。

7.6 WDT 监视定时器

在 80C51 系列单片机的有些型号中增加了称作 WDT 的监视定时器。监视定时

器英文全称为 WATCHDOG TIMER,缩写为 WDT,简称“看门狗”。这是一个软、硬件相结合的、重要的常用抗干扰技术。在 AT89S51/S52 中的定时器 T3 即 WDT,本节以 T3 为例介绍 WDT 的功能与应用。

7.6.1 WDT 的功能及应用特点

WDT 的主要用途是当程序运行出现死机即死循环时,能通过复位的方法使 CPU 退出死循环。

在 AT89S51 中,WDT 是由一个 14 位计数器和一个看门狗复位寄存器组成,在 AT89S52 中 WDT 的计数器是 13 位。

看门狗复位寄存器是特殊功能寄存器,符号为 WDTRST,地址为 A6H,这是一个只写寄存器。

当单片机复位时,WDT 是不工作的。启动 WDT 开始工作的方法是顺序向 WDTRST 中写 01EH 和 0E1H,写完后计数器即从 0 开始计数,且 WDT 开始工作后,每个机器周期计数增 1。AT89S51 计数到 16 383(3FFFH)时,计数器溢出;AT89S52 计数到 8 191(1FFFH)时,计数器溢出。溢出后,单片机复位。

通过软件编程使单片机在正常运行时不断给它发清 0 信号,使 WDT 不会产生溢出。如果单片机出现死机,则 WDT 不能按时收到清 0 信号。当 WDT 计时到设定时间时,就会产生溢出信号使 RST 引脚出现正脉冲,正脉冲的宽度为 98 个时钟周期,此时单片机复位,程序运行恢复正常,WDT 停止计数。

由于在掉电(Power-down)方式下,振荡器停止工作,这意味着 WDT 也停止计数;因此,在进入电源关断方式之前和执行退出电源关断方式的中断服务程序期间,建议使 WDT 复位。

7.6.2 辅助寄存器 AUXR

在 AT89S51/S52 中增加了一个辅助寄存器 AUXR(Auxiliary Register)。AUXR 的WDIDLE位用来确定在进入空闲方式后 WDT 是否继续工作,此外,还可以管理 ALE 引脚的输出。其复位值为 xxx00xx0B,辅助寄存器 AUXR 的各位格式如下:

AUXR	D7	D6	D5	D4	D3	D2	D1	D0
(8EH)	—	—	—	WDIDLE	DISETO	—	—	DISALE

各位功能如下:

位 7~5、位 2~1——无用位。

WDIDLE(AUXR.4)——WDT 在空闲方式下的选择位。

当 WDIDLE=0 时,空闲方式期间 WDT 继续计数;

当 WDIDLE=1 时，WDT 在空闲方式下暂停计数。

为避免在空闲方式下，由于 WDT 的溢出使 AT89S51/S52 复位，用户应该周期性地退出空闲方式，顺序向 WDTRST 中写入 01EH 和 0E1H，重新进入空闲方式。

DISETO(AUXR.3)——复位输出控制位。

当 DISETO=0 时，在 WDT 时间到后，复位引脚输出一个高电平脉冲；

当 DISETO=1 时，复位引脚始终为输入状态。

DISALE(AUXR.0)——ALE 引脚控制位。

当 DISALE=0 时，ALE 引脚始终输出一个 1/6 振荡频率的脉冲；

当 DISALE=1 时，仅在执行 MOVX 或 MOVC 指令时，才输出 ALE 脉冲。

当不需要用 ALE 作信号源时，此功能可进一步降低单片机的功耗。

AT89S51/S52 单片机 WDT 计时的设定时间与所采用的晶振频率有关。一旦晶振频率确定，则 AT89S51/S52 WDT 的溢出周期就是一个确定值。

思考与练习

1. AT89S51/C51 单片机内部有几个定时/计数器？它们由哪些专用寄存器组成？

2. AT89S51/C51 单片机的定时/计数器有哪几种工作方式？各有什么特点？

3. 定时/计数器用作定时方式时，其定时时间与哪些因素有关？作计数方式时，对外界计数频率有什么限制？

4. 当定时器 T0 用作方式 3 时，由于 TR1 位已被 T0 占用，如何控制定时器 T1 的开启与关闭？

5. 已知 AT89S51 单片机系统时钟频率为 24 MHz，请利用定时器 T0 和 P1.2 输出矩形脉冲，其波形如下：

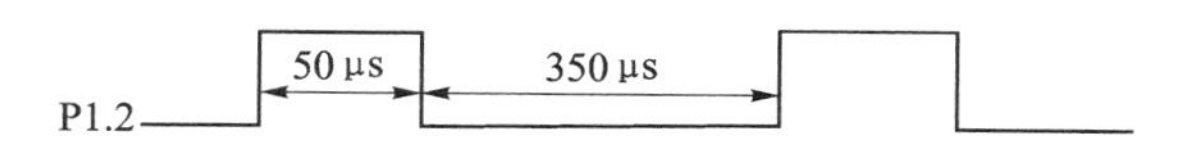

6. 在 AT89S51 单片机中，已知时钟频率为 12 MHz，请编程使 P1.0 和 P1.1 分别输出周期为 2 ms 和 500 μs 的方波。

7. 设系统时钟频率为 24 MHz，试用定时器 T0 作外部计数器，编程实现每计到 1 000 个脉冲，使 T1 开始 2 ms 定时，定时时间到后，T0 又开始计数，如此反复循环。

8. 利用 AT89S51 单片机定时/计数器测量某正脉冲宽度，已知此脉冲宽度小于 5 ms，主机频率为 24 MHz。编程测量脉冲宽度，并把结果转换为 BCD 码，顺序存放在以片内 50H 单元为首地址的内存单元中(50H 单元存个位)。

9. 在 AT89S52 单片机中，定时器 T2 有几种工作方式？各有什么特点？

第8章

串行接口

串行通信是计算机与外界交换信息的一种基本通信方式。为了实现串行通信，绝大多数单片机都配置了UART串行接口。本章主要介绍串行通信的概念、原理以及80C51单片机的UART串行接口的结构、原理与应用。

8.1 串行通信概述

计算机与外界的信息交换称为“通信”。基本的通信方式有以下两种：

并行通信——所传送数据的各位同时发送或接收；

串行通信——所传送数据的各位按顺序逐位发送或接收。

在并行通信中，一个并行数据占多少位二进制数，就要用多少根传输线。这种方式的特点是通信速度快，但传输线多，价格较贵，适合近距离传输；而串行通信仅需1～2根传输线即可，故在长距离传输数据时比较经济，但由于它每次只能传送1位，故传送速度较慢。图8.1(a)和(b)所示分别为计算机与外设或计算机之间的并行通信及串行通信的连接方法。

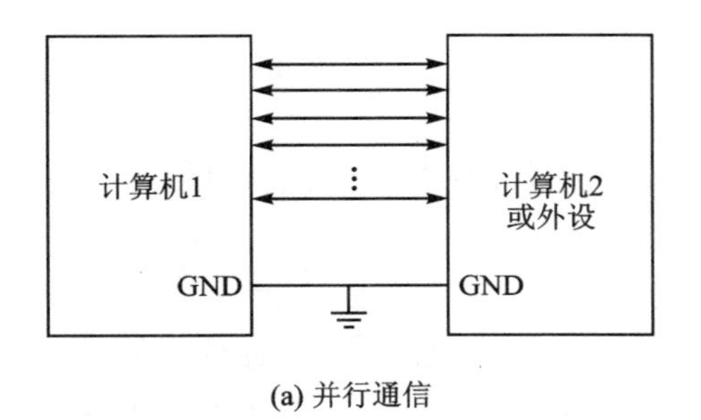

(a) 并行通信

计算机1
GND
计算机2
或外设
GND

(b) 串行通信

图8.1 基本通信方式图示

下面介绍串行通信中的有关基本概念。

8.1.1 同步通信和异步通信方式

串行通信分同步和异步两种方式。

1. 异步通信 ASYNC(Asynchronous Data Communication)

在异步通信中，数据或字符是逐帧(Frame)传送的。帧定义为 1 个字符完整的通信格式，通常也称为“帧格式”，这个字符通常是用二进制数表示的。最常见的帧格式一般是先用一个起始位“0”表示字符的开始，然后是 5～8 位数据，规定低位在前，高位在后。其后是奇偶校验位，最后是停止位，用以表示字符的结束。从起始位开始到停止位结束，就构成完整的 1 帧。

下面是一种常见的 11 位帧格式：

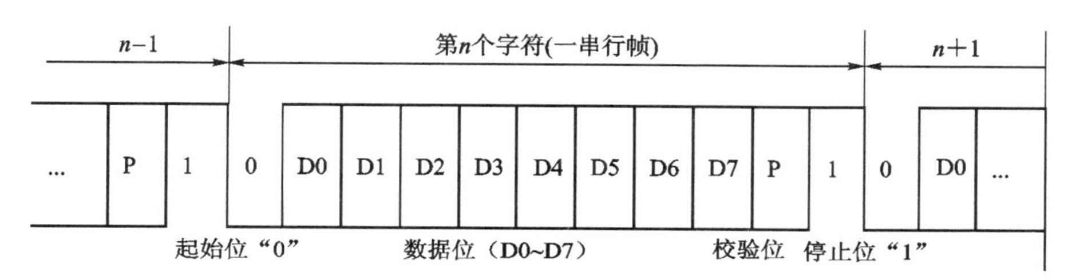

图中各位的作用如下：

起始位——通信线上没有数据传送时，为高电平(逻辑 1)；当要发送数据时，首先发 1 个低电平信号(逻辑 0)，此信号称为“起始位”，表示开始传输 1 帧数据。

数据位——起始位之后的位即数据位。数据位可以是 5、6、7 或 8 位(不同计算机的规定不同)，上图的数据位为 8 位。一般从最低位开始传送，最高位在最后。

奇偶校验位——数据位之后的位为奇偶校验位(有的方式具有)。此位通过对数据奇偶性的检查，可用于判别字符传送的正确性，其有 3 种可能的选择，即奇、偶、无校验，用户可根据需要选择(在有的格式中，该位可省略)。通信双方须事先约定是采用奇校验，还是偶校验。在 80C51 单片机中，此位还可以用来确定该帧字符信息的性质(地址或数据)，详见 8.2.2 小节。

停止位——校验位后为停止位，用于表示一帧结束，用高电平(逻辑 1)表示。停止位可以是 1、1.5 或 2 位，不同计算机的规定有所不同。

异步通信的主要特点如下：

进行串行通信的单片机的时钟相互独立；其时钟频率可以不相同；在通信时不要求有同步时钟信号。由于异步通信是逐帧进行传输的，各位之间的时间间隔应该相同，所以必须保证 2 个单片机之间有相同的传送波特率。如果传送波特率不同，则时间间隔不同；当误差超过 5%时，就不能正常进行通信。由于信息传输可以是随时不间断地进行的，因而帧与帧之间的时间间隔可以是不固定的，间隙处为高电平。

由于异步通信每传送一帧都有固定格式，通信双方只须按约定的帧格式来发送和接收数据，因此，硬件结构比同步通信方式简单；此外，它还能利用校验位检测错误，所以这种通信方式应用较广泛。在早期的单片机通信中，主要是采用异步通信方式，现在这种方式仍然被普遍使用。

2. 同步通信 SYNC(Synchronous Data Communication)

在同步通信中,数据或字符开始处是用一个同步字符来指示的(常约定为1～2个),以实现发送端和接收端同步。一旦检测到约定同步字符,下面就连续、顺序地发送和接收数据。同步传送格式如下:

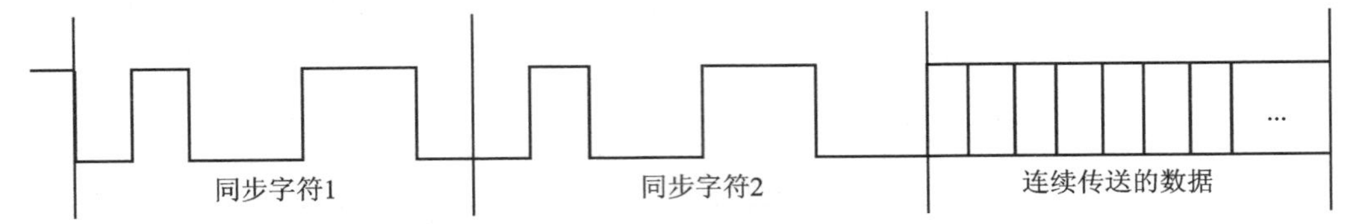

由于同步通信数据块传送时去掉了每个数字都必须具有的字符开始和结束的标志,且它一次可以发送一个数据段(多个数据),因此,其速度高于异步通信;但这种方式要求接收和发送时钟严格保持同步,在通信时通常要求有同步时钟信号,对硬件结构要求较高。由于这种方式易于进行串行外围扩展,所以目前很多型号的单片机都增加了串行同步通信接口,如目前已得到广泛应用的 I^2C 串行总线和 SPI 串行接口等(详见第10章)。

8.1.2 串行通信的数据传送速率

传送速率是指数据传送的速度。在串行通信中,数据传送速率的单位用 b/s 或 bps(比特/秒)表示,其意义是每秒钟传送二进制数的位数,称为“比特率”。在二进制的情况下,比特率与波特率数值相等,因而在单片机的串行通信中由于习惯的原因,常称为“波特率”。假设每秒要传送120个字符的数据,每个字符由1个起始位、8个数据位和1个停止位组成,则其波特率为:

$$(1+8+1)\text{b}\times 120/\text{s}=1\ 200\ \text{b/s}$$

每一位的传送时间即为波特率的倒数:

$$T_d=1/1\ 200\ \text{s}=0.833\ \text{ms}$$

异步通信的数据传送速率一般为 50 b/s～100 kb/s,常用于计算机到显示器终端,以及双机或多机之间的通信等。

8.1.3 串行通信的方式

在串行通信中,数据是在两机之间传送的。按照数据的传送方向,串行通信可分为单工(Simplex)制式、半双工(Half Duplex)制式和全双工(Full Duplex)制式。以上3种方式的示意图分别如图8.2(a)、(b)、(c)所示。

(1) 单工制式

在单工制式下,数据在甲机和乙机之间只允许单方向传送。例如,只能甲机发

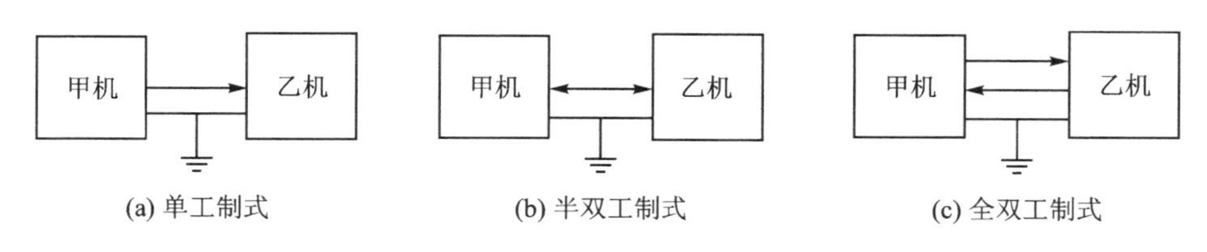

图 8.2　串行通信方式示意图

送，乙机接收，因而两机之间只需 1 条数据线。

(2) 半双工制式

在半双工制式下，数据在甲机和乙机之间允许双方向传送，但它们之间只有一个通信回路，接收和发送不能同时进行，只能分时发送和接收(即甲机发送，乙机接收，或者乙机发送，甲机接收)，因而两机之间只需 1 条数据线。

(3) 全双工制式

在全双工制式下，甲、乙两机之间数据的发送和接收可以同时进行，称为"全双工传送"。全双工形式的串行通信必须使用 2 条数据线。

不管哪种形式的串行通信，在两机之间均应有公共地线。

8.1.4　通信协议

通信协议是指计算机之间进行数据传输时的一些约定，包括通信方式、物理电平、波特率、双机之间握手信号的约定等。

为保证计算机之间能够准确、可靠地通信，相互之间必须遵循统一的通信协议，在通信之前一定要先设置好通信协议。

8.2　80C51 串行口简介

为了使单片机能实现串行通信，在 80C51 系列单片机以及其他很多型号单片机芯片内部都设计了 UART(Universal Asynchronous Receiver/Transmitter)串行接口。它是一个可编程的全双工异步串行通信接口，通过软件编程可以作为通用异步接收和发送器，也可作为同步移位寄存器，还可实现多机通信。其帧格式有 8 位、10 位和 11 位，并能设置各种波特率，使用灵活、方便。

8.2.1　串行口结构与工作原理

80C51 串行口原理结构框图如图 8.3 所示。由图可知，它主要由接收与发送缓冲寄存器 SBUF、输入移位寄存器以及串行控制寄存器 SCON 等组成。波特率发生器可以利用定时器 T1 或 T2 控制发送和接收的速率。特殊功能寄存器 SCON 用于存放串行口的控制和状态信息；发送数据缓冲寄存器 SBUF 用于存放准备发送出去的数据；接收数据缓冲寄存器 SBUF 用于接收由外部输入到输入移位寄存器中的数

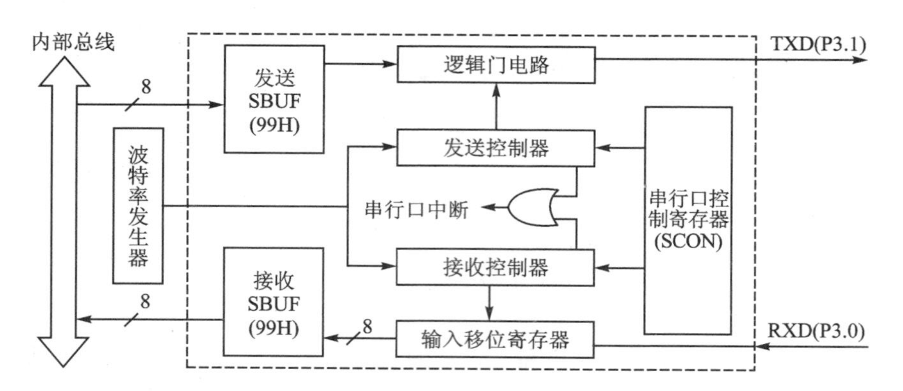

图 8.3　串行口结构框图

据。80C51 串行口正是通过对上述专用寄存器的设置、检测与读取来管理串行通信的。

在进行串行通信时,外界数据通过引脚 RXD(P3.0,串行数据接收端)输入。输入数据首先逐位进入输入移位寄存器,由串行数据转换为并行数据,然后再送入接收寄存器。在接收寄存器中采用了双缓冲结构,以避免在接收到第 2 帧数据前,CPU 未及时响应接收寄存器前一帧的中断请求,没把前一帧数据读走,而造成 2 帧数据重叠的错误。在发送时,串行数据通过引脚 TXD(P3.1,串行数据发送端)输出。由于 CPU 是主动的,因此不会产生写重叠问题,一般不需要双缓冲器结构。要发送的数据通过发送控制器控制逻辑门电路逐位输出。

8.2.2　串行口寄存器

与串行口工作有关的寄存器共有 6 个,分别是串行口控制寄存器 SCON、接收与发送缓冲寄存器 SBUF、电源控制寄存器 PCON、中断允许控制寄存器 IE、中断优先级寄存器 IP。现分别介绍如下。

1. 串行口控制寄存器 SCON

串行口控制寄存器 SCON 用于串行通信的方式选择、接收和发送控制,并可反映串行口的工作状态。其各位格式如下:

SCON	9FH	9EH	9DH	9CH	9BH	9AH	99H	98H
(98H)	SM0	SM1	SM2	REN	TB8	RB8	TI	RI

各位作用如下:

SCON.7 和 SCON.6 位　SM0 和 SM1——串行方式选择位。

这 2 位用于选择串行口的 4 种工作方式,如表 8.1 所列。由表中的功能项可以看出,这几种方式的帧格式不完全相同(帧格式的详细说明参见7.2.3小节),各串行通信方式的说明参见 8.3 节。

表 8.1 串行口工作方式选择

SM0 SM1	工作方式	功 能	波特率
0 0	方式 0	8 位同步移位寄存器	$f$osc/12
0 1	方式 1	10 位 UART	可变
1 0	方式 2	11 位 UART	$f$osc/64 和 $f$osc/32
1 1	方式 3	11 位 UART	可变

SCON.5 位 SM2——多机通信控制位。

在方式 2 和方式 3 中，SM2 主要用于进行多机通信控制。当串行口以方式 2 或方式 3 接收时，如果 SM2＝1，允许多机通信，且接收到第 9 位 RB8 为 0 时，则 RI 不置 1，不接收主机发来的数据；如果 SM2＝1，且 RB8 为 1，则 RI 置 1，产生中断请求，将接收到的 8 位数据送入 SBUF。当 SM2＝0 时，不论 RB8 为 0 还是 1，都将收到的 8 位数据送入 SBUF，并产生中断。

在方式 1 中，当处于接收状态时，若 SM2＝1，则只有接收到有效的停止位时，RI 才置 1。

在方式 0 中，SM2 应置 0。

SCON.4 位 REN——允许串行接收位。

REN＝1 时，允许接收；REN＝0 时，禁止接收。由软件置位或清除。

SCON.3 位 TB8——发送数据的第 9 位(D8)。

在方式 2 或方式 3 中，根据需要由软件置位或复位。双机通信时，它可约定作奇偶校验位；在多机通信中，可作为区别地址帧或数据帧的标识位。一般由指令设定地址帧时，设 TB8 为 1；而设定数据帧时，设 TB8 为 0。方式 0 和方式 1 中没用该位。

SCON.2 位 RB8——接收数据的第 9 位(D8)。

在方式 2 或方式 3 中，RB8 的状态与 TB8 相呼应，如可以是约定的奇偶校验位，也可以是约定的地址/数据标识位。例如，当 SM2＝1 时，如果 RB8 为 0，则说明收到的是数据帧。

SCON.1 位 TI——发送中断标志位。

在方式 0 中，发送完 8 位数据后，由硬件置位；在其他方式中，在发送停止位之初由硬件置位。TI＝1 时，可申请中断，也可供软件查询用。在任何方式中，都必须由软件来清除 TI。

SCON.0 位 RI——接收中断标志位。

在方式 0 中，接收完 9 位数据后，由硬件置位；在其他方式中，在接收停止位的中间，由硬件置位。RI＝1 时，可申请中断，也可供软件查询用。在任何方式中，都必须由软件清除 RI。

SCON 的低 2 位与中断有关，将在第 9 章详细进行介绍。

SCON 的地址为 98H，可以位寻址。复位时，SCON 的所有位均清 0。

2. 数据缓冲寄存器 SBUF

数据缓冲寄存器 SBUF 实际上是 2 个寄存器：发送数据缓冲寄存器和接收数据缓冲寄存器。接收与发送缓冲寄存器 SBUF 采用同一个地址代码 99H，其寄存器名亦同样为 SBUF。CPU 通过不同的操作命令区别这 2 个寄存器，所以不会因为地址代码相同而产生错误。当 CPU 发出写 SBUF 命令时，即向发送缓冲寄存器中装载新的信息，同时启动数据串行发送；当 CPU 发出读 SBUF 命令时，即读接收缓冲寄存器的内容。

3. 电源控制寄存器 PCON

电源控制寄存器 PCON 主要用于电源控制，这在第 3 章已有详细介绍。PCON 的最高位 SMOD 是串行口的波特率倍增位：当 SMOD 为 1 时，波特率加倍；当 SMOD 为 0 时，波特率不变。其使用方法参见 8.2.4 小节。

4. 中断允许控制寄存器 IE

中断允许控制寄存器 IE 用于控制与管理单片机的中断系统，详细内容参见第 9 章。IE 的 ES 位用于控制串行口的中断：当 ES=0 时，禁止串行口中断；当 ES=1 时，允许串行口中断。

5. 中断优先级寄存器 IP

中断优先级寄存器 IP 用于管理单片机中各中断源中断优先级，详细内容参见第 9 章。IP 的 PS 位用于设置串行口中断的优先级：当 PS=0 时，串行口中断为低优先级；当 PS=1 时，串行口中断为高优先级。

8.2.3 80C51 的帧格式

80C51 串行口通过编程可设置 4 种工作方式，3 种帧格式。

方式 0 以 8 位数据为 1 帧，不设起始位和停止位，先发送或接收最低位。其帧格式如下：

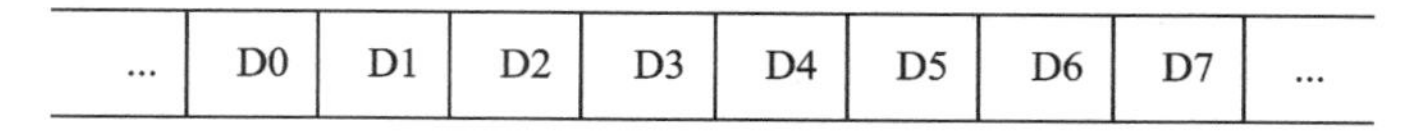

方式 1 以 10 位数据为 1 帧传输，设有 1 个起始位"0"、8 个数据位和 1 个停止位"1"。其帧格式如下：

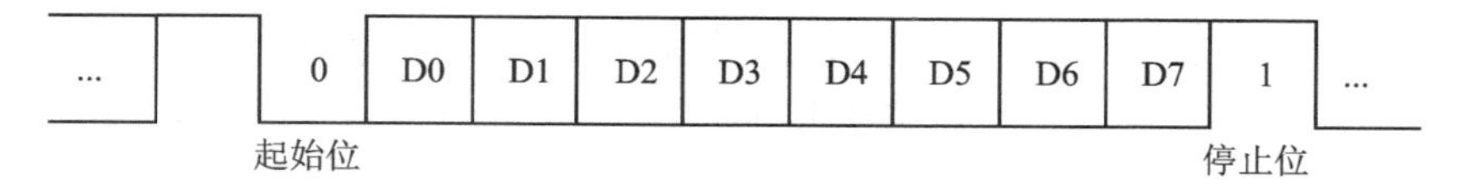

方式 2 和 3 以 11 位数据为 1 帧传输，设有 1 个起始位"0"、8 个数据位、1 个可编程位(第 9 数据位)D8 和 1 个停止位"1"。其帧格式如下：

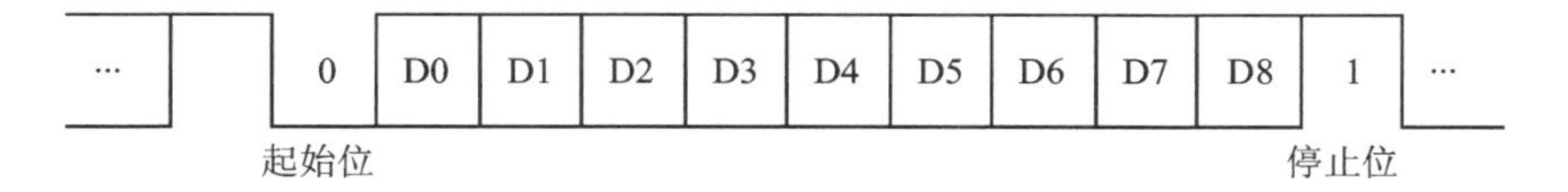

可编程位 D8 由软件置 1 或清 0。该位可作检验位，也可另作他用。以上 4 种工作方式的详细介绍可以参见 8.3 节。

8.2.4 波特率的设置

在串行通信前，首先要设置收/发双方对发送或接收的数据传送速率，即波特率。通过软件对 80C51 串行口编程可设定 4 种工作方式。这 4 种方式波特率的计算方法不同：方式 0 和方式 2 的波特率是固定的，由单片机的振荡频率决定，而方式 1 和方式 3 的波特率是可变的，由定时器 T1 或 T2(AT89C52/S52)的溢出率控制。下面分别进行介绍。

1. 方式 0 和方式 2 的波特率

在方式 0 时，每个机器周期发送或接收 1 位数据，因此，波特率固定为时钟频率的 1/12，且不受 SMOD 的影响。

方式 2 的波特率取决于 PCON 中最高位 SMOD 之值，它是串行口波特率倍增位。当 SMOD＝1 时，波特率加倍，复位时，SMOD＝0。当 SMOD＝0 时，波特率为 f_{OSC} 的 1/64；若 SMOD＝1 时，则波特率为 f_{OSC} 的 1/32，即

$$\text{方式 2 的波特率} = (2^{SMOD}/64) \times f_{OSC}$$

2. 方式 1 和方式 3 的波特率

80C51 串行口方式 1 和方式 3 的波特率，对于定时器 T1 是由溢出率与 SMOD 值来决定的，即

$$\text{方式 1 和方式 3 的波特率} = (2^{SMOD}/32) \times \text{T1 溢出率}$$

其中，T1 溢出率取决于计数速率和定时器的预置值。计数速率与 TMOD 寄存器中 $C/\overline{T}$ 的状态有关。当 $C/\overline{T}=0$ 时，计数速率＝$f_{OSC}/12$；当 $C/\overline{T}=1$ 时，计数速率取决于外部输入时钟频率。

当定时器 T1 作波特率发生器使用时，通常是选用自动重装载方式，即方式 2。在方式 2 中，TL1 作计数用，而自动重装载的值放在 TH1 内，设计数初值为 X，那么每过 $(256-X)$ 个机器周期，定时器 T1 就会产生一次溢出。为了避免因溢出而产生不必要的中断，此时应禁止 T1 中断。溢出周期 T 为：

$$T = (12/f_{OSC}) \times (256 - X)$$

溢出率为溢出周期之倒数，所以

$$波特率=\frac{2^{SMOD}}{32}\times\frac{f_{OSC}}{12\times(256-X)}$$

则定时器 T1 方式 2 的初始值 X 为:

$$X=256-\frac{f_{OSC}\times(SMOD+1)}{384\times 波特率}$$

表 8.2 中列出了在选择定时器 T1 作为波特率发生器时,几种常用的波特率以及相应的控制位和时间常数。

表 8.2　定时器 T1 的常用波特率

串行口工作方式	波特率/kbps	f_{OSC}/MHz	SMOD	定时器 T1		
				$C/\overline{T}$	模　式	初　值
方式 0	1000	12	×	×	×	×
方式 2	375	12	1	×	×	×
方式 1、3	62.5	12	1	0	2	FFH
	19.2	11.059	1	0	2	FDH
	9.6	11.059	0	0	2	FDH
	4.8	11.059	0	0	2	FAH
	2.4	11.059	0	0	2	F4H
	1.2	11.059	0	0	2	E8H
	0.11	6	0	0	2	72H
	0.11	12	0	0	1	FEE4H

【例 8.1】 已知 80C51 单片机时钟振荡频率为 11.0592 MHz,选用定时器 T1 工作方式 2 作波特率发生器,波特率为 2400,求时间常数。

解:设波特率控制位 SMOD=0,定时器 T1 的时间常数为:

$$X=256-\frac{11.0592\times10^{6}\times(0+1)}{384\times2400}=244=F4H$$

因此,TH1=TL1=F4H。

由于上述公式包含除法,所以当晶振频率不能被整除时,计算值有时会有一定误差。例如,如果晶振频率为 12 MHz,波特率要求为 2 400,在 SMOD=0 时,TH1=F3H,波特率的实际计算值为 2 404,误差为 0.11%。但如果 2 个单片机的波特率相同,例如均为 2 404,则不会影响通信;如果 2 个单片机的波特率误差超过 2.5%,则可能会引起通信错误。

AT89S52 单片机的定时器 T2 也可作为波特率发生器,波特率计算方法详见 7.5.2 小节。

8.3 串行通信工作方式

通过软件编程可选择 4 种串行通信工作方式，下面分别予以介绍。

8.3.1 方式 0

在方式 0 下，串行口用作同步移位寄存器，以 8 位数据为 1 帧，先发送或接收最低位，每个机器周期发送或接收 1 位，故其波特率固定为 $f_{OSC}/12$。串行数据由 RXD(P3.0)端输入或输出，同步移位脉冲由 TXD(P3.1)端送出。这种方式常用于扩展 I/O 口。采用不同的指令实现输入或输出。其发送与接收情况如下。

(1) 发 送

当执行“MOV SBUF,A”指令时，CPU 将 1 字节的数据写入发送缓冲寄存器 SBUF(99H)，串行口即把 8 位数据以 $f_{OSC}/12$ 的波特率从 RXD 端送出(低位在前)。发送完成后，置中断标志位 TI 为 1。如要继续发送应将 TI 清 0。

(2) 接 收

由于 REN 是串行口允许接收控制位，因此在准备接收时，首先要用软件置 REN 为 1，使其允许接收；然后，CPU 即开始从 RXD 端以 $f_{OSC}/12$ 波特率输入数据(低位在前)，当接收到 8 位数据时，置中断标志 RI 为 1，此时执行“MOV A,SBUF”指令，即可读取数据。读取数据后，一定要将 RI 清 0。

串行控制寄存器中，TB8 和 RB8 位在方式 0 中未用。每当发送或接收完 8 位数据时，由硬件将发送中断 TI 或接收中断 RI 标志置位。不管是中断方式还是查询方式，都不会清除 TI 或 RI 标志，必须用软件清 0。在方式 0 中，SM2 位必须为 0。

8.3.2 方式 1

在方式 1 下，串行口为 10 位通用异步接口。发送或接收的 1 帧信息，包括 1 位起始位“0”、8 位数据位和 1 位停止位“1”，其传送波特率可调。其发送与接收情况如下。

(1) 发 送

当执行“MOV SBUF,A”指令时，CPU 将 1 字节的数据写入发送缓冲寄存器 SBUF(99H)，就启动发送器发送，数据从引脚 TXD(P3.1)端输出。当发送完 1 帧数据后，TI 标志置 1，在中断方式下将申请中断，通知 CPU 可以发送下一个数据。如要继续发送，必须将 TI 清 0。

(2) 接 收

接收时，先使 REN 置 1，使串行口处于允许接收状态，RI 标志为 0，串行口采样引脚 RXD(P3.0)。当采样到 1 至 0 的跳变时，确认是起始位“0”，就开始接收 1 帧数据。当停止位到来时，RB8 位置 1，同时，中断标志位 RI 也置 1，在中断方式下将申请中断,通知CPU从SBUF取走接收到的1个数据。

不管是中断方式,还是查询方式,都不会清除TI或RI标志,必须用软件清0。

8.3.3 方式2和方式3

方式2和方式3均为11位异步通信方式,只是波特率的设置方法不同(参见8.2.4小节),其余完全相同。这两种方式发送或接收1帧的信息包括1位起始位"0"、8位数据位、1位可编程位和1位停止位"1"。其信息传送波特率与SMOD有关。其发送与接收情况如下。

(1) 发　送

发送前,首先根据通信协议由软件设置TB8(如作奇偶校验位或地址/数据标识位),然后,将要发送的数据写入SBUF即可启动发送器。

发送过程是由执行任何一条以SBUF作为目的寄存器的指令而启动的。写SBUF指令,把8位数据装入SBUF,同时,串行口还自动把TB8装到发送移位寄存器的第9位数据位置上,并通知发送控制器要求进行一次发送,然后即从TXD(P3.1)端输出1帧数据。

(2) 接　收

在接收时,先置位REN为1,使串行口处于允许接收状态,同时还要将RI清0。在满足这个条件的前提下,再根据SM2的状态(因为SM2是方式2和方式3的多机通信控制位)和所接收到的RB8的状态,才能决定此串行口在信息到来后是否会使RI置1。如果RI置1,在中断方式下将申请中断,接收数据。

当SM2=0时,不管RB8为0还是为1,RI都置1,此串行口将接收发来的信息。

当SM2=1,且RB8为1时,表示在多机通信情况下,接收的信息为地址帧,此时RI置1。串行口将接收发来的地址。

当SM2=1,且RB8为0时,表示接收的信息为数据帧,但不是发给本从机的,此时RI不置1,因而SBUF中所接收的数据帧将丢失。

在方式2和方式3下,同样不管是中断方式,还是查询方式,都不会清除TI或RI标志。在发送和接收之后,也都必须用软件清TI和RI位。

8.3.4 多机通信

80C51的方式2和方式3有一个专门的应用领域,即多机通信。这一功能使它可以方便地应用于集散式分布系统中。这种系统采用一台主机和多台从机,其通信方式之一如图8.4所示。

多机通信的实现,主要靠主、从机之间正确地设置与判断多机通信控制位SM2和发送或接收的第9数据位(D8)。以下简述如何实现多机通信。

在编程前,首先要给各从机定义地址编号,如分别为00H、01H、02H等。当主机想发送一个数据块给从机之一时,它首先送出1个地址字节以辨认从机。地址字

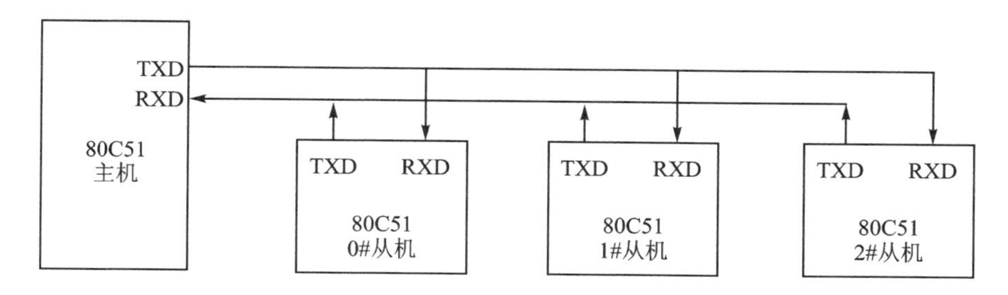

图 8.4 多机通信连接图

节和数据字节可用第 9 数据位来区别，主机的第 9 位应设置为 1。所以在主机发送地址帧时，地址/数据标识位 TB8 应设置为 1，以表示地址帧。例如，可这样编写指令：

```
MOV  SCON,＃0D8H      ;设串行口为方式 3,TB8 置 1,准备发地址
```

此时，所有从机初始化时均置 SM2＝1，使它们只处于接收地址帧状态。例如，从机中可以这样编写指令：

```
MOV  SCON,＃0F0H      ;置串行口为方式 3,SM2 = 1,允许接收
```

当从机接收到主机发来的信息时，第 9 位 RB8 若为 1，则置位中断标志 RI，并在中断后判断主机送来的地址与本从机地址是否相符。若相符，则被寻址的从机就清除其 SM2 标志，即SM2＝0，准备接收即将从主机送来的数据帧；未被选中的从机仍保持 SM2＝1。

当主机发送数据帧时，应置 TB8 为 0。此时，虽然各从机都处于接收状态，但由于 TB8＝0，所以只有 SM2＝0 的那个被寻址的从机才能接收到数据，那些未被选中的从机将不理睬进入到串行口的数据字节，继续进行它们自己的工作，直到一个新的地址字节到来，这样就实现了主机控制的主、从机之间的通信。综上所述，通信只能在主、从机之间进行，从机之间的通信只有经主机才能实现。多机之间的通信过程可归纳如下：

① 主、从机均初始化为方式 2 或方式 3，置 SM2＝1，允许多机通信。

② 主机置 TB8＝1，发送要寻址的从机地址。

③ 所有从机均接收主机发送的地址，并进行地址比较。

④ 被寻址的从机确认地址后，若符合，则置本机 SM2＝0，向主机返回地址，供主机核对；若不符合，则置本机 SM2＝1。

⑤ 核对无误后，主机向被寻址的从机发送命令，通知从机接收或发送数据。

⑥ 通信只能在主、从机之间进行，2 个从机之间的通信须通过主机作中介才可实现。

⑦ 本次通信结束后，主、从机重置 SM2＝1，主机可再寻址其他从机。

有关多机通信的编程实例参见参考文献[1]和[2]。

在实际应用中,由于单片机功能有限,因而在较大的测控系统中,常常把单片机应用系统作为前端机(也称为“下位机”或“从机”),直接用于控制对象的数据采集与控制,而把PC机作为中央处理机(也称为“上位机”或“主机”),用于数据处理和对下位机的监控管理。它们之间的信息交换主要是采用串行通信,此时单片机可直接利用其串行接口,而PC机可利用其配备的RS-232 C接口(使用方法可查看有关手册)。实现单片机与PC机串行通信的关键是在通信协议的约定上要一致,例如设定相同的波特率及帧格式等。此外,单片机还须配电平转换芯片。在正式工作之前,双方应先互发联络信号,以确保通信收/发数据的准确性。

8.4 串行口应用举例

本节将介绍串行口在作I/O扩展及一般异步通信和多机通信中的应用原理及实例。

8.4.1 利用串行口扩展I/O口

串行口方式0主要用于扩展并行I/O口,以下给出实用线路和简单的控制程序。

【例8.2】 用并行输入8位移位寄存器74HC165扩展16位并行输入口。编程实现从16位扩展口读入20字节数据,并把它们转存到内部RAM的50H~63H中。

解:在此采用74HC165与单片机相连实现I/O口扩展。单片机与74HC165的具体接线图如图8.5所示。本线路是利用80C51的3根口线扩展为16根输入口线的实用电路,其由2块74HC165串接而成。74HC165是并入串出移位寄存器(也可选用其他同样功能的CMOS器件),74165引脚图参见附录B。图8.5中,CK为时钟脉冲输入端,D0~D7为并行输入端,S_{IN}、Q_H分别为数据的输入、输出端。前级的数据输出端Q_H与后级的信号输入端S_{IN}相连。$S/\overline{L}=0$时,允许并行置入数据;$S/\overline{L}=1$时,允许串行移位。

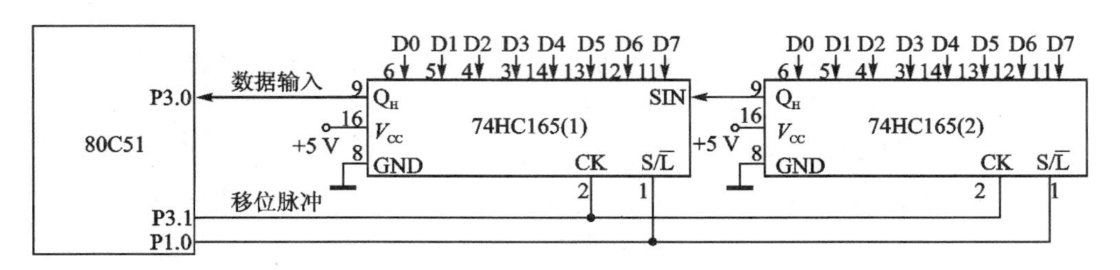

图8.5 利用串行口扩展输入口

按照题意用汇编语言编程如下:

```
        MOV    R7,#20                ;设置读入字节数
        MOV    R0,#50H               ;设片内RAM指针
```

```
        SETB  F0           ;设置读入字节奇偶数标志
RCV0:   CLR   P1.0         ;允许并行置入数据
        SETB  P1.0         ;允许串行移位
RCV1:   MOV   SCON,#10H    ;设串行口方式 0 并启动接收
        JNB   RI,$         ;等待接收 1 帧数据
        CLR   RI           ;清接收中断标志位
        MOV   A,SBUF       ;取缓冲器数据
        MOV   @R0,A
        INC   R0
        CPL   F0
        JB    F0,RCV2      ;判断是否接收完偶数帧,接收完,则重新并行置入
        DEC   R7
        SJMP  RCV1         ;否则再接收 1 帧
RCV2:   DJNZ  R7,RCV0      ;判断是否已读入预定的字节数
        ⋮                  ;对读入数据进行处理
```

C51 语言程序如下：

```
#include <REG51.H>                          //定义 51 寄存器
unsigned char Data_buf[20]  _at_ 0x50 ;     //定义输入数据数组存在 50H 开始的 RAM
unsigned char i;                            //定义变量
sbit Input_C = P1^0;                        //定义输入引脚
void main (void)
{
    Input_C = 0;                            //允许并行置入数据
    Input_C = 1;                            //允许串行移位
    SCON   = 0x10;                          //设串行口方式 0 并启动接收
    for (i = 0;i<20;i ++ )
    {
    while(RI == 0);                         //等待接收 1 帧数据
    Data_buf[i] = SBUF;                     //存入接收数组
    RI = 0;                                 //清接收中断标志位
    i ++ ;
    while(RI == 0);                         //等待接收 1 帧数据
    Data_buf[i] = SBUF;                     //存入接收数组
    RI = 0;                                 //清接收中断标志位
    }                                       //数据接收完毕
    …                                       //进行数据的后续处理
    while(1);                               //程序停止
}
```

汇编程序中,F0 用作读入字节数的奇偶性标志。由于每次由扩展口并行置入到移位寄存器的是 2 字节数据,置入 1 次,串行口应接收 2 帧数据,故已接收的数据字

节数为奇数时,F0=0,不再并行置入数据就直接启动接收过程,否则 F0=1。在启动接收过程前,应该先在外部移位寄存器中置入新的数据。而在 C51 语言程序中,1 次循环就接收 2 字节,不再需要进行奇偶字节判别。

【例 8.3】 用 2 片 8 位串入并出移位寄存器 74HC164 扩展 16 位输出接口。

图 8.6 所示为利用 74HC164(也可选用其他同样功能的 CMOS 器件)扩展的 16 位发光二极管接口电路。编程使这 16 个发光二极管交替为间隔点亮状态,循环交替时间为 2 s。

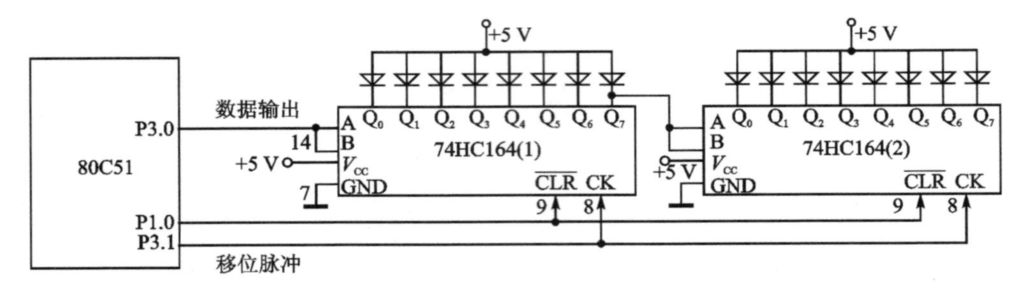

图 8.6 利用串行口扩展输出接口

解:在本电路中,74HC164 是串行输入、并行输出移位寄存器。其外部引脚图参见附录 B。图 8.6 中,Q_0～Q_7 为并行输出端;A、B 为串行输入端,$\overline{CLR}$为清除端,零电平时,使 74HC164 输出清 0;CK 为时钟脉冲输入端,在 CK 脉冲的上升沿作用下实现移位。在 CK=0,$\overline{CLR}$=1 时,74HC164 保持原来的数据状态。由于 74HC164 无并行输出控制端,在串行输入过程中,其输出端的状态会不断变化,故在某些使用场合,74HC164 与输出装置之间还应加上输出可控的缓冲级(如 74HC244),以便串行输入过程结束后再输出。图 8.6 中的输出装置是 16 位发光二极管,由于 74HC164 在低电平输出时,允许通过的电流可达 8 mA,故无须再加驱动电路。

按照题意用汇编语言编程如下:

```
ST:   MOV    SCON,#00H          ;设串行口为方式 0
      MOV    A,#55H             ;二极管间隔点亮初值
LP2:  MOV    R0,#2              ;输出口字节数
      CLR    P1.0               ;对 74HC164 清 0
      SETB   P1.0               ;允许数据串行移位
LP1:  MOV    SBUF,A             ;启动串行口发送
      JNB    TI,$               ;等待 1 帧发送结束
      CLR    TI                 ;清串行口发送中断标志位
      DJNZ   R0,LP1             ;判断预定字节数发送完否
      LCALL  DEL2s              ;调延时 2 s 子程序(略)
      CPL    A                  ;交替点亮二极管
      SJMP   LP2                ;循环显示
```

C51 语言程序如下：

```
#include <REG51.H>
unsigned char i;
sbit Output_C = P1^0;
void main (void)
{
unsigned char Out_data;
    SCON    = 0x0;
    Out_data = 0x55;
    while(1)                              //程序循环输出
    {
    for (i = 0;i<2;i++)
    {
    Output_C = 0;                         //对 74HC164 清 0
    Output_C = 1;                         //允许数据串行移位
    SBUF = Out_data;                      //启动串行口发送
    while(TI == 0);                       //等待 1 帧发送结束
    TI = 0;
     }
    Delay2S();                            //延时可通过软件或定时器实现(省略)
    Out_data = ~Out_data;                 //交替点亮二极管
  }
}
```

从理论上讲，74HC164 或 74HC165 可以无限地串级上去，进一步扩展输入/输出并行口，但这种扩展方法，输入/输出的速度不高，移位时钟频率为 $f_{OSC}/12$。若 $f_{SOC}=12$ MHz，则每移 1 位需 1 μs。

8.4.2 利用串行口进行异步通信

双机异步通信的连接线路如图 8.7 所示。下面分别介绍甲机发送和乙机接收的程序编写例题。

【例 8.4】 编程把甲机片内 RAM 的 60H～7FH 单元中的数据块从串行口输出。定义在工作方式 3 下发送，TB8 作奇偶校验位。采用定时器 T1 方式 2 作波特率发生器，波特率为 4 800，$f_{OSC}=11.059\ 2$ MHz，定时器初始预置值 TH1＝TL1＝0FAH。

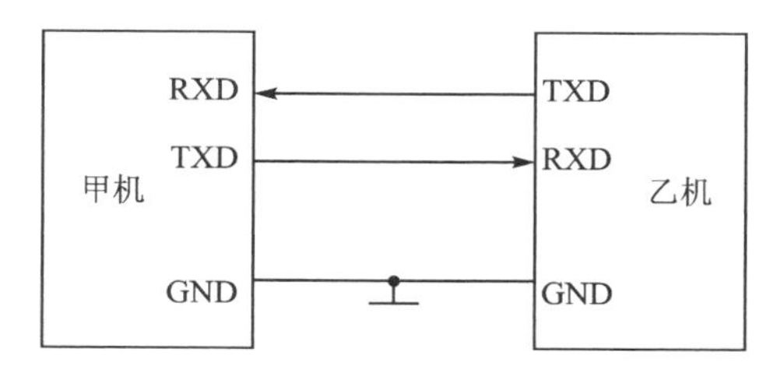

图 8.7 双机异步通信连接图

编程使乙机从甲机接收 32 个字节数据块，并存入片外 1000H～101FH 单元。

接收过程中,要求判断奇偶校验标志 RB8。若出错,则置 F0 标志为 1;若正确,则置 F0 标志为 0,然后返回。

解:用汇编语言编写发送子程序如下:

```
        MOV     TMOD,#20H           ;设置定时器 T1 为方式 2
        MOV     TL1,#0FAH           ;设预置值
        MOV     TH1,#0FAH
        SETB    TR1                 ;启动定时器 T1
        MOV     SCON,#0C0H          ;设置串行口为方式 3
        MOV     PCON,#00H           ;SMOD = 0
        MOV     R0,#60H             ;设数据块指针
        MOV     R7,#20H             ;设数据长度为 20H
TRS:    MOV     A,@R0               ;取数据送 A
        MOV     C,P
        MOV     TB8,C               ;奇偶校验位 P 送 TB8
        MOV     SBUF,A              ;数据送 SBUF,启动发送
WAIT:   JNB     TI,$                ;判断 1 帧是否发送完
        CLR     TI
        INC     R0                  ;更新数据单元
        DJNZ    R7,TRS              ;循环发送至结束
        RET                         ;返回
```

C51 语言编写发送子程序如下:

```
#include <REG52.H>
unsigned char Uart_buf[32] _at_ 0x60;
void main (void)
{
unsigned char i;
    TMOD  =  0x20;                  //设置定时器 T1 为方式 2
    TL1   =  0xfa;                  //设预置值
    TH1   =  0xfa;
    TR1   =  1;                     //启动定时器 T1
    SCON  =  0xc0;                  //设置串行口为方式 3
    PCON  =  0x00;                  // SMOD = 0
  for(i = 0;i<32;i ++ )
    {
      ACC    = Uart_buf[i];         //将要发送的数据送到累加器,改变 P 值
      TB8    = P;                   //将 P 值送至 TB8
      SBUF   = Uart_buf[i];         //发送数据
      while(TI == 0);               //等待发送完
        TI  =  0;                   //清标志位
    }
```

```
    while(1);
}
```

在进行双机通信时，两机应用相同的工作方式和波特率，因而用汇编语言编写接收子程序如下：

```
        MOV    TMOD,#20H          ;设置定时器 T1 为方式 2
        MOV    TL1,#0FAH          ;设预置值
        MOV    TH1,#0FAH
        SETB   TR1                ;启动定时器 T1
        MOV    SCON,#0C0H         ;设置串行口为方式 3
        MOV    PCON,#00H          ;SMOD = 0
        MOV    DPTR,#1000H        ;设置数据块指针
        MOV    R7,#20H            ;设数据块长度
        SETB   REN                ;允许接收
WAIT:   JNB    RI,$               ;判断 1 帧是否接收完
        CLR    RI
        MOV    A,SBUF             ;读入 1 帧数据
        JNB    PSW.0,PZ           ;奇偶校验位 P 为 0,则转
        JNB    RB8,ERR            ;P = 1,RB8 = 0,则出错
        SJMP   YES                ;二者全为 1,则正确
PZ:     JB     RB8,ERR            ;二者全为 0,则正确;P = 0,RB8 = 1,则出错
YES:    MOVX   @DPTR,A            ;正确,存放数据
        INC    DPTR               ;修改地址指针
        DJNZ   R7,WAIT            ;判断数据块接收完否
        CLR    PSW.5              ;接收正确,且接收完,清 F0 标志
        RET                       ;返回
ERR:    SETB   PSW.5              ;出错,置 F0 标志为 1
        RET                       ;返回
```

用 C51 语言编写接收子程序如下：

```
#include <REG52.H>
xdata unsigned char Uart_buf[32] _at_ 0x1000;
void main (void)
{
unsigned char i;
    TMOD = 0x20;
    TL1  = 0xfa;
    TH1  = 0xfa;
    TR1  = 1;
    SCON = 0xc0;
    PCON = 0x00;
    REN  = 1;                //允许接收
```

```
    for(i = 0;i<32;i ++ )
      {
          while(RI  = = 0);         //等待数据接收完毕
          RI  =  0;
          ACC =  SBUF;              //数据送入累加器中
          if (P^RB8 = = 0)          //判断奇偶校验位
          {
          Uart_buf[i]  =  SBUF;
          }else
          {
           F0  =  1;
          }
       }
     while(1);
}
```

上例是在方式 3 下进行收/发,用奇偶位进行校验。下面再介绍在方式 1 下进行双机通信,用累加和进行校验的方法。

【例 8.5】 设甲机发送乙机接收,波特率为 2400,两机晶振频率均为 6 MHz。要求甲机将外部数据存储器 4000H～40FFH 单元的内容向乙机发送,在发送数据之前,将数据块长度发送给乙机,当发送完 256 字节后,向乙机发送一个累加校验和。

乙机接收甲机发送的数据,并写入以 300H 为首地址的外部数据存储器中,首先接收数据长度,接着接收数据,当接收完 256 字节后,接收校验码,进行累加和校验。数据传送结束时,向甲机发送一个状态字节,表示传送正确或出错。

解:因波特率已指定为 2400,首先需要确定定时初值 X 和 SMOD 的值。初值 X 按下式计算:

$$X=256-\frac{f_{\mathrm{osc}}\times(\mathrm{SMOD}+1)}{\text{波特率}\times 384}=256-\frac{6\times10^6\times(\mathrm{SMOD}+1)}{2400\times 384}$$

此时,若取 SMOD=0,则 $X=249.49\approx249$,误差较大;若取 SMOD=1,则 $X=242.98\approx243=\mathrm{F3H}$,误差较小。

发送程序约定:

- 定时器 T1 按方式 2 工作,计数初值为 F3H,SMOD=1;
- 串行口按方式 1 工作,允许接收;
- R6 设为数据块长度寄存器,R5 设为累加和校验寄存器。

(1) 甲机发送程序清单

甲机发送,汇编语言程序清单如下:

```
TRT:    MOV    TMOD,#20H          ;设定时器 T1 工作在方式 2
        MOV    TH1,#0F3H          ;设定时器 T1 初值
```

```
        MOV     TL1,#0F3H
        SETB    TR1                     ;启动定时器 T1
        MOV     SCON,#50H               ;串行口初始化为方式 1,允许接收
        MOV     PCON,#80H               ;SMOD = 1
RPT:    MOV     DPTR,#4000H
        MOV     R6,#00H                 ;长度寄存器初始化,长度为 256 字节
        MOV     R5,#00H                 ;校验和寄存器初始化
        MOV     SBUF,R6                 ;发送长度
        JNB     TI,$                    ;等待发送
        CLR     TI
L1:     MOVX    A,@DPTR                 ;读取数据
        MOV     SBUF,A                  ;发送数据
        ADD     A,R5                    ;形成累加和送 R5
        MOV     R5,A
        INC     DPTR                    ;修改地址指针
        JNB     TI,$                    ;等待发送
        CLR     TI
        DJNZ    R6,L1                   ;判断 256 个数据发送完否
        MOV     SBUF,R5                 ;发校验码
        MOV     R5,#00H
        JNB     TI,$
        CLR     TI
        JNB     RI,$                    ;等乙机回答
        CLR     RI
        MOV     A,SBUF
        JZ      L8                      ;发送正确,返回
        AJMP    RPT                     ;发送有错,重发
L8:     RET
```

甲机发送,C51 语言程序清单如下:

```
#include <REG52.H>
xdata unsigned char Uart_buf[256] _at_ 0x4000;    //定义要发送数据数组及地址
void main (void)
{
unsigned char i;                        //定义发送计数器
unsigned  sum ;                         //定义校验和
TMOD  =  0x20;
TL1   =  0xf3;
TH1   =  0xf3;
TR1   =  1;
sum   =  0;
SCON  =  0x50;
```

```
PCON = 0x80;
RPT:
SBUF = 0;
while(TI ==0);              //等待发送
TI = 0;
 i = 0;
do{
SBUF = Uart_buf[i];         //发送数据
sum += Uart_buf[i];         //发送数据求和
while(TI ==0);              //等待发送
TI = 0;
 i--;
}while(i!=0);
SBUF = sum;                 //发送校验码
while(TI ==0);              //等待发送
TI = 0;
while (RI ==0);             //等乙机回答
RI = 0;
if(sum != SBUF) goto RPT;   //发送有错,重发。goto是C语言中的条件转移语句,
while(1);                   //由于该语句易使程序结构性、可读性差,一般不建议使用,
}                           //这里为与汇编语言能较好地对应才采用
```

(2) 乙机接收程序清单

接收程序通信约定同发送程序。

乙机接收,汇编语言程序清单如下:

```
RSU:  MOV   TMOD,#20H       ;T1初始化
      MOV   TH1,#0F3H
      MOV   TL1,#0F3H
      SETB  TR1
      MOV   SCON,#50H
      MOV   PCON,#80H
RPT:  MOV   DPTR,#300H
      JNB   RI,$
      CLR   RI
      MOV   A,SBUF          ;接收发送长度
      MOV   R6,A
      MOV   R5,#00H         ;累加和寄存器清0
WTD:  JNB   RI,$
      CLR   RI
      MOV   A,SBUF          ;接收数据
      MOVX  @DPTR,A         ;存储数据
```

```
        INC    DPTR            ;修改地址指针
        ADD    A,R5
        MOV    R5,A
        DJNZ   R6,WTD          ;未接收完,继续
        JNB    RI,$            ;接收校验码
        CLR    RI
        MOV    A,SBUF
        XRL    A,R5            ;比较校验码
        MOV    R5,#00H
        JZ     L6              ;正确转 L6
        MOV    SBUF,#0FFH      ;出错送 0FFH
        JNB    TI,$
        CLR    TI
        AJMP   RPT             ;重新接收
L6:     MOV    SBUF,#00H       ;正确,回送 00H
        JNB    TI,$            ;发送完,返回
        CLR    TI
        RET
```

乙机接收,C51 语言程序清单如下:

```
#include <REG52.H>
xdata unsigned char Uart_buf[256] _at_ 0x0300; //定义接收数据数组及地址
void main (void)
{
unsigned char i;
unsigned  sum ,length;                        //定义校验码和数据长度
TMOD  = 0x20;
TL1   = 0xf3;
TH1   = 0xf3;
TR1   = 1;
RPT:
sum   = 0;
SCON  = 0x50;
PCON  = 0x80;
while(RI == 0);
RI  = 0;
length  = SBUF;                               //接收数据长度放入 length 中
for(i = 0;i<= (length - 1);i ++ )
    {
    while(RI == 0);                           //等待接收数据
    RI  = 0;
    Uart_buf[i]  = SBUF ;                     //数据存入数组中
```

```
        sum += Uart_buf[i];                    //计算校验码
        }
    while(RI == 0);                            //等待接收校验码
    RI = 0;
    if(SBUF == sum)
        {
        SBUF = 0x00;                           //接收正确,发送 00
        while (TI == 0);
        TI = 0;
        }else{
        SBUF = 0xff;                           //接收错误,发送 0xff
        while (TI == 0);
        TI = 0;
        goto RPT;                              //重新接收
        }
    while(1);
    }
```

思考与练习

1. 什么是串行异步通信？它有哪些特点？有哪几种帧格式？

2. 某异步通信接口按方式 3 传送,已知其每分钟传送 3600 个字符,计算其传送波特率。

3. 80C51 单片机的串行口由哪些基本功能部件组成？简述工作过程。

4. 80C51 单片机的串行口有几种工作方式？有哪几种帧格式？如何设置不同方式下的波特率？

5. 为什么定时器 T1 用作串行口波特率发生器时常采用工作方式 2？若已知系统时钟频率、通信选用的波特率,如何计算其初值？

6. 已知定时器 T1 设置成方式 2,用作波特率发生器,系统时钟频率为 24 MHz,求可能产生的最高和最低的波特率各是多少？

7. 设计一个 AT89S51 单片机的双机通信系统,并编写程序将甲机片外 RAM 的 3400H～3420H 单元中的数据块通过串行口传送到乙机的片内 RAM 的 40H～60H 单元中。

8. 利用 AT89S51 串行口控制 8 位发光二极管工作,要求发光二极管每隔 1 s 交替亮灭,试画出电路并编写程序。

第9章 中断系统

中断技术是计算机中的重要技术之一，它既和硬件有关，也和软件有关。正因为有了中断，才使得计算机具备了对突发事件处理的能力，使得工作更灵活，效率更高。

本章介绍中断的概念，并以80C51系列单片机的中断系统为例介绍中断的处理过程及应用。

9.1 概述

在程序正常运行时，计算机内部或外部常会随机或定时（如定时器发出的信号）出现一些紧急事件，在多数情况下需要CPU立即响应并进行处理。为了解决这一问题，在计算机中引入了中断技术。

9.1.1 中断的概念

中断是通过硬件来改变CPU程序运行方向的一种技术，它既和硬件有关，也和软件有关。计算机在执行程序的过程中，由于内部或外部的某种原因，有必要尽快中止当前程序的执行，而去执行相应的处理程序，待处理结束后，再回来继续执行被中止了的原程序。这种程序在执行过程中由于外界的原因而被中间打断的情况称为“中断”。

中断之后所执行的处理程序，通常称为“中断服务”或“中断处理子程序”，原来运行的程序称为“主程序”。主程序被断开的位置（地址）称为“断点”。引起中断的原因或能发出中断申请的来源，称为“中断源”。中断源要求服务的请求称为“中断请求”（或“中断申请”）。

调用中断服务程序的过程类似于程序设计中的调用子程序，其主要区别在于调用子程序指令在程序中是事先安排好的；而何时调用中断服务程序事先却无法确知。因为中断的发生是由外部因素决定的，程序中无法事先安排调用指令，因而调用中断服务程序的过程是由硬件自动完成的（详见9.3节）。

9.1.2 引进中断技术的优点

计算机引进中断技术之后，主要具有如下优点。

(1) 分时操作

在计算机与外部设备交换信息时,存在着高速CPU和低速外设(如打印机等)之间的矛盾。若采用软件查询方式,则不但占用了CPU的操作时间,而且响应速度慢。中断功能解决了高速CPU与低速外设之间的矛盾。此时,CPU在启动外设工作后,继续执行主程序,同时外设也在工作。每当外设做完一件事,就发出中断申请,请求CPU中断它正在执行的程序,转去执行中断服务程序(一般是处理输入/输出数据)。中断处理完成后,CPU恢复执行主程序,外设仍继续工作。这样,CPU可以命令多个外设(如键盘、打印机等)同时工作,从而大大提高了CPU的工作效率。

(2) 实时处理

在实时控制中,现场的各个参数、信息是随时间和现场情况不断变化的。有了中断功能,外界的这些变化量可根据要求随时向CPU发出中断请求,要求CPU及时处理,CPU就可以马上响应(若中断响应条件满足)并加以处理。这样的及时处理在查询方式下是做不到的,也因而大大缩短了CPU的等待时间。

(3) 故障处理

计算机在运行过程中,难免会出现一些无法预料的故障,如存储出错、运算溢出和电源突跳等。有了中断功能,计算机就能自行处理,而不必停机。

9.1.3 中断源

发出中断请求的来源一般统称为"中断源"。中断源有很多种,最常见的有以下4种。

(1) 外部设备中断源

计算机的输入/输出设备,如键盘、磁盘驱动器、打印机等,可通过接口电路向CPU申请中断。

(2) 故障源

故障源是产生故障信息的来源。它作为中断源,使得CPU能够以中断方式对已发生的故障及时进行处理。

计算机故障源有内部和外部之分。内部故障源一般是指执行指令时产生的错误情况,如除法中除数为零等,通常把这种中断源称为"内部软件中断"(注意:目前多数80C51系列单片机没有内部软件中断功能);外部故障源主要有电源掉电等情况,在电源掉电时可以接入备用的电池供电电路,以保存存储器中的信息。当电压因掉电而降到一定值时,即发出中断申请,由计算机的中断系统自动响应,并进行相应处理。

(3) 控制对象中断源

计算机作实时控制时,被控对象常常用作中断源。例如电压、电流、温度等超过其上限或下限时,以及继电器、开关闭合断开时都可以作为中断源向CPU申请中断。

(4) 定时/计数脉冲中断源

定时/计数脉冲中断源也有内部和外部之分。内部定时中断是由单片机内部的定时/计数器溢出而自动产生的;外部计数中断是由外部脉冲通过 CPU 的中断请求输入线或定时/计数器的输入线引起的。

要求每个中断源所发出的中断请求信号符合 CPU 响应中断的条件,例如电平高/低、持续时间、脉冲幅度等。

9.1.4 中断系统的功能

为了满足上述各种情况下的中断要求,中断系统一般具有如下功能。

(1) 中断及返回

当某个中断源发出中断申请时,CPU 决定是否响应该中断请求。当 CPU 在执行更紧急、更重要的工作时,可以暂时不响应该中断;若允许响应这个中断请求,则 CPU 必须在现行的指令执行完后,把断点处的 PC 值(即下一条应执行的指令地址)推入堆栈保留下来,这称为"保护断点",这一步是硬件自动执行的。同时,用户在编程时,须注意把有关的寄存器内容和状态标志位推入堆栈保留下来,这称为"保护现场"。保护断点和现场之后,即可执行中断服务程序,执行完毕,须恢复原保留寄存器的内容和标志位的状态,称"恢复现场",并执行返回指令 RETI,这个过程由用户编程实现。RETI 指令的功能即恢复 PC 值(称为"恢复断点"),使 CPU 返回断点,继续执行主程序。

中断流程如图 9.1 所示。

(2) 优先权排队

通常,在系统中有多个中断源,有时会出现 2 个或更多个中断源同时提出中断请求的情况。这就要求计算机既能区分各个中断源的请求,又能确定应首先为哪个中断源服务。为了解决这一问题,通常给各中断源规定其优先级别,称为"优先权"。当 2 个或 2 个以上的中断源同时提出中断请求时,计算机首先为优先权最高的中断源服务,服务结束后,再响应级别较低的中断源。计算机按中断源级别高低逐次响应的过程称"优先权排队"。这个过程可以通过硬件电路来实现,也可以通过程序查询来实现。

(3) 中断嵌套

当 CPU 响应某中断请求而正在进行中断处理时,若有优先权级别更高的中断源发出中断申请,则 CPU 中断正在进行的中断服务程序,并保留这个程序的断点(类似于子程序嵌套),而去响应高级中断;在高级中断处理完以后,再继续执行被中断的中断服务程序。这个过程称为"中断嵌套",其流程如图 9.2 所示。

如果发出新中断申请的中断源的优先权级别与正在处理的中断源同级或者比它还低,则 CPU 暂时不响应这个中断申请,直到正在处理的中断服务程序执行完以后才去处理新的中断申请。

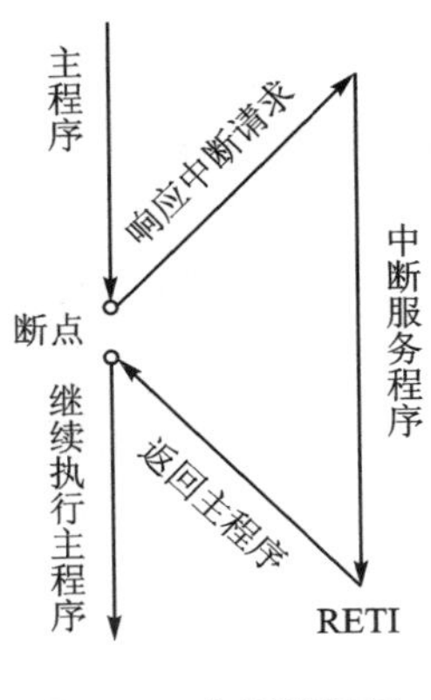

图 9.1　中断流程图

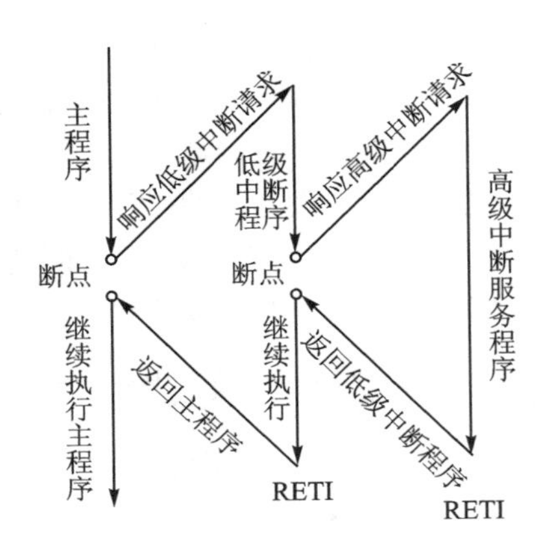

图 9.2　中断嵌套流程图

9.2　AT89S51单片机的中断系统

由9.1节可知,中断过程是在硬件的基础上再配以相应的软件而实现的。不同计算机的硬件结构和软件指令是不完全相同的,因而中断系统的结构一般是不相同的。但同一系列的单片机即使型号不同,中断系统的基本结构也是类似的,只是其中断源个数不完全一样。本节将以80C51系列单片机中的AT89S51单片机的中断系统为例进行介绍。

9.2.1　中断系统的结构

AT89S51的中断系统主要由几个与中断有关的特殊功能寄存器和顺序查询逻辑电路等组成。AT89S51的中断系统结构如图9.3所示。AT89S51单片机有5个中断源,可提供2个中断优先级,即可实现二级中断嵌套。与中断有关的特殊功能寄存器有4个,分别为中断源寄存器(即专用寄存器TCON、SCON的相关位)、中断允许控制寄存器IE和中断优先级控制寄存器IP。5个中断源的排列顺序由中断优先级控制寄存器IP和顺序查询逻辑电路(见图9.3中的硬件查询)共同决定。5个中断源对应5个固定的中断入口地址。

下面分别对AT89S51的中断源及专用寄存器等进行介绍。

9.2.2　中断源及中断入口

1. 中断源

AT89S51的中断源可以分为3类,即外部中断、定时中断以及串行口中断。从图9.3所示的系统结构可知,AT89S51单片机有5个中断请求源,分别为:2个外部输入中断源$\overline{INT0}$(P3.2)和$\overline{INT1}$(P3.3),2个片内定时器T0和T1的溢出中断源

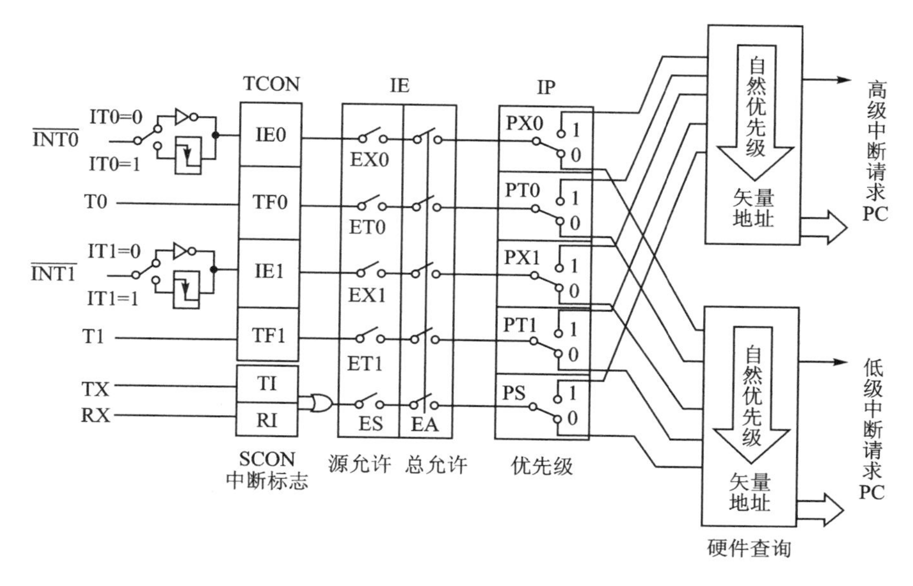

图 9.3 AT89S51 的中断系统结构

TF0(TCON.5)和 TF1(TCON.7),1 个片内串行口发送和接收中断源 TI(SCON.1)和 RI(SCON.0)。AT89S52 单片机的中断源增加了 1 个定时器 T2 的中断源 TF2(T2CON.7)。下面分类进行介绍。

(1) 外部中断类

外部中断是由外部原因(详见 9.1 节)引起的,包括外部中断 0 和外部中断 1。这 2 个中断请求信号分别通过 2 个固定引脚即$\overline{INT0}$(P3.2)脚和外部中断 1 $\overline{INT1}$(P3.3)脚输入。

外部中断请求信号有 2 种信号输入方式,即电平方式和脉冲方式。在电平方式下为低电平有效,即在$\overline{INT0}$(P3.2)脚或外部中断 1 $\overline{INT1}$(P3.3)脚出现有效低电平时,外部中断标志$\overline{INT0}$或$\overline{INT1}$就置为 1。在脉冲方式下为外部输入脉冲的下降沿有效,即在这 2 个引脚出现有效下降沿时,外部中断标志$\overline{INT0}$或$\overline{INT1}$就置为 1。注意:在脉冲方式下,中断请求信号的高、低电平状态都应该至少维持 1 个机器周期。

中断请求信号是低电平有效还是下降沿有效,须通过 TCON 寄存器中的 IT0(TCON.0)或 IT1(TCON.2)位来决定。一旦输入信号有效,则向 CPU 申请中断,并使相应的中断标志位 IE0 或 IE1 置 1。

(2) 定时中断类

定时中断是为满足定时或计数溢出处理的需要而设置的。

定时方式的中断请求是由单片机内部发生的,输入脉冲是内部产生的周期固定的脉冲信号(1 个机器周期),无须在芯片外部设置输入端。

计数方式的中断请求是由单片机外部引起的,脉冲信号由 T0(P3.4)或 T1(P3.5)

引脚输入,脉冲下降沿为计数有效信号。这种脉冲周期是不固定的。

当定时/计数器中的计数值发生溢出时,表明定时时间或计数值已到。这时以计数溢出信号作为中断请求使溢出标志位置1,即T0中断请求标志TF0=1,或T1中断请求标志TF1=1。如果允许中断,则请求中断处理。

(3) 串行口中断类

串行口中断是为满足串行数据的传送需要而设置的。每当串行口由TXD(P3.1)端发送完1个完整的串行帧数据,或从RXD(P3.0)端接收完1个完整的串行帧数据时,都会使内部串行口中断请求标志RI或TI置1,并请求中断。

由图9.3可以看出,当这些中断源的中断标志为1时,并不一定能引起中断,而是还需要经过IE寄存器的控制(参见9.2.3小节),才能进入中断请求。

2. 中断入口

当CPU响应某中断源的中断申请之后,CPU将此中断源的入口地址装入PC,中断服务程序即从此地址开始执行,因而将此地址称为“中断入口”,亦称为“中断矢量”。在AT89S51/S52单片机中,各中断源以及与之对应的入口地址(由单片机硬件电路决定)分配如表9.1所列。

表9.1 各中断源及其入口地址的对应关系

中断源	入口地址
外部中断0	0003H
定时器T0中断	000BH
外部中断1	0013H
定时器T1中断	001BH
串行口中断	0023H
定时器T2中断	002BH(仅AT89S52有)

所有的80C51系列单片机都有上述5个中断源。89系列单片机也不例外,有些型号与其完全相同,如Philips公司的P89C51;有些则增加了新的中断源,如AT89S52增加了定时器T2中断源,入口地址为002BH;还有一些型号的中断源多达9个,其入口地址按8字节1个中断源顺序往下排,可以表达为:入口地址$=8n+3$,n为中断自然优先级。

9.2.3 与中断有关的寄存器

中断功能虽然是硬件和软件结合的产物,但用户不必了解中断硬件电路和发生过程。对于用户来说,重点是怎样通过软件管理和应用中断功能。为此,首先应该掌握与中断控制和管理有关的几个寄存器,下面分别对其进行介绍。

1. 中断允许控制寄存器

专用寄存器IE是80C51单片机中的中断允许寄存器,由它控制对中断的开放或关闭。通过向IE写入中断控制字,可以实现对中断的二级控制。这里所说的“二级”是指控制字中有一个中断总允许位EA。当EA为0时,CPU将屏蔽所有的中断申请;而当EA为1时,虽然CPU已经开放中断,但还须设置相应中断源的控制位,才可确定允许哪个中断源中断。

IE 各位的格式如下：

IE 地址	AFH		ADH	ACH	ABH	AAH	A9H	A8H
(A8H)	EA	—	ET2	ES	ET1	EX1	ET0	EX0

其各位名称及作用如下：

EA(IE.7)——中断允许总控制位。

当 EA=1 时，CPU 开放中断，每个中断源是被允许还是被禁止，分别由其各自的允许位决定。

当 EA=0 时，CPU 屏蔽所有的中断申请，称为"关中断"。

(IE.6)——未使用。

ET2(IE.5)——T2 中断允许位(仅 AT89S52/C52 或类似型号单片机有)。

当 ET2=1 时，允许 T2 中断；

当 ET2=0 时，禁止 T2 中断。

ES (IE.4)——串行口中断控制位。

当 ES=1 时，允许串行口中断；

当 ES=0 时，禁止串行口中断。

ET1(IE.3)——T1 中断控制位。

当 ET1=1 时，允许 T1 中断；

当 ET1=0 时，禁止 T1 中断。

EX1(IE.2)——外部中断 1 控制位。

当 EX1=1 时，允许外部中断 1 中断；

当 EX1=0 时，禁止外部中断 1 中断。

ET0(IE.1)——T0 中断控制位。

当 ET0=1 时，允许 T0 中断；

当 ET0=0 时，禁止 T0 中断。

EX0(IE.0)——外部中断 0 允许位。

当 EX0=1 时，允许外部中断 0 中断；

当 EX0=0 时，禁止外部中断 0 中断。

AT89S51 单片机复位后，IE 中各中断允许位均被清 0，即禁止所有中断。

2. 中断请求标志寄存器

当有中断源发出请求时，由硬件将相应的中断标志位置 1。在中断请求被响应前，相应中断标志位被锁存在特殊功能寄存器 TCON 或 SCON 中。

(1) 定时器控制寄存器 TCON

TCON 为定时器 T0 和 T1 的控制寄存器，同时也锁存 T0 和 T1 的溢出中断标志及外部中断$\overline{\text{INT0}}$和$\overline{\text{INT1}}$的中断标志等。TCON 中与中断有关的各位如下：

TCON	8FH		8DH		8BH	8AH	89H	88H
(88H)	TF1	—	TF0	—	IE1	IT1	IE0	IT0

其各位名称及作用如下：

TF1(TCON.7)——T1溢出中断标志。

当T1开始工作，并且计数值产生溢出时，由硬件使TF1=1，在中断工作方式下向CPU请求中断。此标志一直保持到CPU响应中断后，才由硬件自动清0；也可用软件查询该标志，并由软件清0。

如果T1不工作，或者在工作但没有产生溢出，则TF1=0。

TF0(TCON.5)——T0溢出中断标志。

其操作功能类似于TF1。

IE1(TCON.3)——$\overline{\text{INT1}}$外部中断1标志。

当硬件使IE1=1时，表明外部中断1向CPU申请中断。

当IE1=0时，表明外部中断1没有向CPU申请中断。

IT1(TCON.2)——外部中断1触发方式控制位。

当IT1=0时，外部中断1设置为电平触发方式。在这种方式下，CPU在每个机器周期的S5P2期间对$\overline{\text{INT1}}$(P3.3)引脚采样。若采样为低电平，则认为有中断申请，随即使IE1标志置1；若为高电平，则认为无中断申请或中断申请已撤除，随即清除IE1标志。在电平触发方式中，CPU响应中断后不能自动清除IE1标志，也不能由软件清除IE1标志，故在中断返回前，必须撤销$\overline{\text{INT1}}$引脚上的低电平，否则将会引起再次中断而出错。

当IT1=1时，外部中断1设置为边沿触发方式。CPU在每个机器周期的S5P2期间采样引脚，若在连续2个机器周期采样到先高电平后低电平，则使IE1标志置1，此标志一直保持到CPU响应中断时，才由硬件自动清除。在边沿触发方式中，为保证CPU在2个机器周期内检测到先高后低的负跳变，则输入高/低电平的持续时间起码要保持12个振荡周期。

IE0(TCON.1)——$\overline{\text{INT0}}$外部中断0标志位。

其操作功能与IE1类似。

IT0(TCON.0)——外部中断0触发方式控制位。

其操作功能与IT1类似。

TCON.6和TCON.4——中断中未使用。

AT89S52增加的定时器T2的中断标志在T2CON中，详见7.5节。

(2) 串行口控制寄存器SCON

SCON是串行口控制寄存器，其低2位TI和RI锁存串行口的接收中断和发送中断标志。

SCON中与中断有关的各位(其他位已在8.2.2小节中说明)如下：

SCON (98H)						99H	98H
—	—	—	—	—	—	TI	RI

其各位名称及作用如下：

TI(SCON.1)——串行发送中断标志。

当 TI=1 时，说明 CPU 已将 1 字节数据写入发送缓冲器 SBUF，并且已发送完 1 个串行帧，此时，硬件使 TI 置 1。在中断工作方式下，可以向 CPU 申请中断，在中断和查询工作方式下都不能自动清除 TI，必须由软件清除标志。

当 TI=0 时，说明没有进行串行发送，或者串行发送未完成。

RI(SCON.0)——串行接收中断标志。

当 RI=1 时，在串行口允许接收后，每接收完 1 个串行帧，硬件使 RI 置 1。同样，在中断和查询工作方式下都不会自动清除 RI，必须由软件清除标志。

当 RI=0 时，说明没有进行串行接收，或者串行接收未完成。

AT89S51 系统复位后，TCON 和 SCON 中各位均置为 0，应用中要注意各位的初始状态。

3. 中断优先级寄存器 IP

80C51 单片机中断优先级的设定由专用寄存器 IP 统一管理。它具有 2 个中断优先级，由软件设置每个中断源为高优先级中断或低优先级中断，可实现二级中断嵌套。

高优先级中断源可中断正在执行的低优先级中断服务程序，除非在执行低优先级中断服务程序时设置了 CPU 关中断或禁止某些高优先级中断源的中断。同级或低优先级的中断源不能中断正在执行的中断服务程序。为此，在 80C51 中断系统中，内部有 2 个(用户不能访问的)优先级状态触发器，它们分别指示 CPU 是否在执行高优先级或低优先级中断服务程序，从而决定是否屏蔽所有的中断申请或同一级的其他中断申请。

专用寄存器 IP 为中断优先级寄存器，用于选择各中断源优先级，用户可用软件设定。其各位格式如下：

IP (B8H)		BDH	BCH	BBH	BAH	B9H	B8H
—	—	PT2	PS	PT1	PX1	PT0	PX0

其各位名称及作用如下：

PT2(IP.5)——T2 中断优先级选择位(仅 AT89S52/C52 或类似型号单片机有)。

当 PT2=1 时，设置定时器 T2 为高优先级中断；

当 PT2=0 时，设置定时器 T2 为低优先级中断。

PS(IP.4)——串行口中断优先级选择位。

当 PS=1 时，设定串行口为高优先级中断；

当 PS=0 时,设定串行口为低优先级中断。

PT1(IP.3)——T1 中断优先级选择位。

当 PT1=1 时,设定定时器 T1 为高优先级中断;

当 PT1=0 时,设定定时器 T1 为低优先级中断。

PX1(IP.2) ——外部中断 1 中断优先级选择位。

当 PX1=1 时,设定外部中断 1 为高优先级中断;

当 PX1=0 时,设定外部中断 1 为低优先级中断。

PT0(IP.1) ——T0 中断优先级选择位。

当 PT0=1 时,设定定时器 T0 为高优先级中断;

当 PT0=0 时,设定定时器 T0 为低优先级中断。

PX0(IP.0) ——外部中断 0 中断优先级选择位。

当 PX0=1 时,设定外部中断 0 为高优先级中断;

当 PX0=0 时,设定外部中断 0 为低优先级中断。

当系统复位后,IP 全部清 0,将所有中断源设置为低优先级中断。

如果几个相同优先级的中断源,同时向 CPU 申请中断,CPU 通过内部硬件查询逻辑按自然优先级顺序确定该响应哪个中断请求。其自然优先级由硬件形成,排列如表 9.2 所列。

表 9.2 各中断源及其自然优先级

编　号	中断源	自然优先级
0	外部中断 0	最高级
1	定时器 T0 中断	↓
2	外部中断 1	
3	定时器 T1 中断	
4	串行口中断	
5	定时器 T2 中断	最低级

这种排列顺序在实际应用中很方便、合理。如果重新设置了优先级,则顺序查询逻辑电路将会相应改变排队顺序。例如:如果给 IP 中设置的优先级控制字为 09H,则 PT1 和 PX0 均为高优先级中断,但当这 2 个中断源同时发出中断申请时,CPU 将首先响应自然优先级较高的 PX0 的中断申请。

对于中断源多于 5 个的单片机型号,其优先级顺序往下排,如 AT89S52 的 T2 级别低于串行口。

9.3 中断处理过程

中断处理过程可分为 3 个阶段,即中断响应、中断处理和中断返回。所有计算机的中断处理都有这样3个阶段，但不同的计算机由于中断系统的硬件结构不完全相同，因而中断响应的方式有所不同。在此仅以80C51系列单片机为例来介绍中断处理过程。

9.3.1 中断响应

中断响应是在满足CPU的中断响应条件之后，CPU对中断源中断请求的回答。在这一阶段，CPU要完成执行中断服务以前的所有准备工作。这些准备工作包括保护断点和把程序转向中断服务程序的入口地址（通常称为“矢量地址”）。

计算机在运行时，并不是任何时刻都会去响应中断请求，而是在中断响应条件满足之后才会响应。

1. CPU的中断响应条件

CPU响应中断的条件主要有以下几点：

- 有中断源发出中断请求；
- 中断总允许位EA=1，即CPU允许所有中断源申请中断；
- 申请中断的中断源的中断允许位为1，即此中断源可以向CPU申请中断。

以上是CPU响应中断的基本条件。若满足，CPU一般会响应中断，但如果有下列任何一种情况存在，则中断响应就会受到阻断：

- CPU正在执行一个同级或更高级的中断服务程序；
- 当前的机器周期不是正在执行指令的最后一个周期，即正在执行的指令完成前，任何中断请求都得不到响应；
- 正在执行的指令是返回（RETI）指令或者对专用寄存器IE、IP进行读/写的指令，此时，在执行RETI或者读/写IE或IP之后，不会马上响应中断请求。至少要再执行一条其他指令，才会响应中断。

存在上述任何一种情况，CPU都不会马上响应中断。此时将该中断请求锁存在对应中断源的中断标志位中，然后在下一个机器周期再按顺序查询。

在每个机器周期的S5P2期间，CPU对各中断源采样，并设置相应的中断标志位。CPU在下一个机器周期S6期间按优先级顺序查询各中断标志，如查询到某个中断标志为1，将在再下一个机器周期S1期间按优先级进行中断处理。

中断查询在每个机器周期中重复执行，如果中断响应的基本条件已满足，但由于上述原因之一而未被及时响应，待封锁中断的条件撤销之后，由于中断标志还存在，故仍会响应。

2. 中断响应过程

如果中断响应条件满足，且不存在中断阻断的情况，则CPU将响应中断。

在80C51单片机的中断系统中有2个优先级状态触发器，即“高优先级状态”触发器和“低优先级状态”触发器。这2个触发器是由硬件自动管理的，用户不能对其

编程。

当CPU响应中断时,它首先使优先级状态触发器置位,这样可以阻断同级或低级的中断;然后,中断系统自动把断点地址压入堆栈保护(但不保护状态寄存器PSW及其他寄存器的内容),再由硬件执行一条长调用指令将对应的中断入口装入程序计数器PC,使程序转向该中断入口地址,并执行中断服务程序。

9.3.2 中断处理

中断处理程序(又称"中断服务"或"中断子程序")从入口地址开始执行,到返回指令RETI为止,这个过程称为"中断处理"。此过程主要用于处理中断源的请求,但由于中断处理程序是由随机事件引起的实时响应,从而使得它与一般的子程序存在一定的差别。

在编写中断服务程序时,须注意以下几点:

① 注意保护现场和恢复现场,因为一般主程序和中断服务程序都可能会用到累加器、PSW寄存器及其他一些寄存器。CPU进入中断服务程序后,在用到上述寄存器时,就会破坏它原来存在寄存器中的内容,一旦中断返回,将会造成主程序的混乱,因而在进入中断服务程序后,一般要先保护现场,然后再执行中断处理程序,并在返回主程序以前恢复现场。对于要保护的内容一定要全面考虑,不能遗漏。

② 在CPU响应中断,使程序转向该中断入口地址后,通常不能从此地址开始运行中断服务程序,因为各入口地址之间只相隔8字节,一般的中断服务程序是容纳不下的,因此,最常用的方法是在中断入口地址单元处存放一条无条件转移指令,使程序跳转到用户安排的中断服务程序起始地址上去。这样,可使中断服务程序灵活地安排在64 KB程序存储器的任何空间。

③ 若要在执行当前中断程序时禁止更高优先级中断源产生的中断,应先用软件关闭CPU中断,或屏蔽更高级中断源的中断,在中断返回前再开放中断。

④ 在保护现场和恢复现场时,为了不使现场数据受到破坏或者造成混乱,一般规定此时CPU不响应新的中断请求。这就要求在编写中断服务程序时,注意在保护现场之前要关中断,在恢复现场之后开中断。如果在中断处理时,允许有更高级的中断打断它,则在保护现场之后再开中断,恢复现场之前关中断。

9.3.3 中断返回

中断返回是指中断服务完成后,计算机返回到断点(即原来断开的位置),继续执行原来的程序。

中断返回由专门的中断返回指令RETI实现。

该指令的功能是将断点地址取出,送回到程序计数器PC中。另外,它还通知中断系统已完成中断处理,清除优先级状态触发器,并使部分中断源标志(除TI、RI)清0。

在中断服务程序中,要特别注意不能用RET指令代替RETI指令。

9.3.4 中断请求的撤销

CPU 响应某中断请求后，在中断返回前应撤销该中断请求，否则会引起另一次中断。

对定时器 T0 或 T1 溢出中断，CPU 在响应中断后，就用硬件清除了有关的中断请求标志 TF0 或 TF1，即中断请求是自动撤除的，无须采取其他措施。

对于边沿触发的外部中断，CPU 在响应中断后，也是用硬件自动清除有关的中断请求标志 IE0 或 IE1，无须采取其他措施。

对于串行口中断，CPU 响应中断后，没有用硬件清除 TI、RI，故这些中断标志不能自动撤除，而要靠软件来清除相应的标志。

以上中断的撤销都较简单，只有对电平激活的外部中断，其撤销方法较复杂。因为在电平触发方式中，CPU 响应中断时不会自动清除 IE1 或 IE0 标志，所以应在响应中断后立即撤销$\overline{INT0}$或$\overline{INT1}$引脚上的低电平。因为 CPU 对$\overline{INT0}$和$\overline{INT1}$引脚的信号不能控制，所以这个问题要通过硬件，并配合软件来解决。图 9.4 所示为可行方案之一。外部中断请求信号不直接加在$\overline{INT0}$或$\overline{INT1}$上，而须加在 D 触发器的 CLK 端。由于 D 端接地，当外部中断请求的正脉冲信号出现在 CLK 端时，$\overline{INT0}$或$\overline{INT1}$为低，发出中断请求。用 P1.0 接在触发器的 S 端作为应答线，当 CPU 响应中断后可用如下 2 条指令：

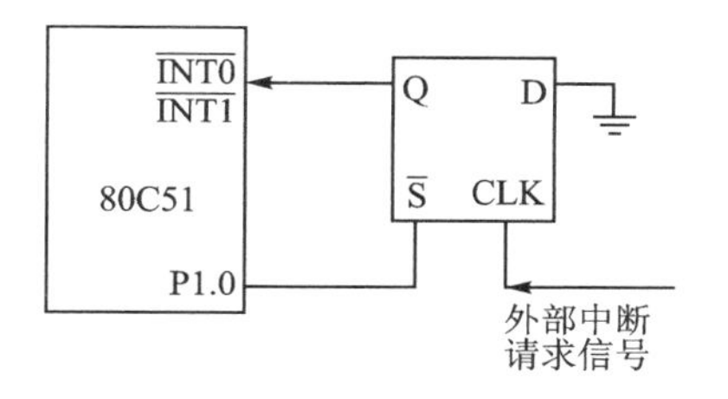

图 9.4 撤销电平激活的中断方案之一

```
CLR   P1.0
SETB  P1.0
```

执行第 1 条指令使 P1.0 输出为 0，其持续时间为 2 个机器周期，足以使 D 触发器置位，从而撤销中断请求。执行第 2 条指令使 P1.0 变为 1，否则 D 触发器的 $\overline{S}$ 端始终有效，$\overline{INT0}$端始终为 1，无法再次申请中断。

除此以外，还可以采用其他方法。

9.3.5 中断响应时间

由上述可知，CPU 不是在任何情况下都对中断请求予以响应的。此外，不同的情况对中断响应的时间也是不同的。下面以外部中断为例，说明中断响应的时间。

在每个机器周期的 S5P2 期间，$\overline{INT0}$、$\overline{INT1}$端的电平分别被锁存到 TCON 的 IE0、IE1 位，CPU 在下一个机器周期才会查询这些值。此时如果满足中断响应条件，下一条要执行的指令将是一条硬件长调用指令 LCALL，使程序转入中断矢量入口。调用本身要用2个机器周期,这样从外部中断请求有效到开始执行中断服务程序的第1条指令,至少需要3个机器周期,这是最短的响应时间。

如果遇到中断受阻的情况,则中断响应时间会更长一些。例如,当一个同级或更高级的中断服务正在进行,则附加的等待时间取决于正在进行的中断服务程序;如果正在执行的一条指令还没有进行到最后一个机器周期,附加的等待时间为1～3个机器周期(这是由于一条指令的最长执行时间为4个机器周期),如果正在执行的是RETI指令或者访问IE或IP的指令,则附加的等待时间在5个机器周期之内(完成正在执行的指令还需要1个机器周期,加上完成下一条指令所需的最长时间4个机器周期,故最长为5个机器周期)。

若系统中只有一个中断源,则响应时间为3～8个机器周期。如果有2个以上中断源同时申请中断,则响应时间将更长。一般情况下可不考虑响应时间,但在精确定时的场合则须考虑此问题。

9.3.6 扩充外部中断源

AT89S51单片机具有2个外部中断请求输入端$\overline{\mathrm{INT0}}$和$\overline{\mathrm{INT1}}$。在实际应用中,如果外部中断源超过2个,则需要扩充外部中断源。这里介绍2种比较简单、可行的方法。

1. 利用定时器扩展外部中断源法

AT89S51单片机有2个定时器,具有2个内部中断标志和外部计数引脚。将定时器设置为计数方式,计数初值设定为满量程,一旦从外部计数引脚输入一个负跳变信号,计数器即加1产生溢出中断。把外部计数输入端T0(P3.4)或T1(P3.5)作扩充中断源输入,该定时器的溢出中断标志及服务程序作扩充中断源的标志和服务程序。

例如:将定时器T0设定为方式2(自动重装载常数)代替一个扩充外部中断源,TH0和TL0初值为FFH,允许T0中断,CPU开放中断,初始化程序如下:

```
MOV    TMOD,#06H
MOV    TL0,#0FFH
MOV    TH0,#0FFH
SETB   TR0
SETB   ET0
SETB   EA
```

当连接在T0(P3.4)引脚的外部中断请求输入线发生负跳变时,TL0计数加1产生溢出,置位TF0标志,向CPU发出中断申请,同时,TH0的内容FFH送到TL0,即TL0恢复初值。T0引脚每输入1个负跳变信号,TF0都会置1,且向CPU请求中断,这就相当于边沿触发的外中断源输入了。

2. 中断和查询结合法

采用定时器的方法有一定的局限性，只能增加 2 路中断源。如果要扩充更多的外部中断源，可以采用中断和查询结合的方法。图 9.5 所示就是一种扩充外部中断源的实用方法。

图 9.5 中，采用一个 4“与”门电路扩充 4 个外部中断源，所有这些扩充的外部中断源都是电平触发方式（低电平有效）。当 4 个扩充中断源 XI1～XI4 中有一个或几个出现低电平时，“与”门输出为 0，使$\overline{\text{INT1}}$为低电平触发中断。在外中断 1 服务程序中，由软件按人为设定的顺序（优先级）查询外部中断源哪位是高电平，然后进入该中断进行处理。

在本例中，各路输入的有效中断电平应该在 CPU 实际响应该中断源之前保持有效，并在该中断服务程序返回前取消。

$\overline{\text{INT1}}$的中断服务程序如下：

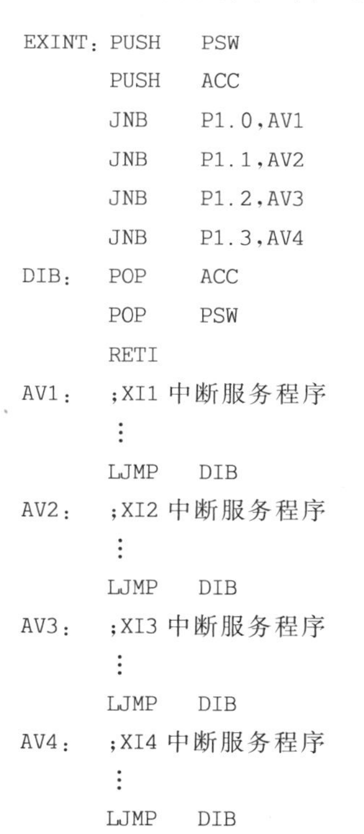

```
EXINT： PUSH   PSW
        PUSH   ACC
        JNB    P1.0，AV1
        JNB    P1.1，AV2
        JNB    P1.2，AV3
        JNB    P1.3，AV4
DIB：   POP    ACC
        POP    PSW
        RETI
AV1：   ;XI1 中断服务程序
        ⋮
        LJMP   DIB
AV2：   ;XI2 中断服务程序
        ⋮
        LJMP   DIB
AV3：   ;XI3 中断服务程序
        ⋮
        LJMP   DIB
AV4：   ;XI4 中断服务程序
        ⋮
        LJMP   DIB
```

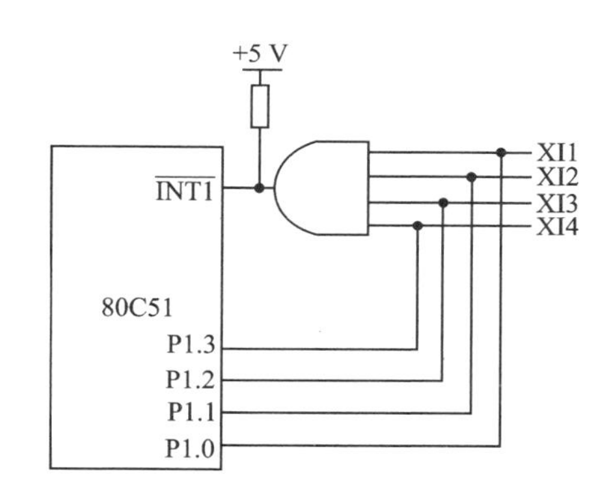

图 9.5 多外部中断源连接方法

9.4 中断程序的设计与应用

本节将介绍中断程序的一般设计方法，并通过几个简明、易懂的实例说明中断系统的应用。通过这些实例，读者可以了解中断控制和中断服务程序的设计思想及设计时应注意的问题。

9.4.1 中断程序的一般设计方法

中断处理过程是一个和硬件、软件都有关的过程,其编程方法也因此具有一定的特殊性。在图 9.6 所示的框图中,将中断处理的硬件和软件过程进行了概括。图 9.6(a)所示为主程序中的中断初始化部分,图 9.6(b)所示为 CPU 响应中断后由硬件自动执行的过程,图 9.6(c)所示为中断服务程序框图。

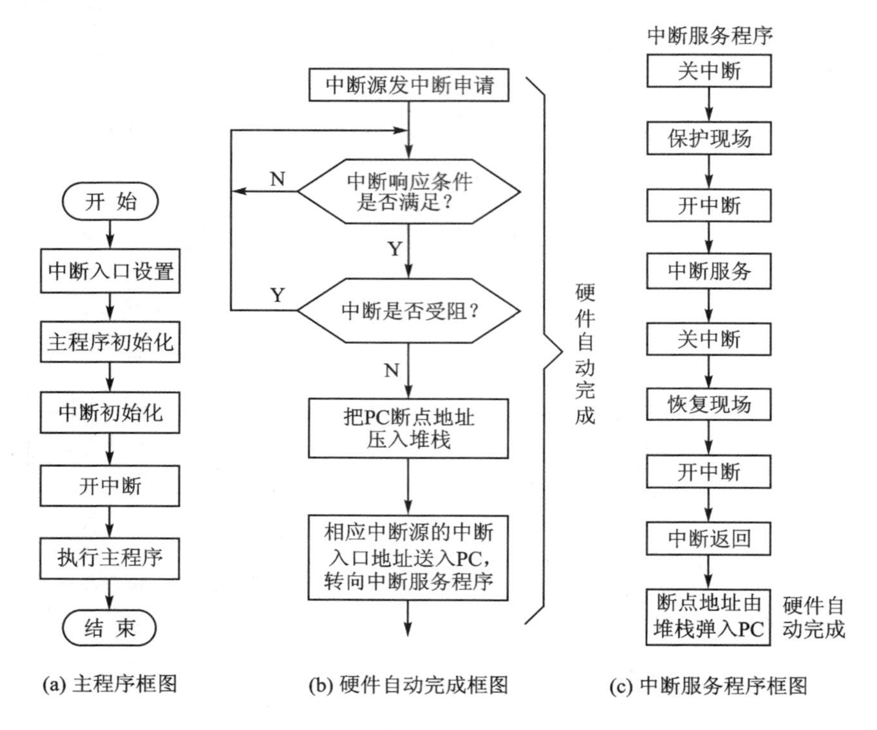

图 9.6 中断处理过程流程图

由图 9.6 可知,与中断有关的程序一般包含两部分:主程序中的中断初始化部分以及中断响应后的处理程序。因为只有中断初始化,并且开放相关中断后,中断源的申请才可能得到响应,所以中断初始化一定要在中断源申请前设置。

1. 主程序中的中断初始化

在单片机复位后,与中断有关的寄存器均复位为 0,即均处于中断关闭状态。要实现中断功能,必须进行中断初始化设置。主程序中的中断初始化主要包括两部分,首先是对 4 个与中断有关的特殊功能寄存器 TCON、SCON、IE 和 IP 的中断初始化,其次是对相关中断源的初始化。除此之外,多数情况下还需要重新设置堆栈指针。系统复位后的指针为 07H,而 08H~1FH 区域为工作寄存器区,20H~2FH 为位寻址区，由于通常有可能用到它们，因此，须重新设置堆栈指针为 30H 以上。

对与中断有关的特殊功能寄存器的相应位按照要求进行状态预置后，CPU 就会按照要求对中断源进行管理和控制。在 80C51 系列单片机中，管理和控制的项目有：

- CPU 开中断与关中断；
- 某中断源中断请求的允许和禁止（屏蔽）；
- 各中断源优先级别的设定（即中断源优先级排队）；
- 外部中断请求的触发方式。

中断管理与控制程序一般不独立编写，而是包含在主程序中，根据需要通过几条指令来实现。例如：CPU 开中断可用指令"SETB EA"或"ORL IE，#80H"来实现，关中断可用指令"CLR EA"或"ANL IE，#7FH"来实现。

对相关中断源的初始化也要在主程序中进行，如定时器或串行口的初始化等。

图 9.6(a)所示为具有中断功能的主程序框图。现在假设应用程序中有 2 个中断源即外部中断 0 和定时器 T1，则中断初始化相关程序的一般编写格式如下：

```
        ORG     0000H
        LJMP    MAIN
        ORG     0003H              ;外部中断 0 入口地址
        LJMP    SUB1               ;转外部中断 0 服务程序入口地址
        ⋮
        ORG     001BH              ;定时器 T1 中断入口地址
        LJMP    SUB4               ;转定时器 T1 中断服务程序入口地址
        ⋮
        ORG     0030H
MAIN:   …
        ⋮
        MOV     TCON,#01           ;外部中断 0 选择边沿触发方式
        MOV     IE,#10001001B      ;CPU 开中断,外部中断 0 和定时器 T1 开中断
        ⋮                          ;执行主程序
        ORG     100H               ;外部中断 0 中断服务程序入口地址
SUB1:   …                          ;外部中断 0 的服务程序
        ⋮
        RETI                       ;中断返回
        ⋮
        ORG     200H               ;定时器 T1 中断服务程序入口地址
SUB4:   …                          ;定时器 T1 的服务程序
        ⋮
        RETI
```

主程序初始化完成，并且开中断后，硬件等待中断源申请中断，并自动完成响应

中断和保护断点地址等工作,该过程如图9.6(b)所示。

在上面的示例中分别确定了外部中断0和定时器T1中断服务程序的入口地址,这样,初学者容易明确中断程序的入口地址。但在使用这种方法时,要特别注意中断服务程序所占的空间不能和主程序发生冲突。例如:如果主程序所占空间为30H~200H,假如此时把中断服务程序入口地址设定为100H,则会导致出错。在多数情况下,采用的方法是不给中断程序入口地址定位,此时汇编程序可通过设置的标号自动给中断服务程序的入口地址定位。但使用这种方法时,一定要注意不能把中断服务程序插在主程序中,而须将其安排在程序的最前面或最后面。

2. 中断服务程序

中断服务程序是一种具有特定功能的独立程序段。它为中断源的特定要求服务,以中断返回指令结束。图9.6(c)所示为中断服务程序框图,图中的最后一个框是恢复断点地址,这个工作是硬件自动完成的。在中断响应过程中,断点的保护与恢复主要由硬件电路来实现。对用户来说,在编写中断服务程序时,主要须考虑是否有需要保护的现场(指在主程序中要用到的寄存器、存储单元等,在中断中也使用了),如果有,则应注意不要遗漏;在恢复现场时,要注意压栈与出栈指令必须成对使用,先入栈的内容应该后弹出。另外,还要及时清除需用软件清除的中断标志。

保护现场之后的开中断是为了允许有更高级的中断打断此中断服务程序。如果不允许其他中断,则在中断服务程序执行过程中须一直关中断。

中断服务程序一般编写格式如下:

```
CH1: CLR    EA              ;关中断
     PUSH   ACC             ;保护现场
     PUSH   PSW
      ⋮
     SETB   EA              ;开中断(如果不希望高优先级中断进入,则不用开中断)
      ⋮                     ;中断处理程序
     CLR    EA              ;关中断
      ⋮                     ;恢复现场
     POP    PSW
     POP    ACC
     SETB   EA
     RETI                   ;中断返回
```

对于只需要一次中断服务的程序,中断返回前可设关中断。

9.4.2 中断程序应用举例

下面通过具体实例来说明中断控制和中断服务程序的设计。

【例9.1】 利用定时器T0定时,在P1.0端输出方波,其周期为20 ms,已知晶振频率为12 MHz。

解：定时器 T0 的初值 $X=65\,536-10\,000=55\,536=\text{D8F0H}$。

汇编语言源程序编写如下：

```
        ORG     0000H
        LJMP    MAIN
         ⋮
;T0 中断入口
        ORG     000BH
        LJMP    SUB1            ;转 T0 中断服务程序入口
         ⋮
        ORG     30H
MAIN:   MOV     TMOD,#01H
        MOV     TL0,#0F0H       ;置 10 ms 定时初值
        MOV     TH0,#0D8H
        MOV     IE,#82H         ;CPU 开中断,T0 开中断
        SETB    TR0             ;启动 T0
HERE:   SJMP    HERE            ;循环等待定时到
         ⋮
SUB1:   MOV     TL0,#0F0H       ;重赋初值
        MOV     TH0,#0D8H
        CPL     P1.0            ;输出取反
        RETI
         ⋮
```

在本例的中断服务程序中没有关中断，也没有保护现场，这是由于只有 1 个中断源，且主程序中没有需要保护的内容。

在本程序中没有用“CLR　TF0”指令，这是因为进入中断服务程序后，硬件可自动将 TF0 清 0。采用中断方式后，程序可以完成更多的工作，如本题中的 SJMP 指令要反复运行 10 ms 才进入中断 1 次，在这期间可执行许多其他操作，不必专门等待定时时间到。

C51 语言程序如下：

```c
#include <REG52.H>
sbit OUT = P1^0;
void main (void)
{
 TMOD = 0x01;                   //设置定时器工作方式
 TL0  = 0xf0;
 TH0  = 0xd8;
 IE   = 0x82;                   //开中断
 TR0  = 1;                      //启动定时器 T0
```

```
 while(1);                        //主程序等待
}
void T0_int(void) interrupt 1     //定义T0中断服务程序
{
    TL0 = 0xf0;                   //定时器赋初值
    TH0 = 0xd8;
    OUT =! OUT;                   //输出反相
 }
```

【例9.2】 有一个由AT89S51单片机组成的计数和方波输出系统，如图9.7所示，外部输入的脉冲信号接至P3.4脚，由T0进行计数，要求每当计满1 000时，内部数据存储单元50H内容增1，当增到100时停止计数，并使P1.2脚输出低电平，二极管点亮，同时，要求P1.4输出一个周期为20 ms的方波。已知AT89S51单片机采用12 MHz晶振。

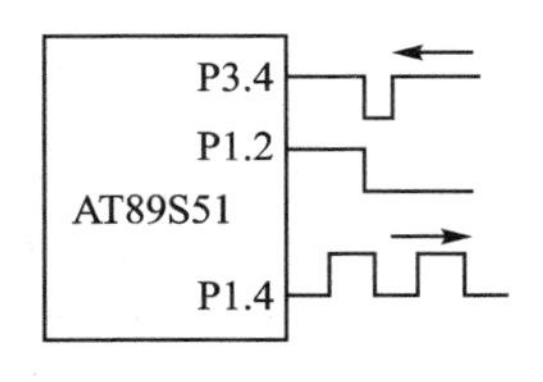

图9.7　例9.2示意图

解：把定时器T0设置为工作方式1下的外部脉冲计数方式，定时器T1设置为工作方式1下的定时方式。

$$\text{T0 的初值 } X = 65\,536 - 1\,000 = 64\,536 = \text{FC18H}$$

由P1.4输出20 ms的方波，即每隔10 ms使P1.4的电平变化1次，则T1初值与例9.1相同，为D8F0H。

汇编语言源程序如下：

```
        ORG     0000H
        LJMP    MAIN
         ⋮
;T0中断入口
        ORG     000BH
        LJMP    SUB1                ;转T0中断服务程序入口
         ⋮
;T1中断入口
        ORG     001BH
        LJMP    SUB2                ;转T1中断服务程序入口
         ⋮
        ORG     30H
MAIN:   MOV     TL0,#18H            ;T0赋计数初值
        MOV     TH0,#0FCH
        MOV     TL1,#0F0H           ;T1赋定时初值
        MOV     TH1,#0D8H
        MOV     TMOD,#00010101B     ;T1为方式1定时,T0为方式1计数
        MOV     TCON,#01010000B     ;启动T0、T1工作
```

```
        MOV     IE,#10000010B           ;开放 CPU 中断,开放 T0 中断
        MOV     50H,#00                 ;50H 单元清 0
        SJMP    $                       ;循环等待
        ORG     100H                    ;T0 计数溢出中断服务程序(由 000BH 转来)
SUB1:   PUSH    ACC
        MOV     TL0,#18H                ;重赋初值
        MOV     TH0,#0FCH
        INC     50H
        MOV     A, 50H
        CJNE    A,#100,LP               ;是否增加到 100
        CLR     P1.2                    ;使 P1.2 脚输出低电平
        MOV     IE,#88H                 ;开放 CPU 中断,开放 T1 中断,关定时器 T0 中断
        CLR     TR0                     ;定时器 T0 停止工作
        POP     ACC
LP:     RETI
        ORG     200H                    ;T1 溢出中断服务程序(由 001BH 转来)
SUB2:   MOV     TL1,#0F0H               ;T1 重赋定时初值
        MOV     TH1,#0D8H
        CPL     P1.4                    ;P1.4 输出取反,形成 20 ms 的方波
        RETI
```

C51 语言程序如下:

```
#include <REG52.H>
data unsigned char count _at_ 0x50;
sbit OUT1 = P1^2;                       //定义输出位
sbit OUT2 = P1^4;
void main (void)
{
 TL0 = 0x18;                            //定时器赋初值
 TH0 = 0xfc;
 TL1 = 0xf0;
 TH1 = 0xd8;
 TMOD = 0x15;                           //设定工作方式
 TCON = 0x50;
 IE = 0x82;
 count = 0;
 while(1);
}
void T0_int(void) interrupt 1
{
TL0 = 0x18;
TH0 = 0xfc;
```

```
count ++ ;
if (count >= 100)
{
    OUT1  =  0;
    IE    =  0x88;
    TR0   =  0;
}
 }
void T1_int(void) interrupt 3
{
    TL1    =  0xf0;
    TH1    =  0xd8;
    OUT2   =! OUT2;
}
```

由以上程序可知,定时器仅在初始化和计满溢出产生中断时才占用CPU的工作时间,一旦启动之后,定时器的定时、计数过程全部是独立运行的,因而采用中断可使CPU有较高的工作效率。

【例9.3】 要求在甲、乙两台AT89S51单片机之间进行串行通信,且甲机发送,乙机接收。本例题实现的功能是把甲机片内以50H为数据起始地址的16字节数据发送到乙机。甲机首先发送数据长度,然后开始发送数据。乙机以接收到的第1字节作为接收数据的长度,第2字节开始为数据。乙机将接收的数据存放在片内以60H为数据起始地址的16个单元内。已知两机所使用的晶振频率均为11.059 2 MHz,传输波特率定为9 600。

解:甲机串行发送的内容包括数据块的长度和数据。在本程序中数据长度是在主程序中发送的,甲机启动运行后即开始发送数据长度,此时串行口是关中断的,当数据长度发出后,再开中断。发送数据是在中断服务程序中完成的。本例中,乙机须先启动运行作好接收数据的准备,甲机每发送1个数据至乙机,都使乙机RI置1。因为乙机串行口是开中断的,因此它能够响应中断,转至中断服务程序处理传来的数据。在甲、乙机等待发送的时候,还可以使CPU执行一些其他功能。

设甲、乙机的定时器T1按方式2工作,串行口按方式1工作。

在乙机接收程序中,需要设置1个数据长度与数据的识别位,在此用F0表示。当F0为1时,表示接收的是数据;当F0为0时,表示接收的是数据长度。

甲机有关发送的汇编语言源程序如下:

```
ORG     0000H
LJMP    MAIN
ORG     0023H
LJMP    ESS
 ⋮
```

```
MAIN:   …
        MOV     TMOD,#20H               ;定时器 T1 设置为方式 2
        MOV     TL1,#0FDH               ;定时器 T1 赋初值
        MOV     TH1,#0FDH
        SETB    EA                      ;CPU 开中断
        CLR     ES                      ;串行口关中断
        SETB    TR1                     ;启动定时器 T1 工作
        CLR     TI                      ;清发送中断标志
        MOV     SCON,#40H               ;串行口置工作方式 1
        MOV     08H,#50H                ;发送数据起始地址→第 1 组寄存器的 R0
        MOV     09H ,#16                ;数据长度→第 1 组寄存器的 R1
        MOV     A,#16
        MOV     SBUF, A                 ;输出数据长度
        SETB    ES                      ;串行口开中断
L1:     NOP
        ⋮
        SJMP    L1                      ;等待发送
        ORG     100H                    ;串行口中断服务程序
ESS:    PUSH    ACC                     ;把 A 压入栈保护
        SETB    RS0                     ;保护第 0 组工作寄存器
        CLR     RS1                     ;选择第 1 组工作寄存器
        MOV     A,@R0                   ;发送数据→A
        CLR     TI                      ;TI 清 0
        MOV     SBUF,A                  ;输出数据
        INC     R0
        DJNZ    R1,L2                   ;数据未发送完转至 L2
        CLR     ES                      ;串行口关中断
L2:     POP     ACC                     ;弹出栈恢复现场
        CLR     RS0                     ;恢复第 0 组工作寄存器
        RETI
```

甲机有关发送的 C51 语言程序如下:

```
#include <REG52.H>                                  //包含 52 单片机 SFR 的定义
static unsigned char number = 0;                    //定义 1 个静态变量
data unsigned char send_data[16] _at_ 0x50;         //定义发送数据数组
void main (void)
{
 TMOD = 0x20;                                       //设置定时器 1 定时方式
 TL1 = 0xfd;                                        //定时器 1 赋初值
 TH1 = 0xfd;
 EA = 1;                                            //开中断
 ES = 0;                                            //关串行中断
```

```
 TR1 = 1;                                    //启动定时器 1
 TI = 0;                                     //清串行口发送标志
 SCON = 0x40;                                //串行口设置
 SBUF = 16;                                  //发送数据的个数
 ES = 1;                                     //串行口开中断
 while(1);
}
void UART_int(void) interrupt 4 using 1
{
if(TI)                                       //判断数据是否发送完成
  {
     TI = 0;                                 //清发送标志
     if (number<16)                          //数据未发送完,则继续发
     {
       SBUF = send_data[number];             //发送 1 个数据
       number++;                             //计数值加 1
     }else
     { ES = 0;                               //禁止串行口中断
       TR1 = 0;                              //定时器 1 停止工作
     }
  } else RI = 0;                             //接收标志位清 0
 }
```

乙机有关接收的汇编语言源程序如下:

```
        ORG     0000H
        LJMP    MAIN
        ORG     0023H
        LJMP    ESS
        ⋮
MAIN:
        ⋮
        MOV     TMOD,#20H           ;定时器 T1 设置为方式 2
        MOV     TL1,#0FDH           ;定时器 T1 赋初值
        MOV     TH1,#0FDH
        SETB    EA                  ;CPU 开中断
        SETB    ES                  ;串行口开中断
        SETB    TR1                 ;启动定时器 T1 工作
        MOV     SCON,#50H           ;置串行口方式 1 接收
        CLR     F0                  ;F0 为 0,表示接收的是数据长度
        MOV     08H,#60H            ;接收数据首地址→第 1 组寄存器的 R0
L0:     NOP
        ⋮
```

```
        SJMP    L0              ;等待接收
        ORG     100H            ;串行口中断服务程序
ESS:    SETB    RS0             ;保护第 0 组工作寄存器
        CLR     RS1             ;选择第 1 组工作寄存器
        PUSH    ACC             ;A 压栈保护
        JB      F0, L1
        MOV     A,SBUF          ;接收数据长度信息
        CLR     RI              ;RI 清 0
        MOV     R1,A            ;数据长度→R1
        SETB    F0              ;置为接收数据标志
        SJMP    L2
L1:     MOV     A,SBUF          ;接收数据信息
        MOV     @R0,A           ;存放数据
        CLR     RI              ;RI 清 0
        INC     R0
        DJNZ    R1,L2           ;数据未接收完转至 L2
        CLR     ES              ;串行口关中断
        CLR     TR1             ;关定时器 T1
L2:     POP     ACC             ;弹出栈恢复现场
        CLR     RS0             ;恢复第 0 组工作寄存器
        RETI
        END
```

乙机有关接收的 C51 语言程序如下：

```
#include <REG52.H>
data unsigned char receive_data[16] _at_ 0x60;   //定义接收数据数组
static unsigned char i = 0, number = 0;          //定义 2 个静态变量
unsigned char flag;                              //定义 1 个变量
void main (void)
{
 TMOD = 0x20;                                    //设置定时器 1 定时方式
 TL1 = 0xfd;                                     //计数器计数初值
 TH1 = 0xfd;
 EA = 1;                                         //开中断
 ES = 1;                                         //串行口开中断
 TR1 = 1;                                        //启动定时器 1
 SCON = 0x50;                                    //设置串行口允许接收
 flag = 0;
 while(1);
}
void UART_int(void) interrupt 4 using 1        //定义 UART_int 为串行口中断服务函数,
{                                              //使用第一组寄存器
```

```
        if(RI)                              //判断是否收到数据
        {
            RI = 0;                         //清接收标志位
            if(flag)
            { receive_data[i] = SBUF;       //接收数据并存储
                i++;                        //计数器加1
                if (i>=number)              //判断接收数据个数
                { ES = 0;                   //关串行中断
                  TR1 = 0;                  //定时器1停止工作
                }
            }else
            {                               //接收数据长度信息
              number = SBUF;
              flag = 1;                     //标志位置1,表示接下来收数据
            }
        } else TI = 0;                      //发送标志清0
    }
```

显然，采用中断程序的方法省略了等待发送和接收的指令，提高了程序的执行效率。在中断程序中，清除 TI、RI 的作用是当下一次发送和接收完成之后，又可以自动进入中断程序。

在本例中，甲机只负责发送，而不管乙机是否已接收到数据或接收是否正确。这样的通信是不太可靠的。通常采用的方法是甲机先呼叫乙机，乙机应答并同意接收时，甲机再开始发送。

在中断程序中，之所以要保护第0组工作寄存器，是因为它用到了R0；而在主程序中通常默认的工作寄存器均为第0组，为避免发生冲突，需要选择其他组工作寄存器。

当需要在两台以上的单片机间传输数据时，常采用多机通信的办法。限于篇幅，本书不再举例说明，多机通信示例详见参考文献[1]和[2]。

思考与练习

1. 什么是中断？在单片机中，中断能实现哪些功能？

2. 什么是中断优先级？中断优先级处理的原则是什么？

3. AT89S51 有几个中断源，各中断标志是如何产生的，又是如何清0的？CPU响应中断时，中断入口地址各是多少？

4. 中断响应时间是否固定不变？为什么？响应中断的条件是什么？

5. 用定时器 T1 定时，要求在 P1.6 口输出一个方波，周期为 1 min。晶振频率为12 MHz，请用中断方式实现，并分析采用中断后的优点。

6. 中断响应过程中，为什么通常要保护现场？如何保护？

7. 试用中断方法，设计秒、分脉冲发生器。

8. AT89S51 单片机的中断系统中有几个优先级，如何设定？若扩充 8 个中断源，应如何确定优先级？

9. 试用中断技术设计一个秒闪电路，要实现的功能是发光二极管 LED 每秒闪亮 400 ms，主机频率为 6 MHz。

10. 试设计一个 AT89S51 单片机的双机通信系统，并编写程序将 A 机片内 RAM 40H～5FH 的数据块通过串行口传送到 B 机的片内 RAM 60H～7FH 中。已知单片机晶振频率为11.059 2 MHz，要求采用中断方式接收，传送时进行奇偶校验；若出错，则置 F0 标志为 1，波特率为1 200。

11. 试将 7.4 节的例 7.3 改为用中断方法实现延时。

第10章 单片机的系统扩展

通常情况下，仅采用内部资源即可满足要求的单片机所形成的应用系统最能体现单片机体积小、成本低、结构紧凑的优点。但在有些情况下，由于控制对象的多样性和复杂性，使得单片机内部的资源（如存储器、I/O 口等）不能满足应用系统的要求，或者需要增加 A/D、D/A 等功能时，可通过单片机外接相应的外围芯片，对其存储器和 I/O 口等进行功能扩展以满足应用系统要求。系统扩展是单片机应用系统硬件设计中经常遇到的问题，其系统扩展方法主要有并行扩展和串行扩展两种。

10.1 并行扩展概述

并行扩展是利用单片机的三总线（地址、数据和控制）进行系统扩展，传输速度快，但占用引脚数较多，连接较复杂。80C51 系列单片机很适宜进行外部并行扩展，其扩展电路及扩展方法较典型、规范，外围扩展电路芯片大多是一些常规芯片。用户很容易通过标准扩展电路来构成较大规模的应用系统。

10.1.1 系统扩展常用接口芯片

在进行系统扩展时，由于用途的多样性，所涉及的集成电路芯片也很多。在选择芯片时要注意：由于制造工艺不同，具有相同逻辑功能的集成芯片的速度、输入/输出电压、功耗等性能均不完全相同。为进行区别，其型号有多种表达形式，如 74LS××、74HC××、74S××、74F××等。一般情况下，具有相同逻辑功能的芯片是能互换的，但在一些特殊要求的场合，需要注意速度、电压、功耗等的匹配，否则可能无法正常工作，具体使用方法请查看器件手册。对于目前的单片机芯片多采用 74HC××系列的形式。下面主要介绍几种在系统扩展中常用的数字电路芯片（如锁存器、译码器等）的使用方法。

1. 锁存器

在地址/数据线复用的单片机中，往往需要用锁存器锁存先出现的地址信号。锁存器有几种，不同的锁存器与单片机的连接方法不完全相同。本小节介绍使用最多的 74HC373 锁存器。

以下简称 74HC373 为 74373。其芯片引脚图见附录 B,图 10.1 所示为其常用连接方法。图中$\overline{OE}$为使能控制端。当$\overline{OE}$为低电平时,8 路全导通;当$\overline{OE}$为 1 时,输出为高阻态。G 为锁存控制信号。

74373 有 3 种工作状态:

① 当$\overline{OE}$为低电平、G(有的手册称其为 LE)为高电平时,输出端状态和输入端状态相同,即输出跟随输入。

② 当$\overline{OE}$为低电平、G 由高电平降为低电平(下降沿)时,输入端数据锁入内部寄存器中。内部寄存器的数据与输出端相同,当 G 保持为低电平时,即使输入端数据变化也不会影响输出端状态,从而实现了锁存功能。

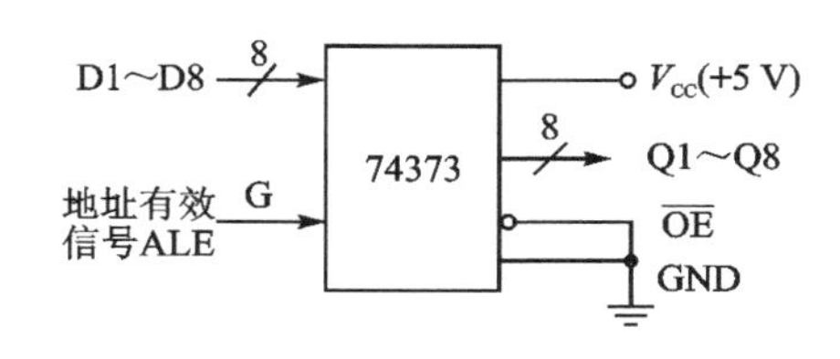

图 10.1　74373 常用连接方法

③ 当$\overline{OE}$为高电平时,锁存器缓冲三态门封闭,此时三态门输出为高阻态。74373 的输入端 D1～D8 与输出端 Q1～Q8 隔离,则不能输出。

当 74373 用作单片机低 8 位地址/数据线地址锁存器时,将$\overline{OE}$置为低电平,锁存允许信号 G 受控于单片机地址有效锁存信号 ALE。当外部地址锁存有效信号 ALE 使 G 变为高电平时,74373 内部寄存器便处于直通状态;当 G 下降为低电平时,立即将锁存器的输入 D1～D8(即总线上的低 8 位地址)锁入内部寄存器中。

2.8 同相三态数据缓冲/驱动器 74244

单片机在进行系统扩展时,为了正确地进行数据的 I/O 传送,必须解决总线的隔离和驱动问题。通常总线上连接着多个数据源设备(向总线输入数据)和多个数据负载设备(向总线输出数据)。但是在任何时刻,只能进行一个源和一个负载之间的数据传送,此时要求所有其他设备在电性能上与总线隔离。使外设在需要的时候与总线接通,不需要的时候又能和总线隔离开,这就是总线隔离问题。此外,由于单片机功率有限,故每个 I/O 引脚的驱动能力亦有限。因此,为了驱动负载,往往采用缓冲/驱动器。74244 就具有数据缓冲隔离和驱动作用,其输入阻抗较高,输出阻抗低,74244 的最大吸收电流为 24 mA,因而采用它们可加强数据总线的驱动能力。芯片引脚图见附录 B,图 10.2 所示为常用接法。

74244 使用时可分为两组,每组 4 条输入线(A1～A4),4 条输出线(Y1～Y4)。1$\overline{G}$ 和 2$\overline{G}$ 分别为每组的三态门使能端,低电平有效。一般应用是将 74244 作为 8 线并行输入/输出接口器件,因此,将 1$\overline{G}$ 和 2$\overline{G}$ 连在一起并接低电平,此时 74244 始终处于门通状态,如图 10.2 所示。

如果 74244 在系统中并不始终处于门通状态,而是在需要读或写数据时才打开缓冲门,则须采用地址编码线配合进行读或写操作。其原理如图 10.3 所示,其中$\overline{AD}$

为74244芯片在系统中的地址编码线。$\overline{AD}$信号线低电平有效；$\overline{RD}$或$\overline{WR}$为系统CPU读或写控制信号。只有$\overline{AD}$和$\overline{WR}$或$\overline{AD}$和$\overline{WR}$同时为低电平，系统选择该芯片且处在读或写周期时，数据才能通过74244输入和输出。一旦有1个控制信号为高电平，则缓冲门为高阻态，使输入或输出设备与系统数据总线隔离开来。

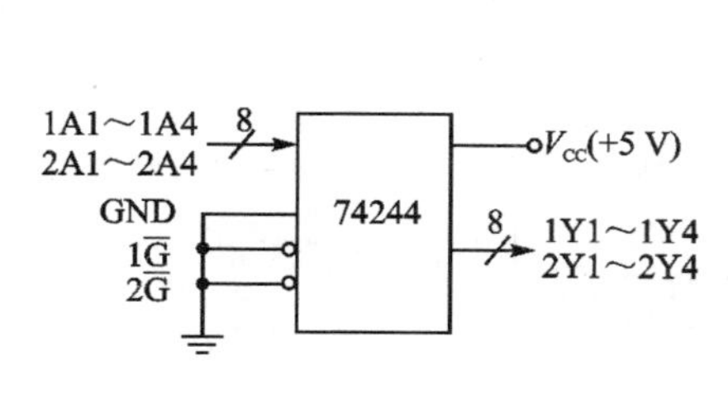

图10.2　74244常用接法

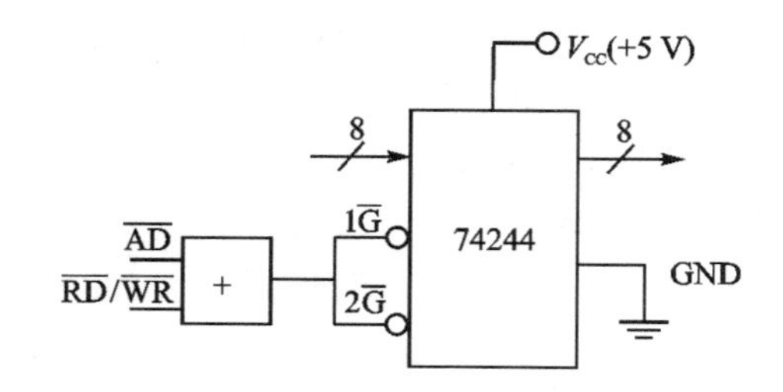

图10.3　74244读、写操作原理图

与74244电路功能类似的还有8反相缓冲器74240等。74240引脚与74244完全兼容，只是输出信号反相。

3. 8总线接收/发送器74245

74245与74244的不同之处是前者可双向输入/输出，如图10.4所示。

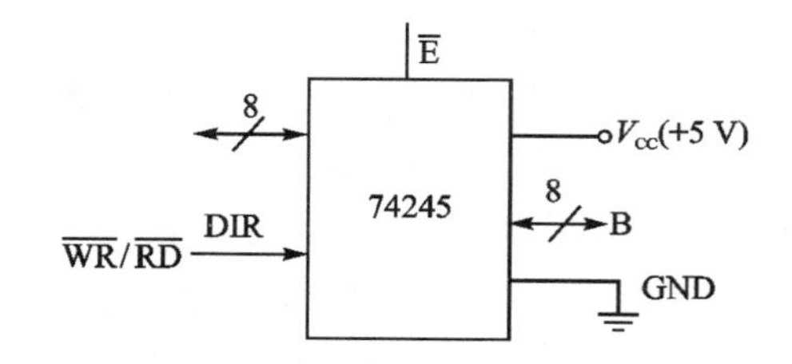

图10.4　用读、写信号控制74245传输方向

图10.4中，当$\overline{E}$端有效(低电平)时，74245的输入/输出方向由DIR端控制，使其根据需要变为高电平或低电平。在单片机系统中，可采用读信号或写信号实现控制，当$\overline{WR}$有效时，数据通过74245的B端(B1～B8)输入，由A端(A1～A8)输出；当$\overline{RD}$有效时，数据由A端输入，B端输出。由此可见，74245芯片具有双向缓冲和驱动作用，很适合作为单片机数据总线的收发器。

4. 译码器

译码器有变量译码器、代码译码器和显示器译码器3类，在此仅介绍用作地址译码的变量译码器。常用的译码器有74138和74139等。

74138是3-8译码器，具有3个选择输入端，可组合成8种输入状态。输出端有8个，每个输出端分别对应8种输入状态中的1种，0电平有效，即对应每种输入状态，仅允许1个输出端为0电平，其余全为1。74138还有3个使能端E3、$\overline{E2}$和$\overline{E1}$，必须同时输入有效电平，译码器才能工作，也就是仅当输入电平为100时，才选通译码器，否则译码器的输出全无效。其引脚图和逻辑功能真值表如图10.5所示。显然采用译码器寻址可节约单片机的I/O口线。

在单片机进行系统扩展时，数据缓冲器、锁存器应用是很普遍的，限于篇幅这里仅介绍以上几种。

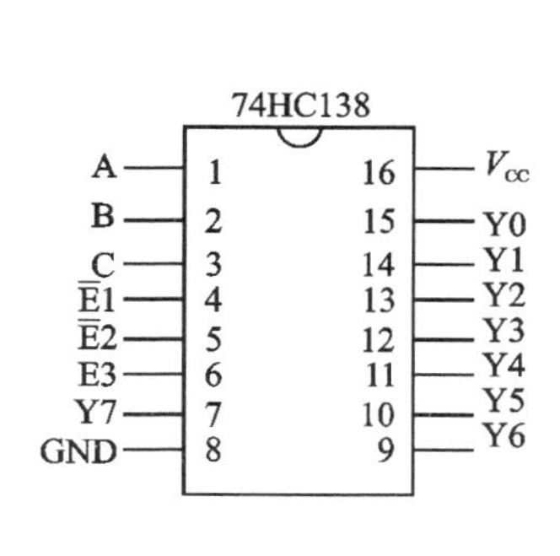

(a) 引脚图

输入						输出							
使能			选择			Y0	Y1	Y2	Y3	Y4	Y5	Y6	Y7
E3	$\overline{E2}$	$\overline{E1}$	C	B	A								
1	0	0	0	0	0	0	1	1	1	1	1	1	1
1	0	0	0	0	1	1	0	1	1	1	1	1	1
1	0	0	0	1	0	1	1	0	1	1	1	1	1
1	0	0	0	1	1	1	1	1	0	1	1	1	1
1	0	0	1	0	0	1	1	1	1	0	1	1	1
1	0	0	1	0	1	1	1	1	1	1	0	1	1
1	0	0	1	1	0	1	1	1	1	1	1	0	1
1	0	0	1	1	1	1	1	1	1	1	1	1	0
0	X	X	X	X	X	1	1	1	1	1	1	1	1
X	1	X	X	X	X	1	1	1	1	1	1	1	1
X	X	1	X	X	X	1	1	1	1	1	1	1	1

(b) 真值表

图 10.5 译码器 74138 的引脚图及真值表

10.1.2 外部并行扩展总线

80C51 系列单片机在进行系统并行扩展时，需要依靠地址总线、数据总线和控制总线将外部芯片与单片机连接为一体。一般的计算机外部三总线是相互独立的，但 80C51 系列单片机由于受引脚的限制，其作为低 8 位地址线的 P0 口是地址/数据复用口。为了区别地址/数据信号，需要在 P0 口外部加 1 个地址锁存器，从而形成一个与一般计算机类似的外部扩展三总线。其三总线扩展电路原理如图 10.6 所示。该图中单片机芯片为 80C51 系列中的一种，地址锁存器可以采用 74HC373。

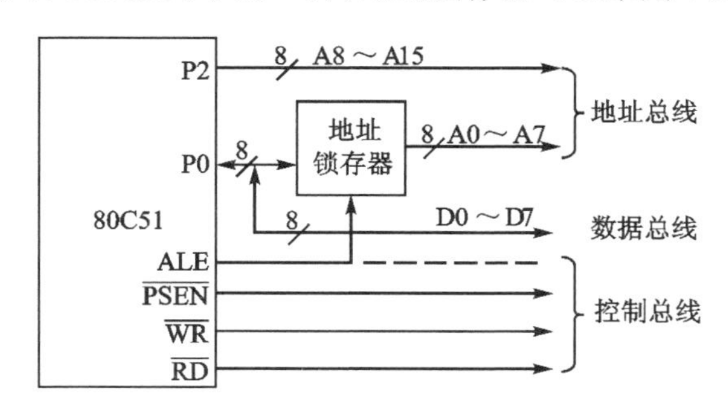

图 10.6 单片机的外部扩展三总线

由图 10.6 可知，P2 口为地址线的高 8 位，P0 口的低 8 位地址信号首先送到地址锁存器 74HC373 中。当 ALE 信号由高变低时，此地址被锁存到 74HC373 中，直到 ALE 信号再次变高，低 8 位地址才会发生变化。此时，P2 口与被锁存的 P0 口低 8 位地址共同形成了 16 位的地址总线，寻址范围为 64 KB。作为高 8 位的 P2 口在应用中可根据实际寻址范围来确定采用几根口线，并不一定要把 8 位口全部接上。此外，由于一些外围接口芯片的地址也在这 64 KB 寻址范围之内，选择外围芯片地址时,须注意不要与存储器地址发生冲突,还要保证存储器的地址是连续的。

P0口作为地址线使用时是单向的,而作为数据线使用时是双向的。P0口的数据/地址复用功能是通过软件、硬件共同配合实现的。在第3章中介绍的P0口多路转换电路MUX和地址/数据控制电路就是为此而设计的。因为P0口是分时提供低8位地址和数据信息的,所以在软件上通过采用访问片外存储器的指令,就可以实现在送出低8位地址信号和锁存信号之后,接着送出数据信息。图10.7所示的时序图可以帮助读者更好地理解这个问题。

单片机系统扩展所用到的控制线主要有如下几根:

- ALE作为低8位地址锁存的选通信号;
- $\overline{\text{PSEN}}$作为扩展程序存储器的读选通信号;
- $\overline{\text{RD}}$、$\overline{\text{WR}}$作为扩展数据存储器和外接I/O口芯片的读、写选通信号。

由上述分析可知,当进行并行总线的系统扩展时,需要占用较多的I/O口线。

10.1.3 并行扩展的寻址方法

系统并行扩展的寻址是指当单片机扩展了存储器、I/O接口等外围接口芯片之后,如何寻找这些芯片的地址。外围接口芯片的寻址与存储器寻址方法类似,一般更简单些。下面重点介绍存储器的寻址。

存储器寻址是通过对地址线进行适当连接,以使得存储器中任一单元都对应唯一的地址。存储器寻址分两步,即存储器芯片的寻址和芯片内部存储单元的寻址。在存储器寻址问题中,对于芯片内部存储单元的选择,方法很简单,就是把存储器芯片的地址线和相应的系统地址线按位相连即可;但芯片的寻址方法有多种,存储器寻址主要是研究芯片的寻址问题。目前,常用的方法有两种:线选法和译码法。

(1) 线选法寻址

当扩展存储器采用的芯片不多时,比较简单的一种方法就是采用线选法寻址。

线选法直接以系统的几根高位地址线作为芯片的片选信号,把选定的地址线和存储器芯片的片选端直接相连即可。线选法的特点是连接简单,不必专门设计逻辑电路,但芯片占用的存储空间不紧凑,并且地址空间利用率低,故一般用于简单的系统扩展。

(2) 译码法寻址

当扩展存储器或其他外围芯片的数量较多时,常采用译码法寻址。译码法寻址由译码器组成译码电路对系统的高位地址进行译码。译码电路将地址空间划分为若干块,其输出作为存储器芯片的片选信号分别选通各芯片。这样既充分利用了存储空间,又克服了空间分散的缺点,还可减少I/O口线。这种方法也适用于其他外围电路芯片。

下面以74HC138为例说明译码器的用法。

如果把单片机的地址线A13、A14、A15分别与74HC138的A、B、C端相接,则输出端产生 8 个片选信号 Y0(Y7,可选择的寻址范围依次为 0000H～1FFFH,2000H～3FFFH,4000H～5FFFH,…,E000H～FFFFH。显然其寻址空间是连续的,这样做也节约了单片机的 I/O 口线。当单片机外扩的并行芯片较多时,适宜采用此方法。

10.2 存储器的并行扩展

当单片机片内存储器不够用或采用片内无存储器的芯片时,需要扩展程序存储器或数据存储器,扩展容量随应用系统的需要而定。随着单片机技术的进步,目前单片机片内程序存储器的容量基本都能满足要求,因而一般不必再扩展程序存储器。本节仅介绍单片机采用并行总线扩展数据存储器的方法,此方法也适用于具有并行 I/O 接口的其他芯片。

10.2.1 数据存储器扩展概述

在 80C51 扩展系统中,数据存储器由随机存取存储器组成,最大可扩展 64 KB。一般采用静态 RAM,数据读/写的访问时间根据不同型号一般为几十到几百纳秒(ns)。

数据存储器地址空间同程序存储器一样,访问时由 P2 口提供高 8 位地址,P0 口分时提供低 8 位地址和 8 位双向数据。数据存储器的读和写由 $\overline{RD}$(P3.7)和 $\overline{WR}$(P3.6)信号控制,而程序存储器由读选通信号 $\overline{PSEN}$ 控制,二者虽然共处同一地址空间,但由于控制信号不同,故不会发生总线冲突。

访问片外扩展数据存储器和片外其他外围芯片可用下面 4 条寄存器间址指令:

```
MOVX    A, @Ri
MOVX    A, @DPTR
MOVX    @Ri,A
MOVX    @DPTR,A
```

在 80C51 系列单片机中,可以用作数据存储器的芯片主要是静态数据存储器、动态数据存储器和可改写的只读存储器。常用芯片 62128 为 16K×8 位 RAM,62256 为 32K×8 位 RAM,62512 为 64K×8 位 RAM 等。可改写的只读存储器目前使用最多的是闪存类型的芯片,如 AT29C256、AT29C512 等。

10.2.2 访问片外 RAM 的操作时序

访问片外 RAM 的操作包括读、写两种操作时序,通过对操作时序的了解,可以更好地理解 ALE、$\overline{RD}$、$\overline{WR}$、P0 及 P2 等信号和数据线的作用,以及 P0 口是如何分时控制低 8 位地址和数据传输的。

下面以"MOVX @DPTR,A"和"MOVX A,@DPTR"2 个指令为例,说明访问片外 RAM 的操作时序,如图 10.7 所示。"MOVX @Ri,A"和"MOVX A,

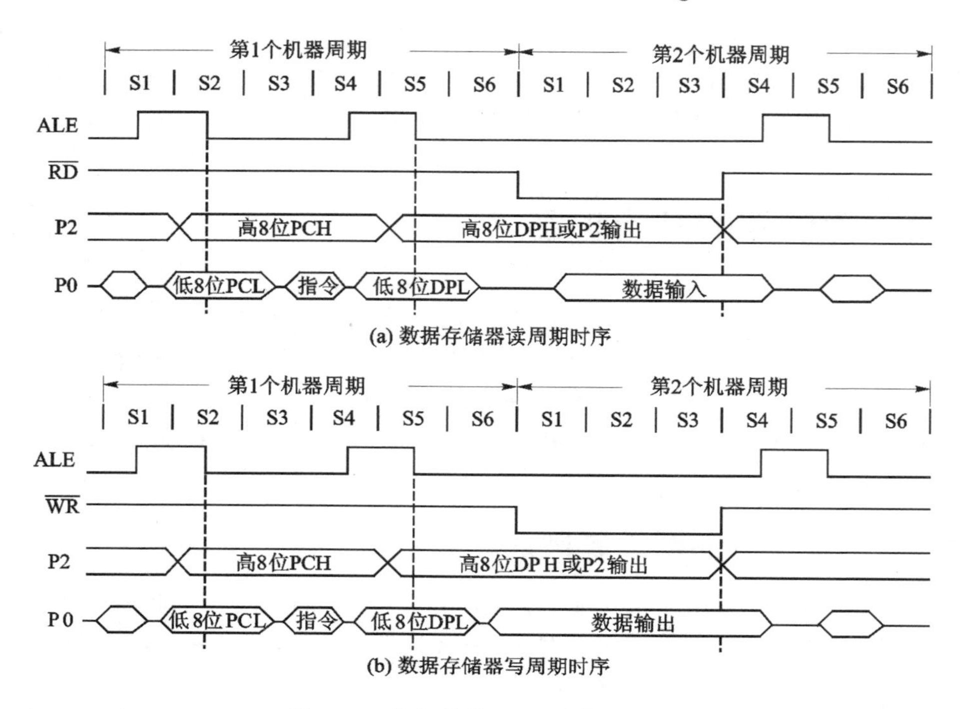

(a) 数据存储器读周期时序

(b) 数据存储器写周期时序

图 10.7　访问片外 RAM 的操作时序

@ Ri”指令的时序与其相似，在此省略。

片外 RAM 的读、写指令均为 2 个机器周期，第 1 个机器周期为从程序存储器取指令周期，第 2 个机器周期为向片外数据存储器读/写数据。图 10.7(a)所示为读片外 RAM 的操作时序，在第 1 个机器周期的 S1 状态时，开始读周期。在 S2 状态时，CPU 首先读入低 8 位指令地址(PCL 即 A0～A7)，几乎与此同时读入程序存储器的高 8 位指令地址(PCH 即 A8～A15)，接着是读指令。在从片内程序存储器取指令时，与片外相接的 P0、P2 和 ALE 不起作用，指令是通过内部总线传输的。在第 1 个机器周期的 S4 状态之后，把片外数据存储器(也可以是其他外设)地址的低 8 位(DPL)送到 P0 总线，在 ALE 由高变低时，把低 8 位地址(DPL)锁存到外部的地址锁存器中，接着把高 8 位地址(DPH)送到 P2 总线，而 P2 口的高 8 位地址信号保持不变，可以不用外部锁存器，此时选通被寻址的片外 RAM 单元。在第 2 个机器周期中，读控制信号$\overline{RD}$有效，在 S1～S2 状态，减少一个 ALE，经过适当延时后，被寻址的片外 RAM 单元中的数据送到 P0 总线。在$\overline{RD}$有效时 CPU 将数据读入累加器 A。注意：在任何情况下低 8 位地址与 8 位数据都是分时使用 P0 口的。当$\overline{RD}$变为高电平后，被寻址的片外 RAM 的总线驱动器变为悬浮状态，使 P0 总线驱动器又进入高阻状态。

图 10.7(b)所示为写片外 RAM 的操作时序。第 1 个机器周期是读取指令，操作过程与读片外 RAM 的操作时序类似，同样在读指令后，CPU 把低 8 位地址

(DPL)送到 P0 总线,在 ALE 由高变低时,把低 8 位地址(DPL)锁存到外部的地址锁存器中,接着把高 8 位地址(DPH)送到 P2 总线,此时选通被寻址的片外 RAM 单元。在第 2 个机器周期写控制信号$\overline{WR}$有效,在 S1～S2 状态,也减少一个 ALE,经过适当延时后,P0 口将送出累加器 A 的数据,在$\overline{WR}$有效时 CPU 将数据写入被寻址的片外 RAM 单元。

由于在对片外存储器进行读、写操作时都会减少一个 ALE,所以在这种情况不能把 ALE 信号作为一个频率不变的输出信号源使用。

10.2.3 数据存储器扩展举例

图 10.8 所示为扩展 32 KB(采用 1 片 62256 RAM)数据存储器的实例。

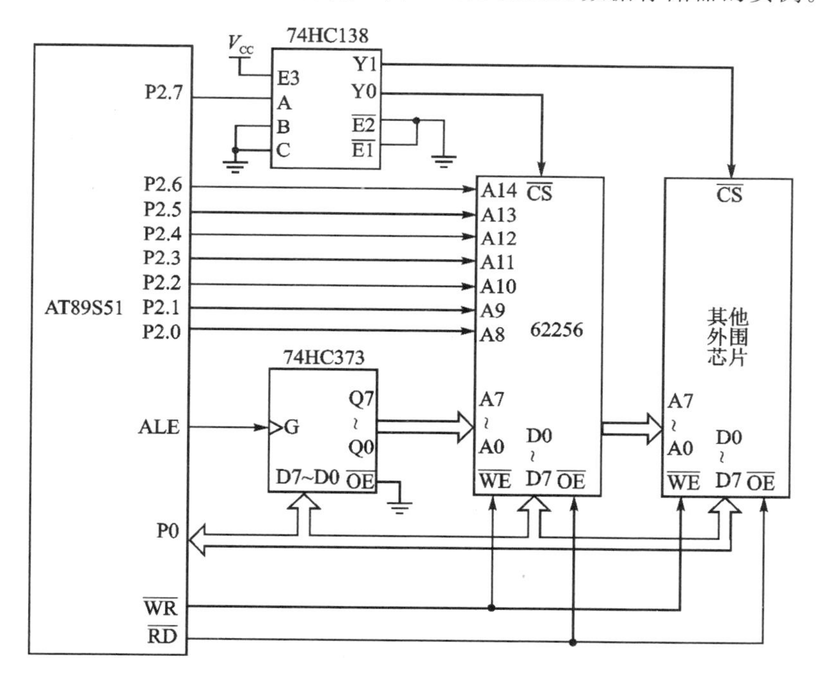

图 10.8 扩展 32 KB RAM 及其他外围芯片

图 10.8 中 8D 锁存器 74HC373 的三态控制端$\overline{OE}$接地,以保持输出常通。G 端与 ALE 相连接,每当 ALE 下跳变时,74HC373 锁存低 8 位地址线 A0～A7,并输出供外围芯片使用。

本例中,AT89S51 单片机采用片内程序存储器工作,$\overline{EA}$应接高电平。

AT89S51 的$\overline{WR}$(P3.6)和$\overline{RD}$(P3.7)分别与 62256 的写允许$\overline{WE}$和读允许$\overline{OE}$连接,实现写/读控制。在此选用 74HC138 仅为说明当扩展多片外围芯片时地址译码线的接法及地址如何确定。62256 的片选端$\overline{CE}$与 P2.7 经 74HC138 译码后产生的 Y0 相连:当 P2.7 为 0 时有效,所以其寻址范围为 0000H～7FFFH;当 P2.7 为 1 时,

可寻址范围为8000H～FFFFH,这个地址空间可用于扩充其他外围芯片。图10.8中其他外围芯片读、写信号的名称有可能与实际芯片不同,地址线也可能不需要这么多。

在图10.8所示的线路中,若采用“MOVX　@DPTR”类指令访问片外RAM,则AT89S51的P0口和P2口上的全部16根口线同时用作传递地址信息。

10.3　并行I/O接口的扩展

80C51单片机的4个8位并行I/O口可以满足用户一般的使用要求,但在有些情况下,即使4个I/O口全部外用也不能满足要求。此时,需要对单片机应用系统进行I/O口的扩展,当然也可选择I/O口多的其他型号单片机芯片。

10.3.1　扩展并行I/O口简述

在80C51单片机中,扩展的I/O口采取与数据存储器相同的寻址方法。所有扩展I/O口或相当于I/O外设以及通过扩展I/O口连接的外设均与片外数据存储器统一编址,因此对片外I/O口的输入/输出指令就是访问片外RAM的指令。

扩展并行I/O口所用芯片主要有通用可编程I/O芯片和TTL、CMOS锁存器、缓冲器电路芯片两大类。

可编程序接口芯片是指其功能可由计算机的指令来加以改变的接口芯片。为满足计算机硬件需要,目前已生产多种可编程并行接口芯片,例如早期生产的可编程I/O芯片8255A、定时/计数器8253、可编程串行接口8250等。这些芯片多数已经在“微计算机原理及应用”等课程中作了介绍,多年前单片机在进行并行口扩展时常采用8255A等芯片[1],但现在随着单片机I/O口功能及数量的增强,及8255A等芯片的停产,已经很少再用此类方法了,所以在此仅以单片机中常用的简单并行I/O口扩展法的具体电路为例说明问题。

10.3.2　简单并行I/O口的扩展

80C51系列单片机的P0～P3口具有输入数据可以缓冲、输出数据可以锁存的功能(参见第3章),并且有一定的带负载能力,因而在有些简单应用的场合I/O口可直接与外设相接,例如开关、发光二极管等。但在需要扩展I/O口或者需要提高系统的带负载能力的情况下,常采用锁存器、缓冲/驱动器等作为I/O口扩展芯片,这是单片机应用系统中经常采用的方法。这种I/O口扩展方法,具有电路简单、成本低、配置灵活的优点。一般在扩展单个8位输入/输出口时,十分方便。

可以作为I/O扩展使用的芯片有74HC373、74HC377、74HC244、74HC245、74HC273等。在实际应用中可根据系统对输入、输出的要求,选择合适的扩展芯片。

图10.9所示为采用74HC244作扩展输入、74HC273作扩展输出的简单I/O扩

展电路，图中利用单片机的 9 个 I/O 口扩展了 16 路输入和输出口，并且均提高了带负载能力。

P0 口为双向数据线，既能从 74HC244 输入数据，又能将数据传输给 74HC273 输出。输出控制信号由 P2.0 和 $\overline{WR}$ 合成：当二者同时为 0 电平时，“或”门输出 0，将 P0 口的数据锁存到 74HC273，其输出控制发光二极管 LED 的亮、灭；当某位输出 0 电平时，该线上的 LED 发光。

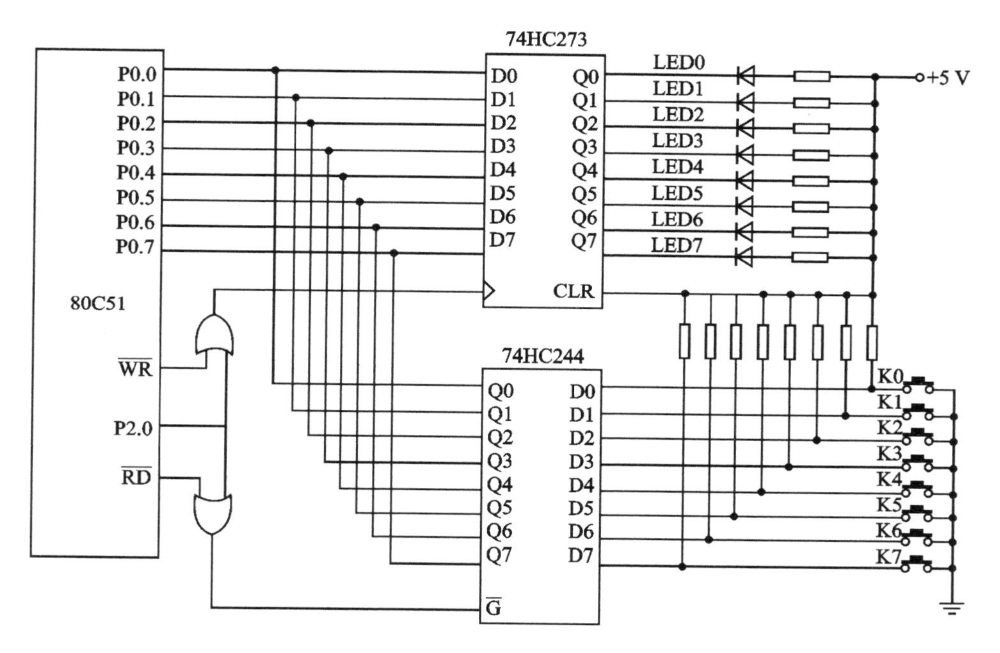

图 10.9　简单 I/O 接口扩展电路

输入控制信号由 P2.0 和 $\overline{RD}$ 合成，当二者同时为 0 电平时，“或”门输出 0，选通 74HC244，将外部信息读入到总线。当与 74HC244 相连的按键开关无键按下时，输入全为 1；若按下某键，则所在线输入为 0。可见，输入和输出都是在 P2.0 为 0 时有效，它们占有相同的地址空间，即接口地址均为 FEFFH，实际只要保证 P2.0＝0，与其他地址位无关。例如，如果地址为 00FFH 同样可以选中这 2 个芯片，但由于它们分别用 $\overline{RD}$ 和 $\overline{WR}$ 信号控制，因而尽管它们都直接与 P0 口相接，却不可能同时被选中，这样在总线上就不会发生冲突。

系统中若有其他扩展 RAM 或其他输入/输出接口，则可用线选法或译码法将地址空间区分开。

按照图 10.9 所示电路的接法，要求实现如下功能：任意按下一个键，对应的 LED 亮，例如按 K1 则 LED1 亮，按 K2 则 LED2 亮等。汇编程序编写如下：

```
LOOP: MOV     DPTR,#0FEFFH       ;数据指针指向扩展 I/O 口地址
      MOVX    A,@DPTR            ;从 74HC244 读入数据，检测按钮
```

```
MOVX    @DPTR,A          ;向 74HC273 输出数据,驱动 LED
SJMP    LOOP             ;循环
```

10.4 串行扩展概述

采用并行总线进行系统扩展要占用较多的I/O口,线路较复杂,为了能进一步缩小单片机及其外围芯片的体积,降低价格,简化互连线路,目前在单片机应用系统中开始越来越广泛地采用串行扩展总线进行系统扩展。近年来,各单片机制造厂商先后推出专门用于串行数据传输的各类器件和接口,这些串行总线均已获得广泛应用。

10.4.1 常用串行总线与串行接口简介

常用串行总线由早期单一的UART串行接口,发展为多种。目前广泛使用的串行扩展总线与串行扩展接口主要有I^2C总线、SPI串行接口、CAN、USB串行总线和单总线等,其中UART串行接口已经在第8章详细介绍过。本小节将分别简介其他较常用的串行总线及接口。

1. I^2C总线

I^2C (Inter Intergrated Circuit)总线是Philips公司推出的,推出后即以其完善的性能、严格的规范(如接口的电气特性、信号传输的定义与时序等)及简便的操作方法被其他半导体厂商和用户所接受,随后出现的带I^2C接口的单片机和带I^2C接口的外围芯片(存储器、模/数转换等)推动了它的广泛应用。

I^2C总线由2根线实现串行同步通信,其中一根是时钟线SCL,另一根是数据线SDA。I^2C总线单主机系统配置如图10.10所示。在I^2C总线中每一个I^2C接口称为一个接点。I^2C总线上数据传输的速率一般为100 Kb/s,目前有的器件可以达到400 Kb/s以上。

I^2C总线的原理及应用参见10.5节。

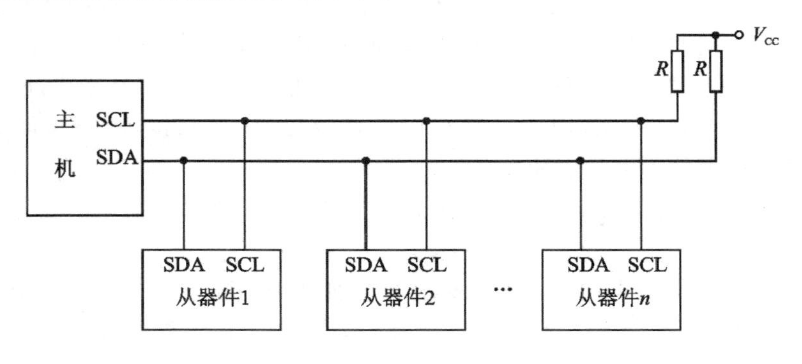

图10.10 典型的I^2C单主机系统配置示意图

2. SPI 串行扩展接口

SPI (Serial Peripheral Interface)串行接口是 Motorola 公司推出的，推出后即被其他半导体厂商和用户所接受，随后出现的带 SPI 接口的单片机和带 SPI 接口的外围芯片推动了它的广泛应用。

SPI 串行扩展系统原理如图 10.11 所示。其主机与从机的时钟线与数据线均为同名端相接。SPI 串行扩展接口需要用到 3 根通信线，即 SCK 串行时钟线、MOSI 主机输出/从机输入线、MISO 主机输入/从机输出线。此外带 SPI 串行扩展接口的器件都有片选端 SS。SPI 系统主机上的输出口 1～n，用于选择从器件 1～n 的片选端 SS，详见 10.6 节。

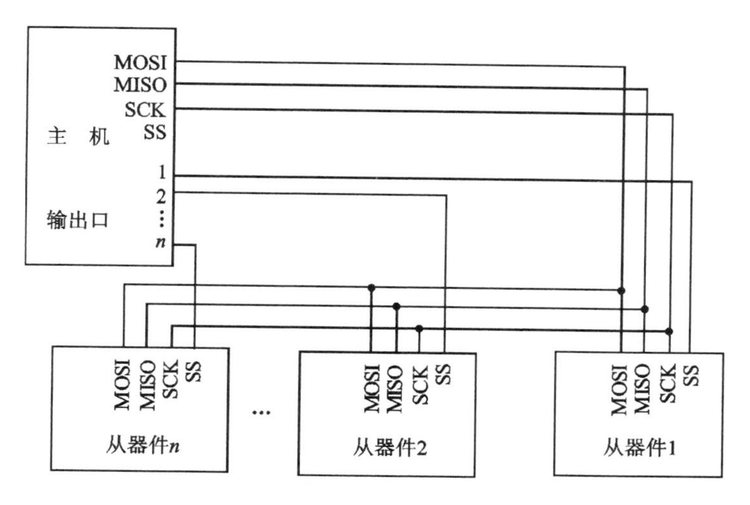

图 10.11 单主机 SPI 系统连接方法

3. USB 总线

USB (Universal Serial Bus)总线即通用串行总线，它是一种快速的、双向同步传输的、廉价并可以进行热插拔的串行接口，使用十分方便。它是 PC 机的一种标准接口，可接入多达 127 个不同的设备。此外，USB 接口支持低速、全速和高速 3 种数据传输速率。目前已生产出多种带有 USB 接口的单片机和能与单片机相配接的 USB 接口芯片。

在 USB 总线中只有一个主机。USB 系统采用拓扑总线结构。该拓扑由 3 个基本部分组成：主机、集线器(Hub)和功能设备，如图 10.12 所示。集线器是 USB 结构中的特定部分，主要用于管理连接到其端口的设备，收、发主机的信息。如果想连接更多的 USB 外设，则可利用 USB 集线器扩展，该集线器可提供多个 USB 端口。USB 采用 4 线电缆，其中 2 根是用来传输数据的串行通道，另 2 根为电源线。USB 设备本身不需要单独的电源，只须利用计算机或集线器中的电源即可。

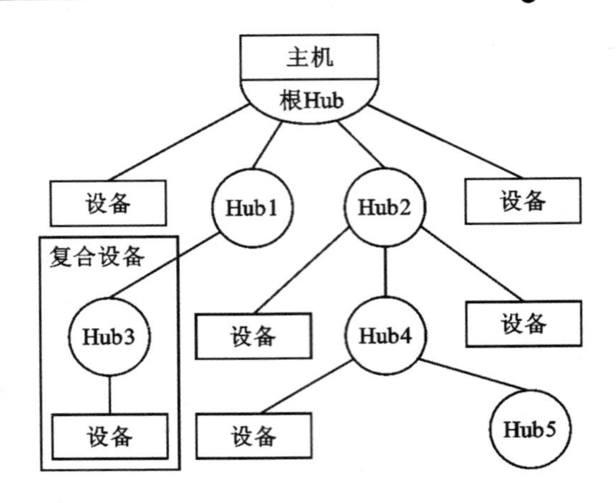

图 10.12　USB 总线系统结构

4. CAN 总线

CAN (Controller Area Network)即控制器局域网,是用于各种设备检测及控制的一种现场总线。20 多年前,它由德国 Bosch 公司首先提出,很快在工业控制领域得到了广泛应用,近年已经有多种带有 CAN 总线接口的单片机和能与单片机相配接的 CAN 接口芯片。CAN 总线用于数据通信具有突出的可靠性、实时性和灵活性,抗干扰能力强。其主要特点是:结构简单,只有 2 根线与外部相连;通信方式灵活,为多主方式工作;通信距离最大可达 10 km (速率 5 Kb/s 以下),最高通信速率可达 1 Mb/s(此时距离最长为 40 m);通信介质可以是双绞线、同轴电缆或光导纤维。

图 10.13 所示为 CAN 总线系统结构图。一个总线节点通常包括 3 部分:控制节点任务的单片机、CAN 总线控制器及 CAN 总线驱动器。对于内部已经集成 CAN 控制器的单片机,要使总线运行,只要接 CAN 驱动器即可。

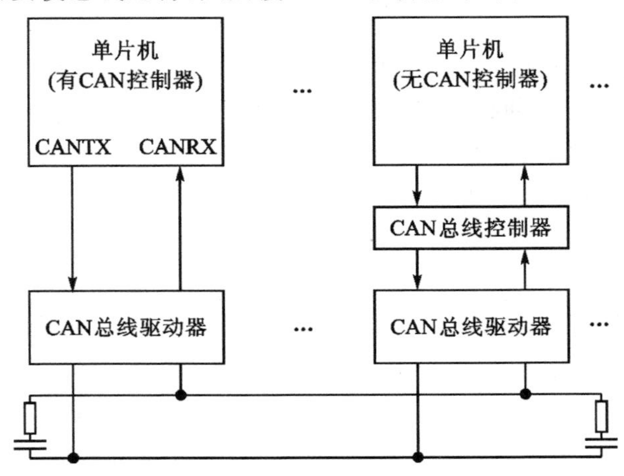

图 10.13　CAN 总线系统结构

5. 单总线

单总线是由DALLAS公司推出的外围串行扩展总线。单总线只有一根数据输入/输出线DQ,所有的器件都挂在这根线上。DALLAS公司生产的最著名的单总线器件是数字温度传感器,例如DS1820、DS1620等。每个单总线器件都有DQ接口,它是漏极开路,须加上拉电阻。DALLAS公司为每个器件都提供了一个唯一的地址,并为器件的寻址及数据传输制定了严格的时序规范。图10.14所示为用单总线构成的温度检测系统,实际应用见参考文献[2]。

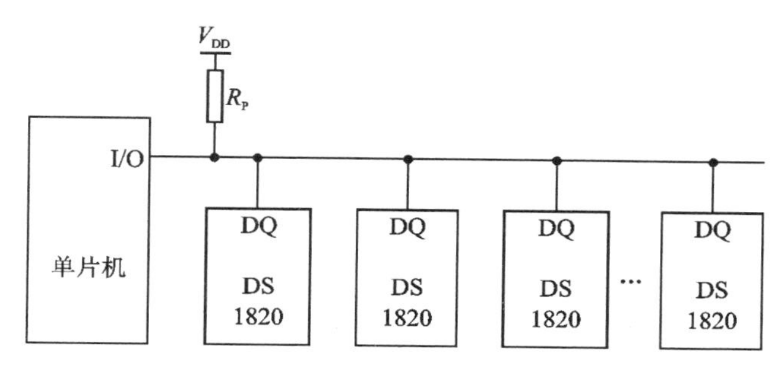

图10.14　单总线构成的温度检测系统

单总线与目前多数标准串行数据通信方式不同,它采用单根信号线,既传输数据位,又传输定时同步信号,而且数据传输是双向的。大多数单总线器件不需要额外的供电电源,可直接从单总线上获得足够的电源电流(即寄生供电方式)。它具有节省I/O口线、结构简单、成本低廉、便于总线扩展与维护等诸多优点。主要缺点是软件设计较复杂。

单总线适用于单主机系统,主机能够控制一个或多个从机设备。

10.4.2　单片机串行扩展的模拟技术

串行总线要求扩展的外围器件和计算机都配有相应的串行接口,虽然目前单片机大多都有UART串行接口,但多数都不同时具备上述几种串行接口,通常只具备其中的1～3种接口。因而,为推广串行扩展技术,就需要采用模拟接口技术,即用单片机的通用I/O接口通过软件模拟(也可称为“虚拟”)串行接口的时序和运行状态,构成模拟的串行扩展接口。这样任何具有串行扩展接口的外围器件就都可以扩展到任意型号的单片机应用系统中。

成功实现串行扩展模拟技术的主要要点如下。

(1) 严格模拟时序

目前大多数串行扩展总线和扩展接口都采用同步数据传输,并由串行时钟控制数据传输的时序。因此在模拟串行时钟时,一定要严格按照规范的时序控制,以满足数据传输的时序要求。

(2) 确保硬件与软件的配合

不同的串行扩展总线和扩展接口所需要的传输线数、速率及规范一般不相同,须认真查看手册。在模拟传输时要考虑到相互间的配合。使用时,在硬件上要符合接口标准对传输线数和时序的严格要求,在软件上要遵守标准要求的通信协议。对于在原来设计中没有这种接口的单片机只要在硬件和软件上能模拟它的通信要求,同样可以与带有这类串行通信标准的芯片相连使用。采用模拟方法时,只占用单片机的通用I/O口。

(3) 设计通用模拟软件包

为简化模拟串行接口软件的设计,依据串行总线/接口规范可以设计出各种类型接口的通用模拟软件包。这样在应用程序设计时直接调用软件包中的子程序,就可以完成相应的数据输入/输出操作,简化了串行扩展接口软件设计。

10.4.3 串行扩展的主要特点

综上所述,串行总线的共同特点是仅占用很少的内部资源和I/O线,一般只需1～3根信号线,结构紧凑,可大大减小系统体积,降低功耗。串行总线可十分方便地用于构成由1个单片机和一些外围器件组成的单片机系统,易修改且可扩展性好。它的上述优点大大简化了PC机与单片机的连接,推动了分布式系统和网络的发展。随着串行通信协议软件包的成熟及模块化,使得串行通信的编程变得简单易行,故而近年来串行扩展技术发展迅速,使它在某些领域逐渐得到广泛应用。

这种总线结构的主要问题是,没有并行总线的吞吐能力强,且速度较慢,并且在软件编程上较复杂,通常用于对速度要求不高的场合,适用于所需传输的数据量不太大、对写入速度要求不高的情况。在系统扩展时究竟采用何种方法应根据扩展应用的主要要求决定。

限于篇幅,下面主要简单介绍目前应用较普遍的I^2C总线和SPI接口串行扩展的应用方法。在使用时,要注意不同的串行总线其规范不一样,须认真查看手册中的具体规定。

10.5 I^2C总线

I^2C总线是一种用于IC器件之间的二线制同步串行通信总线。它通过两根线在连到总线上的器件之间传输信息,根据每个器件的硬件编址进行寻址。I^2C总线可以方便地构成多机系统和外围器件扩展系统。

10.5.1 I^2C总线的组成及基本工作原理

I^2C总线上的器件有主、从之分,当执行数据传送时,启动数据传输并产生时钟信号的器件称为主器件,被寻址的任何器件都可看作从器件。主器件在发送启动信号和时钟后，立即发寻址字节寻找从器件，并规定传送方向。传送完毕再发终止信号。所有主器件（单片机、微处理器等）、外围器件等都连到同名端的SDA串行数据线、SCL串行时钟线上。按照二线制串行通信总线的传输规定，将把数据传输到总线上的器件称为“发送器”，而把从总线上接收数据的器件称为“接收器”。在I^2C总线传输时，主器件或从器件都可能处于发送或接收的工作方式。I^2C总线是一种多主系统，即总线上可以有多个主器件。当系统中有多个主器件时，任何一个主器件在I^2C总线上工作时都可以成为主控制器，由于I^2C总线具有仲裁功能，故不会影响数据传输。通常最常用的方式是单主系统。图10.10所示为典型的多个从器件与一个单片机连接的单主机系统配置示意图。详细应用实例见10.5.4小节。SDA和SCL都是双向I/O线。接口电路为漏极开路，要通过上拉电阻接正电源。当总线空闲时，两根线都是高电平。连接总线的外围器件都是CMOS器件，输出级也是开漏电路，在总线上消耗的电流很小。

主器件用于启动总线上传输数据并产生时钟以开放传输的器件，此时任何被寻址的器件均被认为是从器件。总线上主和从、发送和接收的关系不是永恒不变的，而仅取决于此时数据传输的方向。

在图10.10中，数据传输是以下述方式进行的：如果主机（主器件）要把信息送至器件1，则主机首先寻址器件1，然后主机（主发送）把数据送至器件1（从接收），最后由主机终止传输；如果主机要从器件1接收信息，则首先由主机寻址器件1，然后主机（主接收）接收器件1（从发送）的数据，最后由主机终止接收。

10.5.2 I^2C总线的传输时序

I^2C总线在不同工作状态时的运行时序关系如图10.15所示。由图可知，一次典型的I^2C总线数据传输包括：1个起始条件（START）、1个地址字节（SLA6～0即7位从地址：位7～1；R/W方向位为位0：）、1个或多个字节的数据（图10.15只发了1个字节数据）和1个停止条件（STOP）。每个地址字节后面都跟随1个来自接收器的应答位ACK（ACKNOWLEDGE，也可译为确认），每个数据字节后面都跟随1个来自接收或发送器的应答位或非应答位NACK（NACKNOWLEDGE）。方向位被设置为逻辑1，表示这是“读”操作；方向位为逻辑0，表示这是“写”操作。所有从器件都能识别全局呼叫地址（00＋R/W），它允许1个主器件同时访问多个从器件。

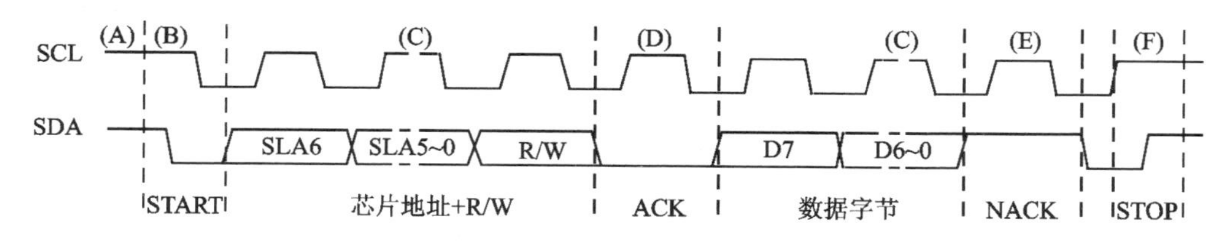

图10.15 I^2C总线运行时序关系图

对不同总线状态的说明如下：

① A段——总线空闲状态。数据线SDA和时钟线SCL都为高电平，为总线空闲状态，空闲时间必须大于4.7 μs。

② B段——开始(START)数据传输。当串行时钟SCL处于高电平时，如果SDA从高电平下降到低电平，则表示启动开始状态(从SDA下降至SCL下降的时间间隔应该大于4.0 μs)。只有出现“启动开始”信号之后，其他命令才有效。

③ C段——数据传输。在出现“开始”信号后，在时钟线SCL处于高电平时，这时数据线的状态就表示要传输的数据。当时钟线SCL为低电平期间，数据线上的数据位发生改变，每位数据需1个时钟脉冲，每次顺序发送1个字节的8位。注意：所有的数据和地址字节都是首先发送最高位(D7)。I^2C总线发送信号的第1个字节用来确定芯片地址(即第一个C段)。该字节的高7位组成芯片地址，在图10.15中SLA6即地址的第6位(但它是该字节的第7位)，SLA5～0即地址的第5～0位。最低位R/W是读/写位。图中第2个C段传输的是数据，对于存储器芯片通常第1个数据信息是存储单元地址。

④ D段——应答(ACK)信号。应答信号是主机对从机工作状态的一种检测。主机查询到从接收器件有“0”应答信号ACK输出，则说明其内部定时写的周期结束，可以写入新的内容。每当从接收器件接收完一个8位的写入地址或数据之后，就会在第9个时钟周期出现应答信号，如图10.15(D)段所示。此时从器件上发一个“0”应答信号ACK。反之，当主机接收完来自从接收器件的数据后，单片机也应通过SDA发ACK信号。

⑤ E段——非应答(NACK)信号。NACK称为非应答信号，当串行时钟SCL为高电平时，如果SDA为高电平，则表示是非应答信号。在主器件进行读操作结束后，发送NACK表示这是数据传输的最后一个字节。

应答位和非应答位的时序与发送数据“0”和“1”的信号要求完全相同，只要满足在时钟SCL高电平大于4.0 μs期间，SDA线上有确定的电平状态即可。

⑥ F段——停止(STOP)数据传输。

当串行时钟SCL处于高电平时，如果SDA从低电平上升到高电平，则表示这是一个停止信号(SDA高电平时间必须大于4.7 μs)。在出现“停止”信号后所有操作都停止。为了防止非正常传输，停止信号后SCL可设置为低电平。

每个数据的传输都是由启动信号开始，停止信号结束。在开始与停止信号之间传输的字节数由主机决定，从理论上说对字节数没有限制。

为保证可靠传输I^2C总线数据，严格规定了总线的时序信号。用普通I/O口模拟I^2C总线的数据传输时，单片机模拟的时序信号须满足SDA和SCL的时序要求。

10.5.3 I^2C总线的通用模拟软件包

为了简化I^2C总线模拟传输的软件编程方法，根据其时序特点编制了通用软件包,包括典型信号的通用模拟子程序和 I^2C 总线信号模拟传输的通用子程序,可适用于以 80C51 系列单片机为主机的 I^2C 总线单主应用系统。通用软件包中的符号单元如下:

MTD——发送缓冲区首地址;

MRD——接收缓冲区首地址;

SLAW——芯片地址与写控制字存放单元;

SLA——寻址字节存放单元;

NUMBYT——传输字节数存放单元;

ERR——错误标志;

SDA——模拟串行数据线;

SCL——模拟串行时钟线。

本小节中 I^2C 总线的通用子程序的主机频率假设为 6 MHz,使用下述子程序时应根据从器件的频率修改延时用的 NOP 指令个数,以满足时序要求。

发启动脉冲汇编语言子程序如下:

```
STA:    SETB  SDA               ;准备发启动开始脉冲
        SETB  SCL
        JNB   SDA,STA1          ;没有变高跳转
        JNB   SCL,STA1          ;没有变高跳转
        CLR   SDA
        NOP                     ;确保延时时间
        CLR   SCL
        CLR   ERR               ;清错误标志
        SJMP  STA2
STA1:   STEB  ERR               ;置错误标志
STA2:   RET
```

发停止脉冲汇编语言子程序如下:

```
STOP:   CLR   SDA               ;发停止脉冲
        SETB  SCL
        NOP
        SETB  SDA
        NOP
        NOP
        CLR   SCL
        RET
```

检查应答汇编语言子程序如下:

```
CACK:   SETB  SDA               ;置应答信号位
        SETB  SCL               ;时钟变高
```

```
            CLR     ERR                 ;清错误标志
            MOV     C,SDA
            JNC     ACK1                ;是否响应
            SETB    ERR                 ;为高说明没有响应
ACK1:       CLR     SCL                 ;时钟变低
            RET
```

此应答信号是由从器件发给主机的,所以加一个判断其是否变为低,效果更可靠。

发送应答汇编语言子程序(这是主机发给从器件的)如下:

```
MACK:       CLR     SDA                 ;置应答位为低
            SETB    SCL                 ;时钟变高
            NOP
            NOP
            CLR     SCL                 ;时钟变低
            SETB    SDA                 ;SDA 为高
            RET
```

非应答汇编语言子程序如下:

```
NAK:        SETB    SDA                 ;置非应答信号位
            SETB    SCL                 ;时钟变高
            NOP
            NOP
            CLR     SCL                 ;时钟变低
            CLR     SDA
            RET
```

写(发送)一个字节汇编语言子程序如下:

```
WR_1BYTE:   MOV     R6,#08
WR_LP:      RLC     A                   ;从最高位开始左移进入 C
            MOV     SDA,C               ;逐位写入 SDA
            SETB    SCL                 ;时钟变高
            NOP
            NOP
            CLR     SCL                 ;时钟变低
            DJNZ    R6,WR_LP            ;1 字节是否写完
            RET
```

读(接收)一个字节汇编语言子程序如下:

```
RD_1BYTE:   MOV     R6,#08              ;置位数
RD_LP:      SETB    SDA                 ;置 SDA 为输入状态
```

```
        SETB   SCL              ;使 SDA 数据线有效
        MOV    C,SDA            ;读入 1 位
        RLC    A                ;将 C 移入 A
        CLR    SCL              ;时钟变低
        DJNZ   R6,RD_LP         ;是否读完 1 字节
        RET
```

写数据块汇编语言子程序如下：

```
WRNBYT: LCALL  STA              ;调启动脉冲子程序
        MOV    A, SLAW          ;芯片地址与控制字送 A
        LCALL  WR_1BYTE         ;写入芯片地址和写命令
        LCALL  CACK             ;检查应答位
        JB     ERR,WRNBYT       ;不正确返回
        MOV    A,SLA            ;存储单元地址送 A
        LCALL  WR_1BYTE         ;写入 1 字节数据的字节地址
        MOV    R0,#MTD          ;发送数据首地址送 R0
W1C:    MOV    A,@R0
        LCALL  WR_1BYTE         ;调写入 1 字节子程序
        LCALL  CACK             ;检查应答位
        JB     ERR,WRNBYT       ;不正确返回
        INC    R0
        DJNZ   NUMBYT,W1C
        LCALL  STOP             ;发停止脉冲子程序
        RET
```

读数据块汇编语言子程序如下：

```
RDNBYT : LCALL STA              ;调开始脉冲子程序
        MOV    A, SLAW          ;芯片地址与写控制字送 A
        LCALL  WR_1BYTE         ;写入 1 字节数据的芯片地址和写命令
        LCALL  CACK             ;检查应答位
        JB     ERR,RDNBYT       ;不正确返回
        MOV    A ,SLA           ;存储单元地址送 A
        LCALL  WR_1BYTE         ;写入 1 字节数据的字节地址
        LCALL  CACK             ;检查应答位
        JB     ERR,RDNBYT
        MOV    A, SLAW          ;芯片地址与写控制字送 A
        SETB   ACC.0            ;改为读控制
        LCALL  WR_1BYTE         ;写入 1 字节的芯片地址和读命令
        LCALL  CACK             ;检查应答位
        JB     ERR,RDNBYT
        MOV    R0,#MRD          ;接收缓冲区首地址送 R0
RR_D:   LCALL  RD_1BYTE         ;调读 1 字节数的子程序
```

```
MOV    @R0,A                 ;把读到的数保存到单片机中
INC    R0                    ;修改地址指针
LCALL  MACK                  ;调发应答子程序
DJNZ   NUMBYT,RR_D
LCALL  NAK                   ;调非应答信号子程序
LCALL  STOP                  ;发停止脉冲子程序
RET
```

显然简化硬件的代价是增加了软件的复杂性，不过因为所有符合这种接口的存储器外围器件都可以采用上述模拟子程序，所以减轻了编程的负担。I^2C 总线模拟传输的 C 语言子程序在网上可查到，限于篇幅本书省略。

10.5.4 I^2C 总线应用举例

目前，各厂商已生产出多种串行接口芯片(例如有存储器、A/D、D/A 和时钟等)，其中串行 E^2PROM 是在各种串行芯片中使用较多的芯片，它特别适于存放修改后可长期保存的数据。本节介绍串行 E^2PROM 芯片的寻址、操作以及与 89 系列单片机的接口技术。

串行 E^2PROM 中，较为典型的有 Atmel 公司的 AT24CXX 系列，其他公司也有类似产品，这些芯片在使用方法上有一定的共性。限于篇幅，下面仅以 AT24CXX 系列产品举例说明。

1. 存储器组织及引脚功能说明

AT24CXX 系列的串行电可改写及可编程只读存储器有 10 多种型号，其中典型的型号有 AT24C01A/02/04/08/16 等 5 种，这 5 种型号的结构原理类似，其主要差别在于存储器容量不同。所以 E^2PROM 的地址硬布线也有所不同，即它们的地址引脚虽然有 A0～A2 共 3 条，但有效地址引脚却不同。同时，在 2 线串行总线上可以连接的片数也有区别。AT24CXX 系列的 E^2PROM 典型型号的存储器参数如表 10.1 所列，由表可见各种型号 E^2PROM 存储区大小、页面大小、容量、总线可接片数及可用地址引脚的情况。

表 10.1　AT24CXX 系列各种型号 E^2PROM 参数

型　号	容量/B	区　数	页数/区	字节数/页	可连续写字节数	可接片数	可用地址引脚
AT24C01A	128	1	16	8	8	8	A0,A1,A2
AT24C02	256	1	32	8	8	8	A0,A1,A2
AT24C04	512	2	16	16	16	4	A0,A1
AT24C08	1 024	4	16	16	16	2	A2
AT24C16	2 048	8	16	16	16	1	无

该系列芯片的引脚排列如图 10.16 所示。

各引脚的名称和功能如下。

① V_{CC}:+5 V 电源。

② GND:地线。

③ SCL:串行时钟输入端。

④ SDA:串行数据 I/O 端,用于输入和输出串行数据。

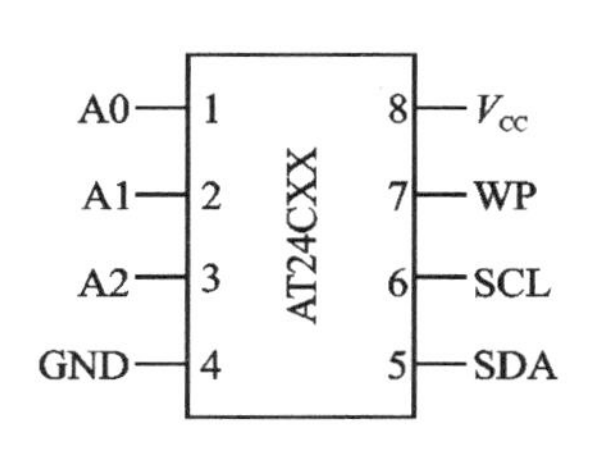

图 10.16 AT24CXX 引脚图

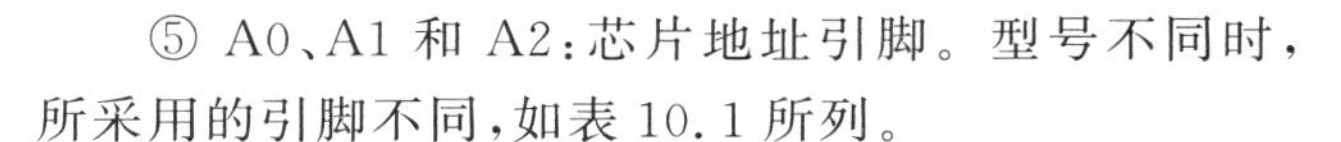

⑤ A0、A1 和 A2:芯片地址引脚。型号不同时,所采用的引脚不同,如表 10.1 所列。

以 AT24C01A 和 AT24C02 为例,A0、A1 和 A2 这 3 位引脚均可以用于芯片寻址。当用 8 片 AT24C01A 组成 1 KB 的存储器时,第 1 片地址为"000",故 A0、A1 和 A2 全部接地;第 2 片地址为"001",故 A0 接高电平 5 V,A2 和 A1 接地;……;第 8 片地址为"111",故 A0、A1 和 A2 全部接高电平 5 V。

⑥ WP:写保护端。通过此引脚可提供硬件数据保护。当把 WP 接地时,允许芯片执行一般读/写操作;当把 WP 接到 V_{CC}时,则对芯片实施写保护。

2. 芯片及存储单元寻址

对于 AT24CXX 系列 5 种典型 E^2PROM 的芯片寻址包括芯片和存储单元寻址两部分。

(1) 芯片寻址

芯片寻址(也称为"器件寻址")就是用一个 8 位的芯片地址字去选择存储器芯片。在 AT24CXX 系列的 5 种芯片中,如果逻辑电路所确定的硬件地址和芯片地址字相比较结果一致,则该芯片被选中。芯片寻址的过程和定义如下。

用于存储器 E^2PROM 芯片寻址的芯片地址字如图 10.17 所示。它有 4 种形式,分别对应于 1 Kb/2 Kb、4 Kb、8 Kb和 16 Kb 位的 E^2PROM 芯片。

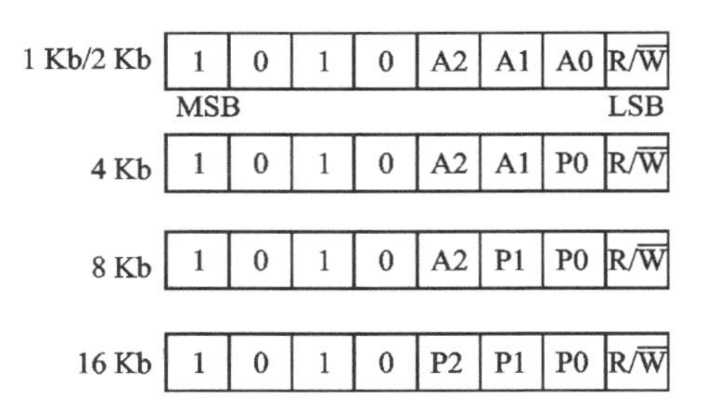

图 10.17 芯片地址及读/写控制字

从图 10.17 中可以看出,芯片地址及读/写控制字含如下 3 个部分。

第 1 部分: 芯片标识位,芯片地址字的最高 4 位。对于 AT24CXX 系列芯片,这 4 位的内容恒为"1010"。

第 2 部分: 地址位,第 1～3 位。这 3 位有 2 种符号:A_i(i=0～2)、P_j(j=0～2),其中 A_i 表示外部硬件布线地址位,P_j 表示芯片页地址位。

例如,对于 AT24C01A/02 这 2 种 1 Kb/2 Kb 位的 E^2PROM 芯片,硬件布线地址为"A2、A1、A0"。在应用时,"A2、A1、A0"的内容必须和 E^2PROM 芯片的 A2、A1、A0 的硬件布线情况一致。工作时,芯片地址与逻辑连接情况相比较,如果一样,则芯片被选中;否则,不选择。

对于AT24C08这种8 Kb的芯片,地址位为“A2、P1、P0”。在应用时,“A2”的内容必须和芯片A2端的硬件布线一致,芯片才能被选中。“P1、P0”是芯片内部的区地址,因此AT24C08的A1、A0端不用连接。

对于AT24C16这种内部16 Kb的芯片,A2、A1、A0端不用连接。地址位“P2、P1、P0”用于内部区寻址。

第3部分:读/写选择位,是芯片地址字的最低位,用R/W表示。当R/W=1时,执行读操作;当R/W=0时,执行写操作。

(2) 存储单元寻址

在选中芯片地址之后,主机将接着送一个“字节地址”至总线上。“字节地址”是一个8位的地址信息,是用于对存储器中的存储单元寻址的。当对不同芯片内的存储单元寻址时,其实际地址是由硬布线地址中的页面地址和字地址结合而成的,其页面地址为实际的高位,字地址为低位。不同芯片的实际存储单元地址如下:

AT24C01A/02:实际地址=字节地址,即00H～7FH/FFH;

AT24C04:实际地址= P0×2^8+字节地址,即(0～1)×100H+(00H～FFH);

AT24C08:实际地址=(P1、P0)× 2^8+字节地址,即(0～3)×100H+(00H～FFH);

AT24C16:实际地址=(P2、P1、P0)× 2^8+字节地址,即(00H～7)×100H+(00H～FFH)。

以AT24C08为例说明某单元实际地址的确定方法,如果“A2、P1、P0”为“1、0、1”,字地址为30H,则这个字节的实际地址是在A2接为高电平的AT24C08的130H。

3. 读/写操作

为了更好地理解I^2C总线的工作原理,下面简单介绍对该芯片的读、写操作过程。

① 写操作

写操作有“单字节写”、“多字节连续写”两种不同的写入方法,下面以“多字节连续写”为例介绍。

不管哪种方式,在起始状态中都要首先写入8位的芯片地址,则E^2PROM芯片会产生一个“0”信号ACK输出作为应答;接着,写入8位的字地址,在接收了字地址之后,E^2PROM芯片又产生一个“0”应答信号ACK;然后写入8位数据。多字节写过程和单字节写过程的主要区别是在发送完第1个数据,并收到应答信号后,不发停止信号,而是继续发送其他数据。单片机可以连续向E^2PROM芯片发送1个数据块的数据。例如对于AT24C01A/02,可连续发送共8字节;对于AT24C04/08/16,则共可发送16字节。当然,每发一个字节都要等待芯片的应答信号ACK。

注意：在写数据块时，可以写入的数据量超过 1 页的容量时，字地址会产生循环覆盖，先前所写的数据会被新的所覆盖。如果跨页写超过芯片规定的页地址也会产生覆盖问题。

② 读操作

对芯片读操作的启动是和写操作类似的，不同的是 R/W 位信号为"1"时执行读操作。读操作有 3 种方式，即"当前地址读"、"随机读"和"连续读"。下面以"连续读"为例说明它的工作过程。

"连续读"(也称为"多字节读")即连续读存储单元的数据，可以从当前地址开始也可以从任意一个指定字节地址开始。当 E^2PROM 芯片接收了芯片地址及字节地址时，在芯片产生应答信号 ACK 之后，则 E^2PROM 串行输出被读数据。执行"连续读"时，每读出一个数据，单片机都要发应答信号，只有在单片机产生非应答信号之后马上发停止信号，才会结束"连续读"操作。

"连续读"和"当前地址读"、"随机读"的最大区别在于："连续读"在读出一批数据之后才由单片机产生停止信号结束读操作；而"当前地址读"和"随机读"在读出一个数据之后就由单片机产生停止信号结束读操作。

注意：在"连续读"时，读地址范围不能超过芯片规定的地址范围，否则会产生读重叠。例如对于 AT24C01"连续读"不能超过 128 字节。

在对 AT24CXX 系列执行读/写的 2 线串行总线工作中，对于无 I^2C 总线接口的单片机其有关信号是由程序产生的。有两点特别要注意：串行时钟必须由单片机执行程序产生，而写地址或数据时由 E^2PROM 产生 ACK，读数据时由单片机产生 ACK。

4. I^2C 总线接口实例

下面例题是用 AT89S51 作为主机，扩展一块 AT24C08 和 AT24C02 的接口电路，其连接方法如图 10.18 所示。在图中，AT89S51 通过 P1 端口的 P1.1(作为串行时钟线 SCL)、P1.2(作为串行数据线 SDA)和 AT24C02、AT24C08 的 SCL、SDA 端相连，从而形成了 2 线串行总线。为了使 SCL、SDA 能保持可靠的高电平，在 2 线串行总线上都接了上拉电阻。AT24C02 的硬件布线地址为"000"，故 A2、A1、A0 都接地；AT24C08 的硬布线地址为"100"，故 A2 接 5 V。

为了在 AT89S51 和 AT24C02、AT24C08 之间进行正常的数据写入和读出，要求 AT89S51 的工作程序能够以恰当的时序产生串行时钟 SCL 和串行数据 SDA。

在此例题中实现：从 AT24C02 的 40H 单元中连续读 8 个数据，然后存入单片机的以 60H 为首地址的连续 8 个单元中；再把从单片机的以 60H 为首地址的连续 16 个单元中取出的数据存入 AT24C08 的以 220H 单元为首地址的连续 16 个单元中。限于篇幅，这里省略了有关出错的处理。当所用的单片机 AT89S51 工作频率为12 MHz时，程序满足所有 AT24CXX 系列型号的时序要求，程序中出现的 NOP 指令是用于时间延迟

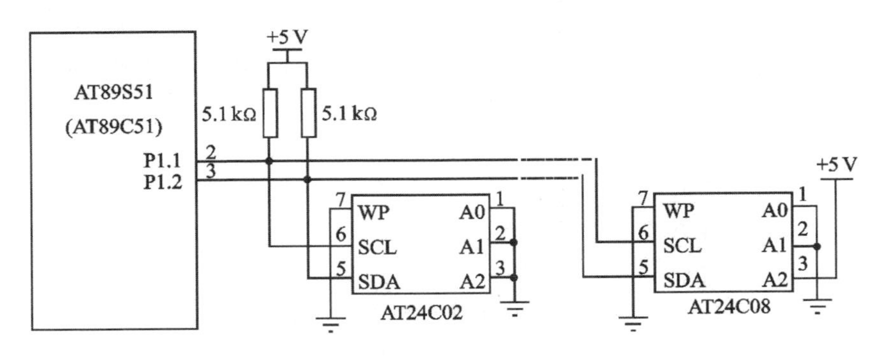

图 10.18　AT89S51 和 AT24C02、AT24C08 的接口

的。当采用更高速度的时钟时,程序的时间延迟需要做一定的修改。

汇编语言程序清单如下:

```
SLAW      EQU   31H        ;芯片地址与写控制字存放单元
SLA       EQU   32H        ;寻址字节地址存放单元
NUMBYT    EQU   33H        ;传输字节数存放单元
SDA       BIT   P1.2       ;串行数据线
SCL       BIT   P1.1       ;串行时钟线
ERR       BIT   30H        ;错误标志
MTD       EQU   40H        ;发送数据缓冲区首地址
MRD       EQU   60H        ;接收数据缓冲区首地址
ORG       0000H
LJMP      MAIN
…
MAIN:MOV  SP ,#70H         ;设堆栈指针
SETB      SDA              ;初始化 AT2402/AT2408 总线
SETB      SDL
LCALL     DELAY            ;调延时子程序(省略)
…
MOV       SLAW ,#0A0H      ;置 2402 芯片地址和写命令字
MOV       SLA,#040H        ;置字节地址
MOV       NUMBYT,#8        ;置传输数据长度
LCALL     RDNBYT           ;调读数据块子程序
…
MOV       SLAW,#0ACH       ;置 2408 芯片地址和 RAM 地址高 3 位(A2、P1、P0;=1、1、0)以及
                           ;写命令字
MOV       SLA,#20H         ;送入字节地址(低 8 位)
MOV       NUMBYT,#16       ;置数据长度
LCALL     WRNBYT           ;调写数据块子程序
…
SJMP       $
```

本程序利用了前面介绍的 I^2C 总线的通用模拟软件包,因而程序编写并不复杂,也比较容易懂。以后类似功能的芯片均可以直接调用通用模拟软件包。

10.6 SPI 串行接口

SPI 是同步串行外围接口,可以主机方式或从机方式工作,主机最大位传输速率为 1.05 Mb/s,目前有的型号速率已经超过此值。其可与各种采用串行移位方式工作的外围器件进行通信。

10.6.1 SPI 系统的组成及基本原理

采用 SPI 接口可以构成不同的系统,如:一个主单片机和几个从单片机;几个单片机互连,构成多主机系统以及一个主单片机和几个从外围器件。

多数应用场合是用一个单片机作为主机,控制一个或多个从外围器件传输数据,这些外围器件接收或提供传输的数据。单主机 SPI 系统连接方法参见图 10.11。由图可以看出主、从机之间的关系和相互间连线:从机可以是单片机,也可以是具有 SPI 接口的外围器件;主机也可以采用没有 SPI 接口的单片机,但此时需要通过软件模拟其接口。

MOSI 和 MISO 这 2 个数据引脚用于接收和发送串行数据,传输时是最高位(MSB)在先,最低位(LSB)在后。对于主机的 SPI 口,MISO 是主机数据输入端,MOSI 是主机数据输出端。对于从机的 SPI 口,MISO 是从机数据输出端,MOSI 是从机数据输入端。主机位速率、串行时钟极性与相位可编程。

SCK 是通过 MISO 和 MOSI 输入或输出数据的同步时钟。作为主机的芯片,SCK 是主机时钟输出端;作为从机的芯片,SCK 是从机时钟输入端。

10.6.2 SPI 接口的传输时序

为适应具有 SPI 接口外围器件不同的传输时序要求,具有 SPI 接口单片机的时钟极性(CPOL)和相位(CPHA)有 4 种配置方式。时钟极性定义了时钟空闲时的状态,如 CPOL=0 时表示时钟空闲时电平为低,CPOL=1 时表示时钟空闲时电平为高。时钟相位定义了数据的采样时刻,CPHA=0 时表示在时钟的前沿(上升或下降)采样,CPHA=1 时表示在时钟的后沿(上升或下降)采样。SPI 的 4 种传输时序如图 10.19 所示。在 SPI 系统工作时,被选中从器件的 SS 必须置为低电平。数据是在主器件的 SCK 时钟信号控制下通过移位寄存器逐位同步输入、输出。数据的传输格式是高位(MSB)在前,低位(LSB)在最后。

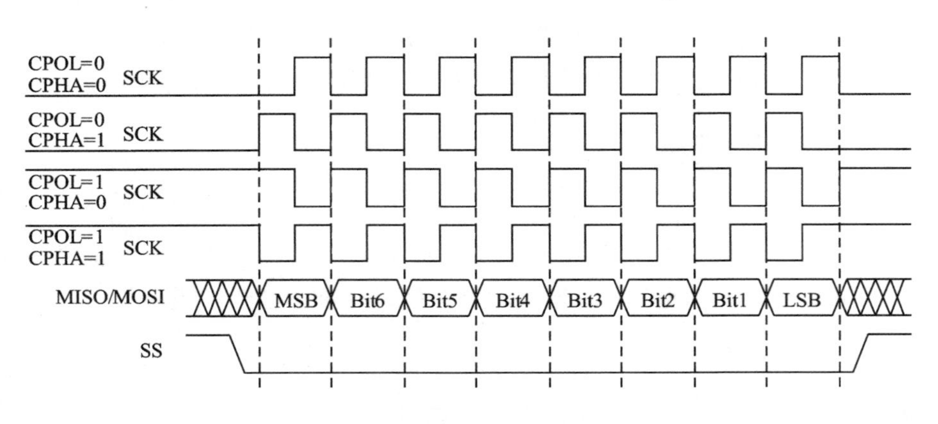

图 10.19 SPI 的时序图

10.6.3 SPI 串行接口的通用模拟软件包

因为 80C51 系列单片机一般没有 SPI 接口,如果要扩展具有 SPI 接口的器件则要采用软件模拟其时序的方法。在模拟时要注意具有 SPI 接口的器件可以响应的串行时钟时序与速率不完全相同,在编程时要适当考虑时钟时序及延时时间。

为了简化 SPI 接口模拟传输的软件编程方法,根据其时序特点编制了通用软件包,通常情况对于具有 SPI 接口的外围器件,厂家都提供了几条基本操作命令,在使用时,根据需要由主机向外围器件发命令,即可实现需要的功能。但因为不同厂家生产的芯片在功能和具体使用方法上有一定差别,操作命令也不完全相同,所以在使用前建议要参考该芯片的数据手册。本节根据图 10.19 所示时序图中的(a)来编写通用模拟读、写单字节子程序。

通用软件包中的符号定义如下:SO ——模拟输出线;SI——模拟输入线;SCK——模拟时钟线。

向 SPI 接口器件中写单字节汇编语言子程序(入口:A 中为准备写入的命令字或数据):

```
BYTEOUT:MOV     R0,#08H
BOUTI:  CLR     SCK              ;时钟线为低
        RLC     A                ;左移 1 位
        MOV     SI,C             ;发送 1 位
        SETB    SCK              ;时钟线为上升沿写入
        DJNZ    R0,BOUTI         ;8 位是否发完
        RET
```

由 SPI 接口器件中读单字节汇编语言子程序 (出口:A 中为读入的数据或状态字):

```
BYTEIN: MOV     R0, # 08H
BINI:   SETB    SCK              ;时钟线为高
```

```
CLR     SCK           ;时钟线为下降沿读出
MOV     C,SO          ;接收 1 位
RLC     A             ;左移 1 位
DJNZ    R0,BINI       ;是否接收完 8 位
RET
```

有些 SPI 接口器件只有输出或输入引脚，或者输出和输入合并在一个引脚上，此时可利用单片机的 UART 串口方式 0 实现 SPI 的模拟通信，这种方法更加简便。在这种方法中把单片机的 TXD 引脚作为移位脉冲输出，用 RXD 引脚作为数据的输入和输出。

10.6.4 SPI 串行接口应用举例

采用 SPI 串行接口的外围器件种类非常多，本小节以美国国家半导体公司生产的 LM74 高精度数字温度传感器为例说明与单片机的接口及编程方法。

LM74 的测温范围是 −55～+150 ℃，转换数据为 12 位二进制数据加 1 位符号位。LM74 是采用 SPI 串行接口传输数据的，但它与标准的 SPI 串行接口传输数据方式不完全相同。LM74 总是工作在从方式下，其输入线（MOSI）和输出线（MISO）合并为一条。

1. LM74 各引脚的功能和意义

LM74 的贴片（SO 型）封装引脚分布如图 10.20 所示。

各引脚功能如下：

引脚 1 SI/O——输入/输出数据线，用于输入和输出串行数据；

引脚 2 SC——串行时钟输入端；

引脚 4 GND——芯片接地端；

引脚 7 CS——片选端；

引脚 8 V_{CC}——+5 V 电源。

其余引脚均没有用。

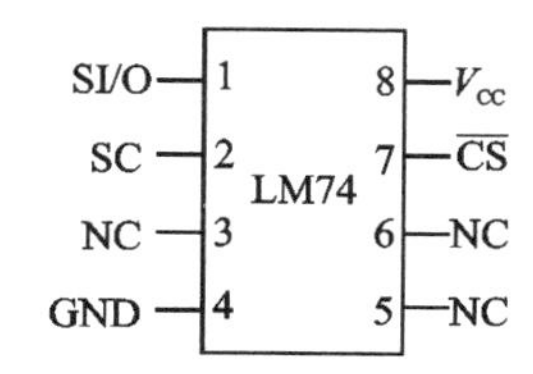

图 10.20 LM74 的引脚排列

2. LM74 的寄存器

LM74 有 3 个寄存器，分别为工作模式寄存器、16 位温度寄存器和器件识别寄存器。

(1) 工作模式寄存器

工作模式寄存器是一个只写寄存器。在用 LM74 采集数据前，首先要通过这个寄存器选择它的工作模式。当写入该寄存器的数据为 0000H 时，LM74 选择温度连续转换方式，即它连续将温度信号转换为数字量；当写入该寄存器的数据为 XXFFH 时，LM74 选择允许电源关断方式，此时可以读出该器件的序列号。

(2) 16位温度寄存器

16位温度寄存器是一个只读寄存器。LM74转换的数据保存在这个寄存器中，其中：D15～D3为温度值，是二进制补码格式；D15是符号位，最低位的值是0.062 5 ℃；D2为1；D1和D0没有用。

LM74的转换温度与输出数据(二进制和十六进制)的部分关系如表10.2所列。

注意：在用此表换算时，D15为符号位，D14为最高位，D3为最低位。以第1个数4B07H为例，它的实际有效数字值为960H，此值乘0.062 5 ℃即为150 ℃。

(3) 器件识别寄存器

这是一个只读寄存器，用于识别器件的序列号，在器件处于电源关断方式时可以读出。

3. 用LM74测试温度的方法

用LM74测试温度，首先须选择工作模式，然后再进行其他操作。控制LM74工作可以用带SPI接口的单片机，也可以用不带SPI接口的单片机，但此时须采用软件模拟的方法。这里介绍第2种方法。

(1) 硬件连接方法

通过一个AT89S51单片机控制LM74采集温度的硬件连接方法如图10.21所示。该图中利用UART口进行通信，片选线用P1.0，采用UART接口与LM74的通信线和时钟线相接。

表10.2 LM74转换温度与输出数据的关系

温度/℃	输出数据	
	二进制	十六进制
+150	0100 1011 0000 0111	4B07H
+125	0011 1110 1000 0111	3E87H
+25	0000 1100 1000 0111	0C87H
+0.062 5	0000 0000 0000 1111	000FH
0	0000 0000 0000 0111	0007H
−0.062 5	1111 1111 1111 1111	FFFFH
−25	1111 0011 1000 0111	F387H
−55	1110 0100 1000 0111	E487H

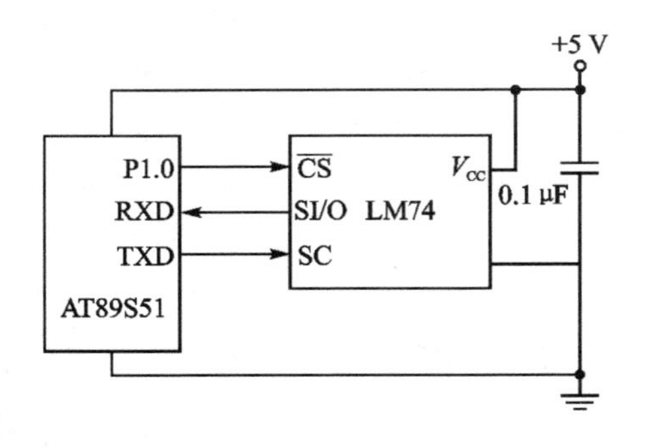

图10.21 LM74与AT89S51的连接图

(2) 软件实现方法

在此仅列出主要的通信部分。

汇编语言参考程序如下：

```
CS        EQU  P1.0
```

```
        RRXD    EQU  P3.0
        TTXD    EQU  P3.1
        ORG     0000H
        LJMP    MAIN

        ORG     30H
MAIN:
        MOV     P3,#0FFH
        SETB    CS                  ;使 LM74 复位
        NOP
        NOP
        CLR     CS                  ;选择 LM74
        MOV     A,#0                ;选择 LM74 为连续采样方式
        CALL    WR16BIT             ;调 16 位写入子程序,当 LM74 连续收到 16 位"0"时,
                                    ;被配置为连续采样方式
        SETB    CS

        LCALL   RD16BIT             ;调 16 位读入子程序
        LCALL   SHU                 ;调数据处理程序,省略

WR16BIT: MOV    SBUF,A              ;用 UART 方式 0 写入 8 位数据
        JNB     TI,$
        CLR     TI
        MOV     SBUF,A              ;再写入 8 位数据
        JNB     TI,$
        CLR     TI
        RET
RD16BIT:
        SETB    REN
        JNB     RI,$
        CLR     RI
        MOV     A,SBUF
        MOV     R1,A
        SETB    REN
        JNB     RI,$
        CLR     RI
        MOV     A,SBUF
        MOV     R2,A
        RET
```

C 语言参考程序如下：

```
#include <REG51.H>
#include <intrins.h>
#define uchar unsigned char
sbit CS = P1^0;
sbit RRXD = P3^0;
sbit TTXD = P3^1;
void wr16bit(uchar data1,uchar data2)
{
    SBUF = data1;
    while(TI == 0);
    TI = 0;
    SBUF = data2;
    while(TI == 0);
    TI = 0;
}
unsigned int rd16bit(void)
{
 unsigned int getdata;
 REN = 1;
 while(RI == 0);
 RI = 0;
 getdata = SBUF;
 while(RI == 0);
 RI = 0;
 getdata = getdata * 256   + SBUF;
 return(getdata);
}
void main()
{
    unsigned int result ;
    P3 = 0xff;
    CS = 1;
    _nop_();
    _nop_();
    CS = 0;
    wr16bit(0,0);
    CS = 1;
    result = rd16bit();
    while(1);
}
```

显然，采用这种传输数据的软件方法比较简单，但由于用 UART 方式 0 传输数据时是低位在前，而 LM74 传输数据时是高位在前，因而处理数据时比较麻烦。其数据处理程序详见参考文献[8]。

10.7 扩展 A/D 转换器

在嵌入式应用领域中经常会遇到需要检测温度、压力、位移等物理量的情况。这些物理量通过传感器(见 12.1 节)可以转换为时间、数值都与此对应的模拟电压信号，即模拟量。但计算机只能识别数字量的电信号，而模/数转换的作用就是把一个模拟量转换为计算机能接收的数字量。显然，模拟量要输入到计算机，首先要经过模拟量到数字量的转换，计算机才能接收。实现模/数转换的设备称 A/D(Analog to Digit)转换器或 ADC。A/D 转换电路种类很多，根据转换原理可以分为逐次逼近式、双积分式、并行式、跟踪比较式、串并式等。目前使用较多的是前 2 种。逐次逼近式 A/D 转换器在精度、速度和价格上都适中，是目前最常用的 A/D 转换器。本节将重点介绍逐次逼近式转换电路的原理、A/D 转换的技术指标、典型芯片及与 AT89S51 单片机的接口和应用。

在此需要提醒读者注意的是，虽然目前有些单片机上集成了 A/D 模块，但它的精度、速度、性能和稳定性等不如专门定制的 A/D 芯片，所以只有在对 A/D 转换精度等要求不高的场合可以考虑选择采用集成 A/D 模块的单片机芯片。

10.7.1 逐次逼近式 A/D 转换原理

A/D 转换过程主要包括采样、量化与编码。采样是使模拟信号在时间上离散化；量化就是用一个基本的计量单位(量化电平)使模拟量变为一个整数的数字量；编码是把已经量化的模拟量(它是量化电平的整数倍)用二进制数码、BCD 码或其他数码表示。总之，量化与编码就是把采样后所得到的离散幅值用舍入的方法变换为与输入量成比例的二进制数。图 10.22 所示为一个 N 位的逐次逼近式 A/D 转换器原理图。它由 N 位逐次逼近寄存器、D/A 转换器、比较器和时序与控制逻辑等部分组成，为使问题简化，图中没有画采样保持电路。逐次逼近型的转换原理即“逐位比较”，其过程类似于用砝码在天平上称物体重量。其方法是用一个二进制数作为计量单位与模拟量比较，当模拟量 V_x 送入比较器后，启动信号通过时序与控制逻辑电路启动 A/D 开始转换。首先使 N 位寄存器逐次输出由大到小连续的二进制数到 D/A 转换器，经 D/A 转换后得到的模拟电压 V_N 与输入电压 V_X 比较；比较结果再送到 N 位寄存器，由逻辑控制电路判别和比较；重复上述过程，直至判别出 D_0 位取“1”还是“0”为止。这样经过 N 次比较后，N 位寄存器的内容就是转换后的数字量数据，此时逻辑控制电路发出转换结束信号，应答后经输出锁存器读出。整个转换过程就是一个逐次比较逼近的过程。

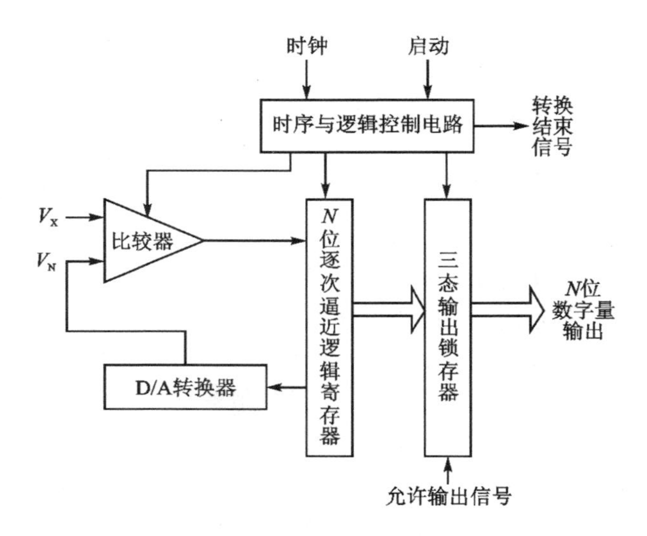

图 10.22　逐次逼近式 A/D 转换器原理图

10.7.2　A/D 转换的主要技术指标

A/D 转换器所涉及的主要技术指标包括如下几项。

(1) 转换时间和转换频率

A/D 转换器完成一次模拟量变换为数字量所需时间即为 A/D 转换时间。通常,转换频率是转换时间的倒数,它反映了 A/D 转换器的实时性能。

(2) 分辨率

A/D 转换器的分辨率是指转换器对输入电压微小变化响应能力的度量。习惯上以输出的二进制位数或者 BCD 码位数表示。例如:当 A/D 转换器 AD574A 的分辨率为 12 位时,即该转换器的输出数据可以用 2^{12} 个二进制数进行量化,其分辨率为 $V_{FS}/2^{12}$(是输入电压满量程值)。如果用百分数来表示分辨率,则其分辨率为:

$$1/2^{12}\times 100\%=(1/4\ 096)\times 100\%\cong 0.024\ 414\%\cong 0.0244\%)$$

当转换位数相同、输入电压的满量程值 V_{FS} 不同时,可分辨的最小电压值不同。例如分辨率为 12 位,$V_{FS}=5$ V 时,可分辨的最小电压是 1.22 mV;而 $V_{FS}=10$ V 时,可分辨的最小电压是 2.44 mV。当输入电压的变化低于此值时,转换器不能分辨。例如,9.998～10 V 之间所转换的数字量均为 4 095。

(3) 转换精度

A/D 转换器转换精度,反映了一个实际 A/D 转换器在量化值上与一个理想 A/D转换器进行模/数转换的差值。可表示成绝对误差或相对误差,与一般测试仪表的定义相似。

10.7.3 扩展并行 A/D 转换器实例

常用的逐次逼近式 A/D 器件有并行输出和串行输出的很多种，本节仅以最简单、经典的带有 8 路输入通道的 ADC0809 为例介绍。

1. 主要技术指标和特性

分辨率——8 位。

转换时间——取决于芯片时钟频率，转换一次时间为 64 个时钟周期，当 CLK=500 kHz 时，转换时间 $t=128\ \mu s$，最大允许值为 800 kHz。

单一电源——+5 V。

模拟输入电压范围——单极性 0～+5 V。

2. ADC0809 的引脚与功能

ADC0809 的引脚如图 10.23 所示，其定义与功能如下。

IN0～IN7——8 路模拟量的输入端。

D0～D7——A/D 转换后的数据输出端，为三态可控输出，可直接与计算机数据线相连。

A、B、C——模拟通道地址选择端，A 为低位，C 为高位，其通道选择的地址编码如表 10.3 所列。

表 10.3 通道地址表

地址编码			选中的通道
C	B	A	
0	0	0	IN0
0	0	1	IN1
0	1	0	IN2
0	1	1	IN3
1	0	0	IN4
1	0	1	IN5
1	1	0	IN6
1	1	1	IN7

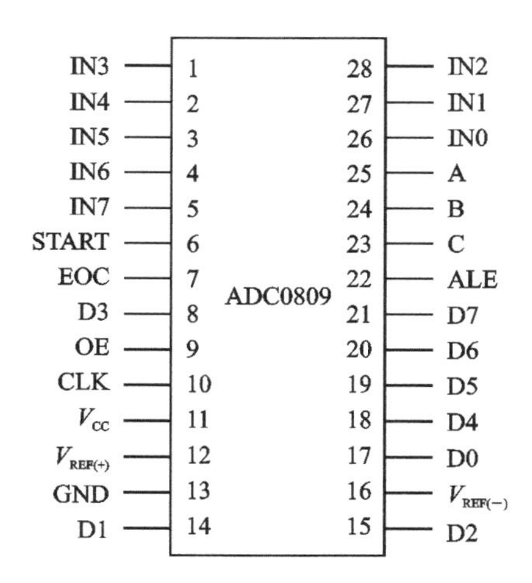

图 10.23 ADC0809 引脚图

$V_{REF(+)}$、$V_{REF(-)}$——基准参考电压的正、负端，决定了输入模拟量的量程范围，可用单一电源供电，如果 $V_{REF(+)}$ 接 5 V，$V_{REF(-)}$ 接地，则信号输入电压范围为 0～5 V，此时的数字量变化范围为 0～255。如果输入电压范围为 0～2 V，但希望得到的数字量变化范围还是为 0～255，则此时可以采取 $V_{REF(+)}$ 接 2 V、$V_{REF(-)}$ 仍然接地的方法。A/D 转换结果的数字量 A/Dx 可以由下式表达：

$$A/Dx=256\times(V_{IN}-V_{REF(-)})/(V_{REF(+)}-V_{REF(-)})$$

CLK——为时钟信号输入端,输入范围为 50～800 kHz;

ALE——地址锁存允许信号,高电平有效。当此信号有效时,A、B、C 这 3 位地址信号被锁存,译码选通对应模拟通道。

SC——为启动转换信号,正脉冲有效。通常与系统 $\overline{WR}$ 信号相连,控制启动 A/D 转换。

EOC——转换结束信号,高电平有效;表示一次 A/D 转换已完成,可作为中断触发信号,也可用程序查询的方法检测转换是否结束。

OE——输出允许信号,高电平有效,可与系统读选通信号 $\overline{RD}$ 相连。当计算机发出此信号时,ADC0809 的三态门被打开,此时可通过数据线读到正确的转换结果。

3. ADC0809 的原理结构

ADC0809 的原理结构框图如图 10.24 所示。由图可知,它主要包括 8 路模拟开关、A/D 转换器等部分。8 路模拟开关用于选择进入 AD0809 的模拟通道信号,最多允许 8 路模拟量分时输入,共用 1 个逐次逼近式 A/D 转换器进行转换。8 路模拟开关的切换由地址锁存和译码电路控制,模拟通道地址选择端 A、B、C 通过 ALE 锁存。改变 A、B、C 的电平,可以切换 8 路模拟通道,选择不同的模拟量输入。A/D 转换结果通过三态输出锁存器输出,所以在系统连接时允许直接与单片机的数据总线相连。

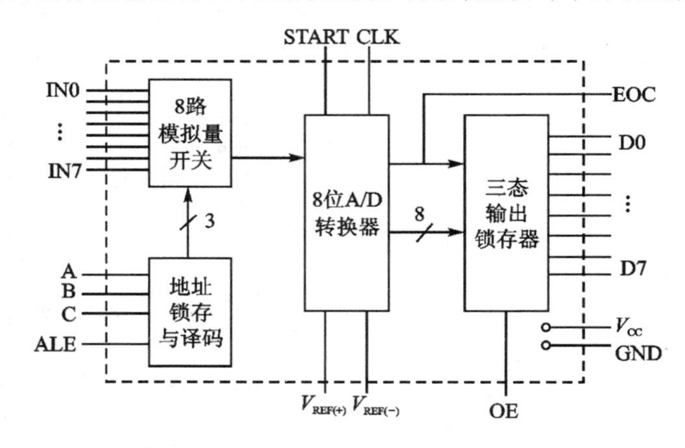

图 10.24 ADC0809 原理结构框图

4. ADC0809 与 AT89S51 单片机的接口

图 10.25 所示为 ADC0809 与 AT89S51 的连接示意图,8 路输入模拟量的变化范围是 0～5 V。ADC0809 的 EOC 与 $\overline{INT1}$(P3.3)相接,用查询方式读取 A/D 转换结果。AT89S51 通过地址线 P2.0 和读线 $\overline{RD}$、写线 $\overline{WR}$ 来控制转换器的模拟输入通道地址锁存、启动和转换结果的输出。由 P0.0～P0.2 提供输入通道地址,经地址锁存输出后与 A、B、C 相接。

参照图 10.25,举例说明 ADC0809 的应用。要求采用查询方式巡回采集一遍

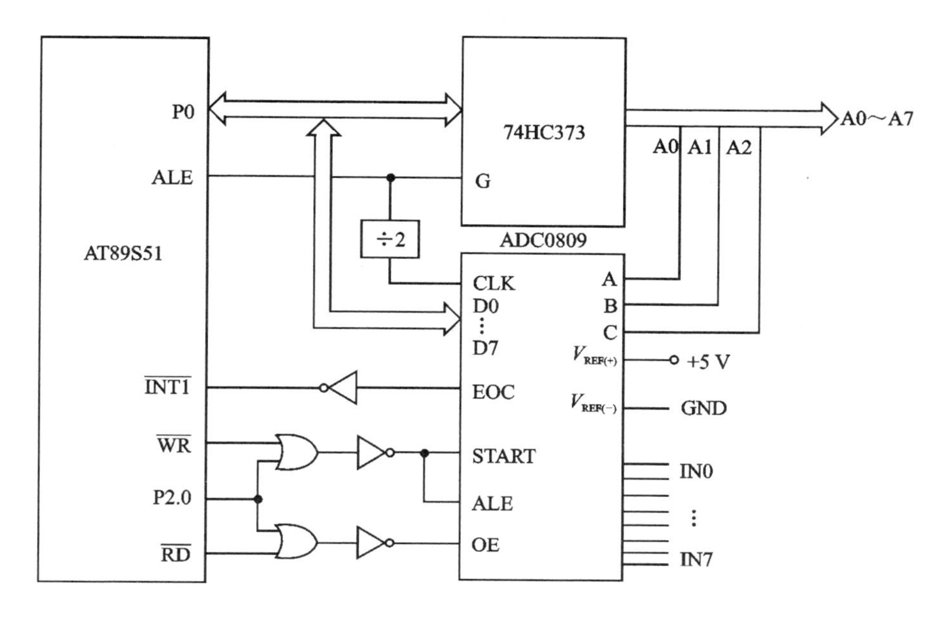

图 10.25 ADC0809 与 AT89S51 的连接

8 路模拟量输入，将读数依次存放在片内数据存储器的 40H～47H 单元。

汇编语言程序清单如下：

```
MAIN:  …
       MOV    R0,#040H          ;数据暂存区首地址存入 R0
       MOV    R2,#08H           ;8 路计数初值存入 R2
       MOV    DPTR,#0FEF8H      ;指向 ADC0809 首地址
       MOVX   @DPTR,A           ;启动 A/D 转换
BACK:  JB     P3.3,BACK         ;等待转换完毕
       JNB    P3.3,$
       MOVX   A,@DPTR           ;读数
       MOVX   @R0,A             ;存数
       INC    DPTR              ;更新通道
       INC    R0                ;更新暂存单元
       MOVX   @DPTR,A           ;启动 A/D 转换
       DJNZ   R2,BACK           ;是否检测完 8 路? 未检测完继续
       …
```

C 语言程序清单如下：

```
#include <reg52.h>
#include <absacc.h>
#define ADC0809_IN0 XBYTE[0xFEF8]          //指向 ADC0809 零通道地址
sbit adc_EOC = P3^3;                       //ADC 转换完成指示
```

```
unsigned char idata ADC_buf[8] _at_ 0x40; //定义转换数据存储数组
unsigned char i;
void main(void)
 {
   unsigned char xdata * adc_ADR;          //定义一个片外数据指针
     …
     adc_ADR = &ADC0809_IN0;               //指针指向 ADC0809 的零通道
      * adc_ADR = 0;                       //启动 A/D 转换
   for (i = 0;i<8;i++)
        {
        while(adc_EOC == 1);               //等待转换完毕
        while(adc_EOC == 0);               //等低电平结束
        ADC_buf[i] = * adc_ADR;            //读数据存入相应的单元
        adc_ADR++;                         //更新通道
         * adc_ADR = 0;                    //启动 A/D 转换
        };
    …
 }
```

10.7.4 扩展串行 A/D 转换器实例

为满足并行 A/D 转换器需要占用较多的 I/O 口线的需求，随着单片机串行接口技术的发展，现在已经出现了很多种串行 A/D 转换器。下面以简单、易懂的 TLC549 芯片为例说明串行 A/D 转换器的工作原理及应用。

TLC549 是一种 CMOS 单通道 8 位逐次逼近式 A/D 转换器。它采用串行方法传输数据，具有 8 位分辨率。I/O 时钟输入频率最高 1.1 MHz，工作电压范围为 +3～+6 V，最高转换频率为 40 kHz，输入参考电压为差分式，具有 4 MHz 的内部系统时钟频率，转换时间最长 17μs。

1. 引脚及功能

TLC549 的芯片引脚图如图 10.26 所示。TLC549 各引脚功能如下。

$V_{REF(+)}$——正基准电压输入端；

ANALOG IN——模拟信号输入端；

$V_{REF(-)}$——负基准电压输入端；

GND——地；

CS——芯片选择输入端；

DATAOUT——数字量输出端；

I/O CLOK——时钟信号输入端口；

V_{CC}——电源电压(+3～+6 V)。

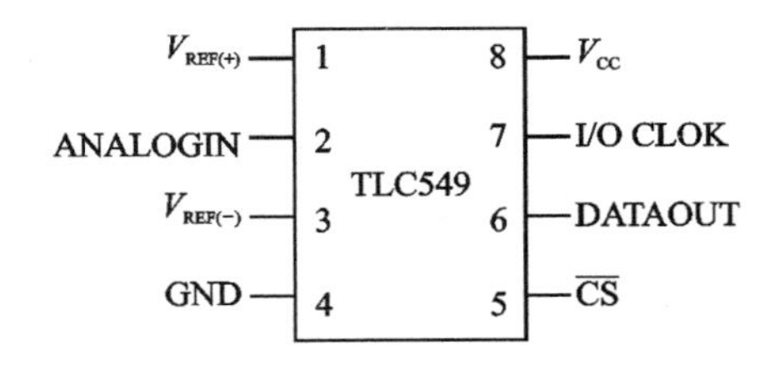

图 10.26　TLC549 的引脚图

2. 基本工作原理

TLC549芯片的I/O CLOCK和片选CS为输入控制信号，I/O CLOK用于串行输入/输出数据定时运行。通过这两个控制信号以及与TTL兼容的三态输出信号DATAOUT，可方便地与微处理器或单片机串行通信。

TLC549的片上系统时钟为4 MHz，不需要附加外部器件即可使用，内部系统时钟用于驱动转换电路。

模拟输入电压转换后的数字量值与参考电压有关，如果模拟输入电压比$V_{REF(+)}$大，则转换成全1(FFH)，而比$V_{REF(-)}$小的输入电压转换成全0。正参考电压$V_{REF(+)}$必须比负参考电压$V_{REF(-)}$高出1 V以上。

TLC549在读出前一次数据的同时，对当前输入电压进行采样以及A/D转换。转换完成后即进入保持(HOLD)模式，直到再次读取数据时，芯片才会进行下一次的A/D转换。即本次读出的数据是前一次的转换值，读操作后会再启动一次转换。芯片本身没有A/D转换结束信号，需要软件延时一段时间等待转换结束。

3. 应用举例

利用串行A/D转换器TLC549对1路(0～5 V)模拟量进行测量，读取后转换的数字量存放在内部RAM的30H单元并显示，要求这个过程重复进行。本例原理如图10.27所示。

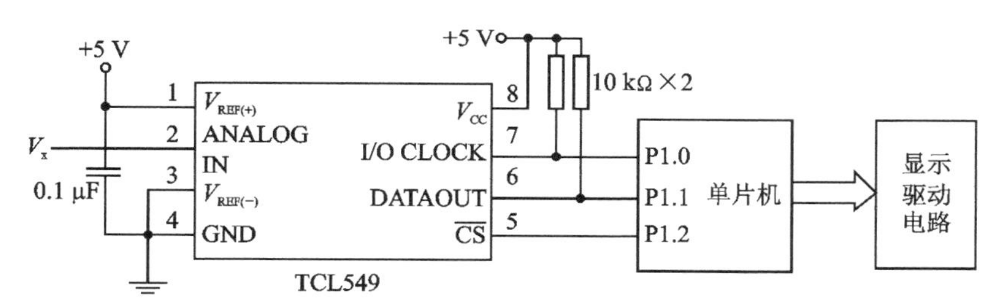

图10.27 TLC549例题原理图

汇编语言程序清单如下：

```
        SCLA    BIT P1.0            ;时钟线
        SDAA    BITP1.1             ;数据线
        CS549   BITP1.2             ;片选线
        ORG     0000H
        SJMP    MAIN
        ORG     0100H
MAIN:   ACALL   TLC549              ;启动第1次A/D转换
L1:     LCALL   DISPLAY             ;调用显示程序(省略)，同时延时等待
        ACALL   TLC549              ;读取上次ADC值，并再次启动A/D转换
        MOV     30H,A
```

```
        SJMP    L1
```

TLC549 为 ADC 转换程序,其功能为读取前一次转换值并返回,然后启动下次 ADC 转换。汇编语言程序清单如下:

```
TLC549: CLR   SCLA            ;启动 A/D 转换
        SETB SDAA
        CLR   CS549           ;CS 为低,选中 TLC549
        MOV   R7,#8
LOOP1:  SETB SCLA
        NOP
        NOP
        MOV   C, SDAA
        RLCA
        CLR   SCLA            ;SCLA = 0,为读出下一位数据做准备
        NOP
        DJNZ R7, LOOP1
        SETB CS549            ;禁止 TLC549,再次启动 A/D 转换
        SETB SCLA
        RET
        END
```

10.8 扩展 D/A 转换器

在计算机控制系统中,有些被控对象需用模拟量来控制,模拟量在此指连续变化的电压量。此时,就需要把计算机运算处理的数字量结果转换为相应的模拟量,以便操纵控制对象。这一过程即为 D/A(Digit to Analog,数/模转换)。能实现 D/A 转换的器件称为 D/A 转换器或 DAC,扩展 DAC 是单片机扩展的重要技术之一。

本节介绍 D/A 转换原理、几种典型的 DAC 电路以及与 80C51 系列单片机的接口方法,包括硬件电路和应用实例。

10.8.1 D/A 转换器原理

D/A 转换是将数字量信号转换成与此数值成正比的模拟量。一个二进制数是由各位代码组合起来的,每位代码在二进制数中的位置代表一定的权。为了将数字量转换成模拟量,应将每一位代码按权大小转换成相应的模拟输出分量,然后根据叠加原理将各代码对应的模拟输出分量相加,其总和就是与数字量成正比的模拟量,由此完成 D/A 转换。

为实现上述 D/A 转换,需要使用解码网络。解码网络的主要形式有二进制权电阻解码网络和 T 型电阻解码网络。

实际应用的 D/A 转换器多数都采用 T 形电阻网络。由于它所采用的电阻阻值小，具有简单、直观、转换速度快、转换误差小等优点，因而本小节仅介绍 T 形电阻网络 D/A 转换法。图 10.28 所示为其结构原理图。图中包括一个 4 位切换开关、4 路 $R-2R$ 电阻网络、1 个运算放大器和 1 个比例电阻 R_F。

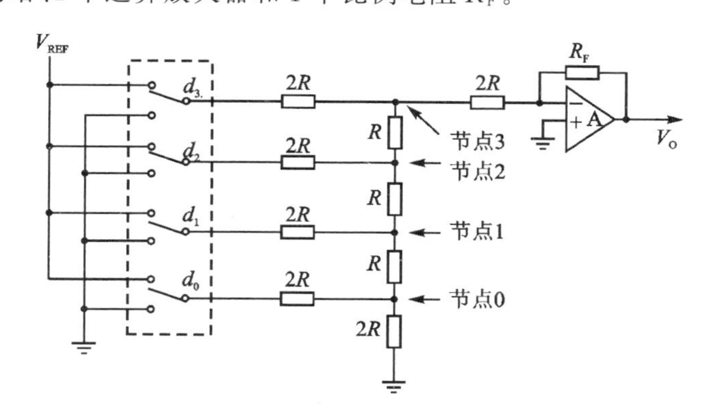

图 10.28 T 形电阻网络 D/A 转换原理图

图中无论从哪一个 $R-2R$ 节点向上或向下看，等效电阻都是 $2R$。从 $d_0\sim d_3$ 看进去的等效输入电阻都是 $3R$，于是每一开关流入的电流 I 可以看作相等，即 $I=V_{REF}/3R$。这样由开关 $d_0\sim d_3$ 流入运算放大器的电流自上向下以 $\frac{1}{2}$ 系数逐渐递减，依次为 $\frac{1}{2}I$、$\frac{1}{4}I$、$\frac{1}{8}I$、$\frac{1}{16}I$。设 d_3、d_2、d_1、d_0 为输入的二进制数字量，于是输出的电压值为：

$$V_0=-R_F\sum I_i=-(R_F(V_R/3R)\times(d_3\times 2^{-1}+d_2\times 2^{-2}+d_1\times 2^{-3}+d_0\times 2^{-4})=$$
$$-[(R_F(V_R/3R)\times 2^{-4}]\times(d_3\times 2^3+d_2\times 2^2+d_1\times 2^1+d_0\times 2^0)$$

式中 $d_0\sim d_3$ 取值为 0 或 1，0 表示切换开关与地相连，1 表示切换开关与参考电压 V_{REF} 接通，该位有电流输入。由此公式可以看出当 V_R 不变时，V_0 的电压正好与 $d_0\sim d_3$ 大小成正比，从而实现了由二进制数到模拟量电压信号的转换。

10.8.2 D/A 转换器的主要技术指标

(1) 建立时间

建立时间(Setting Time)是描述转换速率快慢的一个重要参数，是指 D/A 转换器输入数字量为满刻度值(二进制各位全为 1)时，从输入加上，到模拟量电压输出达到满刻度值或满刻度值的某一百分比(如 99%)所需的时间，也可称为输入 D/A 转换速度(Conversion Rate)。

(2) D/A 转换精度

精度参数(Accuracy)用于表明 D/A 转换的精确程度，一般用误差大小表示。通常以满刻度电压(满量程电压)V_{FS}的百分数形式给出。例如：精确度为 0.1%指的是

最大误差为 V_{FS} 的±0.1%,如果 V_{FS} 为 5 V 则最大误差为±5 mV。

(3) 分辨率

分辨率(Resolution)表示对输入的最小数字量信号的分辨能力,即当输入数字量最低位(LSB)产生一次变化时,所对应输出模拟量的变化量。它与输入数字量的位数有关,如果数字量的位数为 n,则 D/A 转换器的分辨率为 2^{-n}。

10.8.3 扩展 D/A 转换器实例

目前,D/A 转换器有很多现成的集成电路芯片。对应用设计人员来讲,只需要掌握典型的 DAC 集成电路性能及其与计算机之间接口的基本知识,就可以根据应用系统的要求,合理选取 DAC 集成电路芯片,并配置适当的接口电路。早期生产的 D/A 转换器都是并行转换芯片。下面以使用较多的一种 8 位并行 D/A 转换器 DAC0832 为例,说明并行 D/A 转换器的结构与应用。

1. DAC0832 的引脚功能

DAC0832 芯片为 20 脚双列直插式封装,其引脚图如图 10.29 所示。各引脚功能如下:

引脚名	引脚号	引脚号	引脚名
$\overline{CS}$	1	20	V_{CC}
$\overline{WR_1}$	2	19	ILE
AGND	3	18	$\overline{WR_2}$
DI3	4	17	$\overline{XFER}$
DI2	5	16	DI4
DI1	6	15	DI5
DI0	7	14	DI6
V_{REF}	8	13	DI7
R_{FB}	9	12	I_{OUT2}
DGND	10	11	I_{OUT1}

图 10.29 DAC0832 引脚图

DI0～DI7——数据输入线,TTL 电平,有效时间大于 90 ns。

ILE——数据锁存允许控制信号输入线,高电平有效。

$\overline{CS}$——片选信号输入端,低电平有效。

$\overline{WR_1}$——输入寄存器的写选通输入端,负脉冲有效(脉冲宽度应大于 500 ns)。当 $\overline{CS}$ 为 0,ILE 为 1,$\overline{WR_1}$ 有效时,DI_0～DI_7 状态被锁存到输入寄存器。

$\overline{XFER}$——数据传输控制信号输入端,低电平有效。

$\overline{WR_2}$——DAC 寄存器写选通输入端,负脉冲(脉冲宽度应大于 500 ns)有效。当 $\overline{XFER}$ 为 0 且 $\overline{WR_2}$ 有效时,输入寄存器的状态被传送到 DAC 寄存器中。

I_{OUT1}——电流输出端,当输入全为 1 时,I_{OUT1} 最大。

I_{OUT2}——电流输出端,其值和 I_{OUT1} 值之和为一个常数。

R_{FB}——反馈电阻端,芯片内部此端与 I_{OUT1} 之间已接有 1 个 15 kΩ 的电阻。

V_{CC}——电源电压端,范围为+5～+15 V。

V_{REF}——基准电压输入端,V_{REF} 范围为−10～+10 V。此端电压决定 D/A 输出电压的范围。如果 V_{REF} 接+10 V,则输出电压范围为 0～−10 V;如果 V_{REF} 接−5 V,则输出电压范围为 0～+5 V。

AGND——模拟地,为模拟信号和基准电源的参考地。

DGND——数字地,为工作电源地和数字逻辑地。两种地线最好在电源处一点共地。

DAC0832 是电流型输出,应用时须外接运算放大器使之成为电压型输出。

2. DAC0832 的原理结构

DAC0832(以下简称 0832)的转换原理与 T 形解码网络电路一样。其原理结构框图如图 10.30所示。在 0832 中,除有 1 个 8 位 DAC 之外,还有 2 级锁存器,第 1 级即输入寄存器,第 2 级即 DAC 寄存器。由于它拥有 2 级锁存器,所以可以工作在双缓冲方式下,这样在输出多种模拟信号时,可以做到同步输出。0832 的转换时间可达 1 μs。

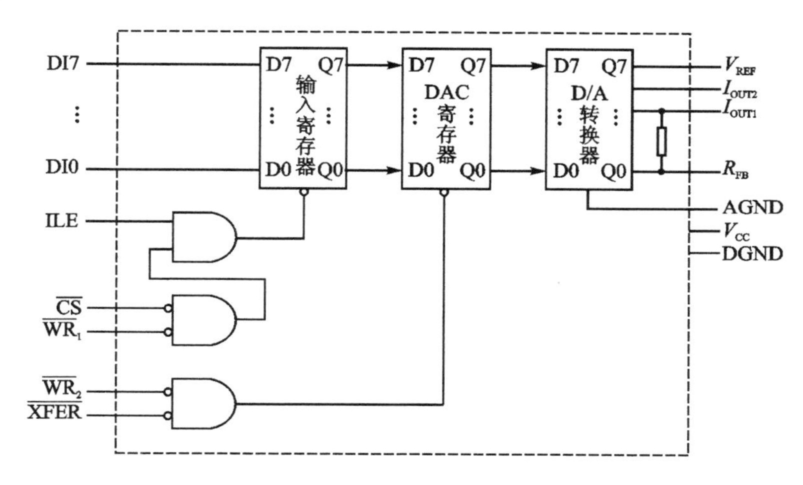

图 10.30 DAC0832 原理结构框图

3. DAC0832 的应用

根据对 0832 的输入寄存器和 DAC 寄存器的不同控制方法,其可有 3 种工作方式:单缓冲方式、双缓冲方式和直通方式。下面介绍常用的第 1 种方式的接口及应用。

单缓冲方式适用于只有 1 路模拟量输出或几路模拟量非同步输出的情况。在这种方式下,将 2 级寄存器的控制信号并接,输入数据在控制信号的作用下,直接送入 DAC 寄存器中。也可以采用把$\overline{WR_2}$、$\overline{XFER}$这 2 个信号固定接地的方法。图 10.31 所示为 0832 在此方式下与 AT89S51 的连接方法。

图 10.31 中,ILE 接+5 V,片选信号$\overline{CS}$和传送信号$\overline{XFER}$都连接到 P2.7,这样,输入寄存器和 DAC 寄存器的地址都是 7FFFH。写选通线$\overline{WR_1}$和$\overline{WR_2}$都与 AT89S51 的写信号$\overline{WR}$连接,CPU 对 0832 执行 1 次写操作,则把 1 个数据直接写入 DAC 寄存器,0832 的输出模拟信号随之相应变化。由于 0832 是电流型输出,所以在电路中采用运算放大器 LM324 实现 I/V 转换。

D/A 转换器的基准电压 V_{REF} 取自基准电源 MCl403 的输出分压。MC1403 又称

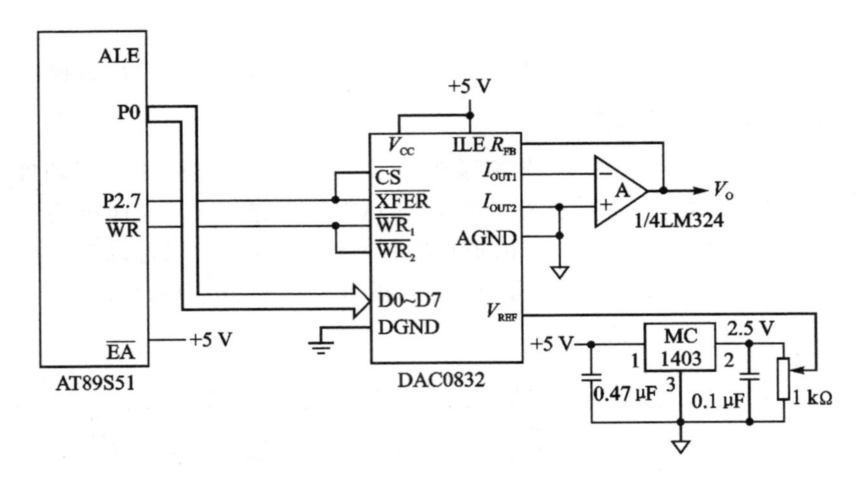

图 10.31　0832 按单缓冲方式与 AT89S51 连接图

"带隙基准电源",其最大优点是高精度、低温漂,输入电压在 4.5～15 V 之间,输出电压在 2.5 V 左右,最大输出电流为 10 mA。

根据图 10.31 所示的电路,可以编出多种波形输出的 D/A 转换程序。例如,要得到图 10.32所示的 4 种波形,则编写汇编语言源程序如下。

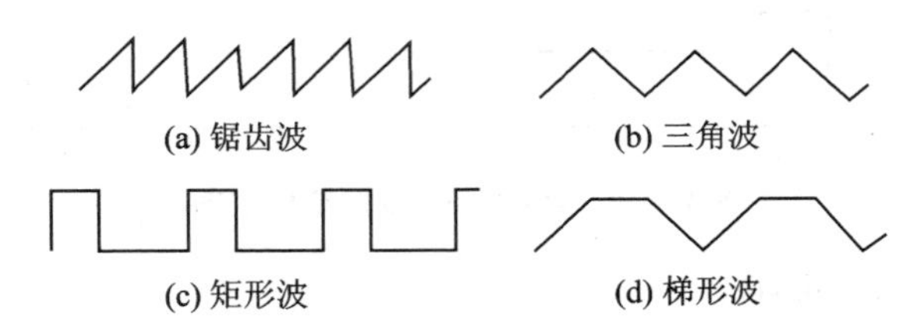

图 10.32　D/A 转换器输出的各种波形

锯齿波:

```
START: MOV    DPTR,#7FFFH          ;选中 0832
       MOV    A,#00H
LP:    MOVX   @DPTR,A              ;向 0832 输出数据
       INC    A                    ;累加器值加 1
       SJMP   LP
```

图 10.31 所示电路中,运算放大器为反相输入;因此,当程序中 A 的值增加时,显示波形的幅度减小。若要改变锯齿波的频率,只须在"SJMP　LP"前插入延时程序即可。

三角波:

```
START: MOV    DPTR,#7FFFH          ;选中 0832
       MOV    A,#00H
UP:    MOVX   @DPTR,A
```

```
        INC     A
        JNZ     UP              ;上升到 A 中为 FFH
DOWN:   DEC     A
        MOVX    @DPTR,A
        JNZ     DOWN            ;下降到 A 中为 00H
        INC     A
        SJMP    UP              ;重复
```

矩形波：

```
START:  MOV     DPTR,#7FFFH
LP:     MOV     A,#dataH        ;置输出矩形波上限
        MOVX    @DPTR,A
        LCALL   DELH            ;调高电平延时程序,省略
        MOV     A,#dataL        ;置输出矩形波下限
        MOVX    @DPTR,A
        LCALL   DELL            ;调低电平延时程序,省略
        SJMP    LP              ;重复
```

梯形波：

```
START:  MOV     DPTR,#7FFFH
L1:     MOV     A,#dataL-1      ;下限减 1 送 A
UP:     INC     A
        MOVX    @DPTR,A
        CJNE    A,#dataH,L3     ;与上限比较
L3:     JC      UP
DOWN:   LCALL   DEL             ;调上限延时程序,省略
L2:     DEC     A
        MOVX    @DPTR,A
        CJNE    A,#dataL,L4     ;与下限比较
L4:     JC      L1
        SJMP    L2
```

程序中#dataH 和#dataL 的值可以在伪指令中设置。

C 语言程序如下：

锯齿波：

```
#include <reg52.h>
#include <absacc.h>
#define DAC0832 XBYTE[0x7FFF]
unsigned char  i,DAC_value;
void main(void)
 {
   unsigned char;
     DAC_value = 0;
```

```
    while(1)
       {
       DAC0832 = DAC_value;        //向 DAC 送出数据
       DAC_value++;                //输出值增 1
       };
     while (1);
}
```

三角波：

```
    DAC_value = 0;
    while(1)
           {
           UP:   DAC0832 = DAC_value;
                 DAC_value++;
                 if(DAC_value != 0) goto UP;       //比较是否到达最大值
                 DAC_value--;
           DOWN:
                 DAC_value--;
                 DAC0832 = DAC_value;
                 if(DAC_value != 0) goto DOWN;     //比较是否到达最小值
                 else goto UP;
             };
```

矩形波：

```
while(1)
    {
       DAC0832 = dataH;
       Delay1();
       DAC0832 = dataL;
       Delay2();
    };
```

梯形波：

```
  while(1)
    {
    DAC_value = dataL - 1;
   L1:
    DAC_value++;
    DAC0832 = DAC_value;                           //输出值不断加大
    if (DAC_value != dataH) goto L1;               //比较是否到达最大值
    delay();                                       //上限延时
   L2:
```

```
    DAC_value--;
     DAC0832 = DAC_value;                        //输出值不断减小
     if (DAC_value != dataL) goto L2;            //比较是否到达最小值
    };
```

并行D/A转换器转换速率较高,但须占用较多的I/O线。随着单片机串行接口技术的发展,出现了越来越多的串行D/A转换芯片。限于篇幅本书不再介绍,读者可参看参考文献[3]。

随着单片机内存容量的不断增大及内部功能的不断完善,例如增加了更多的I/O口,扩大了RAM、ROM容量,增加了E^2PROM,增加了A/D、D/A等功能模块,从而使单片机“单片”应用的情况更加普遍。采用系统扩展增加单片机功能的方法将逐渐减少,这也是单片机发展的一种趋势。

思考与练习

1. 在AT89S51单片机的扩展系统中,程序存储器和数据存储器共用16位地址线和8位数据线,为什么2个存储空间不会发生冲突?

2. 为什么P2作为扩展存储器的高8位地址后就不再适宜作通用I/O口了?

3. 以AT89S51作为主机,扩展2片6264 RAM存储器芯片,设计硬件布线图。

4. 根据图10.9所示线路设计程序,其功能是按下K0~K3按键后对应LED4~LED7发光,按下K4~K7后对应LED0~LED3发光。

5. 请利用译码器74HC138设计一个译码电路,分别选中2片29C256和2片62256,且列出各芯片所占的地址空间范围。

6. 说明I^2C、SPI这2种串行总线的传输方法,与并行总线相比各有什么优缺点?

7. 如果AT24C08中某单元的实际地址为310H,则其写芯片地址的命令字怎样设置?

8. AT89S51单片机扩展了1片AT24C04,要求把从AT24C04的50H单元开始的20字节数据存入AT89S51单片机片内RAM的60H开始的单元中。

9. DAC0832与AT89S51单片机连接时有哪些控制信号?其作用是什么?

10. 在一个晶振为12 MHz的AT89S51应用系统中接有1片DAC0832,它的地址为7FFFH,输出电压为0~5 V。请画出有关逻辑框图,并编写一个程序,使其运行后DAC能输出一个矩形波,波形占空比为1:4。高电平时电压为2.5 V,低电平时为1.25 V。

11. 在一个晶振为12 MHz的AT89S51系统中,接有一片A/D器件ADC0809,它的地址为0EFF8H~0EFFFH。试画出有关逻辑框图,并编写定时采样0~3通道的程序。设采样频率为2 ms一次,每个通道采50个数。把所采的数按0、1、2、3通道的顺序存放在以300H为首址的片外数据存储区中。

第11章 接口技术

目前,单片机广泛应用于工业测控、智能化仪器仪表和家电产品中。由于实际工作需要和用户要求的不同,单片机应用系统常常需要配接键盘、显示器、打印机以及功率器件等外设。接口技术就是解决计算机与外设之间联系的技术。前面已经介绍了单片机片内的I/O端口和定时器、串行口等片上功能部件以及系统的扩展芯片等,本章将从一些常用的外设接口电路入手,帮助读者了解单片机与外设的接口技术。

11.1 键盘接口

在单片机应用系统中,通常都要有人-机对话功能。它包括人对应用系统的状态干预、数据的输入以及应用系统向人报告运行状态与运行结果等。

对于需要人工干预的单片机应用系统,键盘就成为人-机联系的必要手段,此时须配置适当的键盘输入设备。键盘电路的设计应使CPU不仅能识别是否有键按下,还要能识别是哪一个键按下,而且能把此键所代表的信息翻译成计算机所能接收的形式,如ASCII码或其他预先约定的编码。

计算机常用的键盘有全编码键盘和非编码键盘两种。全编码键盘能够由硬件逻辑自动提供与被按键对应的编码。此外,一般还具有去抖动和多键、窜键保护电路。这种键盘使用方便,但需要专门的硬件电路,价格较高,一般的单片机应用系统较少采用。

非编码键盘分为独立式键盘和矩阵式键盘。硬件上此类键盘只提供通、断两种状态,其他工作都靠软件来完成。由于其经济实用,目前在单片机应用系统中多采用这种办法。本节着重介绍非编码键盘接口。

11.1.1 键盘工作原理

在单片机应用系统中,除复位键有专门的复位电路以及专一的复位功能外,其他的按键均以开关状态来设置控制功能或输入数据,因此,这些按键只是简单的电平输入。键信息输入是与软件功能密切相关的过程。对于某些应用系统,例如智能仪表,键输入程序是整个应用程序的重要组成部分。

1. 键输入原理

键盘中的每个按键都是一个常开的开关电路，当所设置的功能键或数字键按下时，则处于闭合状态。对于一组键或一个键盘，需要通过接口电路与单片机相连，以便将键的开关状态通知单片机。单片机可以采用查询或中断方式检查有无键输入以及是哪一个键被按下，并通过转移指令转入执行该键的功能程序，执行完再返回到原始状态。

2. 键输入接口与软件应解决的问题

键盘输入接口与软件应可靠、快速地实现键信息输入与执行键功能任务。为此，应解决下列问题。

(1) 键开关状态的可靠输入

目前，无论是按键还是键盘，大部分都是利用机械触点的合、断作用。机械触点在闭合及断开瞬间由于弹性作用的影响，均存在抖动过程，从而使电压信号也出现抖动。图 11.1 所示为按键时电压的抖动情况示意图。当按键 K 断开时 a 点为高电平，按键 K 闭合时为低电平。抖动时间长短与开关的机械特性有关，一般为 5～10 ms。

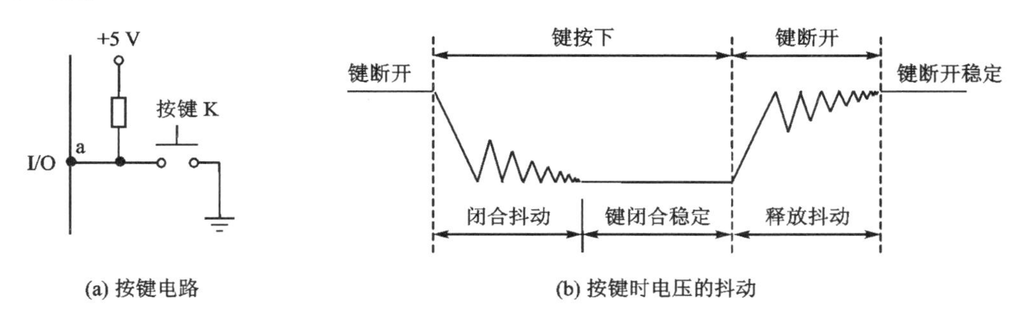

图 11.1　按键电路闭合/断开时的电压抖动

按键的稳定闭合时间，由操作人员的按键动作所确定，一般为十分之几到几秒的时间。为了保证 CPU 对键的一次闭合仅作一次键输入处理，就必须去除抖动的影响。

通常去抖动影响的方法有硬件和软件两种。在硬件上，采取在键输出端加 R-S 触发器或单稳态电路构成去抖动电路。在软件上采取的措施是：在检测到有键按下时，执行一个 10 ms 左右的延时程序后，再判断该键电平是否仍保持闭合状态电平，若仍保持为闭合状态电平，则确认该键处于闭合状态，否则认为是干扰信号，从而去除了抖动影响。为简化电路，通常采用软件方法。

(2) 对按键进行编码以给定键值或直接给出键号

任何一组按键或键盘都要通过 I/O 口线查询按键的开关状态。根据不同的键盘结构，采用不同的编码方法。但无论有无编码以及采用什么编码，最后都要通过程序转换成为与累加器中数值相对应的键值,以实现按键功能程序的散转转移(相应的散转指令为“JMP @A+DPTR”),因此,一个完善的键盘控制程序应能完成下述任务:

- 监测有无键按下。
- 有键按下后,在无硬件去抖动电路时,应采用软件延时方法去除抖动影响。
- 有可靠的逻辑处理办法,例如 n 键锁定,即只处理一个键。其间任何按下又松开的键不产生影响,不管一次按键持续多长时间,仅执行一次按键功能程序。
- 输出确定的键号以满足散转指令要求。

11.1.2 独立式按键

独立式按键是指直接用I/O口线构成的单个按键电路。每个独立式按键单独占有一根I/O口线,每根I/O口线的工作状态都不会影响其他I/O口线的工作状态,这是一种最简单、易懂的按键结构。

1. 独立式按键结构

独立式按键电路结构如图11.2所示。该图中,每个I/O口引脚上都加了上拉电阻。在实际使用中,如I/O口内部已有上拉电阻(如P1口),可省去。

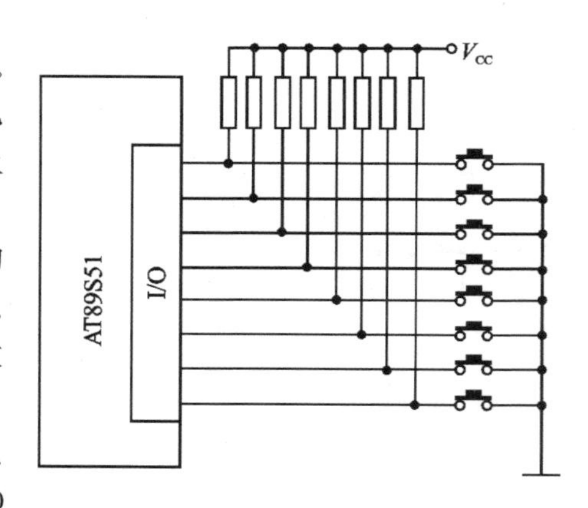

图11.2 独立式按键电路

独立式按键电路配置灵活,硬件结构简单,但每个按键必须占用一根I/O口线。在按键数量较多时,I/O口线浪费较大。故只在按键数量不多时,采用这种按键电路。

在此电路中,按键输入都设置为低电平有效。上拉电阻保证了按键断开时,I/O口线有确定的高电平。

2. 独立式按键的软件编制

下面是一段简化的键盘程序。这段程序的作用是当检测到相应的键按下时就转向每个按键的功能程序。程序中省略了软件延时部分;OPR0~OPR7分别为每个按键的功能程序入口地址。设I/O口为P1口,P1.0~P1.7分别对应OPR0~OPR7。

汇编语言程序清单如下:

```
START: MOV    A,#0FFH          ;置输入方式
       MOV    P1,A
L1:    MOV    A,P1             ;输入键状态
```

```
        CJNE   A,#0FFH,L3          ;有键按下转 L3
        LCALL  DELAY               ;延时 5 ms,省略
        SJMP   L1
L3:     LCALL  DELLAY              ;延时 5 ms
        LCALL  DELLAY              ;延时 5 ms
        MOV    A,P1                ;再读 P1 口
        CJNE   A,#0FFH ,L2         ;确实有键按下转 L2
        SJMP   L1                  ;误读键,返回
L2:     JNB    ACC.0,TAB0          ;为 0 转 0 号键首地址
        JNB    ACC.1,TAB1          ;为 1 转 1 号键首地址
         ⋮
        JNB    ACC.7,TAB7          ;为 7 转 7 号键首地址
        SJMP   L1                  ;再次读入键状态
TAB0:   LJMP   OPR0                ;转向 0 号键功能程序
TAB1:   LJMP   OPR1
         ⋮
TAB7:   LJMP   OPR7
         ⋮
OPR0:   …                          ;0 号键功能程序
         ⋮
        LJMP   START               ;0 号键程序执行完,返回
OPR7:   …
         ⋮
        LJMP   START
```

C 语言程序清单如下：

```
#include <reg52.h>                 //包含 SFR 寄存器的头文件
#define uint unsigned int          //定义数据类型
#define uchar unsigned char        //定义数据类型
main()
{ uint i;
 uchar value;
 while(1)
 { P1 = 0xff;                      //设置 P1 口为输入方式
   do{}while(P1 == 0xff);          //等待键盘输入
   for(i = 0;i<1000;i++){};        //延时去抖动
   value = P1;                     //取键值
   switch (value)
   {
       case 0xfe: K0_pro();break;  //0 号键调用 K0_pro()键处理程序
       case 0xfd: K1_pro();break;  // 1 号键调用 K1_pro()键处理程序
  ……
```

```
        case 0x7f: K7_pro();break;        //7号键调用K7_pro()键处理程序
        default : break;
          }
        do{}while(P1 != 0xff);            //等待键盘释放
        for(i = 0;i<1000;i++){};          //延时(值可自定)去抖动
    }
  }
```

11.1.3 行列式键盘

独立式按键电路每一个按键开关占一根I/O口线。当按键数较多时,要占用较多的I/O口线。因此,在按键数大于8时,通常多采用行列式(也称“矩阵式”)键盘电路。

1. 行列式键盘电路的结构及原理

图11.3所示为用AT89S51单片机扩展I/O口组成的行列式键盘电路。该图中行线P2.0～P2.3通过4个上拉电阻接$+V_{CC}$,且处于输入状态,列线P1.0～P1.7为输出状态。按键设置在行、列线交点上,且行、列线分别连接到按键开关的两端。图11.3中右上角为每个按键的连接图。

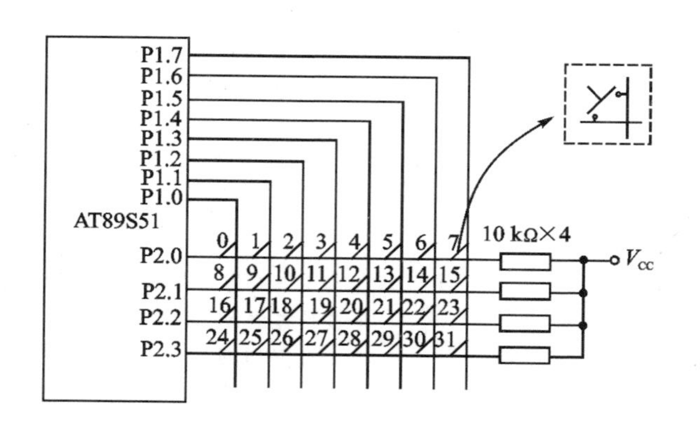

图11.3 单片机I/O口组成的行列式键盘

当键盘上没有键闭合时,行线和列线之间是断开的,所有行线P2.0～P2.3输入全部为高电平。当按下键盘上某个键使其闭合时,则对应的行线和列线短路,行线输入即为列线输出。如果此时把所有列线初始化为输出低电平,则通过读取行线输入值P2.0～P2.3的状态是否为全1,即可判断有无键按下。

但对于键盘中按下的究竟是哪一个键,并不能立刻判断出来,只能采用列线逐列置低电平后,检查行输入状态的方法来确定。其流程如下。先令列线P1.0输出低电平0,P1.1～P1.7全部输出高电平1,读行线P2.0～P2.3输入电平。如果读得某行线为0电平,则可确认对应于该行线与列线P1.0相交处的键被按下,否则P1.0列上无键按下。如果P1.0列线上无键按下,接着令P1.1输出低电平0,其余为高电平 1，再读 P2.0～P2.3，判断其是否全为 1，若是，表示被按键也不在此列，依次类推直至列线 P1.7。如果所有列线均判断完，仍未出现P2.0～P2.3 读入值有 0 的情况，则表示此次并无键按下。这种逐列检查键盘状态的过程称为“对键盘进行扫描”。

2. 键盘的工作方式

在单片机应用系统中，扫描键盘只是 CPU 的工作任务之一。在实际应用中，要想做到既能及时响应键操作，又不过多地占用 CPU 的工作时间，就要根据应用系统中 CPU 的忙闲情况选择适当的键盘工作方式。键盘的工作方式一般有循环扫描和中断扫描两种。下面分别进行介绍。

(1) 循环扫描方式

循环扫描方式是利用 CPU 在完成其他工作的空余，调用键盘扫描子程序，来响应键输入要求。在执行键功能程序时，CPU 不再响应键输入要求。

键盘扫描程序一般应具备以下 4 项功能。

判断键盘上有无键按下。其方法为当 P1 口输出全扫描字 0(即低电平)时，读 P2 口状态。若 P2.0～P2.3 全为 1，则键盘无键按下；若不全为 1，则有键按下。

去除键的抖动影响。其方法为在判断有键按下，软件延时一段时间(一般为 10 ms左右)后，再判断键盘状态。如果仍为有键按下状态，则认为有一个确定的键被按下；否则按键抖动处理。

扫描键盘，得到按下键的键号。按照行列式键盘的工作原理，图 11.3 中所示 32 个键的键值从左上角的数字“0”键开始对应为如下分布(用十六进制数码表示)：

00H	01H	02H	03H	04H	05H	06H	07H
08H	09H	0AH	0BH	0CH	0DH	0EH	0FH
10H	11H	12H	13H	14H	15H	16H	17H
18H	19H	1AH	1BH	1CH	1DH	1EH	1FH

其对应的键号如图 11.3 中所示，这种顺序排列的键号按照行首键号与列号相加的办法处理，即每行的行首键号给以固定编号 0、8、16(10H)和 24(18H)；列号依列线顺序为 0～7。

行扫描法的基本原理是：先使一条列线为低电平，如果这条列线上有闭合键，则相应的行线即为低电平；否则各行线状态均为高电平。这样即可根据行线号和列线号求得闭合键的键号。

获取这 32 个键值时，P1 口和 P2 口输出与输入值对应为如下分布(用十六进制数码表示)：

	0	1	2	3	4	5	6	7
0	FE×E	FD×E	FB×E	F7×E	EF×E	DF×E	BF×E	7F×E
8	FE×D	FD×D	FB×D	F7×D	EF×D	DF×D	BF×D	7F×D
10	FE×B	FD×B	FB×B	F7×B	EF×B	DF×B	BF×B	7F×B
18	FE×7	FD×7	FB×7	F7×7	EF×7	DF×7	BF×7	7F×7

上述分布的意义表示当行值与列值同时满足要求时,则选中该键。例如:0号键的表达式为FE×E,其表示当列值为11111110B,行值为1110B时,选中0号键。其余可以此类推。

行扫描的过程是:先使输出口输出FEH(首列扫描字),即使P1.0为0,然后读入行状态,判断行线中是否有低电平;如果没有低电平,再使输出口输出FDH(第二列扫描字)。以此类推,当行线中有状态为低电平时,则找到闭合键。根据此时0电平所在的行号和扫描列的列号得出闭合键的键号值,其计算公式如下:

闭合键的键号值=行首键号+列号

例如:当AT89S51 P1口的输出为F7H(11110111B),即其第3列有输出,读出P2口低4位的值为0DH(1101B),说明是第1行与第3列相交的键闭合,则键号=8+3=11。

判别闭合的键是否释放。键闭合一次仅进行一次键功能操作。等键释放后去除键的抖动,再将键值送入累加器A中,然后执行键功能操作。

设在主程序中,已把AT89S51初始化为P1口作基本输出口,接键盘列线;P2口作基本输入口,接4根行线。设计键扫描子程序框图如图11.4所示。键盘扫描汇编子程序如下(程序中,KS为查询有无按键按下子程序,DELAY为延时子程序,且延时时间为5~10 ms):

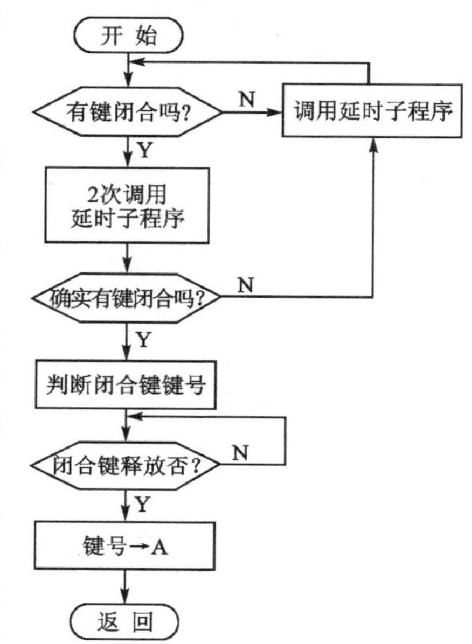

图11.4 键扫描子程序框图

```
KEY:  LCALL  KS          ;调用 KS 子程序,判别有键按下吗?
      JNZ    K1          ;有键按下转移
      LCALL  DELAY       ;无键按下,调延时子程序(省略)
      LJMP   KEY
K1:   LCALL  DELAY       ;增加延时时间,消除键抖动
      LCALL  DELAY
      LCALL  KS          ;调用 KS 子程序,再次判别有无键闭合
      JNZ    K2          ;键按下,转逐列扫描
      LJMP   KEY         ;误读键,返回
K2:   MOV    R2,#0FEH    ;首列扫描字送 R2
      MOV    R4,#00H     ;首列号送 R4
K3:   MOV    A,R2
      MOV    P1,A        ;列扫描字送 P1 口
      MOV    A,P2        ;读取行扫描值
```

```
        JB      ACC.0,L1        ;第 0 行无键按下,转查第 1 行
        MOV     A,#00H          ;第 0 行有键按下,该行的行首键号#0H送 A
        LJMP    LK              ;转求键号
L1:     JB      ACC.1,L2        ;第 1 行无键按下,转查第 2 行
        MOV     A,#08H          ;第 1 行有键按下,该行行首键号#08H送 A
        LJMP    LK              ;转求键号
L2:     JB      ACC.2,L3        ;第 2 行无键按下,转查第 3 行
        MOV     A,#10H          ;第 2 行有键按下,该行的行首键号#10H送 A
        LJMP    LK              ;转求键号
L3:     JB      ACC.3,NEXT      ;第 3 行无键按下,改查下一列
        MOV     A,#18H          ;第 3 行有键按下,该行的行首键号#18H送 A
LK:     ADD     A,R4            ;行首键号加列号形成键号值送入 A
        PUSH    ACC             ;键码入栈保护
K4:     LCALL   DELAY
        LCALL   KS              ;等待键释放
        JNZ     K4              ;未释放,等待
        POP     ACC             ;键释放,出栈送 ACC
        RET                     ;键扫描结束,返回
NEXT:   INC     R4              ;修改列号,指向下一列
        MOV     A,R2
        JNB     ACC.7,KEY       ;第 7 位为 0,已扫描完最高列转 KEY
        RL      A               ;未扫描完,扫描字左移 1 位,变为下列扫描字
        MOV     R2,A            ;扫描字暂存 R2
        LJMP    K3              ;转下列扫描
KS:     MOV     A,#0
        MOV     P1,A            ;全扫描字#00H送 P1 口
        MOV     A,P2            ;读入 P2 口行状态
        CPL     A               ;变正逻辑,以高电平表示有键按下
        ANL     A,#0FH          ;屏蔽高 4 位
        RET                     ;出口状态:A≠0 时,有键按下
```

C语言程序清单如下:

```
    ……                                          //预处理
void delay(uint m)                              //延时程序
{ uint k;
for(k = 0;k<m;k++){};
}
uchar scan(void)                                //键扫描程序
{
uchar i,j,k,n,key_vaule ;
P1 = 0;                                         //全扫描字#00H送 P1 口
    do{}while((P2&0x0f) == 0x0f) ;              //等待有键按下
```

```
        delay(1000) ;                          //延时消除键抖动,延时值自定
        if ((P2&0x0f)!= 0x0f)                  //再次判别有无键闭合
          {                                    //键按下,逐列扫描
              k = 0xfe;                        //首列扫描字
              for(i= 0;i<8;i++)
              {P1 = k ;
                 j = P2&0x0f ;
                 if (j!= 0x0f)
                 {switch (j)
                     {
                     case 0x0e:n = 0;break;   //第 0 行无键按下,转查第 1 行
                     case 0x0d:n = 8;break;   //第 1 行无键按下,转查第 2 行
                     case 0x0b:n = 16;break;  //第 2 行无键按下,转查第 3 行
                     case 0x07:n = 24;break;  //第 3 行无键按下,转查下一列
                     default: n = 0xff;break;
                     }
                     break ;
                 }
                     k = (k <<1) + 1;         //扫描字左移 1 位,变为下列扫描字
              }
          }
              key_vaule = n + i ;              //行首键号加列号形成键值送入 key_vaule
              P1 = 0;                          //全扫描字#00H 送 P1 口
              do{}while((P2&0x0f)!= 0x0f);    //等待键释放
              delay(1000) ;                    //延时消除键抖动
            return (key_vaule);
    }
```

在配有键盘的应用系统中,一般都相应地配有显示器,此时可以把键盘程序中去抖动的延时子程序用显示子程序代替(详见 11.2 节),须注意的是显示子程序所花费的时间应与键盘去抖动的延时相当。

在系统初始化后,CPU 必须反复轮流调用扫描式显示子程序和键盘输入程序。在识别有键闭合后,执行规定的操作,然后再重新进入上述循环。

(2) 中断工作方式

采用上述扫描键盘的工作方式,虽然也能响应键入的命令或数据,但是这种方式不管键盘上有无按键按下,CPU 总要定时扫描键盘;而应用系统在工作时,并不经常需要按键输入,因此,CPU 常处于空扫描状态。为了提高 CPU 的工作效率,可采用中断扫描工作方式,即只在键盘有键按下时发中断请求,CPU 响应中断请求后,转中断服务程序,进行键盘扫描,识别键码。中断扫描工作方式的一种简易键盘接口电路如图 11.5 所示,其直接由 80C51 P1 口的高、低字节构成 4×4 行列式键盘。键盘的

列线与 P1 口的低 4 位相接，键盘的行线接到 P1 口的高 4 位。

图 11.5 中的 4 输入端“与”门就是为中断扫描方式而设计的，其输入端分别与各列线相连，而输出端接单片机外部中断输入 $\overline{\text{INT0}}$。初始化时，键盘行输出口全部置 0。当有键按下时，$\overline{\text{INT0}}$端为低电平，向 CPU 发出中断请求，若 CPU 开放外部中断，则响应该中断请求，进入中断服务程序。在中断服务程序中执行键盘扫描输入子程序时，须注意返回指令要改用RETI。此外，还须注意保护与恢复现场。

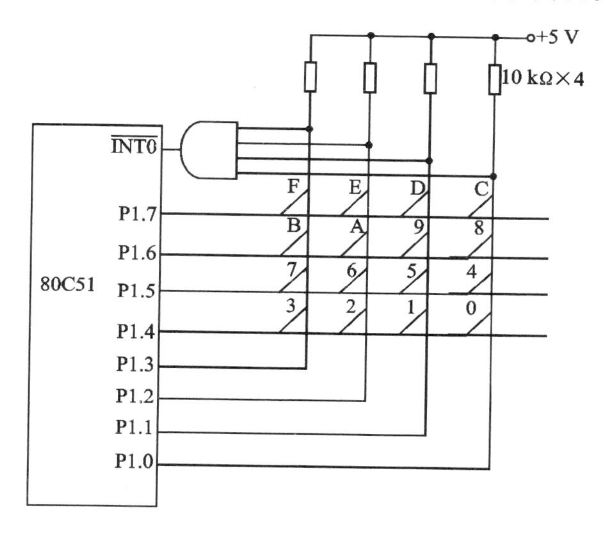

图 11.5 中断方式键盘电路

由于 P1 口为双向 I/O 口，可以采用线路反转法识别键值。其步骤如下：

① P1.0～P1.3 输出 0，由 P1.4～P1.7输入并保存数据到 A 中；

② P1.4～P1.7 输出 0，由 P1.0～P1.3输入并保存数据到 B 中；

③ A 的高 4 位与 B 的低 4 位相“或”成为键码值；

④ 查表求得键号。

线路反转汇编语言程序清单如下：

```
        ORG     0000H
        LJMP    START
        ORG     0003
        LJMP    FZH                 ;转读键值程序
        ORG     0030H
START:
        MOV     SP,＃50H
        MOV     P1,＃0FH
        MOV     IE,＃81H            ;CPU 开中断,允许外部中断 0 中断
        ⋮
        SJMP    $
```

```
        ORG     80H             ;读键值中断程序
FZH:    SETB    RS0             ;用第1组工作寄存器,保护第0组工作寄存器
        MOV     P1,#0F0H        ;设P1.0～P1.3输出0
        MOV     A,P1            ;读P1口
        ANL     A,#0F0H         ;屏蔽低4位,保留高4位
        MOV     B,A             ;P1.4～P1.7的值存B
        MOV     P1,#0FH         ;反转设置,设P1.4～P1.7输出0
        MOV     A,P1
        ANL     A,#0FH          ;屏蔽高4位,保留低4位
        ORL     A,B             ;与P1.4～P1.7的值相"或",形成键码
        MOV     B,A
        MOV     R0,#00H         ;置键号初值
        MOV     DPTR,#TAB
LOOP:
        MOV     A,R0
        MOVC    A,@A+DPTR       ;取键码值
        CJNE    A, B, NEXT2     ;与按键值相比较,如果不相等,继续
        SJMP    RR0             ;相等返回,键号值在A中
NEXT2:
        INC     R0              ;键值加1
        CJNE    R0,#10H,LOOP    ;是否到最后一个键
RR0:    CLR     RS0             ;恢复第0组工作寄存器
        RETI
TAB:
        DB 0EEH,0EDH,0EBH,0E7H  ;0,1,2,3的键码值
        DB 0DEH,0DDH,0DBH,0D7H  ;4,5,6,7的键码值
        DB 0BEH,0BDH,0BBH,0B7H  ;8,9,10,11的键码值
        DB 07EH,07DH,07BH,077H  ;12,13,14,15的键码值
        END
```

线路反转法C51语言程序清单如下：

```
  …                                 //预处理
uchar keycode;
uchar code key_value[16] =          //键码值
 {0xee,0xed,0xeb,0xe7,    0xde,0xdd,0xdb,0xd7,
     0xbe,0xbd,0xbb,0xb7,0x7e,0x7d,0x7b,0x77
 };
void main(void)
{     P1 = 0x0F ;
      IT0 = 0;                      //外部中断0采用边沿触发方式
      IE = 0x81 ;                   // CPU开中断,允许外部中断0中断
      while(1)                      //等待键值处理
```

```
  {…};
}
void int0_pro() interrupt 0 using 1  //定义外部中断 0 中断函数,用第 1 组工作寄存器
{
  uchar key,i;
   keycode = 0x00;                 //置键号初值
    P1 = 0xf0;                     //设 P1.0～P1.3 输出 0
    key = P1&0xf0;                 //保存 P1.4～P1.7 的值
    P1 = 0x0f;                     //反转设置,设 P1.4～P1.7 输出 0
    key += P1&0x0f;                //与 P1.4～P1.7 的值相"或",形成键码
    for (i = 0;i<16;i++)
    {
        if (key == key_value[i])   //查表得到键码值
            {
                keycode = i;       //返回键号
                break;
            }
    }
}
```

11.2 显示器接口

为方便人们观察和监视单片机的运行情况,通常需要利用显示器作为单片机的输出设备,以显示单片机的键输入值、中间信息及运算结果等。

在单片机应用系统中,常用的显示器主要有 LED(发光二极管显示器)和 LCD(液晶显示器)。这两种显示器都具有耗电省,配置灵活,线路简单,安装方便,耐振动,寿命长等优点。两者相比,其主要不同点如下:

发光方式:LED 本身可直接发光,在黑暗条件下也能发光,而 LCD 本身不能直接发光,需要依靠外界光反射才能显示字符,所以在黑暗条件下需要加背光。

驱动方式:LED 用直流驱动,结构较简单,而 LCD 必须用交流驱动,结构较复杂。

功耗:LCD 的功耗比 LED 低大约 3 个数量级。

使用寿命:LED 的寿命比 LCD 长大约 2 个数量级。

响应速度:LCD 为 10～20 ms,而 LED 在 100 ns 以下。

显示容量:1 个 LED 显示器只能显示 1 个字符或 1 个字段,而 1 个 LCD 显示器可同时显示多个字符,有的型号还能显示复杂图形,且清晰度较高。

用户可根据实际需要进行选择,下面对这两种显示器分别予以介绍。

11.2.1 LED显示器的结构与原理

LED显示器是由发光二极管显示字段的显示器件，也可称为“数码管”。其外形结构如图11.6(a)所示，由图可知它由8个发光二极管(以下简称“字段”)构成，通过不同的组合可用来显示0～9、a～f及小数点“.”等字符。图中DP表示小数点，COM表示公共端。

数码管通常有共阴极和共阳极两种型号，如图11.6(b)和(c)所示。图中限流电阻为外接。共阴极数码管的发光二极管阴极必须接低电平(一般为地)，当某一发光二极管的阳极连到高电平时，此二极管点亮；共阳极数码管的发光二极管是阳极并接到高电平(一般为+5 V)，需点亮的发光二极管阴极接低电平即可。显然，要显示某字形就应使此字形的相应字段点亮，实际就是送一个用不同电平组合代表的数据到数码管。这种装入数码管中显示字形的数据称“字形码”。

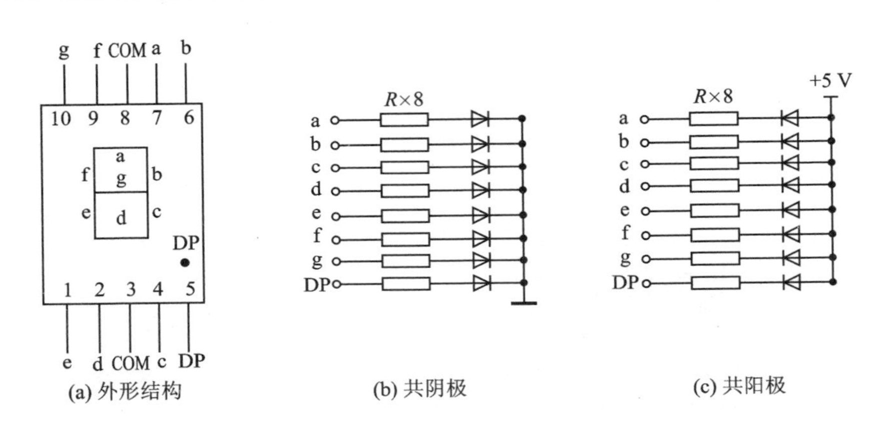

图11.6 “8”字形数码管

下面以共阴极数码管为例说明字形与字形码的关系。

对照图11.6(a)所示字段，其字形码各位定义如下：

D_7	D_6	D_5	D_4	D_3	D_2	D_1	D_0
DP	g	f	e	d	c	b	a

数据位D_0与a字段对应，D_1与b字段对应，……，依次类推。由图10.6(a)和(b)可以看出，若要显示“7”字形，则a、b、c三字段应点亮，对应的字形码为00000111B；若要显示“E”字形，对应的a、f、g、e、d字段应点亮，其字形码为01111001B。

共阴极常用的显示字形，按照显示字符顺序排列如表11.1所列。通常显示代码存放在程序存储器中的固定区域中，构成显示代码表。当要显示某字符时，根据地址及显示字符查表即可。

参照表11.1，只要将对应的字形码取反即可得到共阳极常用的显示字形0～

FH。其顺序为C0H、F9H、A4H、B0H、99H、92H、82H、F8H、80H、90H、88H、83H、C6H、A1H、86H、8EH。

LED显示器显示方式有静态和动态两种,下面分别予以介绍。

表11.1 常用字形表(共阴极)

字符	字形	D_7	D_6	D_5	D_4	D_3	D_2	D_1	D_0	字形码
0	0	0	0	1	1	1	1	1	1	3FH
1	1	0	0	0	0	0	1	1	0	06H
2	2	0	1	0	1	1	0	1	1	5BH
3	3	0	1	0	0	1	1	1	1	4FH
4	4	0	1	1	0	0	1	1	0	66H
5	5	0	1	1	0	1	1	0	1	6DH
6	6	0	1	1	1	1	1	0	1	7DH
7	7	0	0	0	0	0	1	1	1	07H
8	8	0	1	1	1	1	1	1	1	7FH
9	9	0	1	1	0	1	1	1	1	6FH
A	A	0	1	1	1	0	1	1	1	77H
B	b	0	1	1	1	1	1	0	0	7CH
C	C	0	0	1	1	1	0	0	1	39H
D	d	0	1	0	1	1	1	1	0	5EH
E	E	0	1	1	1	1	0	0	1	79H
F	F	0	1	1	1	0	0	0	1	71H

11.2.2 LED静态显示方式

静态显示是指在显示器显示某个字符时,相应的发光二极管(字段)一直导通或截止,直到变换为其他字符。

当数码管工作在静态显示方式下时,其位选线统一接地(共阴极)或高电平(共阳极)。

数码管段选线各位相互独立,通常是与一个锁存器的输出口相接。

只要在各位的段选线上保持段选码电平,该数码管就能保持相应的显示字符。如果要显示新的字符,则重新发送新字符的段选码电平。

静态显示通常有以下2种方法。

1. 用并行口控制显示器

并行输出接口可以采用74系列的锁存器(如74373等),也可以采用可编程I/O接口芯片,还可以采用专门用于驱动显示的硬件译码器件等与段选线相连。显示时只需把待显示字符的段选码电平送入输出口。图11.7所示为由2个数码管相连的2位静态显示器。显然这个显示器至少要占用16位I/O口线。由于这种方法需要占用较多I/O口线,若要显示的数码管超过4个,则这种方法对于80C51单片机就不再适用了。

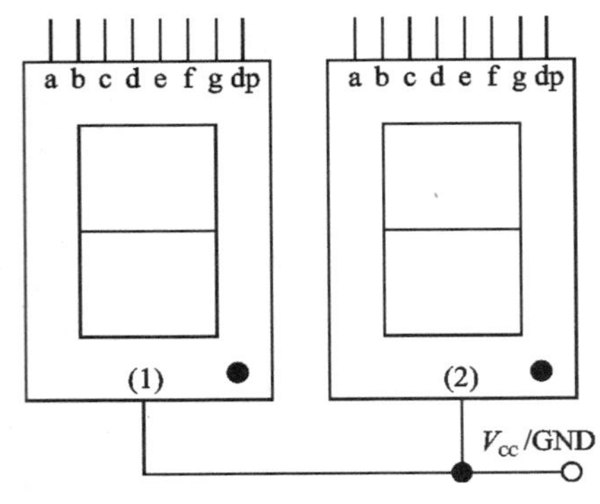

图11.7　2位静态显示电路

2. 用串行口控制显示器

静态显示方式常采用串行口设定为方式0输出方式,采用串行输入/并行输出的移位寄存器构成显示电路,请读者参考第8章的例8.3。

这种方式下要显示某字符,首先要把这个字符转换为相应的字形码,然后再通过串行口发送到串行输入/并行输出的移位寄存器。以74HC164芯片为例,一个数码管需要1片74HC164。74HC164把串行口收到的数转换为并行输出,并加到数码管上,详见参考文献[1]。这种方式虽然节约了I/O口线,却增加了电路的复杂程度和移位寄存器芯片,成本也较高,在位数较多时字符更新速度慢。

通常静态显示方式亮度较高,软件编程较简单。但由于它需要占用较多的I/O口线或者需要较多的芯片,线路较复杂,所以当位数较多时常采用动态显示方式。

11.2.3　LED动态显示方式

动态扫描显示方式是把各显示器的相同段选线并联在一起,并由一个8位I/O口控制,而其公共端由其他相应的I/O口控制,然后采用扫描方法轮流点亮各位LED,使每位分时显示其应显示的字符,这是最常用的显示方式之一。

图11.8所示电路即为单片机应用系统中的一种动态显示方式示意图。为简化问题,这里直接用单片机的I/O口输出相应的字形码和位选扫描电平。其中P1口输出与选通的数码管相对应的字形码信号,P2口的6位口作为位选信号,每次仅有1路输出是1电平(其余为0)。

通常采用动态显示字形码输出及位选信号输出时,应经驱动后,再与数码管相连。图11.8中字形驱动选用8路三态同相缓冲器74HC244,位选驱动使用ULN2803反相驱动芯片(参见附录B)。采用8段共阴极数码管,发光时,字形驱动输出1有效,位选驱动输出0有效。

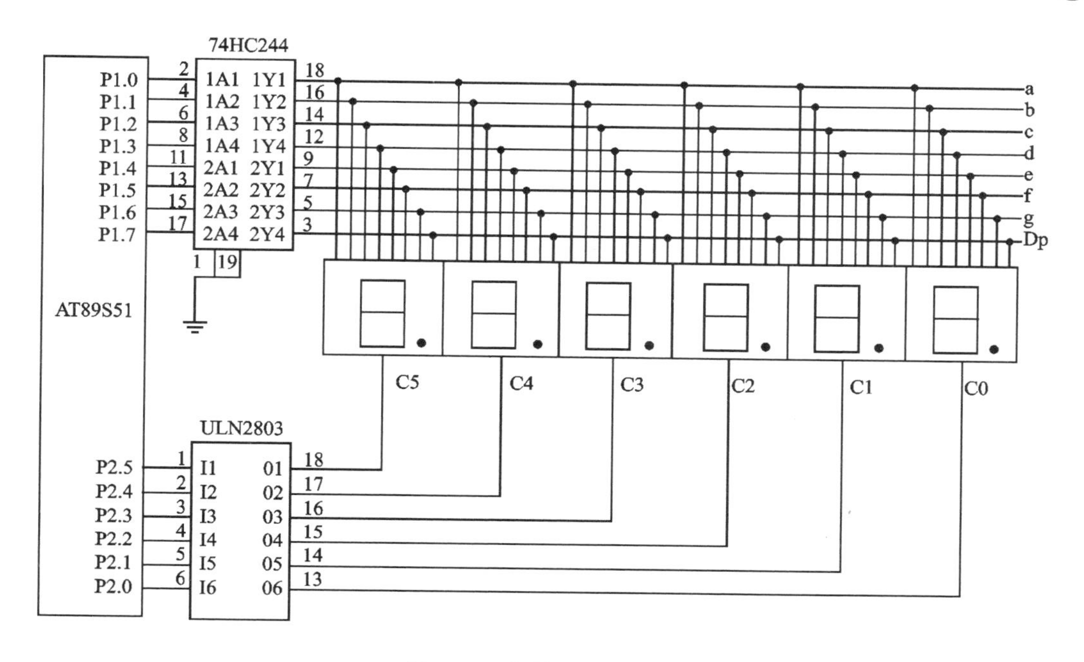

图 11.8 扫描式显示电路

由于 8 路段选线都由 P1 口控制，因此每个要显示的字符都会同时加到这 6 个数码管上。要想让每位显示不同的字符，就必须采用扫描工作方式。这种工作方式是分时轮流选通数码管的公共端，使得各数码管轮流导通，即各数码管是由脉冲电流导电的(每循环扫描一次的时间一般为10 ms)。当所有数码管依次显示一遍后，软件控制循环，使每位显示器分时点亮。例如：若要显示“123DEF”，则位选码、段选码扫描一遍的相应显示内容如表 11.2 所列。

表 11.2 6 位动态扫描显示内容

段选码	位选码	显示器显示内容					
06	20H	1					
5BH	10H		2				
4FH	08H			3			
5EH	04H				D		
79H	02H					E	
71H	01H						F

这种方式不但能提高数码管的发光效率，而且由于各数码管的字段线并联使用，从而大大简化了硬件线路。

各数码管虽然是分时轮流通电，但由于发光数码管的余辉特性及人眼的视觉暂留作用，因此，当循环扫描频率选取适当时，看上去所有数码管是同时点亮的，察觉不出有闪烁的现象。不过，采用这种方式时，数码管不宜太多，否则每个数码管所分配到的实际导通时间就会太短，从而使得亮度不够。

按照图 11.8 所示电路编写一段 6 位数码管的显示子程序。设 DIS0～DIS5 为片内显示缓冲区，共 6 个单元，对应 6 个数码管的显示内容。程序中，先取 DIS5 中的数据,对应选中图11.8所示扫描式显示电路中最左边的数码管,其余以此类推。

汇编语言程序清单如下:

```
DIR:    PUSH    ACC
        PUSH    DPH
        PUSH    DPL
        MOV     R0,#DIS5                            ;指向显示缓冲区首单元
        MOV     R6,#20H                             ;选中最左边的数码管
        MOV     R7,#00H                             ;设定显示时间
        MOV     DPTR,#TAB1                          ;指向字形表首地址
DIR1:   MOV     A,#00H
        MOV     P2,A                                ;关断显示
        MOVC    A,@R0                               ;取要显示的数据
        MOVC    A,@A+DPTR                           ;查表得字形码
        MOV     P1,A                                ;送字形码
        MOV     A,R6                                ;取位选字
        MOV     P2,A                                ;送位选字
HERE:   DJNZ    R7,HERE                             ;延时
        INC     R0                                  ;更新显示缓冲单元
        CLR     C
        MOV     A,R6
        RRC     A                                   ;位选字右移
        MOV     R6,A
        JNZ     DIR1                                ;未扫描完,继续循环
        POP     DPL
        POP     DPH
        POP     ACC                                 ;恢复现场
        RET
TAB1:   DB      3FH,06,5BH,4FH,66H,6DH,7DH,07       ;0H~7H
        DB      7FH,6FH,77H,7CH,39H,5EH,79H,71H     ;8H~0FH
```

C语言程序清单如下:

```
#include<reg51.h>
#define uchar  unsigned char
uchar TABLE1[]={0x20,0x10,0x08,0x04,0x02,0x01};      //位选码
uchar TABLE2[]={0x06,0x5b,0x4f,0x5e,0x79,0x71};      //段选码,显示1,2,3,D,E,F
void delay()
{  uchar i,j;
   for(i=0;i<200;i++)
   {
     for(j=0;j<5;j++)
     {;}
```

```
    }
}
main()
{
    uchar i;
    for(;;)
    {
        for(i = 0;i<6;i ++ )
        {
            P2 = 0X00;                          //关断显示
            P1 = TABLE2[i];                     //送字形码,显示某个字符
            P2 = TABLE1[i];                     //送位选字,选中某一位
            delay();
        }
    }
}
```

采用此显示子程序,每调用一次,仅扫描一遍;若要得到稳定的显示,则必须不断地调用显示子程序。

动态扫描式显示接口硬件虽然简单,但在使用时必须反复循环显示。若 CPU 须进行其他操作,则只能插入循环程序中,这就降低了 CPU 的工作效率。因此,在实际应用中,要根据具体情况来选用显示方式。

11.2.4 液晶显示器概述

液晶显示器 LCD (Liquid Crystal Display)是一种极低功耗的显示器。由于其具有清晰度高,信息量大等特点,从而使得它越来越广泛地应用在小型仪器的显示中。本小节将介绍 LCD 的工作原理以及与单片机的接口和应用技术。

液晶是一种介于固体和液体之间的有机化合物。它既可以像液体一样流动,又具有类似于晶体的某些光学特性,即在不同方向上的光电效应不同,利用这一特点可制成液晶显示器。其显示原理较复杂,简言之,它是利用液晶特殊的折射性进行显示的。由于液晶工作时需要加一种固定的交流电压,因而驱动其工作的过程较繁琐。为了简化对 LCD 器件的操作,现在已经配置了专门的驱动器和控制器。在进行信息显示时,由计算机对控制器进行操作,使控制器为驱动器提供扫描时序信号和准备显示的内容,然后驱动器驱动液晶器件进行显示。此外,现在有一些专用单片机本身增加了直接驱动 LCD 的功能,此时可不用驱动器。

把 LCD 与驱动器组装在一起的部件的英文名称为 LCD Module,简称 LCM。LCM 一般分为 3 类,即段码型液晶模块、点阵字符液晶模块和点阵图形液晶模块。

- 段码型液晶模块是由数显液晶显示器件和集成电路组装成的模块,也称为"笔段型液晶模块"。其段码显示形式与 LED 显示器类似,是应用最简单的

一类。

- 点阵字符液晶模块是由点阵字符液晶显示器件和专用的驱动器、控制器、结构件等装配成的模块,可以显示数字和英文字符。这种模块本身具有字符发生器,显示容量大于段码型液晶模块。
- 点阵图形液晶模块的点阵像素是连续排列的。因此,可以显示连续、完整的图形,也可以显示中文、数字等,是功能最全面,但控制也最复杂的一类,其价格也高于前两类模块。

11.2.5 字符型液晶显示模块 LCM 的组成及原理

这里之所以选择以字符型液晶显示模块 LCM 为例,是因为目前字符型液晶显示模块 LCM 应用较广泛,使用方法也不太复杂,易于学习,并且它们的接口方法比较统一,因此学会一种型号,即可收到触类旁通的效果。各制造商所采用的模块控制器都是 HD44780U 或其兼容产品,虽然形成的最终产品型号较多,如有 MDLS81809、MDLS16163、MDLS24265 等,但它们的使用方法大同小异。为叙述方便,在下面的介绍中统称这类模块为 LCM。

字符型液晶显示模块 LCM 主要由指令寄存器、数据寄存器、AC 地址计数器、DDRAM 显示数据存储器、CGRAM 字符产生器 RAM、CGROM 字符产生器 ROM 以及控制电路等组成。

下面分别对各主要部分的功能进行介绍。

(1) 指令寄存器与解码器

指令寄存器用于存放计算机送来的指令代码,指令解码器用于翻译准备执行的指令。同时,它们使地址计数器加 1。

(2) 时序及时序产生器

LCM 内部电路的工作需要有一个统一的时序。时序产生器用于产生逻辑电路的工作时序,可产生 CGRAM、CGROM、光标和闪烁等运行的时序信号。

(3) 地址指针计数器 AC

AC 是显示数据寄存器 DDRAM 和字符发生器 CGRAM 共同的地址指针计数器,指示当前 DDRAM 和 CGRAM 的地址,也可以指示当前光标和闪烁的位置地址。其可由计算机设置为加 1 或减 1,即每当存/取 1 个字节数据时,AC 的值即自动加 1 或减 1。

(4) DDRAM 显示数据存储器

DDRAM 显示数据存储器用于存放 LCD 当前要显示的数据,其容量为 80×8 位,即可存放 80 个字符。这 80 个字符的地址由地址计数器 AC 提供,DDRAM 各单元对应显示屏上的各字符位。实际显示位置与存储器地址的排列顺序及 LCM 的型号有关,本书中 LCM 的地址定义有两种方式,即 1 行显示的地址定义和 2 行显示的地址定义,通常为后者。表 11.3 所列为 40×2 显示在 LCD 上的显示位置与

DDRAM 地址的对应关系。在 2 行显示时，不论一行的字符是多少个，第 2 行的首地址总是从 DDRAM 地址的 40H 单元开始。

表 11.3 显示位置与 DDRAM 地址的对应关系

显示位置	1	2	3	…	19	…	38	39	40
第 1 行的 DDRAM 地址	0	1	2	…	13H	…	25H	26H	27H
第 2 行的 DDRAM 地址	40H	41H	42H	…	53H	…	65H	66H	67H

由表 11.3 可以看出：对于 20×2 的 LCD 显示器 2 行各为 20 个字符，第 1 行的地址为 0～13H，第 2 行是从 40H 单元开始至 53H 结束；1 个 DDRAM 地址对应 1 个显示位置，写入不同的字符即可显示不同的字形。

(5) CGROM 字符产生器 ROM

在 CGROM 字符产生器的 ROM 中存放已经固化好的字符库，其中的英文字母、数字与 ASCII 码相同，其他符号可查看数据手册。只要通过软件写入某个字符的字符代码，控制器即将它作为字符库的地址，并把该字符输出到驱动器显示。例如：当把 41H 字符码写入 DDRAM 时，CGROM 会自动把相应的字符"A"送至 LCD 显示器显示。在 HD44780 等字符型液晶控制器的字符库中，00H～0FH 没有定义，而是留给用户自己定义字符用。

(6) CGRAM 字符产生器 RAM

在 CGRAM 字符产生器的 RAM 中，可存放 8 个用户设计的 5×8 点阵图形。

5×8 点阵字符代码与 CGRAM 地址的对应关系如下：

字符代码	0	1	2	…	6	7
CGRAM 地址	00H～07H	08H～0FH	10H～17H	…	30H～37H	38H～3FH

图 11.9 所示为字符代码为 00 的 CGRAM 地址及字模数据与显示效果的对应关系。本例要显示的字为"月"，当要显示字符的某一位为 1 时，表示该点亮，为 0 则表示不亮。每个字符均由 8 个字节组成，前 7 个字节为字符体，最后 1 个字节留作光标位置。在编程时，要先向 CGRAM 地址的 0～7 送入 00H～1FH 之间的数字(仅低 5 位有效)，然后再将对应码的代码写入 DDRAM 即可显示。

在图 11.9 所示的例子中，因为已经把字符"月"的点阵字符存入 00H～07H，所以它的字符代码就是 0；如果把"月"的点阵字符存入 20H～27H，则它的字符代码就变为 4。

(7) 忙标志触发器 BF

忙标志触发器 BF 指示 LCD 是否正在作内部处理工作。在写指令前，必须首先检查 BF 标志。当 BF＝0 时，才可以将指令写入 LCD 控制器；当 BF＝1 时，表示 LCD 正在作内部处理工作，不能将指令写入 LCD 控制器。处理完毕，BF 自动清 0。

(8) 光标/闪烁控制器

HD44780U 具有光标和闪烁功能、由计算机控制光标和闪烁电路的工作，可以

代码0的CGRAM地址	"月"的CGRAM单元数据	显示屏的显示效果
0	0FH	□■■■■
1	09H	□■□□■
2	0FH	□■■■■
3	09H	□■□□■
4	0FH	□■■■■
5	09H	□■□□■
6	13H	■□□■■
7	00H	□□□□□

图 11.9　自定义字符设计举例

通过软件设定在 DDRAM 当前地址产生 1 个光标和 1 个闪烁的字符。

(9) 偏压产生器

偏压产生器用来产生 LCD 显示时所需要的偏压。

(10) LCD 驱动器

LCD 驱动器由并/串转换电路、行驱动器、列驱动器、移位寄存器等组成，通过计算机控制，可产生驱动 5×8 点阵字符所需要的信号。

上述各部件的工作是通过计算机对 RS、R/$\overline{W}$、E 等引脚的控制实现的。DB0～DB7 是外界与 LCM 的传输引脚。

11.2.6　字符型液晶显示模块 LCM 的引脚及说明

LCM 采用 16 引脚封装，某常用型号的外形与引脚分布如图 11.10 所示。

各引脚的名称及功能如下。

1 脚 V_{SS}——电源地。

2 脚 V_{CC}——+5 V。

3 脚 V_O——调节电压端，用以改变显示对比度，通常此端接可调电阻活动端。如果不调节可直接接地。

4 脚 RS——寄存器选择端。当 RS 为 0 时，选择指令寄存器；当 RS 为 1 时，选择数据寄存器。

5 脚 R/W——读/写控制信号。当 R/W 为 0 时，选择写操作；当 R/W 为 1 时，选择读操作。

由 RS 和 R/W 控制读/写操作的格式如表 11.4 所列。

6 脚 E——使能控制端，E 是正脉冲信号(脉冲宽度为 0.5 μs 左右)，下降沿有效。

7～14 脚 DB0～7——8 位数据总线。

15、16 脚——不同厂家生产的 LCM 其 15、16 脚的功能设置不同，通常有以下 3 种情况：

● 15 脚 NC——空；16 脚 NC——空。

● 15 脚 LED+——LED 背光电源正；16 脚 LED-——LED 背光电源负。

● 15 脚 E1——使能信号（控制第 1、2 行）；16 脚 E2——使能信号（控制第 3、4 行）。

要想知道某型号 LCM 的引脚具体对应哪种情况，则须查看其型号说明书。

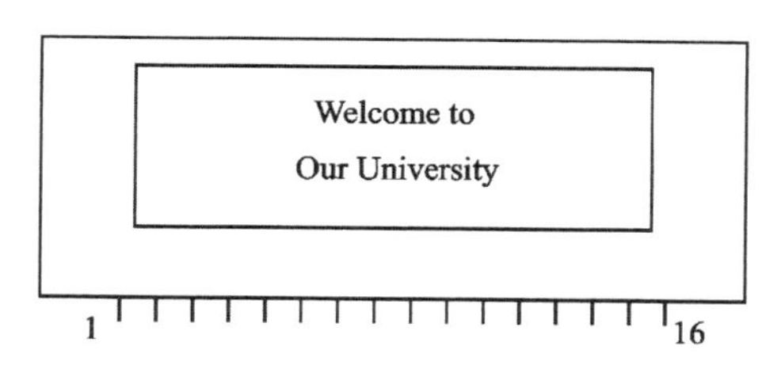

图 11.10　LCM 外形及引脚分布

表 11.4　RS 和 R/W 控制读/写操作的格式

RS	R/W	操　作
0	0	写指令寄存器
0	1	读忙标志位 BF 和地址计数器 AC
1	0	写数据寄存器
1	1	读数据寄存器

11.2.7　LCM 的指令

LCM 提供了 8 条控制指令，通过这些指令可实现基本控制显示功能。指令一览表参见表 11.5。由表可知，除了"清除屏幕"和"归位"指令的执行时间为 1.64 ms 之外，其余指令的执行时间均为 40 μs。每条指令的执行时间为每一次读/写 LCD 寄存器后要等待的时间，之后 CPU 才可发下一条指令。在编程时，要考虑这个细节。表中的最后 3 条不是控制指令，而是和指令密切相关的操作。

(1) 清除屏幕指令

该指令清除显示内容，将 DDRAM 显示数据寄存器的内容全部清 0，并将 AC 清 0。其命令字为 01。

(2) 归位指令

该指令置 DDRAM 显示数据 RAM 地址为 0，即将 AC 清 0；使光标和光标所在位的字符回到原点，但 DDRAM 的内容不变。其命令字为 02。

表 11.5　LCM 指令一览表

指令名称	控制信号		控制代码								运行时间/μs
	RS	R/W	D7	D6	D5	D4	D3	D2	D1	D0	
清除屏幕	0	0	0	0	0	0	0	0	0	1	1.64×10^3
归　位	0	0	0	0	0	0	0	0	1	*	1.64×10^3
输入方式	0	0	0	0	0	0	0	1	I/D	S	40
显示状态	0	0	0	0	0	0	1	D	C	B	40
光标/画面移位	0	0	0	0	0	1	S/C	R/L	*	*	40

续表 11.5

指令名称	控制信号		控制代码								运行时间/μs
	RS	R/W	D7	D6	D5	D4	D3	D2	D1	D0	
工作方式	0	0	0	0	1	DL	N	F	*	*	40
CGRAM的地址设置	0	0	0	1	A5	A4	A3	A2	A1	A0	40
DDRAM的地址设置	0	0	1	A6	A5	A4	A3	A2	A1	A0	40
读取忙标志/地址计数器 AC	0	1	BF	A6	A5	A4	A3	A2	A1	A0	40
写数据	1	0	数据								40
读数据	1	1	数据								40

(3) 输入方式指令

该指令选择显示时的输入方式。

其 RS 和 R/W 的设置及各数据位格式如下：

RS	R/W	位7	位6	位5	位4	位3	位2	位1	位0
0	0	0	0	0	0	0	1	I/D	S

其命令字高 6 位的固定值为 000001B。其最低 2 位的作用如下：

- 当 I/D=1 时，为增量方式，在数据读/写操作后，AC 可自动加 1，光标右移一个字符位；
  当 I/D=0 时，为减量方式，在数据读/写操作后，AC 可自动减 1，光标左移一个字符位。
- 当 S=1 时，显示画面移位；
  当 S=0 时，显示画面不移位。

由 I/D 和 S 控制输入的模式如表 11.6 所列。

表 11.6　I/D 和 S 控制输入的模式

I/D	S	功能说明
0	0	每读/写一个字节数据，AC 自动减 1，光标显示的位置也同时向左移 1 位，画面不动
0	1	光标显示的位置不动，画面向右移 1 位
1	0	每读/写一个字节数据，AC 自动加 1，光标显示的位置也同时向右移 1 位，画面不动
1	1	光标显示的位置不动，画面向左移 1 位

(4) 显示状态控制指令

该指令控制画面、光标和闪烁的开与关。

其 RS 和 R/W 的设置及各数据位格式如下：

RS	R/W	位7	位6	位5	位4	位3	位2	位1	位0
0	0	0	0	0	0	1	D	C	B

其命令字高 5 位的固定值为 00001B。其低 3 位的作用如下：

- 当 D=1 时，为开显示方式；
  当 D=0 时，为关显示方式，不出现画面，但显示数据仍保存在 DDRAM 中。
- 当 C=1 时，显示光标，光标的位置由地址指针寄存器 AC 确定；
  当 C=0 时，关光标。
- 当 B=1 时，显示字符闪烁，闪烁字符的位置由地址指针寄存器 AC 确定，在控制器频率为 250 kHz 时，闪烁频率为 2.4 Hz；
  当 B=0 时，显示字符不闪烁。

(5) 光标或画面移位指令

该指令选择光标或画面(即显示字符)向左或向右移动 1 个字符位。

其 RS 和 R/W 的设置及各数据位格式如下：

RS	R/W	位7	位6	位5	位4	位3	位2	位1	位0
0	0	0	0	0	1	S/C	R/L	*X*	*X*

其命令字高 4 位的固定值为 0001B。其低 4 位的作用如下：

- 当 S/C=1 时，光标与字符同时移位；
  当 S/C=0 时，仅光标移位。
- 当 R/L=1 时，右移；
  当 R/L=0 时，左移。

位 1 和位 0 的 *X* 可为任意值。

由 S/C 和 R/L 控制读/写操作的模式如表 11.7所列。

表 11.7 S/C 和 R/L 控制移位的模式

S/C	R/L	功能说明
0	0	光标左移，AC 自动减 1
0	1	光标右移，AC 自动加 1
1	0	光标和显示字符一起左移
1	1	光标和显示字符一起右移

(6) 工作方式设置指令

该指令选择数据长度与显示格式。

其 RS 和 R/W 的设置及各数据位格式如下：

RS	R/W	位7	位6	位5	位4	位3	位2	位1	位0
0	0	0	0	1	DL	N	F	*X*	*X*

其命令字高 3 位的固定值为 001B。位 1 和 0 无作用，位 4～2 的作用如下：

- 当 DL=1 时，采用 8 位数据总线；
  当 DL=0 时，采用 4 位数据总线。
- 当 N=1 时，显示双行字符行；
  当 N=0 时，显示单行字符行。
- 当 F=1 时，采用 5×10 点阵字符体；
  当 F=0 时，采用 5×7 点阵字符体。

(7) CGRAM的地址设置指令

该指令把6位CGRAM的地址写入地址指针寄存器AC,随后计算机对数据的操作就是对CGRAM的读/写操作。

其RS和R/W的设置及各数据位格式如下:

RS	R/W	位7	位6	位5	位4	位3	位2	位1	位0
0	0	0	1	A5	A4	A3	A2	A1	A0

该指令高2位的固定值为01B。A5～A0位用于选择CGRAM的地址,其范围为00～63。

(8) DDRAM的地址设置指令

该指令把7位DDRAM的地址写入地址指针寄存器AC,随后计算机对数据的操作就是对DDRAM的读/写操作。

其RS和R/W的设置及各数据位格式如下:

RS	R/W	位7	位6	位5	位4	位3	位2	位1	位0
0	0	1	A6	A5	A4	A3	A2	A1	A0

指令位7的固定值为1。A6～A0位用于选择DDRAM的地址,并存放于AC中。写入本指令后,随后必须是读/写DDRAM数据的指令。

(9) 读取忙标志/地址计数器AC

该操作用于读取忙标志位BF及地址计数器AC的内容。

其RS和R/$\overline{W}$的设置及各数据位格式如下:

RS	R/W	位7	位6	位5	位4	位3	位2	位1	位0
0	1	BF	A6	A5	A4	A3	A2	A1	A0

在读/写数据之前,一定要检查BF位的状态。当BF=0时,可以存取LCD;当BF=1时,则不能存取LCD。A6～A0位为DDRAM或CGRAM的地址(取决于计算机最近向AC写入的是哪类地址)。

(10) 写入DDRAM/CGRAM

在地址设定指令后,该操作把D0～D7表示的字符码写入DDRAM以显示相应的字符,或把用户设计的字符写入CGRAM。

其RS和R/$\overline{W}$的设置及各数据位格式如下:

RS	R/W	位7	位6	位5	位4	位3	位2	位1	位0
1	0	D7	D6	D5	D4	D3	D2	D1	D0

(11) 读取DDRAM/CGRAM中数据

在地址设定指令后,该操作读取DDRAM/CGRAM中的数据。

其RS和R/W的设置及各数据位格式如下:

RS	R/W	位7	位6	位5	位4	位3	位2	位1	位0
1	1	D7	D6	D5	D4	D3	D2	D1	D0

11.2.8 LCM的复位及初始化

LCM内部有一个复位电路，如果电源符合LCM的时序要求，即当电源从0.2 V上升到4.5 V所需要的时间在0.1～10 ms之内，或者电源的低电平(<0.2 V)瞬间抖动持续时间大于1 ms时，则LCM上电即可自动复位。

复位后的默认状态如下：

① 清除显示，即清DDRAM；

② 功能设定为8位数据长度，单行显示，5×7点阵字符；

③ 显示屏、光标、闪烁功能均为关闭；

④ 输入模式为AC地址自动加1，显示画面不移动。

如果电源不符合LCM的时序要求，则需要采用指令对其热启动，一般操作步骤如下：

① 写入指令代码30H或38H。

② 延时时间>4.1 ms。

③ 写入指令代码30H或38H。

④ 延时时间>100 μs。

⑤ 写入指令代码30H或38H。

注意：在步骤①～⑤之间不能检测BF标志位。

如果电源符合LCM的时序要求或已经用指令进行了热启动，则可根据LCM的时间要求和各指令的功能，直接设置功能初始化指令，通常具体的操作步骤如下：

① 设置工作方式，指令为001DLNFxx；

② 清除显示，指令为01；

③ 设定输入方式，指令为0000011/DS；

④ 设置显示状态，指令为00001DCB。

在输入上述指令前，及对数据进行读取时都要检测BF标志位，如果为1则等待，为0则执行下一条指令。

11.2.9 LCM的接口及应用举例

【例11.1】 以AT89S51单片机为主机，实现与字符型LCM的接口，编程显示2行字母数字，且第1行显示“ WELCOME TO”，第2行显示“ OUR UNIVERSITY”。此例中的LCM为20×2显示模块，主机频率为6 MHz，其接口电路如图11.11所示。要求设定为2行显示，8位数据长度，5×7点阵字形。

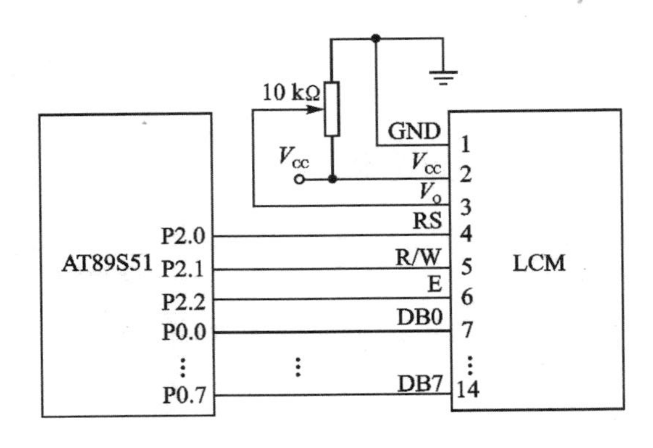

图 11.11　接口电路原理图

编程如下：

```
        RS      BIT   P2.0              ;寄存器选择信号
        R/W     BIT   P2.1              ;读/写选择信号
        E       BIT   P2.2              ;使能控制
        ORG     0000H
        LJMP    MAIN
        ORG     60H
MAIN:
        MOV     SP,#60H                 ;设堆栈指针
        LCALL   INIT                    ;调 LCM 初始化程序
        LCALL   FIRST                   ;调设定显示地址为第 1 行第 1 个位置的子程序
        MOV     DPTR,#TAB1              ;设置第 1 行字符的首地址指针
        LCALL   DISPLAY                 ;调用显示字符程序
        LCALL   SECOND                  ;调设定显示地址为第 2 行第 1 个位置的子程序
        MOV     DPTR,#TAB2              ;设置第 2 行字符的首地址指针
        LCALL   DISPLAY                 ;调用显示字符程序
        SJMP    $
;LCM 初始化程序(本程序采用了用于热启动的指令段)
INIT:
        LCALL   DELAY1                  ;调延时 5 ms 子程序,省略
        LCALL   DELAY1                  ;延时等待电源稳定
        MOV     A,#30H
        MOV     P2,#11111000B           ;E、RS、R/W 为 0
        NOP
        SETB    E                       ;E 为高
        MOV     P0,A                    ;写入指令代码
        CLR     E                       ;E 为低
        LCALL   DELAY1                  ;延时 5 ms 子程序,省略
        MOV     A,#30H
```

```
        MOV     P2,#11111000B       ;E、RS、R/W为0
        NOP
        SETB    E                   ;E为高
        MOV     P0,A                ;写入指令代码
        CLR     E                   ;E为低
        LCALL   DELAY2              ;延时120 μs子程序,省略
        MOV     A,#30H
        MOV     P2,#11111000B       ;E、RS、R/W为0
        NOP
        SETB    E                   ;E为高
        MOV     P0,A                ;写指令
        CLR     E                   ;E为低
        LCALL   DELAY2              ;延时120 μs
        MOV     A,#38H
        MOV     P2,#11111000B       ;E、RS、R/W为0
        NOP
        SETB    E                   ;E为高
        MOV     P0,A                ;写入指令代码
        CLR     E                   ;E为低
        LCALL   DELAY2              ;延时120 μs子程序,省略
        MOV     A,#38H              ;功能设置为2行显示,8位数据总线,5×7点阵
        ACALL   WRC                 ;判读BF和写命令
        MOV     A,#01H              ;清除显示
        ACALL   WRC
        LCALL   DELAY1
        MOV     A,#06H              ;设置输入方式为AC加1,光标右移,画面不动
        ACALL   WRC
        MOV     A,#0EH              ; 设置显示状态为开显示,显示光标,不闪烁
        ACALL   WRC
        RET
;判读BF和写命令
WRC:    ACALL   BUSY                ;调判读BF子程序
        MOV     P2,#11111000B       ;E、RS、R/W为0,准备写
        NOP
        SETB    E                   ;E为高
        MOV     P0, A               ;写入指令代码
        CLR     E                   ;E为低
        RET
BUSY:   PUSH    ACC
W:      MOV     P2,#11111010B       ;RS=0,R/W=1,E=0,准备读忙标志
        NOP
        SETB    E
        MOV     A, P0               ;读BF和AC值
```

```
        JB      ACC.7, W             ;BF 不为 0,等待
        CLR     E
        POP     ACC
        RET
;写显示数据子程序
WRTD:   ACALL   BUSY
        MOV     P2,#11111001B        ;RS = 1,R/W = 0,E = 0,准备写数据
        SETB    E
        MOV     P0, A
        CLR     E
        LCALL   DELAY2
        RET
;显示字符程序
DISPLAY :
        MOV     R1,#00
NEXT:
        MOV     A,R1
        MOVC    A,@A + DPTR          ;将 DPTR 所指的字符码逐一送到 LCD 显示
        CJNE    A,#21H,DSL           ;到结束符"!"返回,否则继续显示
        RET
DSL:    LCALL   WRTD                 ;调写显示数据子程序
        INC     R1
        SJMP    NEXT
FIRST:
        MOV     A,#10000000B         ;DDRAM 的地址设为 80H,即要显示的字符从第 1 行
                                     ;的第 1 个位置开始
        LCALL   WRC
        RET
SECOND:
        MOV     A,#11000000B         ;DDRAM 的地址设为 C0H,即要显示的字符从第 2 行
                                     ;的第 1 个位置开始
        LCALL   WRC
        RET
TAB1:   DB      '   WELCOME   TO'    ;LCD 第 1 行显示的字符串
        DB      '!'                  ;结束码为"!"
TAB2:   DB      '  OUR  UNIVERSITY'  ;LCD 第 2 行显示的字符串
        DB      '!'                  ;结束码为"!"
        END
```

DB 后面的字符码也可以直接写为它的代码形式,例如 TAB1 也可以表示如下:

```
DB 20H,20H,20H,57H,45H,4CH,43H,4FH,4DH,45H
DB 20H,54H,4FH,20H,20H,21H              ; 20H 为空格符,21H 为"!"符
```

【例 11.2】 利用例 11.1 的显示系统，显示“2015 年 6 月 16 日”。

解：本例主要为了说明 CGRAM 的使用方法，并使读者学会用 LCD 显示自己创造的字符。一般的操作步骤如下：

① 按照图 11.9 所示的方法对要显示的字符编码；

② 设定 CGRAM 的起始地址，存入自己创造的字符，它们对应的字符码为0～7；

③ 设定 DDRAM 的地址，把要显示的字符码写入 DDRAM。

本例需要用到自己创造的字符“年”、“月”和“日”。对它们编码后的点阵图形码表放在 TAB1 中；要显示的“2015 年 6 月 16 日”代码放在 TAB2 中。

编程如下：

```
        RS      BIT P2.0
        R/W     BIT P2.1
        E       BIT P2.2
        ORG     0000H
        LJMP    MAIN
        ORG     60H
MAIN:
        MOV     SP,#60H             ;设堆栈指针
        LCALL   INIT                ;调 LCM 初始化程序,同例 11.1(省略)
        LCALL   WORD                ;调把自创字符写入 CGRAM 的子程序
        LCALL   FIRST               ;调设定显示地址为第 1 行第 1 个位置的子程序,
                                    ;同例 11.1(省略)
        MOV     DPTR,#TAB2          ;设置第 1 行字符的首地址指针
        LCALL   DISPLAY             ;调用显示字符程序,同例 11.1(省略)
        SJMP    $
;把自创字符写入 CGRAM 程序
WORD:
        MOV     A,#40H              ;设定 CGRAM 的首地址为 00
        LCALL   WRC                 ;写命令,同例 11.1(省略)
        MOV     R5,#24              ;写入 24 个字符码
        MOV     DPTR,#TAB1          ;将 24 个字符码的首地址送入 DPTR
        MOV     R6,#0               ;偏移量初始值
NEXT:
        MOV     A,R6                ;取查表偏移量
        MOVC    A,@A+DPTR
        LCALL   WRTD                ;写显示数据,同例 11.1(省略)
        INC     R6
        DJNZ    R5,NEXT
        RET
TAB1:   DB 08H,0FH,12H,0FH,0AH,1FH,02H,00H     ;“年”的点阵图形码
        DB 0FH,09H,0FH,09H,0FH,09H,13H,00H     ;“月”的点阵图形码
```

```
        DB 0FH,09H,09H,0FH,09H,09H,0FH,00H      ;“日”的点阵图形码
TAB2:   DB ‘2015’,0,‘06’,01,‘16’,02             ;0、01、02分别是年、月、日的字符码
        DB‘!’                                   ;结束码
        END
```

在11.1节和11.2节分别介绍了键盘与显示器的工作原理及应用实例,但在单片机应用系统中,有时需要同时使用键盘与显示器。此时,为了节省I/O口线,常常把键盘和显示电路做在一起,构成实用的键盘、显示电路。实现的方法可以是采用并行扩展,也可以是采用串行扩展(见参考文献[1])。但当要扩展的键盘或显示器较多时,这两种方法的硬件电路都较复杂。为简化系统的软/硬件设计,提高显示质量,充分提高CPU的工作效率,陆续出现了一些专用于键盘与显示器接口的芯片。这些芯片通过编程设置键盘与显示功能,可大大简化硬件电路并减少软件工作量,是微处理器仪表理想的键盘与显示驱动电路,如早期出现的Intel8279等。随着串行技术的发展,近年出现的HD7279、MAX7219/7221和ZLG7290等芯片,具有外部占用引线少,显示方式可调节等优点,并逐渐取代了8279。限于篇幅,这里不予介绍。

11.3 功率开关器件接口

单片机的主要作用就是利用I/O口对外部设备进行控制,但由于其I/O口驱动能力有限,不可能直接驱动大功率开关及设备,如电磁阀、电动机、电炉及接触器等,所以在输出通道端口必须配接输出驱动电路控制功率开关器件,再通过功率开关器件控制大功率设备的工作。此外,许多大功率设备在开关过程中会产生强电磁干扰,可能会造成系统的误动作或损坏,所以在强电情况下还要考虑电气隔离问题。

本节介绍常用的隔离技术及常见的几种功率开关器件和接口电路。

11.3.1 输出接口的隔离技术

为防止大功率设备在开关过程中产生强电磁干扰,在单片机的输出端口常采用隔离技术,现在最常用的就是光-电隔离技术,因为光信号的传输不受电场、磁场的影响,可以有效地隔离电信号,根据这种技术生产的器件称为“光电隔离器”,简称“光隔”。

目前市场上的光电隔离器型号品种很多,性能参数也不尽相同。但它们的基本工作原理是相同的。图11.12所示为三极管型光电隔离器的原理图。当发光二极管中通过一定值的电流时,二极管发出的光使光敏三极管导通;当发光二极管中无电流时,则光敏三极管截止。由此,达到控制开关的目的。

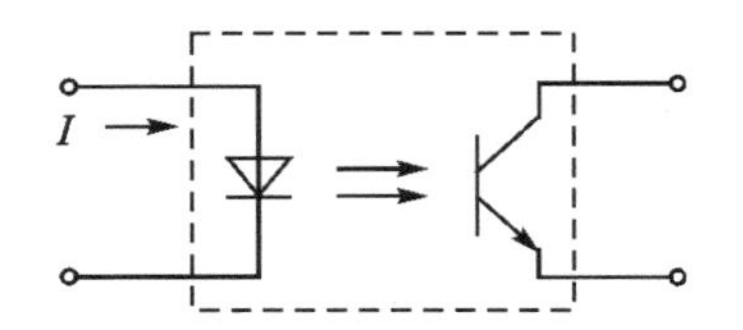

图11.12 三极管型光电隔离器原理

利用光电隔离器实现输出通道的隔离时一定要注意,被隔离的通道必须单独使用

各自的电源，即驱动发光二极管的电源与驱动光敏三极管的电源必须是各自独立的，不能共地，否则外部干扰信号可能会通过电源进入系统，就起不到隔离作用了。图 11.13(a)为正确接法，图 11.13(b)为错误接法。

一般单片机的 I/O 口可以直接驱动光电隔离器，对于有些驱动能力有限的 I/O 口可以采用集电极开路的门电路(如 7406、7407 等)去驱动光电隔离器。

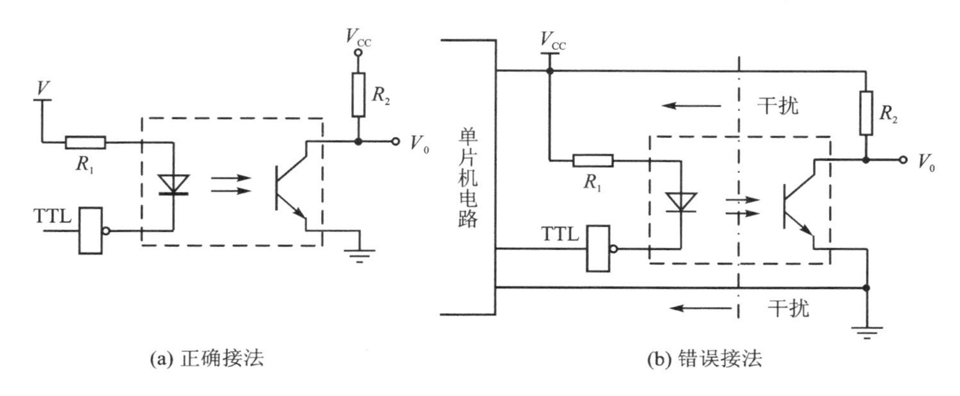

图 11.13 光电隔离器的接法

11.3.2 直流负载驱动电路

在采用直流驱动负载且所需电流不大的情况下，常见的驱动接口电路有如下几种。

1. 晶体管

晶体管通常用于控制电流不大的直流负载(大约几百 mA)。当晶体管处于开关工作状态时，晶体管的基极输入 mA 级(或更小)的小电流，其集电极即可饱和导通，达到控制较大负载电流的目的。单片机的 I/O 输出可以驱动一般的晶体管，如图 11.14(a)所示。图中逻辑输入即为单片机 I/O 引脚。在要求不高的情况下，I/O 引脚也可直接加到晶体管的基极。

2. 达林顿管

把两只晶体管接成复合型，做成一只管子叫达林顿管。达林顿管的特点是用很小的输入电流即可得到比晶体管大的输出电流，可以直接驱动较大的负载，如图 11.14(b)所示。现在有一些把多个达林顿管集成在一起的芯片，如 ULN2068、ULN2803 等驱动器均可直接与单片机接口，驱动多路负载。

3. 功率场效应管

功率场效应管在制造中多采用 V 沟槽工艺，简称“VMOS 场效应管”。这种场效应管只要求 μA 级输入电流即可控制中功率或大功率负载，一般单片机的 I/O 口均可直接驱动大功率负载。其控制电路如图 11.14(c)所示。

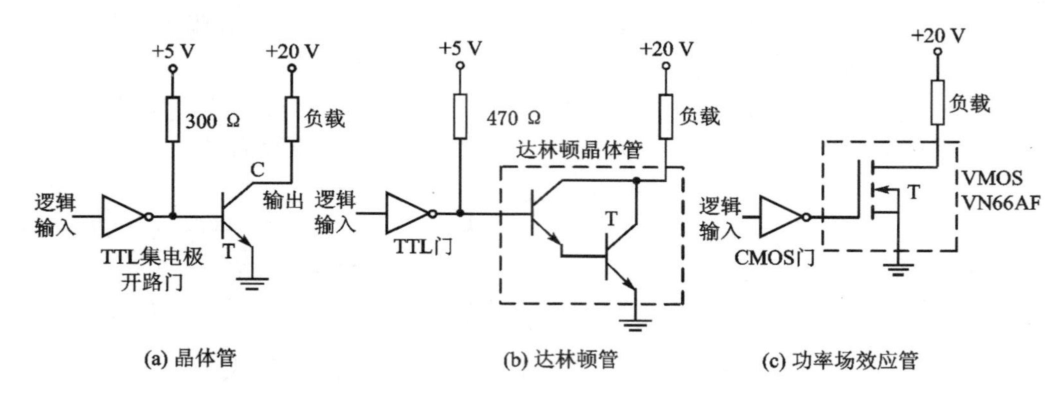

图 11.14 直流电源负载驱动电路

11.3.3 可控硅(晶闸管)驱动的负载电路

可控硅(也称为晶闸管)是一种可控的半导体功率器件,通过控制极的小电流即可控制大电流负载的电源通断,很容易实现计算机控制。

可控硅具有容量大、效率高、体积小、无噪声、寿命长、无电磁干扰等许多优点,适用于易燃、多粉尘等场合,因此被广泛应用于可控整流、逆变、斩波、变频、大功率开关电路中。

1. 可控硅及主要特性

可控硅按导通方式又可分为:单向可控硅(也称为"单向晶闸管")和双向可控硅(也称为"双向晶闸管"),其符号如图 11.15 所示。

这两种可控硅的结构特性如下。

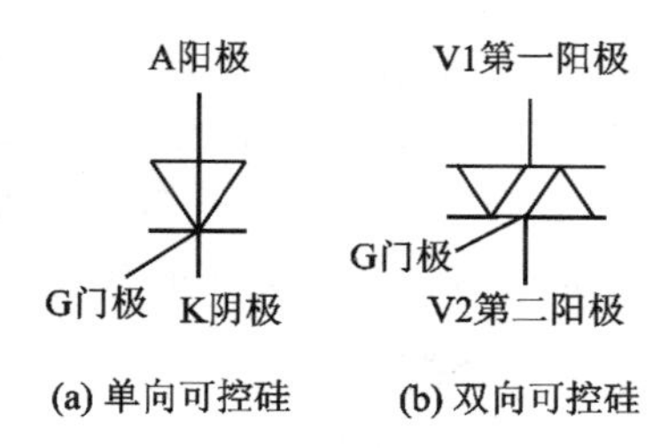

图 11.15 可控硅符号

(1) 单向可控硅

单向可控硅的结构简图如图 11.15(a)所示,显然其导通方向是由 A 到 K,G 为控制端。单向可控硅的导通条件有 2 个:

- 阳极电压必须大于或等于阴极电压;
- 门极(G)必须加正向电压。

二者同时满足,可控硅才可导通。

单向可控硅关断条件如下:单向可控硅一旦导通,即使去掉控制极电压,仍能继续维持导通;要使可控硅关断,必须把阳极电压减小到不足以维持其导通;为了加速其关断,常在阳极与阴极之间加一反压。

(2) 双向可控硅

双向可控硅的结构简图如图 11.15(b)所示。由图可知,1 只双向可控硅相当于 2 只反向并联的单向可控硅,它常用于控制交流负载。若电阻负载在交流电源过零时自动关断,则不必采取专门的关断措施。双向可控硅导通灵敏度与其触发方式有关。

单向可控硅可作为直流开关,双向可控硅或两只单向可控硅反向并联可作为交流开关。

2. 可控硅与单片机接口电路

在用可控硅作开关时,由于交流电路属强电,为防止交流电对单片机的干扰,一般要用光电耦合器隔离。

现在各厂家已经生产出很多种光电耦合触发的可控硅器件,例如 Motorola 公司的 MOC3020/1/2/3 等。这种器件可直接由单片机的 I/O 脚控制交流电,如图 11.16 所示。图中双向可控硅和交流负载串联,当 AT89S51 的 P1.0 输出高电平时,光电耦合器导通,从而使双向可控硅导通,接通负载回路。

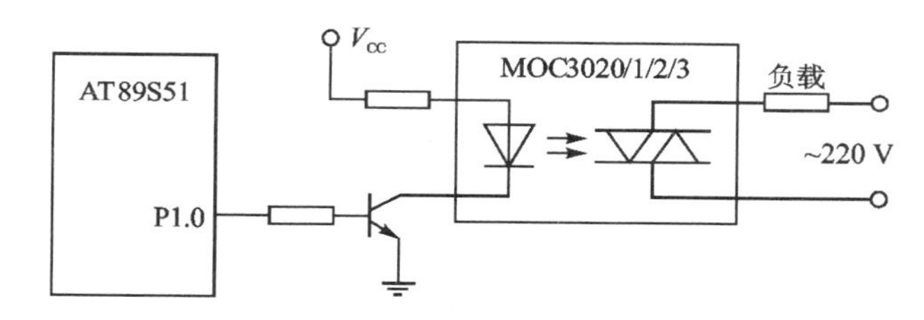

图 11.16 单片机控制的可控硅接口电路

11.3.4 电磁继电器接口电路

继电器在家电、国防及工业控制等领域应用非常广泛,这是一种历史悠久、较成熟的功率开关器件,由于其具有接触电阻小、流通电流大、耐高压等特点,目前已得到广泛应用。其种类非常多,如果按工作原理分类,有电磁继电器、固态继电器、温度继电器、时间继电器和舌簧继电器等。限于篇幅,本小节仅介绍电磁继电器和固态继电器。

电磁式继电器的工作原理是通过采用控制电流通过继电器线圈后产生的电磁吸力,控制大电流通过的触点闭合或断开,从而控制大型设备电路的通断。例如用十几毫安(mA)电流接通线圈,可使能通过几十安培(A)电流的触点接通。它控制的负载可以是直流,也可以是交流。

注意:继电器线圈是电感性负载,所以线圈两端要并联续流二极管,以保护驱动器不被浪涌电压损坏。

图 11.17 所示是一个继电器与单片机的接口电路。为简化电路,在此图中假设 J1 线圈所需电流很小,由光隔输出即可带动。不同大小的继电器所需要的驱动电流不相同,但一般情况下单片机的 I/O 口都是不能直接驱动这个线圈的,所以通常是在 I/O 口和线圈之间接晶体管或 7406 等驱动器。在这个电路中的继电器 J1

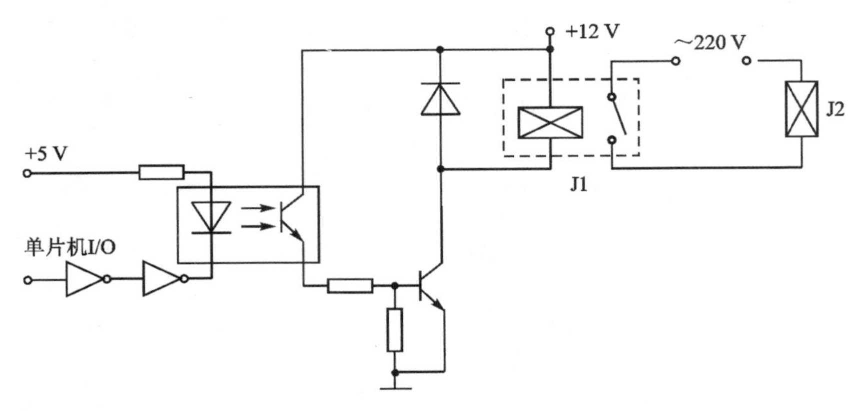

J1—中间继电器;J2—交换负载。

图 11.17 单片机控制的继电器接口电路

是用直流电源励磁的,通过直流继电器 J1 对需要用交流电源工作的交流负载 J2 间接控制。

11.3.5 固态继电器接口电路

固态继电器简称 SSR (Solid State Relay),是一种无触点的功率开关器件。固态继电器是一个 4 端口的器件,其器件内部有光电耦合器将输入与输出隔离开,在输出回路中有功放电路(主要采用双向可控硅或功率场效应管)。它的 2 个输入端为控制端,2 个输出端用于接通和切断负载电流。

固态继电器特别适于在测控系统中作为输出通道的控制元件,与普通的电磁式继电器相比,其具有很多显著的优点,如寿命长、功耗小、体积小、可靠性高、开关速度快(比电磁继电器响应速度快)、耐冲击,特别是它的输入端控制电流小,用计算机的 I/O 输出端即可直接驱动,便于计算机控制,且输出端电流大,易用于大功率设备。因此,在很多场合,它已经逐渐取代传统的电磁式继电器和磁开关作为开关量输出控制。但由于固态继电器又有漏电流较大、触点单一、过载能力差、使用温度范围窄等缺点,所以它并不能完全取代电磁继电器。

固态继电器分直流和交流 2 类,其接口电路如图 11.18 所示。DC - SSR 的输入电流一般小于 15 mA,所以 DC - SSR 可以用 TTL 电路、OC 门或晶体管直接驱动。在图 11.18(a)中,计算机的 I/O 口可直接控制 DC - SSR。而 AC - SSR 的输入电流通常大于 DC - SSR,小于 500 mA,一般要加接晶体管驱动,如图 11.18(b)所示。在此电路中单片机的低电平输出使三极管导通,从而接通固态继电器 SSR 的输入电源,SSR 导通后输出端接通负载回路。因为固态继电器的输入电压一般为 4~32 V,因此在使用时要注意选择合适的电压 V_{CC} 和限流电阻。

在控制电路中采用什么功率开关器件,要具体问题具体分析。

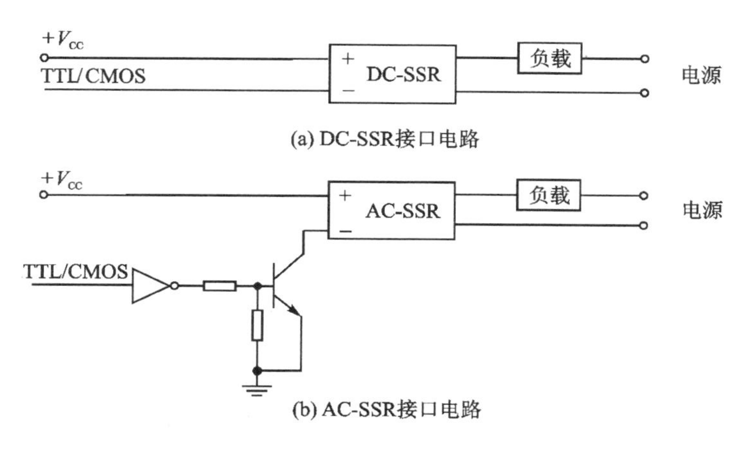

图 11.18 固态继电器接口电路

思考与练习

1. 试设计 1 个与 16 键键盘的接口电路,并编写键码识别程序。

2. 用串行口扩展 4 个发光数码管显示电路,编程使数码管轮流显示“ABCD”和“EFGH”,每秒钟变换 1 次。

3. 试说明非编码键盘的工作原理。为何要消除键抖动? 又为何要等待键释放?

4. 设计 1 个用 AT89S51 单片机控制的显示与键盘应用系统,要求外接 4 位 LED 显示器、4 个按键,试画出该部分的接口逻辑电路,并编写相应的显示子程序和读键盘子程序。

5. 说明 LED 显示器与液晶显示器的主要异同点。

6. 采用一个 2 行显示的字符型液晶显示器显示 2 行字母和数字,且第 1 行显示“LCM”,第 2 行显示“2005 年 6 月 18 日”。

第12章

单片机应用系统的设计与开发

单片机嵌入式系统现在已越来越广泛地应用于智能仪表、工业控制、医疗器械、家用电器等诸多领域，其应用已渗透到人们生活、工作的每一个角落，这说明它和我们的工作、生活息息相关，每个人都有可能、有机会利用嵌入式系统去改造身边的仪器、产品、工作与生活环境，从而让你的创意得到充分发挥。学习单片机的目的也就在于此。由于它的应用领域很广，不同的应用系统的硬件与软件设计是不同的，但总体设计方法与步骤却基本相同。

本章针对大多数应用场合，简要介绍单片机应用系统的一般开发、研制方法及其开发工具，并结合实例说明其应用。

12.1 应用系统设计过程

所谓“应用系统”，就是利用单片机为某应用所设计的专门的单片机系统（在调试过程中通常称为“目标系统”）。

与一般的计算机系统一样，单片机应用系统也是由硬件和软件组成的：硬件是指由单片机、外围器件及输入/输出设备等组成的系统；软件是各种工作程序的总称。硬件和软件只有紧密配合、协调一致，才能组合成高性能的单片机应用系统。在系统的研制过程中，软、硬件的功能总是在不断地调整，以便相互适应、相互配合，以达到最佳性价比。

单片机应用系统的设计过程包括总体设计、硬件设计、软件设计、在线调试等几个阶段，但它们不是绝对分开的，有时是交叉进行的。

12.1.1 总体方案设计

总体方案设计主要包括如下几方面内容。

(1) 确定系统的设计方案和技术指标

在开始设计前，必须根据应用系统的任务要求和系统的工作环境状况等，综合考虑系统的技术先进性、可靠性、可维护性和成本、经济效益，同时参考国内外同类产品，设定合理可行的设计方案和技术指标，以达到最高的性价比。

(2) 选择机型

要根据应用系统的要求，选择技术先进且最容易实现产品技术指标的机型，尽可能把要求的功能集成在一个单片机芯片上，即尽可能选择存储器容量、I/O 口数量、定时器数量及 A/D、D/A 等能同时满足要求的单片机。当然，还须具有较高的性价比和稳定、充足的货源。同时要考虑开发团队本身的实际特点，对机型的熟悉程度、时间要求和芯片开发商的技术支持等。

(3) 硬件和软件功能的选择与配合

系统硬件的配置和软件设计是紧密联系在一起的。通常软件是建立在硬件基础上的，但在某些场合，同样的功能既可以通过硬件也可以通过软件实现，即它们具有一定的互换性。例如，日历时钟的产生可以用独立的时钟电路芯片，也可以用单片机内部的定时器通过软件设计为时钟，还可以选择具有片上实时时钟的单片机。当用硬件完成某种功能时，可以减少软件研制的工作量，但增加了硬件成本。若用软件代替某些硬件的功能，则可以节省硬件开支，提高可靠性，但却增加了软件的复杂性，且要占用 CPU 的工作时间。由于软件是一次性投资，因此在研制产品批量比较大的情况下，能够用软件实现的功能尽量由软件来完成，以便简化硬件结构，降低生产成本。到底采取哪种方法更合适，则须具体问题具体分析。

12.1.2 硬件设计

硬件设计的任务是根据总体设计要求，在所选择机型的基础上，确定系统扩展所要用的 I/O 电路、A/D 电路、D/A 电路以及有关外围接口设备等，然后设计出系统的电路原理图。

下面介绍硬件设计的各个环节。

1. 存储器

当单片机内部存储器容量不够时，须外扩存储器。由于目前单片机片内程序存储器的容量越来越大，已基本可满足用户程序容量的要求，所以现在已很少外扩程序存储器，而是直接选择程序存储器够用的单片机。而对于数据存储器的容量要求，各个系统之间差别比较大。对于要求较大容量 RAM 的系统，这时 RAM 芯片的选择原则是尽可能减少 RAM 芯片的数量。例如 1 片 62256(32 KB)比 4 片 6264(8 KB)价格低得多，连线也更简单。

2. 选择扩展外围芯片

在很多情况下 1 片单片机芯片不能满足应用系统的要求，则此时需要对系统进行扩展，应根据系统总的输入/输出要求选择适当的外围芯片，并设计接口电路。其扩展方法参见第10章。

随着集成电路的发展,出现了多种复杂可编程逻辑器件,如CPLD(Complex Programmable Logic Device)、FPGA(Field Programmable Gate Array)等。这些器件可以由用户根据自己的需要定义其逻辑功能,是一种专用集成电路领域中的硬件可编程电路。使用这类器件可提高系统集成度,减小系统体积,在设计外围电路时要注意尽可能选择这样的器件。

对于A/D和D/A电路芯片的选择,则应根据系统对它的通道数、速度、精度和价格的要求而确定。在要求不高的情况下,可直接选择本身具有此功能的单片机。

3. 测控通道外围设备和电路的配置

除单片机系统外,按系统功能要求,系统中可能还需要配置键盘、显示器、打印机等外部设备。这些部件的选择应符合系统精度、速度、体积和可靠性等方面的要求。

在测量和控制系统中,经常需要对一些现场物理量进行测量或者将其采集下来进行信号处理之后再反过来去控制被测对象或相关设备。在这种情况下,嵌入式应用系统的硬件设计就应包括与此有关的传感器、隔离电路、驱动电路和输入/输出接口电路等。

图12.1所示为一个典型的比较全面的单片机测控系统。图中,左边为单片机扩展的外设、功能芯片及存储器等。它们各自都通过相应的接口与单片机的内部总线相连,如果单片机接口够用也可以直接相接;右边是输入/输出通道,为被测控对象,总称为"用户"。根据被测物理量的特点,将其分为以下3种形式。

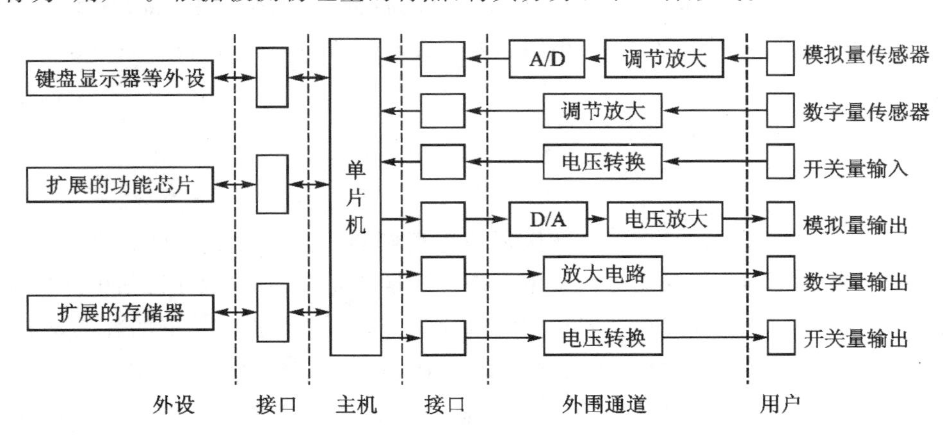

图12.1 典型单片机测控系统框图

(1) 模拟量

模拟量是连续变化的物理量。这些物理量可能是电信号,如电压、电流等;也可能是非电信号,如压力、拉力、流量、温度等。对于非电量信号首先要转换为电信号,此时就要用到传感器。传感器是把其他非电量信号转换成相应比例关系的电信号的仪表或器件。

(2) 数字量

数字量一般是常见的频率信号或脉冲发生器所产生的电脉冲。这些信号如果不符合 TTL 电平的要求,则需要先进行转换,然后才能输入。但对于串行口信号及某些数字式传感器计数的数字量,其所传输的信息为 TTL 电平状态,则可以不经转换直接输入。

(3) 开关量

开关量是指如按键开关、行程开关等接点通、断时产生的突变电压信号。

图 12.1 所示右侧前 3 条外围通道是作为输入到单片机去的通道。在第 1 通道,外界的模拟量通过模拟量传感器转换为一个模拟电压信号;此模拟量不能直接送到计算机中去,所以外围通道中要用到的主要器件是模/数(A/D)转换器,此信号一般经信号调节放大处理至符合 A/D 输入的要求,才能送入 A/D 转换器。在第 2 通道,从外界传输来的信息已通过数字传感器变为数字量,则可不用 A/D 转换器,而只需将数字量信号调节为与接口电路(通常为计数器)的要求相适配即可。在第 3 通道,从外界传输来的信息是开关量,则必须将其转换成稳定的接口能接收的直流电平。

图 12.1 所示右侧后 3 条外围通道是由单片机输出去控制被控设备或装置的,根据被控制装置类型的不同可以有模拟量输出、数字量输出以及开关量输出。

这些信号在送到用户装置以前,一般也都要经过信号调节才能驱动外部设备。

图 12.1 中的接口电路部分可能是隔离芯片,也可能是驱动芯片,但并不是所有系统都必须具有接口的,比如在 I/O 口数量与驱动能力都够用,且外界没有强干扰的情况,可以不要接口部分。

4. 硬件可靠性设计

单片机应用系统的可靠性是一项最重要、最基本的技术指标,这是硬件设计时必须考虑的一个指标。可靠性通常是指在规定的条件下,在规定的时间内完成规定功能的能力。

单片机应用系统在实际工作中,可能会受到各种外部和内部的干扰,特别是单片机的测控系统常常工作在环境恶劣的工业现场,非常容易受到电网电压、电磁辐射、高频干扰等的影响,使系统工作发生错误或故障。因此,须提高其硬件可靠性,常用措施如下。

① 提高元器件的可靠性。

- 在系统硬件设计和加工时,应注意选用质量好的电子元器件、接插件,对关键元件要进行老化与筛选。

● 采用降额设计,使元器件在低于其额定值的条件下工作。

② 提高印刷电路板和组装的质量,保证布线与接地方法符合要求。特别要注意以下几点:

● 地线与电源线应适当加粗,数字地、模拟地应尽量远离彼此,且单独走线,在电源处一点共地。
● 在印刷电路板的各关键部位和芯片上应配置去耦电容。
● 对发热部件适当加大电路板面积,以利于散热。

③ 对供电电源采取抗干扰措施。

● 用带屏蔽层的电源变压器。
● 加电源低通滤波器。
● 电源变压器的容量应留有余地。

④ 输入/输出通道采取抗干扰措施。

● 采用光电隔离电路,用光电隔离器作为数字量和开关量的输入、输出。
● 采用正确的接地技术。
● 采用双绞线或者屏蔽电缆作为信号传输线,可以获得较强的抗共模干扰能力。

硬件电路系统设计主要包括电子线路的原理图设计和PCB图的设计。市场上有多种软件可以完成电路设计,如Altium Designer(Protel)、PowerPCB、AutoCAD等。近年在国内开始推广的Proteus软件,不仅具有其他EDA工具软件的仿真功能,而且能仿真单片机及外围器件,是目前比较好的仿真单片机及外围器件的工具,在12.3节将对它作专门介绍。

12.1.3 软件设计

在单片机应用系统研制中,软件设计与硬件设计同等重要。下面就来介绍软件设计的一般方法与步骤。

1. 系统定义

系统定义是指在软件设计前,首先要明确软件所要完成的任务,然后结合硬件结构,进一步弄清软件承担的任务细节。

● 定义并说明各输入/输出口的功能、读取方式和输入方式等。
● 在程序存储器区域中,合理分配存储空间。
● 在数据存储器区域中,考虑是否有断电保护措施、定义数据暂存区标志单元等。
● 面板开关、按键等控制输入量事先也必须给出定义,以作为编程的依据。

2. 程序设计

由系统的定义，可以把整个工作分解为几个相对独立的操作，然后根据这些操作的相互联系及时间关系，设计出一个合理的软件结构。在软件结构设计确定之后就可以进行程序流程图设计了，一般程序设计过程请参照5.1节所述。

完成流程图设计以后，即可编写程序。单片机应用程序可以采用汇编语言，也可以采用C51高级语言，编写完后均须汇编成80C51的机器码，经调试正常运行后，再固化到非易失性存储器中去，完成系统的设计。

在程序设计方法上，最常用的是模块程序设计技术。这种方法的优点是子程序模块的设计和调试比较方便、易于完成，一个模块可以为多个程序所共享。

3. 软件可靠性设计

软件可靠性设计通常也称为“软件抗干扰设计”，是系统抗干扰设计的重要一环。在很多情况下，系统的干扰是不可能完全靠硬件解决的，因而软件可靠性设计也是不可缺少的。单片机在系统运行过程所受到的干扰，多数情况都会通过软件执行的混乱反映出来。通常单片机内部最容易受干扰的是程序计数器PC的值。如果PC的值被改变，则CPU将使程序从正确位置跳到错误的区域内执行导致程序运行出错，通常简称此现象为程序“跑飞”。为解决此问题，除了要采取一些硬件措施之外，还可采取软件可靠性设计方法。这类方法较多，限于篇幅，这里仅介绍以下两种方法。

(1) 软件陷阱

当CPU受干扰造成程序跑飞到非程序区时，可在非程序区设置拦截措施，使程序进入陷阱，即强迫它进入一个指定的地址，执行一段专门对程序出错进行处理的程序。软件陷阱一般由3条指令构成，ERR为指定出错处理程序的入口地址：

```
NOP
NOP
LJMP    ERR
```

软件陷阱通常安排在未使用的正常程序执行不到的ROM空间，以保证不影响正常程序的执行。每隔一段程序设置一个软件陷阱，其他单元保持为0FFH不变，就能捕捉到跑飞的程序。出错处理程序要根据不同的情况作不同的初始化处理，例如对于控制类的系统要进行停机、安全保护，对于状态监测类系统的则要进行参数保存等。要根据系统要求决定是否进行重新初始化，而对于失控恢复后要求保留过程参数的情况不能重新初始化。

(2) 看门狗(WDT)技术

看门狗(参见7.6节)是通过软、硬件相结合的常用抗干扰技术。

当程序跑飞到一个临时构成的死循环中时，冗余指令和软件陷阱都将无能为力，系统将完全陷入瘫痪。看门狗能监视系统的运行状况,并在干扰使程序跑飞的情况下退出死循环,使程序复位。

12.2 开发工具和开发方法

一个单片机应用系统从提出任务到正式投入运行的过程,称为“单片机的开发”。开发过程所用到的设备即为“开发工具”,用此工具调试应用系统的过程即为“开发方法”。

12.2.1 开发工具

如前所述,单片机本身只是一个电子元件,只有当它和其他的器件、设备有机地组合在一起并配置了适当的工作程序后,才能构成一个单片机应用系统,并完成特定的功能。因此,单片机的开发包括硬件和软件两部分。通常,新研制的系统是不可能一次就成功的,或多或少总会有一些缺陷。此时就需要通过逐步调试发现系统在硬件和软件上的错误,但是单片机本身没有自开发功能,必须借助于开发工具来排除应用系统(指调试中的目标系统)样机中的硬件故障,生成目标程序,并排除程序错误。当目标系统调试成功以后,还需要用开发工具把目标程序固化到单片机的程序存储器中。

单片机应用系统的硬件和软件调试,仅靠万用表和示波器等常规工具是不够的,通常还要采用自动化调试手段,即用计算机来调试单片机。单片机的开发调试技术主要有仿真技术和监控程序调试技术,通常简称这两种开发工具为仿真器和调试器。下面分别予以介绍。

1. 仿真器

在线仿真器ICE (In Circuit Emulator)是由一系列硬件构成的设备。仿真器通常是一个特殊的计算机系统,称为单片机仿真系统或简称仿真器。自单片机诞生之初,仿真器就出现了。图12.2所示为典型的单片机仿真系统连接示意图。图中的编程器部分不是每个仿真器都必带的,有很多编程器是单独出售的。

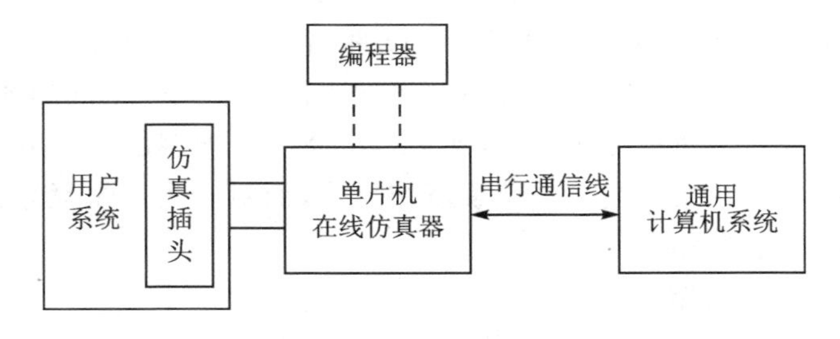

图12.2 单片机仿真系统连接示意图

由图 12.2 可知，仿真器是通过串行线(RS－232 或 USB 串行接口)与通用 PC 计算机相连的。用户利用仿真软件可以在 PC 机上编辑、修改源程序，然后通过汇编软件生成目标码，再传输到仿真机后就可以开始在线仿真与调试了。在调试用户系统时，必须把仿真插头插入用户系统的单片机插座上。调试完毕，把生成的最终目标文件通过编程器固化(也叫“烧录”)到单片机存储器中，然后把仿真插头拔出，换上已经装入用户程序的单片机。

在线仿真器应能仿真应用系统(也称为“目标系统”)中单片机的 CPU、ROM、RAM、定时器等功能模块，以及 I/O 口、外部可扩充的数据存储器等，即在线仿真器中的单片机要完整地出借给应用系统，使其在联机仿真和脱机运行时的环境(工作程序、使用的资源、地址空间)完全一致，即运行环境完全“逼真”，实现真正的一次性仿真(注意：有些仿真机不能 100％仿真，通常会占用少量用户资源)。这样使用户在应用系统样机还未完全配置好时，便可以借用开发系统提供的资源进行软件的开发。

仿真器在集成开发环境下可以对单片机程序进行单步跟踪调试，也可以使用断点、全速等调试手段，并可读出及修改各种变量、RAM 及寄存器的实时数据，跟踪程序的执行情况。利用仿真器可以迅速找到并排除程序中的错误，大大缩短单片机开发的周期。

2. 调试器

虽然仿真器的应用已经比较成熟且广泛，但由于仿真器通常是针对单片机的某一系列产品，故不具有通用性。一旦更换单片机品种则须更换仿真器，而仿真器的价格通常又是比较高昂的。此外仿真器并不能完全仿真目标单片机的所有行为，例如时钟和复位特性，且仿真插头一般只适用于直插式芯片，而现在已经出现了很多表面贴装式封装的芯片。为了解决上述问题，出现了基于监控程序的调试技术。

监控程序是驻留在单片机中的一段代码，它的功能是对单片机硬件及底层软件进行调试，是最基本的调试工具(类似 DEBUG)。监控程序通常要占用一定的单片机资源，一般为几 K 字节闪存和几十字节的 RAM。每次 CPU 启动后，监控程序将首先获得 CPU 的控制权。这种技术可实现直接在目标机上进行调试和运行程序，通常称为在线调试。监控程序的主要功能是通过某种通信方式从 PC 机把程序传入单片机的存储器，并能实现仿真器的主要调试功能。

不同单片机其通信方式不同，且所采用引脚及数量也不同，例如 ST 公司的 ST7 系列是采用并行口通信，而 Freescale 公司的 HC08 则是通过 RS－232 串口通信，此外还有采用 JTAG 和 USB 口的。调试器主要是由 PC 机和单片机相连的专用连接器以及相关的软件组成的(通常厂家为便于用户使用都配备了一些外设)，因而其价格通常很低，且在 PC 机软件的支持下可直接对目标系统的单片机进行在系统动态仿真调试，不再需要仿真插座，可直接配置与修复目标单片机内部资源(即定时器、I/O 口等)，可直接方便地擦除与下载单片机应用程序。图 12.3 所示为单片机调试器

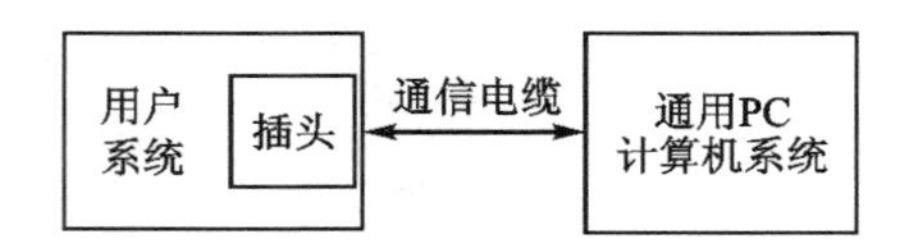

图 12.3　单片机调试器连接示意图

的连接示意图,图中的插头是专用连接器的插头。尽管这种调试器的功能不如一般的通用仿真器强,且监控程序要占用一定的系统资源,但它价格低廉,且可直接把程序固化到单片机的闪存中,节省了编程器。随着这种技术的不断完善和发展,仿真器可能逐步退出单片机的调试市场。

注意:不管是采用仿真器还是采用调试器,在使用前都需要在通用PC机中装入用于集成开发环境的软件平台,例如Keil C51集成开发环境。

12.2.2　单片机的开发方法

在完成了用户系统样机的组装和软件设计以后,便可进入系统的调试阶段。用户系统的调试步骤和方法基本相同,但具体细节则与所采用的开发工具以及用户系统选用的单片机型号有关。单片机的开发实际就是如何对一个新的应用系统进行调试,一般调试包括硬件调试和软件调试,通常是先排除系统中明显的硬件故障后,再与软件结合起来调试。

1. 硬件调试

在进行硬件调试时,首先要排除常见的硬件故障,包括逻辑错误、元器件失效、电源故障、可靠性差等问题,然后再进行脱机调试和联机调试。脱机调试是在样机加电之前,先用万用表等工具根据硬件电气原理图和装配图仔细检查样机线路的正确性,并核对元器件的型号、规格和安装是否符合要求。应特别注意电源的走线,防止电源之间的短路和极性错误。联机前先断电,把仿真机的仿真插头插到样机的单片机插座上,检查仿真机与样机之间的电源、接地是否良好。确定一切正常之后,即可打开电源。

通电后仿真机开始工作,对用户样机的存储器、I/O端口进行读/写操作、逻辑检查。若有故障,可用示波器观察有关波形(如读/写控制信号、地址数据波形等),分析并找出故障原因。可能的故障有:线路连接上有逻辑错误、有断路或短路现象、集成电路失效等。在用户系统的样机(主机部分)调试好后,可以插上用户系统的其他外围部件如键盘、显示器、输出驱动板、A/D板、D/A板以及专用模块等,再对这些部件进行初步调试。

2. 软件调试

软件调试与所选用的软件结构和程序设计技术有关。如果采用模块程序设计技术,则逐个模块调好以后,再进行系统程序总调试。

对于模块结构程序,要逐个对子程序进行调试。调试子程序时,一定要符合现场环境,即入口条件和出口条件。调试的手段可采用单步运行方式和断点运行方式,通过检查用户系统CPU的现场、RAM的内容和I/O口的状态,检测程序执行结果是否符合设计要求。通过检测,可以发现程序中的故障、软件算法及硬件设计错误等。

在调试过程中不断调整用户系统的软件和硬件,逐步测试一个个程序模块。各程序模块测试通过后,可以把有关的功能模块联合起来一起进行整体程序综合调试。在这阶段若发生故障,可从以下几方面来考虑:各子程序在运行时是否破坏现场,缓冲单元是否发生冲突,标志位的建立和清除在设计上有否失误,堆栈区域有否溢出,输入设备的状态是否正常等。

通过单步和断点调试后,还应进行连续调试,这是因为单步运行只能验证程序的正确与否,而不能确定定时精度、CPU 的实时响应等问题。待全部调试完成后,应反复运行多次,除了观察稳定性之外,还要观察用户系统的操作是否符合设计要求。

在全部调试和修改完成后,将用户软件固化在程序存储器中。对于采用仿真器的系统需要把编程后的单片机插入用户样机后,用户系统才能脱离开发工具独立工作。对于采用调试器的系统,系统可以立即正常工作,试运行一段时间待各功能正常后,单片机应用系统开发研制完成,可进入批量生产。

当熟练掌握了一种单片机的开发和应用之后,在开发其他型号单片机时也可以不再专门购买其相应的仿真器,这是因为现在生产的单片机都具有 Flash 存储器,且大多数都具有 JTAG 接口,可以方便地多次在线擦除和下载程序。本书介绍的 AT89S51/52 就具有 JTAG 接口,但均没有在线调试功能,因此在开发初期还需要用到仿真器。

12.3 Proteus 软件开发平台

Proteus 是英国 Lab Center Electronics 公司出版的电子设计自动化(EDA)软件。它不仅是模拟电路、数字电路、模/数混合电路的设计与仿真平台,还能仿真包括外围接口、模/数混合电路在内的单片机应用系统,可直接验证硬件设计中的大多数问题。

使用 Proteus 软件进行单片机系统仿真设计,是虚拟仿真技术和计算机多媒体技术相结合的综合运用,有利于培养学生的电路设计能力及仿真软件的操作能力,在不需要硬件投入的条件下,可以更快捷有效地掌握单片机技术,是学校进行教学的首选软件。实践证明,在使用 Proteus 进行仿真开发成功之后再进行实际制作,可大大提高系统设计效率,解决传统的电子设计流程费时、费力、费用高等问题,缩短产品的开发周期,降低开发风险。目前 Proteus 在国内已经得到广泛应用。

12.3.1 Proteus 软件简介

Proteus 软件从 1989 年问世至今,经过了多年的使用、发展和完善,其功能越来越强大,是目前世界上最先进、最完整的多种型号微控制器系统的设计与仿真平台。它是目前唯一能够对处理器进行实时仿真调试与测试的 EDA 工具,真正实现了无需系统原型就可在计算机上完成从原理图设计、电路分析、对系统的软件仿真和硬件仿真调试、测试与验证,直至形成PCB完整的电子设计和研发过程。

Proteus 软件具有以下主要特点:

- 实现了单片机仿真和SPICE(一种电路模拟软件)电路仿真相结合,具有模拟电路及数字电路仿真、单片机及其外围电路系统仿真的功能。此外,还可对RS-232接口、I^2C串行总线、SPI接口、键盘和LCD系统等仿真,支持多种虚拟仪器,如示波器、信号发生器等。
- 支持主流单片机系统的仿真。可以提供几乎实时的仿真硬件环境。目前支持的处理器模型包括8051(目前没有AT89S51/52型号,可用AT89C51/52代替)、PIC、ARM和MSP430等系列,还支持各种相关的外围芯片。
- 提供软件调试功能。在硬件仿真系统中具有全速、单步、设置断点等调试功能,还支持第三方的软件编译和调试环境,如Keil C51和Proton等软件。
- 具有强大的原理图绘制功能,具有"线路自动路径"功能,可自动完成点与点的连线。支持多层次图设计,能任意设定组件的层次,ERC报告可列出其可能的连线错误。
- 高级仿真支持图形化的分析,如频率、傅里叶变换、失真、噪声等。

Proteus 软件由ISIS和ARES两个软件构成,其中ISIS是智能原理图输入系统,是系统设计与仿真的基本平台,ARES是高级PCB布线编辑软件。本节主要介绍ISIS软件。

Proteus 自身带有汇编编译器,不支持C语言的编译,其调试功能不如Keil C51,但可以与Keil C51集成开发环境连接。用汇编或C语言编好的程序可以立即在Proteus平台进行软、硬件系统的联合仿真。仿真成功后,直接单击ARES图标就可进行系统PCB板设计。总而言之,该软件在电路设计和仿真调试方面的功能极其强大。

12.3.2 Proteus ISIS 窗口功能

在运行Proteus 8 Professional后进入Proteus主界面,如图12.4所示。单击图中的ISIS图标就进入Proteus ISIS的工作界面,如图12.5所示。其主要包括标题栏、主菜单栏、图形编辑窗口、预览窗口、对象选择器窗口、主工具栏、仿真进程控制按钮、绘图工具栏。现将各窗口功能简介如下。

(1) 主菜单栏

Proteus ISIS的主菜单栏包括File(文件)、Edit(编辑)、View(视图)、Library(库)、Tools(工具)、Design(设计)、Graph(图形)、Debug(调试)、Template(模板)、System(系统)和Help(帮助)共11项,如图12.5所示。单击任一菜单后都将弹出其子菜单项。使用者可根据需要选择该级菜单中的选项。菜单项中的许多常用操作在工具栏中有相应的快捷键,有些菜单命令的右方还标注了其相应的快捷键,例如Redraw Display(刷新命令)的快捷键为R等。各子菜单的主要功能如下:

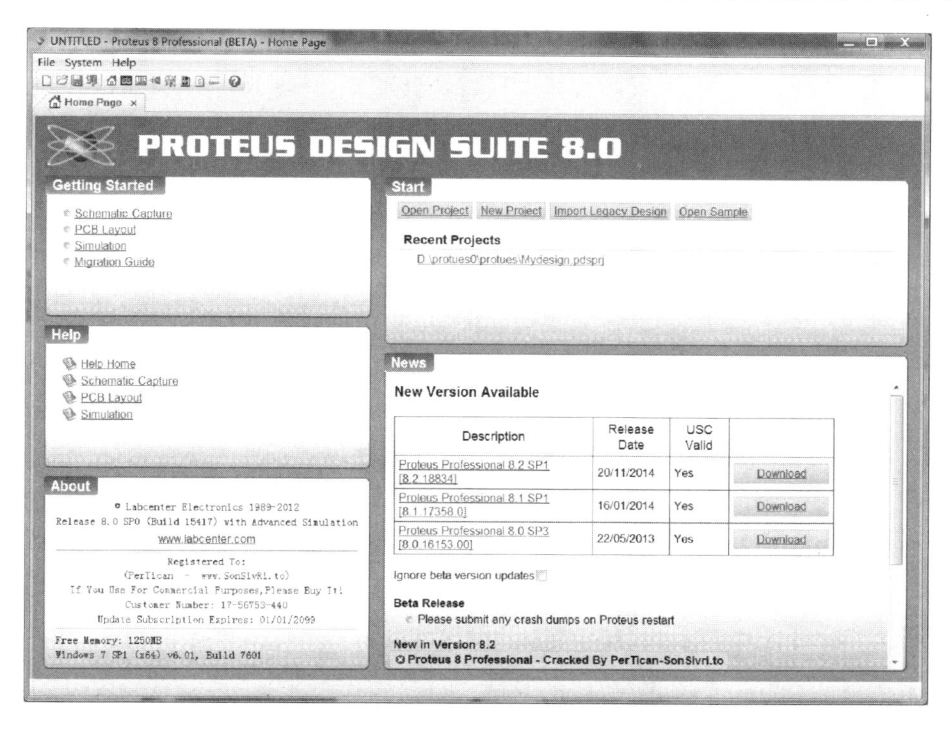

图 12.4 Proteus 主界面

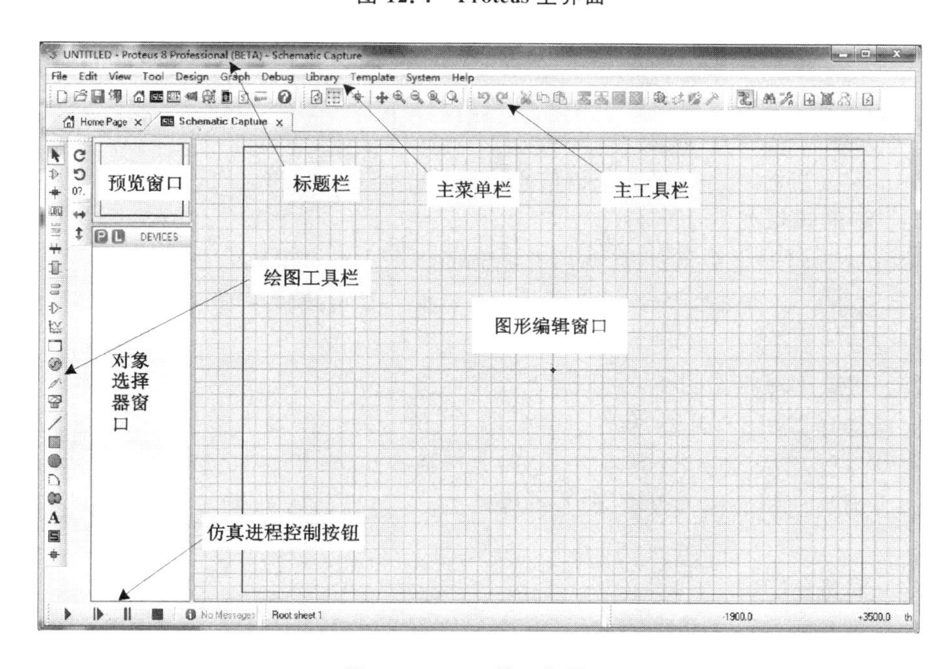

图 12.5 ISIS 的工作界面

● File(文件)菜单:包括常用的文件功能,如新建设计、打开设计、保存设计、导入/导出文件、打印、显示设计文档以及退出 Proteus ISIS 系统等。
● Edit(编辑)菜单:包括撤销/恢复操作、查找与编辑元器件、剪切、复制、粘贴以及设置多个对象的层叠关系等。
● View(显示)菜单:包括是否显示网格、设置格点间距、缩放电路图及显示与隐藏各种工具栏等。
● Library(库操作)菜单:包括选择元器件及符号、制作元器件及符号、设置封装工具、分解元件、编译库、自动放置库、校验封装和调用库管理器等。
● Tools(工具)菜单:包括实时注解、自动布线、查找并标记、属性分配工具、全局注解、导入文本数据、元器件清单、电气规则检查、编译网络标号、编译模型、将网络标号导入 PCB 以及从 PCB 返回原理设计等工具栏。
● Design(工程设计)菜单:包括编辑设计属性、编辑原理图属性、编辑设计说明、配置电源、新建、删除原理图,以及在层次原理图中总图与子图以及各子图之间互相跳转和设计目录管理等功能。
● Graph(图形)菜单:包括编辑仿真图形、添加仿真曲线、仿真图形、查看日志、导出数据、清除数据以及一致性分析等功能。
● Debug(调试)菜单:包括启动调试、执行仿真、单步运行、断点设置以及重新排布弹出窗口等功能。
● Template(模板)菜单:包括设置图形格式、文本格式、设计颜色以及连接点和图形等。
● System(系统设置)菜单:包括设置系统环境、路径、图纸尺寸、标注字体、热键以及仿真参数和模式等。
● Help(帮助)菜单:包括版权信息、Proteus ISIS 学习教程和示例等。

(2) 图形编辑窗口

编辑窗口用于放置元器件,连线并绘制原理图。设计电路及各种符号、元器件模型等,是电路系统的仿真平台。窗口中的蓝色框内是可编辑区,所有的硬件设计均在此框内完成。

(3) 对象选择器窗口

对象选择器用于选择元器件、终端、图表、信号发生器及虚拟仪器等。该窗口左上角有“P”、“L”两个按钮。其中“P”为对象选择按钮,“L” 为库管理按钮。其右上方显示内容为当前所处模式及其下所列对象类型,如当前所处模式为元器件,则显示 DEVICES。

(4) 预览窗口

预览窗口可显示如下内容:

● 当单击对象选择器中的某个对象时,预览窗口就会显示该对象的符号。
● 当在图形编辑窗口操作时,在预览窗口中会出现一个蓝色方框与一个绿色方框。蓝色方框中是编辑区中原理图的缩略图，绿色方框内是编辑区中当前在屏幕上的可见部分。

(5) 主工具栏

Proteus ISIS 的主工具栏位于主菜单的下面两行，以图标形式给出，包括 File 工具栏、View 工具栏、Edit 工具栏和 Design 工具栏 4 部分。工具栏中的每个按钮都对应一个具体的菜单命令，主要是为了快捷、方便地使用命令。

(6) 仿真进程控制按钮

图 12.5 中这部分按钮从左至右其功能依次为：运行、单步运行、暂停和停止。

(7) 绘图工具栏

绘图工具栏主要包括模型选择、配件以及各种图形模型。

12.3.3 Proteus ISIS 的基本操作

Proteus ISIS 运行于 Windows 环境，本节以 6.3 节的例 6.2 为例说明如何快速使用 Proteus ISIS 原理图输入系统绘制电路原理图，并进行仿真。

1. 创建工程文件

在图 12.4 所示的 Proteus 8 主界面中选择右侧 Start 区里的 New Project 或 File→New Project 命令或快捷图标，即弹出 New Project Wizard 窗口，如图 12.6 所示。

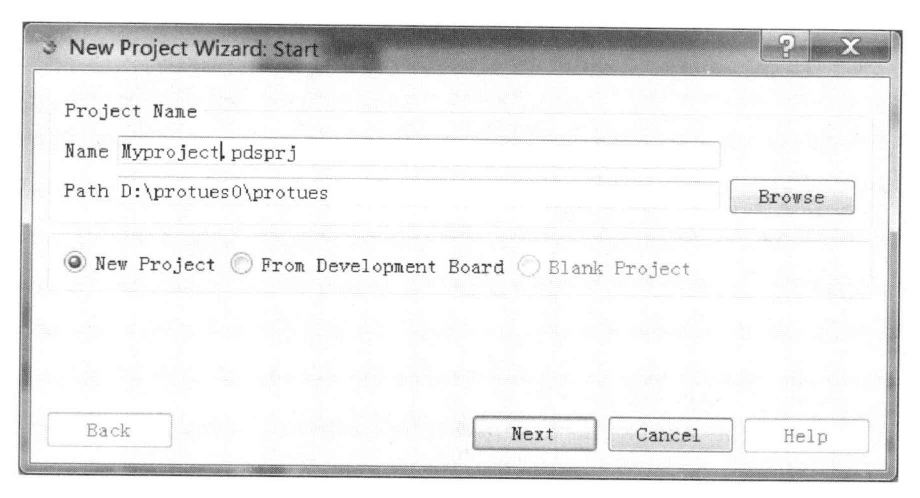

图 12.6　新项目向导窗口

在该窗口中修改项目名称为 Myproject，同时修改路径至 D 盘下，即形成一个路径如图 12.6 所示的新原理图项目文件。单击下方的 Next 按钮进入原理图设计窗口；此时，在该窗口中选择 Create a schematic from the selected template 和 Landscape A4 模板；单击 Next 按钮即进入 PCB 选项，因本例不需要 PCB 板故保留默认设置,然后单击 Next 按钮进入 Fireware (硬件)窗口,如图 12.7 所示。

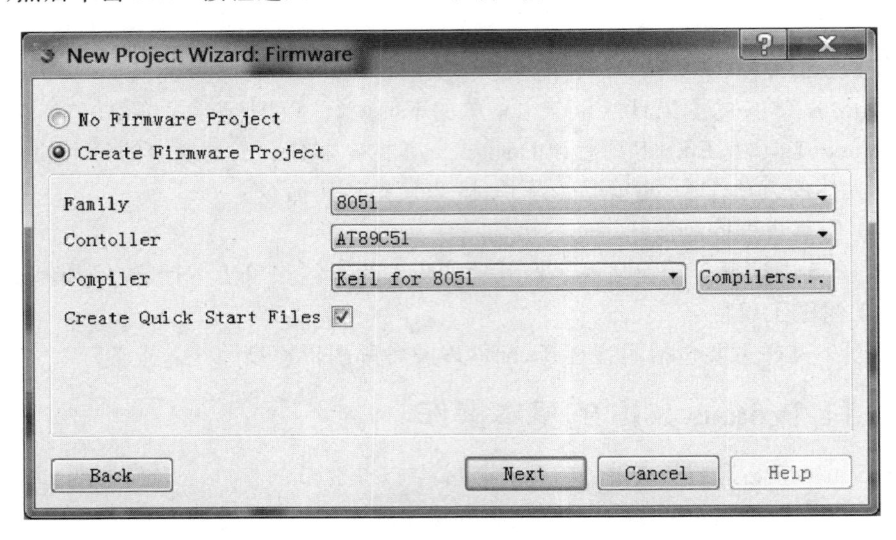

图 12.7　Firmware 窗口

在图 12.7 所示窗口中选择 Create Firmware Project ,在 Family 下拉框中选择 8051 系列,在 Contoller 下拉框中选择 AT89C51 型号,在 Compiler 下拉框中选择 Keil for 8051(本机须事先装入 Keil C51),单击下方 Next 按钮即,出现如图 12.8 所示 Summary 窗口,单击 Finish 按钮完成工程向导,此时已自动生成项目原理图和源代码模板文件。

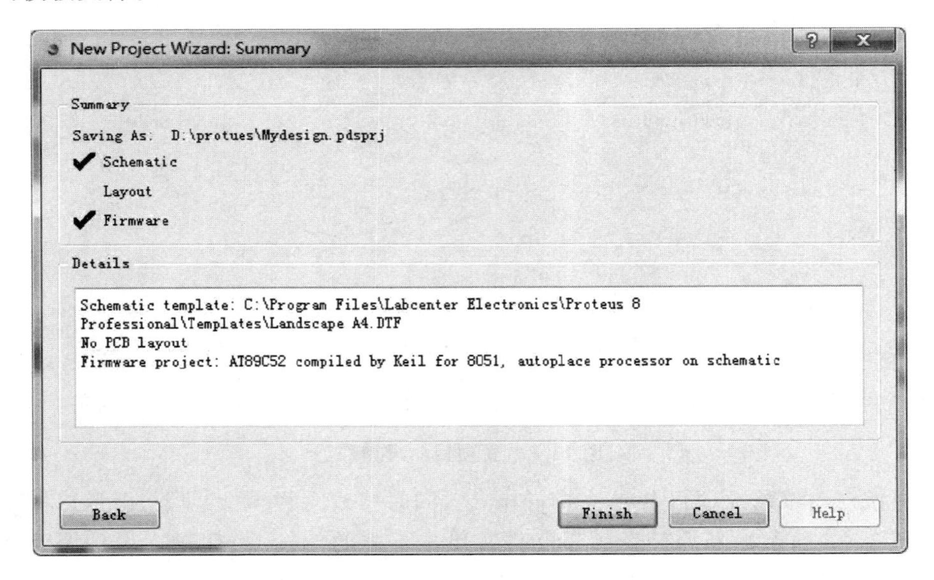

图 12.8　完成工程向导

2. 绘制电路图

(1) 选择元件

在完成工程向导后即弹出如图 12.9 所示的原理图编辑窗口，图中已经放入了向导选择的单片机 AT89C51。图 12.9 中点状栅格区域为编辑窗口，左上方为预览窗口，左下方为元器件列表区，即对象选择器。

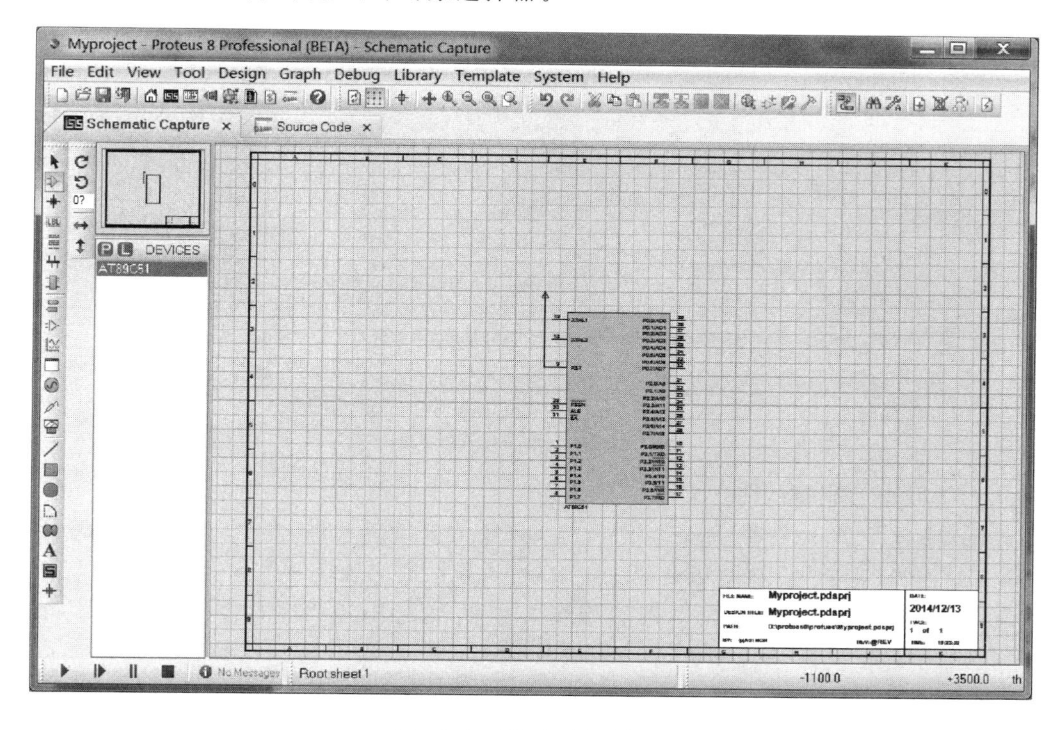

图 12.9 原理图编辑窗口

在预览窗口中，蓝框表示当前页的边界，绿框表示当前编辑窗口显示的区域。当从对象选择器中选中一个新的对象时，可在预览窗口预览选中的对象。单击预览窗口，Proteus ISIS 将以单击位置为中心刷新编辑窗口。其他情况下，预览窗口显示将要放置的对象。

选择 Library→Pick Device→Symbol 命令或者单击左下方元器件列表区的 P 即弹出选择元件窗口(如图 12.10 所示)，窗口左侧分类列出元件目录，便于用户查找。也可以在窗口左上方的 Keywords 输入栏中写入关键词，主窗口即显示搜索结果，窗口右侧是器件的原理图和封装图。注意：在 Keywords 文本框中输入关键字时最好在 Category 中选择 All Categories，这是因为关键词搜索的依据是 Category 中的类别。比如选择 74HC240，再单击 OK 按钮，元件名即可出现在图 12.9 所示左侧的 Devices列表中。

在元件库中选择本电路文件要用的器件并放入列表中就可以开始画原理图了。

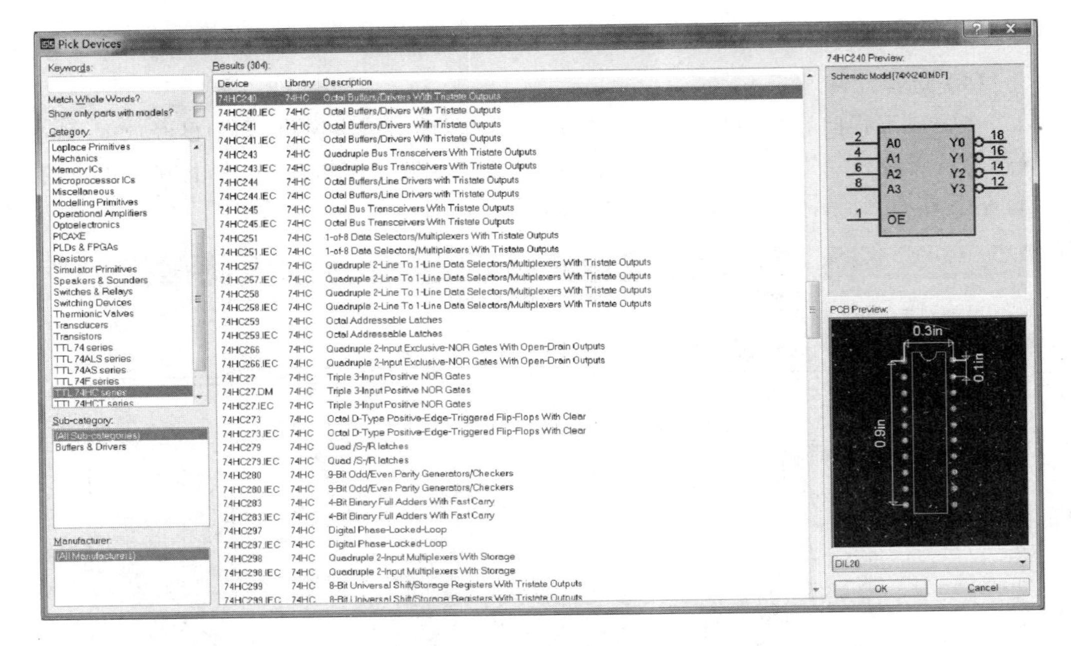

图 12.10　选择元件窗口

(2) 放置与调整元件

在图 12.9 所示左侧 Devices 列表中单击需要摆放的元件,左上方的略缩图中显示该元件的图形,然后在图形编辑窗口中单击,元件即出现在该位置上。

例如选择 74HC240,在图形编辑窗口双击即可出现 74HC240 的两部分,如图 12.11所示。然后采用同样方法摆放其他元件。默认情况下摆放的元件方向固定,如果需要改变元件方向,可使用左下角的旋转与翻转命令。

在图 12.5 左侧绘图工具栏中单击 Terminals MODE 图标 ,列表框中显示可用的终端。单击 POWER 摆放电源终端,单击 GROUND 摆放接地终端,摆放方法与一般元件相同。

(3) 连接导线

Proteus 支持自动布线,分别单击任意 2 个引脚,这 2 个引脚之间即自动添加走线,还可以手动走线。连接走线后的电路如图 12.12 所示。

双击电源终端即出现 Edit Terminal Label 对话框,在其中输入对应的电源符号如 V_{CC}。选择 Design→Configure Power Rails 命令,即弹出 Power Rail Configuration 对话框,通过此对话框可对不同符号的电源输入确定的电压值。

3. 加载源文件及调试

(1) 加载或编辑源文件

单击图 12.12 中的 Source Code 即可出现编辑窗口,如图 12.13 所示。

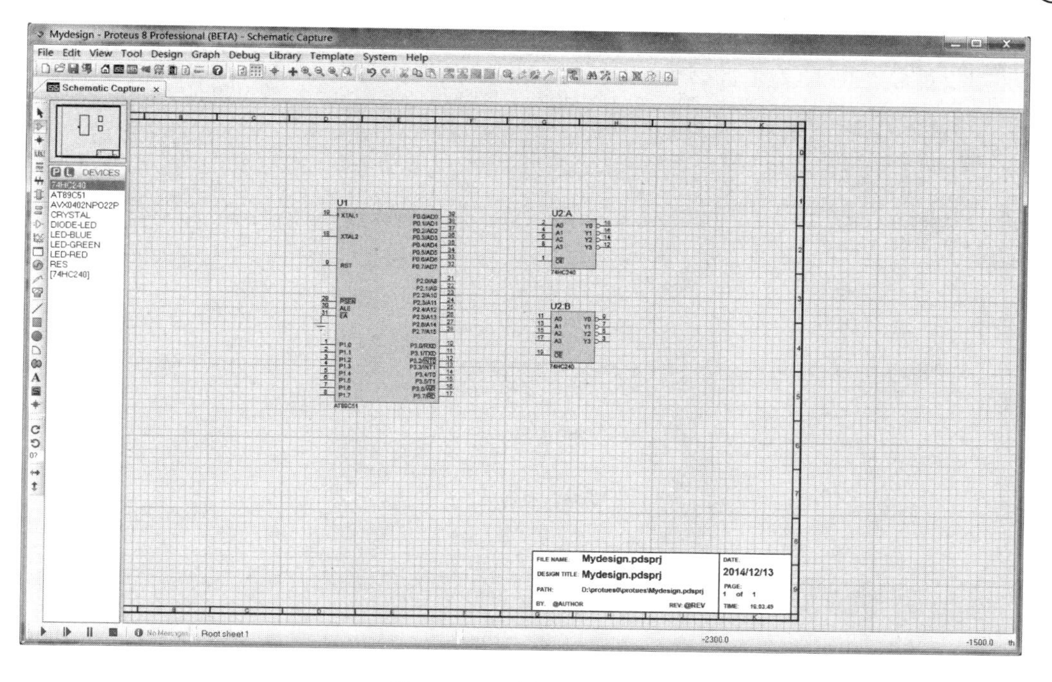

图 12.11　选择放置元件

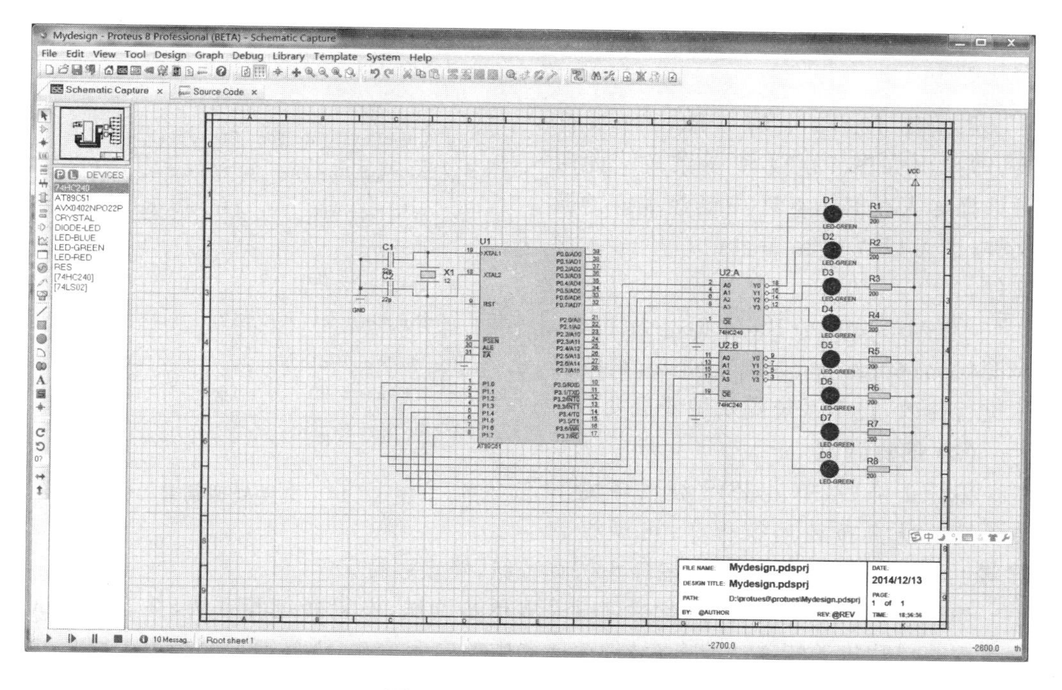

图 12.12　完成后的原理图

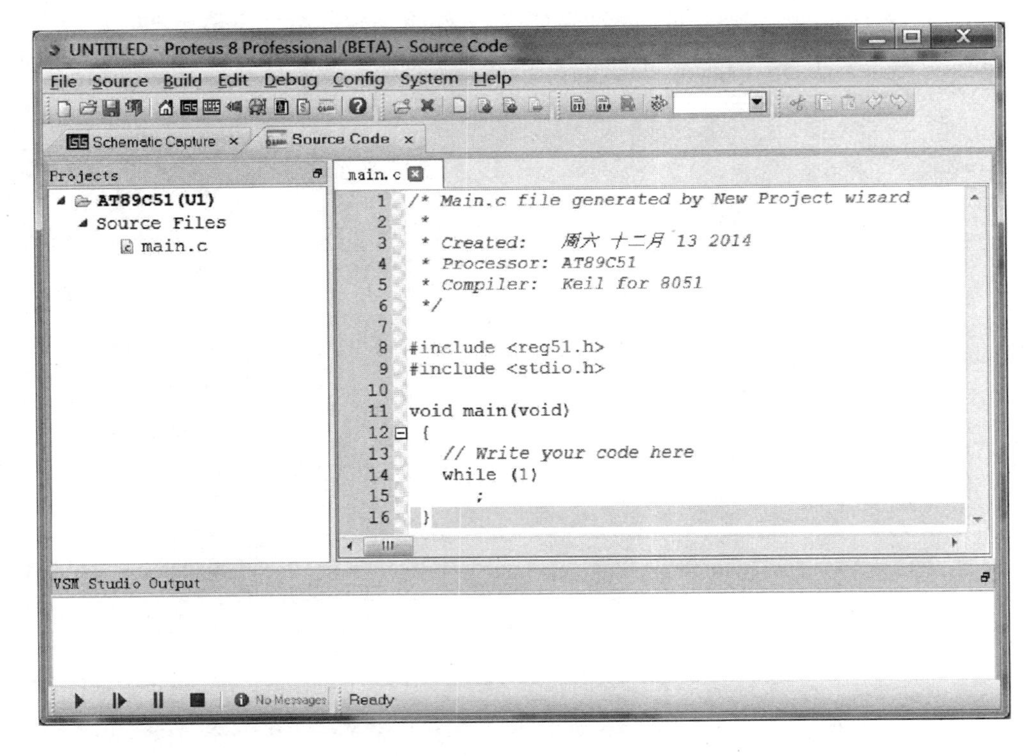

图 12.13 源文件编辑窗口

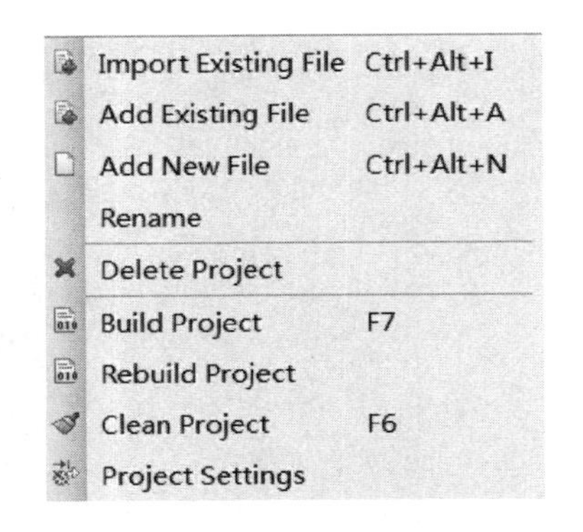

图 12.14 文件处理菜单

右击图 12.13 中的 AT89C51 文件夹,即弹出如图 12.14 所示菜单。此时可选择导入在 Keil C51 中已经编好的源文件,也可以直接在编辑窗口中录入源文件。

单击 Building→Build Project 按钮,对源代码进行编译,如出现错误,则按提示进行修改,直至系统提示编译成功。

(2) 仿真调试

编译正确后,单击 ISIS 编辑环境下方的启动仿真按钮运行程序,可观察到屏幕上 LED 循环闪烁点亮。按停止仿真按钮,停止运行。

如果仿真结果不正确,则此时可以采取单步调试、设置断点等方法,并通过调试菜单观察单片机的特殊功能寄存器、存储器中的内容变化,观察窗口与仿真电路可同时实时显示更利于发现问题。

12.4 单片机用于水位控制系统

单片机通常可用于制作一些简单的控制系统，在此要求用单片机实现对某水塔的水位进行控制，使其可自动维持在一个正常的范围之内。

12.4.1 题目分析

首先，通过分析水塔水位的控制原理，明确任务，确定硬件结构和软件控制方案；然后，再画框图，分配工作单元及地址。

图 12.15 所示为水塔水位控制原理图。图中虚线表示允许水位变化的上、下限。在正常情况下，水位应保持在虚线范围之内。为此，在水塔内的不同高度安装3根金属棒，以感知水位变化情况。其中，A棒处于下限水位，C棒处于上限水位，B棒处于上、下水位之间。A棒接+5 V电源，B棒、C棒各通过一个电阻与地相连。

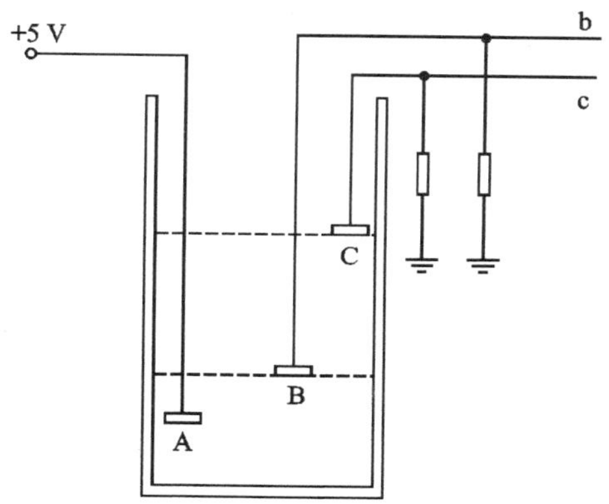

图 12.15 水塔水位控制原理图

水塔由电机带动水泵供水，单片机控制电机转动以达到对水位控制之目的。供水时，水位上升，当达到上限时，由于水的导电作用，B棒、C棒连通+5 V，b、c两端为1状态。这时，应停止电机和水泵工作，不再给水塔供水。当水位降到下限时，B、C棒都不能与A棒导电，b、c两端均为0状态。这时应启动电机，带动水泵工作，给水塔供水。

当水位处于上、下限之间时，B棒与A棒导通，因C棒不能与A棒导通，故b端为1状态，c端为0状态。这时，无论是电机已在带动水泵给水塔加水使水位上升，还是电机没有工作，都由于用水而使水位下降，而应继续维持原有的工作状态。

12.4.2 硬件设计

根据上述控制原理而设计的单片机控制电路如图 12.16 所示。下面对控制电路进行说明。

- 使用 AT89S51 单片机，由于其内部有 E^2PROM，且容量对本项目已足够，因此，无须外加扩展程序存储器。
- 2个水位信号由 P1.0 和 P1.1 输入。这2个信号共有4种组合状态，如表 11.1所列。其中，第3种组合(b=0，c=1)在正常情况下是不可能发生的，但在设计中还是应该考虑到,并作为一种故障状态。

● 控制信号由 P1.2 端输出,用于控制电机。为提高控制的可靠性而使用了光电隔离器。图中“J”表示继电器。
● 由 P1.3 输出报警信号,驱动一支发光二极管进行光报警。

表 12.1 水位信号的 4 种状态

c(P1.1)	b(P1.0)	操 作
0	0	电机运转
0	1	维持原状
1	0	故障报警
1	1	电机停转

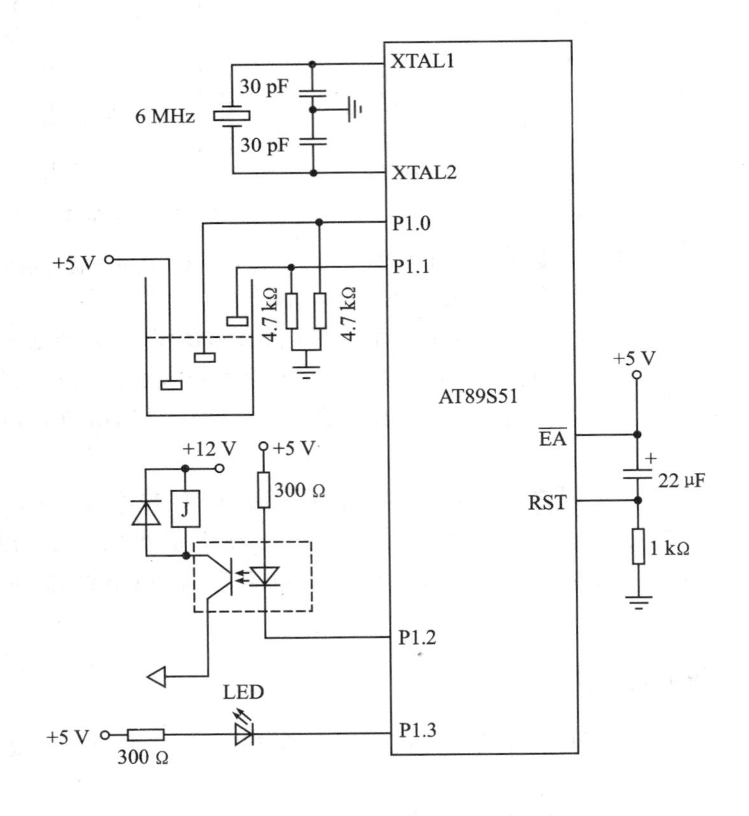

图 12.16 水塔水位控制电路原理图

12.4.3 软件设计

按照上述设计思想,设计程序流程如图 12.17 所示。

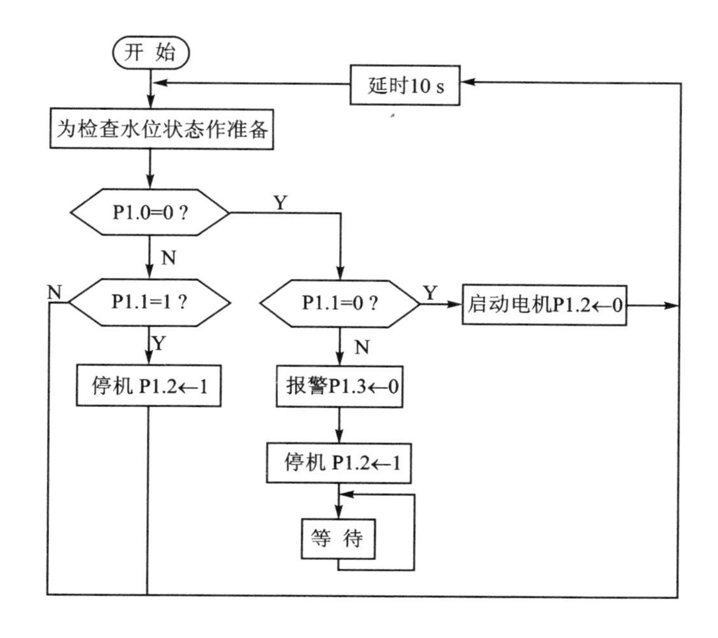

图 12.17 水塔水位控制程序流程图

汇编语言程序清单如下：

```
        ORG     0000H
        LJMP    LOOP
        ⋮
        ORG     0100H
LOOP:   ORL     P1,#03H         ;为检查水位状态作准备
        MOV     A,P1            ;读入状态信号
        JNB     ACC.0,ONE       ;P1.0 = 0 则转
        JB      ACC.1,TWO       ;P1.1 = 1 则转
BACK:   ACALL   D10S            ;调延时 10 s 子程序(略)
        SJMP    LOOP
ONE:    JNB     ACC.1,THREE     ;P1.1 = 0 则转
        CLR     93H             ;P1.3←0,启动报警装置
        SETB    92H             ;P1.2←1,停止电机工作
FOUR:   SJMP    FOUR            ;等待处理
THREE:  CLR     92H             ;启动电机
        SJMP    BACK
TWO:    SETB    92H             ;停止电机工作
        SJMP    BACK
```

C 语言程序清单如下：

```
#include <REG51.H>                      /* 8051 SFR 定义 */
```

```
sbit    MOTOR   = P1^2;                     /* 电机控制位定义 */
sbit    ALAM    = P1^3;                     /* 报警位定义 */
void delay10S(void );
void main (void)
{
 unsigned char value;
  while (1) {
        value = P1&0x03;                    //读取状态值
        switch (value)                      //状态判定
        {case 0:                            //电机运转
            {MOTOR = 0;
            break;}
        case 1:                             //维持原状
            { break;}
        case 2:                             //故障报警
          {  ALAM = 0;
             MOTOR = 1;
             while(1);
             break;}
         case 3:                            //电机停转
          { MOTOR = 1;
             break;}
         default : break;
      }
     delay10S();
   }
}
void delay10S(void )
{
}
```

12.5　粮库温度监测报警系统

温度是工作和日常生活中经常遇到的物理量,在很多情况下需要对温度进行监测。本节将介绍一个简单的粮库温度监测报警系统,要求能循环监测8个库房温度。在温度大于25 ℃时,红色指示灯亮,并且发出报警声;当温度低于25 ℃时,红色指示灯灭,停止报警声音。要求每隔1 s,顺序循环显示一个库房温度。采用5个数码管显示:第1个数码管显示库房的编号,例如第1个为1号,第2个为2号,……,第8个为8号;第2个数码管显示"—"符号;后3位数码管显示温度,则温度显示范围为00.0~50.0 ℃。

12.5.1 题目分析

根据本题的要求,选用 AT89S51 单片机为控制器组成温度测试报警系统,本例题中温度信号首先要经过温度传感器和信号调理器变换为 0～5 V 的电压信号,然后此信号再送入 ADC0809 芯片进行 A/D 转换,转换后的数字量送入单片机,测量结果经过处理后用 LED 显示。如果温度传感器的线性工作范围为 0～50 ℃,对应的输出电压是 0～5 V,则当采用 8 位 A/D 转换器对传感器的输出电压量化时,量化值 0～255 对应的输入电压范围为 0～5 V,也就是对应于温度 0～50 ℃。如果输入量是线性变化的,则 25 ℃时传感器的输出是 2.5 V,对应 A/D 转换器的输出值大约为 7FH;50 ℃时传感器的输出是 5 V,对应 A/D 转换器的输出值为 FFH。

如果要显示实际温度值,经过 A/D 转换后的值还需要进行物理量与数字量的变换,通常称为"标度变换"。对于本例题的情况,标度变换值应该为 $B=50.0$ ℃/255。如果 A/D 采集的数字值用 D 表示,则变换后的温度值为 $T=D\times B$,这就是准备显示的数字量。

温度超过25 ℃时要求报警,因而这是一个用于比较的值,按照上述公式,在 25 ℃时,相应的数字量为 127。

12.5.2 硬件设计

根据本项目的要求,硬件电路设计如图 12.18 所示。图中,AT89S51 的 P1.0 接红色指示灯,P1.3 输出驱动蜂鸣器报警。

选择 ADC0809 的 IN0～IN7 通道输入温度传感器的信号,因为温度信号有 8 路,故采用将 ADC0809 的地址 A、B、C 端通过 74HC373 分别与 P0.0～P0.2 相连接的方法选择通道。

转换启动信号(START)和地址锁存信号(ALE)连接在一起,由$\overline{WR}$信号和 A/D 转换器地址共同控制 ADC0809 通道的选通。按图中连接情况,通道 IN0～IN7 地址为 7FF8H～7FFFH。

本例题采用查询方式判断 A/D 是否转换完毕。查询到 A/D 转换完成后,则进行数据的读操作。当 A/D 转换器地址和$\overline{RD}$信号同时有效时,选通 OE,且转换数据送至数据总线,由 AT89S51 读入。

测量结果采用共阴极数码管动态扫描显示。其中,2 片 74HC373 分别用来锁存 LED 的段码和位选通信号,74HC373(U4)选通地址为 0DFFFH,74HC373(U5)选通地址为 BFFFH。因为 74HC373 的驱动能力有限,所以在对显示亮度要求高的场合还需要再加驱动,或更换驱动能力大的芯片。

设晶振频率为 6 MHz,这样,可以把单片机的 ALE 脉冲 4 分频后作为 ADC0809 的时钟输入信号。

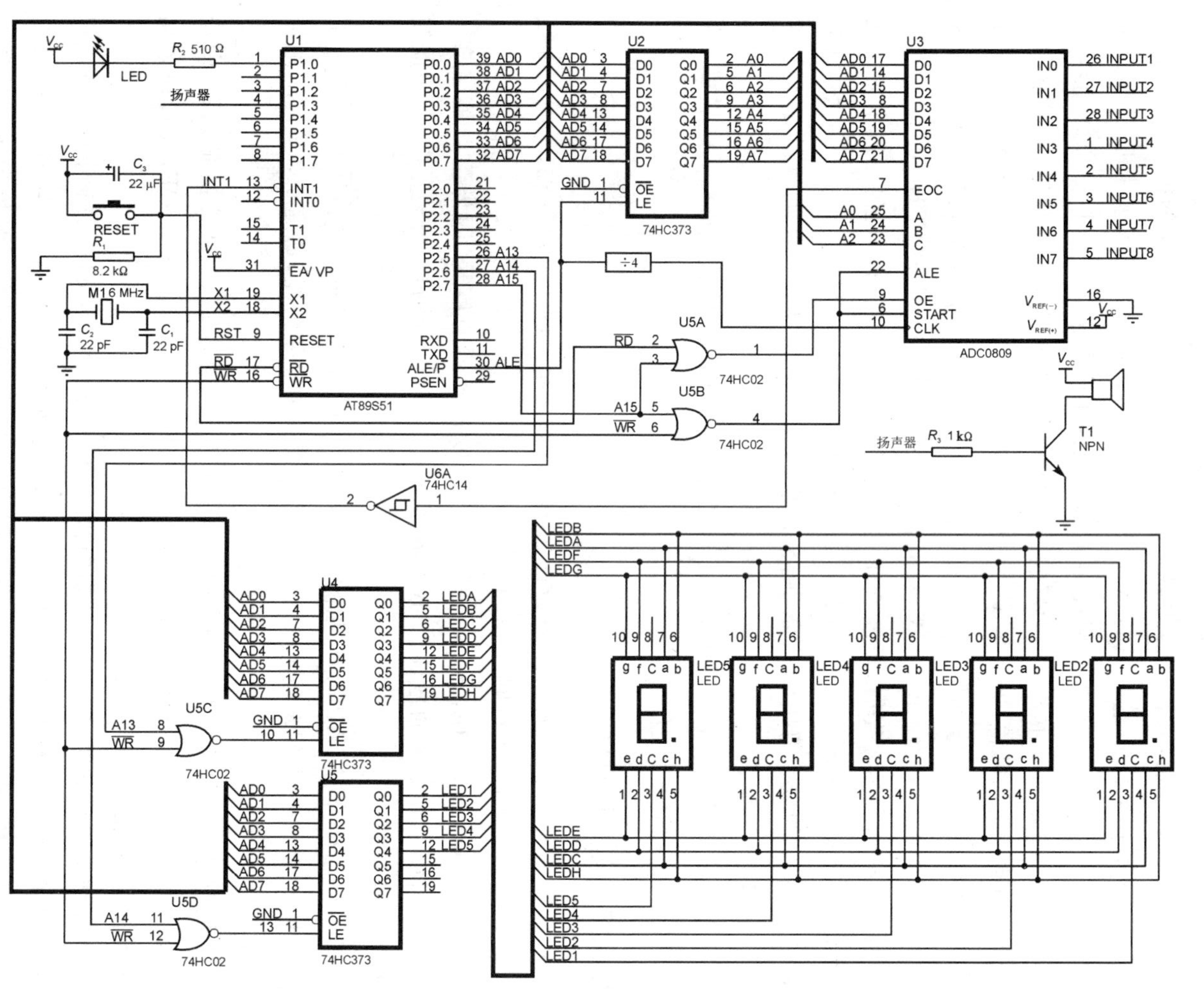

图12.18 粮库温度监测报警系统电路图

12.5.3 软件设计

程序设计工作的主要任务是把已经转换为电压量的温度信号经 A/D 转换变为数字量,进行判断和报警等处理;然后,再通过编程计算得到温度值的 BCD 码;最后送 LED 显示。1 s 的定时时间由定时器 T0 采用中断方式实现。按上述工作原理和硬件结构设计主程序框图如图 12.19所示。

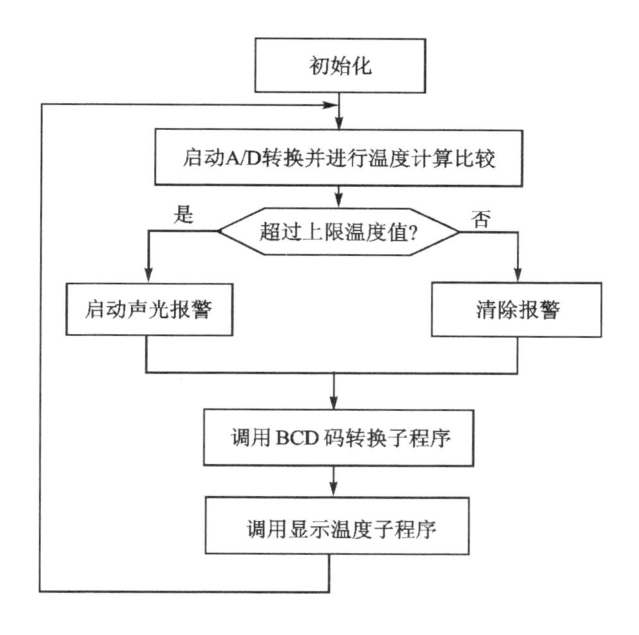

图 12.19 温度采集监测系统主程序框图

汇编语言主程序清单如下:

```
TMAX     EQU 127        ;25 ℃时对应的 A/D 转换器输出值
ALARMU   BIT 08H        ;报警限标志位为 1 时,温度超过报警限
MIAO     BIT 09H        ;秒定时标志位为 1 时,1 s 到
KU       EQU 49H        ;粮库编号存放单元
ADADDR   EQU 07FF8H     ;ADC0809 IN0 通道地址
LEDC     EQU 0DFFFH     ;LED 段码锁存器地址
LEDS     EQU 0BFFFH     ;LED 位选通地址
DISBUF   EQU 40H        ;显示缓冲区起始地址
EOC      BIT P3.3       ;A/D 转换完毕标志位
ALARM    BIT P1.3       ;报警控制位
RED      BIT P1.0       ;红色发光二极管控制位
ORG      0000H
LJMP     MAIN
```

```
        ORG     0BH
        LJMP    T00             ;转 T0 定时中断程序入口
        ORG     100H
MAIN:   CLR     ALARM           ;清声音报警
        SETB    RED             ;红色 LED 熄灭
        MOV     SP,#5FH         ;设置堆栈指针
        MOV     TMOD,#01        ;设定时器 T0 为工作方式 1
        MOV     TL0,#0F0H       ;置 20 ms 定时初值
        MOV     TH0,#0D8H
        MOV     50H,#50         ;1 s 计数器初值
        MOV     IE,#82H         ;CPU 开中断,T0 开中断
        SETB    TR0             ;启动 T0
        MOV     DPTR,#ADADDR    ;送启动转换地址初始值
        MOV     KU,#1           ;库房号初始化为 1
XH:     JNB     MIAO, CHBCD     ;1 s 不到,转
        CLR     MIAO            ;清秒标志位
        INC     DPTR            ;通道地址加 1
        INC     KU              ;库房号加 1
        MOV     A,#8
        CJNE    A,KU,REE        ;是否到 8 个通道
        MOV     DPTR,#ADADDR    ;送启动转换地址初始值
        MOV     KU,#1           ;库房号初始化为 1
REE:    JB      ALARMU,BJ       ;超过温度上限,转 BJ 处理
        CLR     ALARM           ;温度正常,关喇叭
        SETB    RED             ;关红色发光二极管
CHBCD:  LCALL   AD              ;调 A/D 采集与计算子程序
        MOV     A,R4
        MOV     R6,A            ;把 A/D 处理后的高字节送入 R6
        MOV     A,R5
        MOV     R7,A            ;把 A/D 处理后的低字节送入 R7
        LCALL   BCD2            ;调 BCD 码处理子程序
        MOV     40H,KU          ;库房号送入 40H 单元
        MOV     41H,#40H        ;“-”符号送入 41H 单元
        MOV     42H,R4          ;温度值的 BCD 码送显示缓冲区首单元
        MOV     A,R5
        ANL     A,#0F0H
        SWAP    A
        MOV     43H,A
        MOV     A,R5
        ANL     A,#0FH
        MOV     44H,A
        LCALL   DISP            ;调显示子程序
```

```
        SJMP    XH              ;循环采集控制
BJ:     SETB    ALARM           ;驱动声音报警电路
        CLR     RED             ;点亮红色发光二极管
        SJMP    CHBCD           ;转 BCD 码处理与显示程序
```

C 语言主程序清单如下：

```
#include <reg51.h>                                  //8051 SFR 定义
#include <absacc.h>                                 //绝对地址定义
#define uchar unsigned char                         //定义一个新的变量
#define TMAX   127                                  //25 ℃时对应的 A/D 转换器输出值
#define ADC0809_IN0 XBYTE[0x07FF8]                  //ADC0809 IN0  通道地址
#define LEDC   XBYTE[0xDFFF]                        //LED 段码锁存器地址
#define LEDS   XBYTE[0xBFFF]                        //LED 位选通地址
uchar DISBUF[5] _at_ 0x40;                          //显示缓冲区
uchar KU _at_ 0x49;                                 //粮库编号存放单元
uchar SEC_count _at_ 0x50;                          //秒计数值定义
uchar xdata * adc_ADR;                              //定义一个指针
unsigned int temperature;                           //16 位要显示的温度
bdata FLAG _at_ 0x21;
sbit ALARMU  =  FLAG^0;                             //报警限标志位为 1 时,温度超过报警限
sbit MIAO    =  FLAG^1;                             //秒定时标志位为 1 时,1 s 到
sbit EOC     =  P3^3;                               // A/D 转换完毕标志位
sbit ALARM   =  P1^3;                               //报警控制位
sbit RED     =  P1^0;                               //红色发光二极管控制位
unsigned int ad_pro(void);                          //ad 采集函数
void HextoBCD(unsigned int hex_result);             //十六进制数转为 BCD 码函数
void disp(void);                                    //显示函数
void delay(void);                                   //延时函数
unsigned char code Discode[16] = {0x3f,0x06,0x5b,0x4f,     //显示码表,0～3
                         0x66,0x6d,0x7d,0x07, 0x7f,0x6f,0x77,0x7c,   //4～b
                         0x39,0x5e,0x79,0x71};                       //c～f
void main(void)
{
    ALARM  =  0;                                    //清声音报警
    RED  =  1;                                      //红色 LED 熄灭
    SP  =  0x5F;                                    //设置堆栈指针
    TMOD =  0x01;                                   //设定时器 T0 为工作方式 1
    TL0 =  0xF0;                                    //置 20 ms 定时初值
    TH0 =  0xD8;
    SEC_count  =  50;                               //1 s 计数器初值
    IE =  0x82;                                     // CPU 开中断,T0 开中断
    TR0  =1;                                        //启动 T0
```

```
     KU = 1;                                        //库房号初始化为 1
     while(1)
     {
    if(MIAO == 1)
          {                                         //1 s 到,换通道
          MIAO = 0;                                 //清秒标志位
          KU += 1;                                  //库房号加 1
          if(KU>=9)KU=1;                            //全部检完,重置库房号
          if (ALARMU == 1)
          {                                         //超过温度上限,报警
             ALARM = 1;
             RED = 0;
          }else
          {                                         //没有超过温度上限,清除
        ALARM = 0;
        RED = 1;
          }
        }else{                                      //1 s 不到,测量温度
        adc_ADR = &ADC0809_IN0;
        temperature = ad_pro();                     //调 A/D 采集函数
        HextoBCD(temperature);                      //转换为十进制数
        DISBUF[0]    = KU;                          //库房号送入 40H 单元
        DISBUF[1]    = 0x40;                        //"-"符号送入 41H 单元
        disp();                                     //显示
             }
       }
while(1);
}
```

下面分别介绍各子程序。

1. 温度采集与计算程序

本例中,温度采集信号是否转换完毕是通过 P3.3 脚查询 EOC 输出的方法来判断的。当 EOC=1 时,A/D 转换完毕。A/D 转换后的数字量存放在累加器 A 中,这是 1 字节二进制数,先用它与温度上限比较,根据比较结果设置相应的报警标志位。比较处理完毕,还须进行物理量与数字量的变换,即标度变换。对于本例题的情况,标度变换值应该为 $B=50.0$ ℃/255,为达到转换精度,即为能准确显示到小数点后一位的值,则计算公式应修改为 $T=D\times10\times B=D\times10\times50.0/255$($D$ 为采集的数字量),所以变换后的温度实际最大值为 500。此值需用 2 字节存放。在计算时,首先用乘法子程序把此值放大,然后再用除法子程序除 255,得到的商分别存放在 R4 和 R5 中,其中 R4 为高字节。

温度采集计算汇编语言子程序：

```
;入口：DPTR 为 ADC0809 采集通道号
;出口：R4 和 R5 为标度变换后的结果,R4 为高位字节
AD:     MOVX    @DPTR,A             ;启动 A/D 转换
LP1:    JB      EOC,LP1
        JNB     EOC, $              ;等待 A/D 转换完毕
        MOVX    A,@DPTR             ;A 中为已转换为数字量的温度值
        CJNE    A,#TMAX,COMPH       ;与温度报警限比较
COMPH:  JNC     SETMU               ;温度高于报警值转
        CLR     ALARMU              ;清报警标志位
        SJMP    CHCODE
SETMU:  SETB    ALARMU              ;置报警标志
CHCODE:
        MOV     R6,#0               ;标度转换
        MOV     R7,A
        MOV     R2,#01H
        MOV     R3,#0F4H            ;D×500
        LCALL   NMUL                ;调乘法子程序(详见参考文献[1]的 5.6.2 小节)
        MOV     R6,#0
        MOV     R7,#255             ;送除数 255
        LCALL   NDIV                ;调除法子程序(详见参考文献[1]的 5.6.2 小节)
        RET
```

温度采集计算子程序 C 语言程序清单如下：

```
unsigned int ad_pro(void)
{
 unsigned char temp1;                          //定义一个 8 位局部变量
 unsigned int temp_adult;                      //定义一个 16 位局部变量
 adc_ADR = adc_ADR + KU - 1;                   //计算通道
  * adc_ADR = 0;                               //启动 A/D 转换
 while(EOC == 1);                              //等待 A/D 转换完毕
 while(EOC == 0);
 temp1 = * adc_ADR;                            //读取温度值
 if (temp1 >TMAX) ALARMU = 1;                  //温度高于报警值置标志位
  else     ALARMU = 0;
 temp_adult = (unsigned char)(temp1) * 500;    //标度转换,先乘 500
 temp_adult = temp_adult/255;                  //除以 255
 return(temp_adult);                           //得到 16 位结果
}
```

2. 温度值转换为BCD码子程序

经过标度变换后的温度值还是十六进制数,为满足LED显示需求,需要变换为BCD码。因为最大可能测量的温度值为50.0 ℃,实际需要转换的字长不超过2字节,所以相应的BCD码不超过百位。在转换完成后,压缩BCD码的结果需要占用2字节,即温度显示值占用2个单元。

2字节BCD码转换的汇编语言程序清单如下:

```
;入口:R6、R7为待转换的2字节十六进制数,R6为高字节
;出口:R4、R5分别存放转换后的BCD码字节,R4为高字节
BCD2:  CLR     A                    ;BCD码初始化
       MOV     R3,A
       MOV     R4,A
       MOV     R5,A
       MOV     R2,#10H              ;2字节十六进制数的转换位数
HB3:   MOV     A,R7
       RLC     A                    ;从高端移出待转换数的1位到CY中
       MOV     R7,A
       MOV     A,R6
       RLC     A
       MOV     R6,A
       MOV     A,R5                 ;BCD码带进位自身相加,相当于乘2
       ADDC    A,R5
       DA      A                    ;十进制调整
       MOV     R5,A
       MOV     A,R4
       ADDC    A,R4
       DA      A
       MOV     R4,A
       MOV     A,R3
       ADDC    A,R3
       MOV     R3,A                 ;双字节十六进制数的万位数不超过6,不用调整
       DJNZ    R2,HB3               ;是否处理完16位
       RET
```

在本例中,温度值不可能超过50.0 ℃,因此,R3中的值始终为0。

2字节BCD码转换子程序C语言程序清单如下:

```
void HextoBCD(unsigned int hex_result)
{                                                       //十六进制数转成BCD码函数
DISBUF[0] =     (uchar)(hex_result/10000);              //本程序中万位为0
DISBUF[1] =     (uchar)((hex_result % 10000)/1000);     //本程序中千位为0
DISBUF[2] =     (uchar)((hex_result % 1000)/100);       //得到百位数
DISBUF[3] =     (uchar)((hex_result % 100)/10);         //得到十位数
DISBUF[4] =     (uchar)( hex_result % 10);              //得到个位数
}
```

3. 显示子程序

由于要求显示的数据精确到小数点后一位，因此，测量结果用3位数码管显示，显示格式为××.×（其中××.×为温度值）。显然，第2位数码管在显示时应带有小数点。

在数码管上显示小数点有几种方法，最常用的有3种。第1种是硬件方法，即把固定需要显示小数点的那个数码管的小数点位，根据数码管是共阳极还是共阴极，与低电平或高电平相接。第2种是软件方法，即把固定需要显示小数点的那个数码管的小数点位，根据数码管是共阳极还是共阴极，把要显示的数字与3FH相“与”，或者与80H相“或”，C语言编程采用此方法。第3种也是软件方法，即在显示时采用2个字形表，一个是不带小数点的，另一个是带小数点的，根据需要去取数。本例汇编语言编程采用第3种方法。

```
DISP:   PUSH    DPH                 ;保存通道地址
        PUSH    DPL
        MOV     R4,#250             ;置循环显示次数
DISP1:  MOV     R0,#DISBUF          ;指向显示缓冲区首址
        MOV     R1,#0EFH            ;指向显示器最高位
        MOV     R3,#5               ;显示数码管个数
DISP3:  MOV     DPTR,#LEDS          ;置位控口地址
        MOV     A,R1
        MOVX    @DPTR,A             ;输出位控码
        MOV     A,@R0               ;取出显示数据
        CJNE    R1,#11111101B,D2    ;是否为个位数
        ADD     A,#17               ;改变偏移地址为带小数点的数
D2:     MOV     DPTR,#DSEG          ;字形码地址
        MOVC    A,@A+DPTR           ;查表，字形码送累加器
        MOV     DPTR,#LEDC          ;段控口地址
        MOVX    @DPTR,A             ;输出字形码
        ACALL   DELAY               ;调延时1 ms子程序(省略)
        INC     R0                  ;指向下一个缓冲单元
        MOV     A,R1
        RR      A                   ;位选字右移
        MOV     R1,A
        DJNZ    R3,DISP3
        DJNZ    R4,DISP1
        MOV     DPTR,#LEDS          ;位控口地址
        MOV     A,#0
        MOVX    @DPTR,A             ;关显示
        POP     DPL
        POP     DPH
```

```
        RET
DSEG:   DB      3FH,06H,5BH,4FH,66H          ;数字0~4的字形码
        DB      6DH,7DH,07H,7FH,6FH          ;数字5~9的字形码
        DB      77H,7CH,39H,5EH,79H          ;字母A~E的字形码
        DB      71H,00H                      ;字母F与关显示的字形码
        DB      BFH,86H,0DBH,0CFH,0E6H       ;数字0.~4.的字形码
        DB      EDH,0FDH,87H,0FFH,0EFH       ;数字5.~9.的字形码
```

在C语言程序中小数点显示采用第2种方法，C语言显示子程序清单如下：

```
void disp(void)
{
 unsigned char i,j,m,dis_data;
 for (j = 0;j<250;j++)                          //置循环显示次数
 {
  m = 0xef;                                     //指向显示器最高位
  for(i = 0;i<5;i++)                            //要显示5位LED
{
  LEDS = m;                                     //输出位码
  dis_data = Discode[DISBUF[i]];                //取数据，得到要显示码表值
  if (i==3) dis_data += 0x80;                   //修正码表，在第4位管上加小数点
  LEDC = dis_data;                              //输出码表
  delay();                                      //延时
  m = (m>>1) + 0x80;                            //修改位码
  LEDS = 0;                                     //关显示
   }
 }
}
```

定时器T0的中断服务程序：

```
T00:    MOV   TL0,#0F0H
        MOV   TH0,#0D8H
        DJNZ  50H,RE1
        MOV   50H,#50
        SETB  MIAO                              ; 置1 s到标志
RE1:    RETI
```

定时器T0的中断服务程序C语言程序清单如下：

```
void T00_pro() interrupt 1 using 1
{
TL0 = 0xf0;
TH0 = 0xd8;
SEC_count--;
```

```
if (SEC_count == 0)
 {
    MIAO = 1;
    SEC_count = 50;
  }
}
```

思考与练习

1. 在单片机应用系统总体设计中,应考虑哪几方面的问题?简述硬件设计和软件设计的主要过程。

2. 如何提高应用系统的抗干扰性?可采取哪些措施?

3. 请自行设计一个节日彩灯循环闪烁的应用系统。

4. 请自行设计一个交通灯控制系统,此系统还要求显示秒倒计数时间,每当还差 10 s 要换指示灯时(例如红灯换绿灯),该指示灯变为闪烁点亮。

5. 请自行设计一个温度采集系统,要求按 1 路/s 的速度顺序检测 8 路温度点,测温范围为+20～+100 ℃,测量精度为±1%。要求用 5 位数码管显示温度,最高位显示通道号,次高位显示"—",低 3 位显示温度值。

6. 用单片机控制 8 台电炉工作,每秒顺序采集一次各路炉温数据。当发现温度超过 500 ℃时,停止加热;当发现温度低于 300 ℃时,启动加热。控制电炉启停采用单片机的 P1 口,高电平为关,低电平为开。测温度的传感器在 0～800 ℃时,输出电压为 0～5 V,测温精度为 0.5%。

附录 A

80C51 指令表

80C51 指令系统表中所用符号及其含义如下(80C51 指令表见表 A.1):

addr11	11 位地址
addr16	16 位地址
bit	位地址
rel	相对偏移量,为 8 位有符号数(补码形式)
direct	直接地址单元(RAM、SFR、I/O)
#data	立即数
Rn	n=0～7 对应工作寄存器 R0～R7
A	累加器
CY	进位标志位,在指令中用 C 表示
Ri	i=0 或 1 对应数据指针 R0 或 R1
X	片内 RAM 中的直接地址(包含位地址)或寄存器
@	间接寻址方式中,表示间址寄存器的符号
(X)	表示 X 中的内容
((X))	在间接寻址方式中,表示由间址寄存器 X 指出的地址单元中的内容
→	数据传送方向,箭头左边的内容送到箭头右边的单元
∧	逻辑"与"
∨	逻辑"或"
⊕	逻辑"异或"
√	对标志位产生影响
×	不影响标志位
*	表示 ACALL 和 AJMP 指令代码为 11H～F1H 之间的某个数值

表 A.1　80C51 指令表

十六进制代码	助记符		功　能	对标志位的影响				字节数	周期数
				P	OV	AC	CY		
算术运算指令									
28～2F	ADD	A,Rn	(A)+(Rn)→A	√	√	√	√	1	1
25	ADD	A,direct	(A)+(direct)→A	√	√	√	√	2	1
26,27	ADD	A,@Ri	(A)+((Ri))→A	√	√	√	√	1	1
24	ADD	A,#data	(A)+#data→A	√	√	√	√	2	1
38～3F	ADDC	A,Rn	(A)+(Rn)+CY→A	√	√	√	√	1	1
35	ADDC	A,direct	(A)+(direct)+CY→A	√	√	√	√	2	1
36,37	ADDC	A,@Ri	(A)+((Ri))+CY→A	√	√	√	√	1	1
34	ADDC	A,#data	(A)+#data+CY→A	√	√	√	√	2	1
98～9F	SUBB	A,Rn	(A)−(Rn)−CY→A	√	√	√	√	1	1
95	SUBB	A,direct	(A)−(direct)−CY→A	√	√	√	√	2	1
96,97	SUBB	A,@Ri	(A)−((Ri))−CY→A	√	√	√	√	1	1
94	SUBB	A,#data	(A)−#data−CY→A	√	√	√	√	2	1
04	INC	A	(A)+1→A	√	×	×	×	1	1
08～0F	INC	Rn	(Rn)+1→Rn	×	×	×	×	1	1
05	INC	direct	(direct)+1→direct	×	×	×	×	2	1
06,07	INC	@Ri	((Ri))+1→(Ri)	×	×	×	×	1	1
A3	INC	DPTR	(DPTR)+1→DPTR					1	2
14	DEC	A	(A)−1→A	√	×	×	×	1	1
18～1F	DEC	Rn	(Rn)−1→Rn	×	×	×	×	1	1
15	DEC	direct	(direct)−1→direct	×	×	×	×	2	1
16,17	DEC	@Ri	((Ri))−1→(Ri)	×	×	×	×	1	1
A4	MUL	AB	(A)·(B)→BA	√	√	×	√	1	4
84	DIV	AB	(A)/(B)商→A,余数→B	√	√	×	√	1	4
D4	DA	A	对 A 进行十进制调整	√	×	√	√	1	1
逻辑操作指令									
58～5F	ANL	A,Rn	(A)∧(Rn)→A	√	×	×	×	1	1
55	ANL	A,direct	(A)∧(direct)→A	√	×	×	×	2	1
56,57	ANL	A,@Ri	(A)∧((Ri))→A	√	×	×	×	1	1

续表 A.1

十六进制代码	助记符		功　能	对标志位的影响				字节数	周期数
				P	OV	AC	CY		
逻辑运算指令									
54	ANL	A,#data	(A)∧data→A	√	×	×	×	2	1
52	ANL	direct,A	(direct)∧(A)→direct	×	×	×	×	2	1
53	ANL	direct,#data	(direct)∧#data→direct	×	×	×	×	3	2
48～4F	ORL	A,Rn	(A)∨(Rn)→A	√	×	×	×	1	1
45	ORL	A,direct	(A)∨(direct)→A	√	×	×	×	2	1
46,47	ORL	A,@Ri	(A)∨((Ri))→A	√	×	×	×	1	1
44	ORL	A,#data	(A)∨#data→A	√	×	×	×	2	1
42	ORL	direct,A	(direct)∨(A)→direct	×	×	×	×	2	1
43	ORL	direct,#data	(direct)∨#data→direct	×	×	×	×	3	2
68～6F	XRL	A,Rn	(A)⊕(Rn)→A	√	×	×	×	1	1
65	XRL	A,direct	(A)⊕(direct)→A	√	×	×	×	2	1
66,67	XRL	A,@Ri	(A)⊕((Ri))→A	√	×	×	×	1	1
64	XRL	A,#data	(A)⊕#data→A	√	×	×	×	2	1
62	XRL	direct,A	(direct)⊕(A)→direct	×	×	×	×	2	1
63	XRL	direct,#data	(direct)⊕#data→direct	×	×	×	×	3	2
E4	CLR	A	0→A	√	×	×	×	1	1
F4	CPL	A	$(\overline{A})$→A	×	×	×	×	1	1
23	RL	A	(A)循环左移1位	×	×	×	×	1	1
33	RLC	A	(A)带进位循环左移1位	√	×	×	√	1	1
03	RR	A	(A)循环右移1位	×	×	×	×	1	1
13	RRC	A	(A)带进位循环右移1位	√	×	×	√	1	1
C4	SWAP	A	(A)半字节交换	×	×	×	×	1	1
数据传送指令									
E8～EF	MOV	A,Rn	(Rn)→A	√	×	×	×	1	1
E5	MOV	A,direct	(direct)→A	√	×	×	×	2	1
E6,E7	MOV	A,@Ri	((Ri))→A	√	×	×	×	1	1
74	MOV	A,#data	data→A	√	×	×	×	2	1
F8～FF	MOV	Rn,A	(A)→Rn	×	×	×	×	1	1
A8～AF	MOV	Rn,direct	(direct)→Rn	×	×	×	×	2	2

续表 A.1

十六进制代码	助记符		功　能	对标志位的影响				字节数	周期数
				P	OV	AC	CY		
数据传送指令									
78～7F	MOV	Rn,#data	#data→Rn	×	×	×	×	2	1
F5	MOV	direct,A	(A)→direct	×	×	×	×	2	1
88～8F	MOV	direct,Rn	(Rn)→direct	×	×	×	×	2	2
85	MOV	direct1,direct2	(direct2)→direct1	×	×	×	×	3	2
86,87	MOV	direct,@Ri	((Ri))→direct	×	×	×	×	2	2
75	MOV	direct,#data	#data→direct	×	×	×	×	3	2
F6,F7	MOV	@Ri,A	(A)→(Ri)	×	×	×	×	1	1
A6,A7	MOV	@Ri,direct	(direct)→(Ri)	×	×	×	×	2	2
76,77	MOV	@Ri,#data	#data→(Ri)	×	×	×	×	2	1
90	MOV	DPTR,#data16	#data16→DPTR	×	×	×	×	3	2
93	MOVC	A,@A+DPTR	((A)+(DPTR))→A	√	×	×	×	1	2
83	MOVC	A,@A+PC	(PC)+1→PC,((A)+(PC))→A	√	×	×	×	1	2
E2,E3	MOVX	A,@Ri	((Ri))→A	√	×	×	×	1	2
E0	MOVX	A,@DPTR	((DPTR))→A	√	×	×	×	1	2
F2,F3	MOVX	@Ri,A	(A)→(Ri)	×	×	×	×	1	2
F0	MOVX	@DPTR,A	(A)→(DPTR)	×	×	×	×	1	2
C0	PUSH	direct	(SP)+1→SP,(direct)→(SP)	×	×	×	×	2	2
D0	POP	direct	((SP))→(direct),(SP)−1→SP	×	×	×	×	2	2
C8～CF	XCH	A,Rn	(A)↔(Rn)	√	×	×	×	1	1
C5	XCH	A,direct	(A)↔(direct)	√	×	×	×	2	1
C6,C7	XCH	A,@Ri	(A)↔((Ri))	√	×	×	×	1	1
D6,D7	XCHD	A,@Ri	(A3－0)↔((Ri3－0))	√	×	×	×	1	1
位操作指令									
C3	CLR	C	0→cy	×	×	×	√	1	1
C2	CLR	bit	0→bit	×	×	×		2	1
D3	SETB	C	1→cy	×	×	×	√	1	1
D2	SETB	bit	1→bit	×	×	×		2	1
B3	CPL	C	$(\overline{cy})$→cy	×	×	×	√	1	1
B2	CPL	bit	$(\overline{bit})$→bit	×	×	×		2	1

续表 A.1

十六进制代码	助记符	功 能	对标志位的影响				字节数	周期数
			P	OV	AC	CY		
位操作指令								
82	ANL C,bit	(cy) ∧ (bit)→cy	×	×	×	√	2	2
B0	ANL C,/bit	(cy) ∧ ($\overline{bit}$)→cy	×	×	×	√	2	2
72	ORL C,bit	(cy) ∨ ($\overline{bit}$)→cy	×	×	×	√	2	2
A0	ORL C,/bit	(cy) ∨ ($\overline{bit}$)→cy	×	×	×	√	2	2
A2	MOV C,bit	(bit) →cy	×	×	×	√	2	1
92	MOV bit,C	(cy) →bit	×	×	×	×	2	2
控制转移指令								
*1	ACALL addr11	(PC)+2 →PC,(SP)+1→SP, (PCL)→(SP),(SP)+1→SP, (PCH)→(SP),addr11→$PC_{10\sim0}$	×	×	×	×	2	2
12	LCALL addr16	(PC)+3 →PC,(SP)+1→SP, (PCL)→(SP),(SP)+1→SP, (PCH)→(SP),addr16→PC	×	×	×	×	3	2
22	RET	(SP) →PCH,(SP)−1→SP, (SP) →PCL,(SP)−1→SP	×	×	×	×	1	2
32	RETI	(SP) →PCH,(SP)−1→SP, (SP) →PCL,(SP)−1→SP, 从中断返回	×	×	×	×	1	2
*1	AJMP addr11	(PC)+2→PC, addr11→$PC_{10\sim0}$	×	×	×	×	2	2
02	LJMP addr16	addr16→PC	×	×	×	×	3	2
80	SJMP rel	(PC)+2→PC,(PC)+rel→PC	×	×	×	×	2	2
73	JMP @A+DPTR	((A)+(DPTR))→PC	×	×	×	×	1	2
60	JZ rel	(A)=0:(PC)+2+rel=PC (A)≠0:(PC)+2=PC	×	×	×	×	2	2
70	JNZ rel	(A)≠0:(PC)+2+rel=PC A=0:(PC)+2 =PC	×	×	×	×	2	2
40	JC rel	(C)=1:(PC)+2+rel =PC (C)=0:(PC)+2 =PC	×	×	×	×	2	2
50	JNC rel	(C)=0:(PC)+2+rel=PC (C)=1:(PC)+2 =PC	×	×	×	×	2	2
20	JB bit,rel	(bit)=1,则(PC)+3+rel =PC (bit)=0,则(PC)+3=PC	×	×	×	×	3	2

续表 A.1

十六进制代码	助记符	功 能	对标志位的影响				字节数	周期数
			P	OV	AC	CY		
控制转移指令								
30	JNB bit,rel	(bit)=0,则(PC)+3+rel =PC (bit)=1,则(PC)+3=PC	×	×	×	×	3	2
10	JBC bit,rel	(bit)=1,则(PC)+3+rel=PC,0→bit; (bit)=0,则(PC)+3=PC	×	×	×	×	3	2
B5	CJNE A,direct,rel	(A)=(direct),则(PC)+3→PC; (A)>(direct),则(PC)+3+rel→PC,0→CY; (A)<(direct),则(PC)+3+rel→PC,1→cy	×	×	×	√	3	2
B4	CJNE A,#data,rel	(A)=#data,则(PC)+3→PC; (A)>#data,则(PC)+3+rel→PC,0→CY; (A)<#data,则(PC)+3+rel→PC,1→cy	×	×	×	√	3	2
B8~BF	CJNE Rn,#data,rel	(Rn)=#data,则(PC)+3→PC; (Rn)>#data,则(PC)+3+rel→PC,0→CY; (Rn)<#data,则(PC)+3+rel→PC,1→cy	×	×	×	√	3	2
B6~B7	CJNE @Ri,#data,rel	((Ri))=data,则(PC)+3→PC; ((Ri))>data,则(PC)+3+rel→PC,0→CY; ((Ri))<#data,则(PC)+3+rel→PC,1→cy	×	×	×	√	3	2
D8~DF	DJNZ Rn,rel	(Rn)−1→Rn,(Rn)=0,则(PC)+2→PC; (Rn)≠0,则(PC)+2+rel→PC	×	×	×	×	2	2
D5	DJNZ direct,rel	(direct)−1→(direct) (direct)≠0,则(PC)+3+rel→PC; (direct)=0,则(PC)+3→PC	×	×	×	×	3	2
00	NOP	空操作	×	×	×	×	1	1

附录B

常用芯片引脚图

常用芯片引脚图如图 B.1 所示。

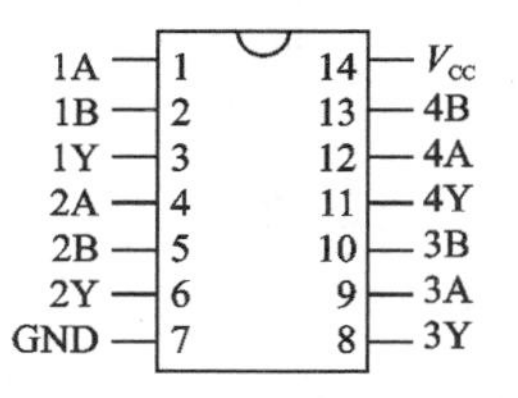

(a) 四2输入“与非”门74HC00

(b) 四2输入“或非”门74HC02

(c) 6反相器74HC04

(d) 6同相缓冲器/驱动器(OC高压输出)7407

(e) 四2输入“与”门74HC08

(f) 三3输入“与非”门74HC10

(g) 四2输入“或”门74HC32

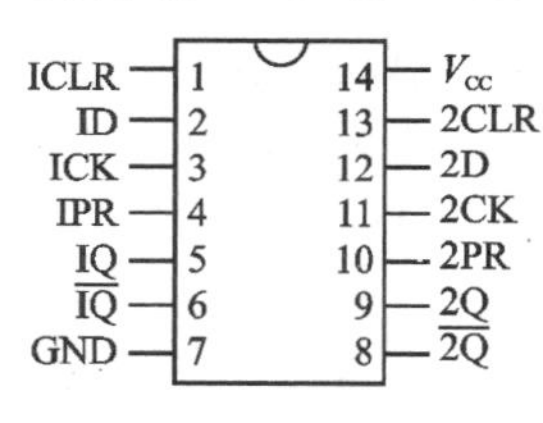

(h) 正沿触发双D锁存器74HC74

(i) 十进制计数器74HC90

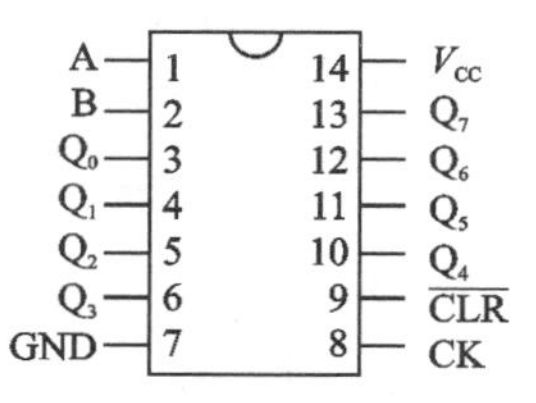

(j) 8位串入/并出移位寄存器74HC164

(k) 8输入“与非”门74HC30

(l) 6反相缓冲器/驱动器(OC高压输出)7406

图 B.1 常用芯片引脚图

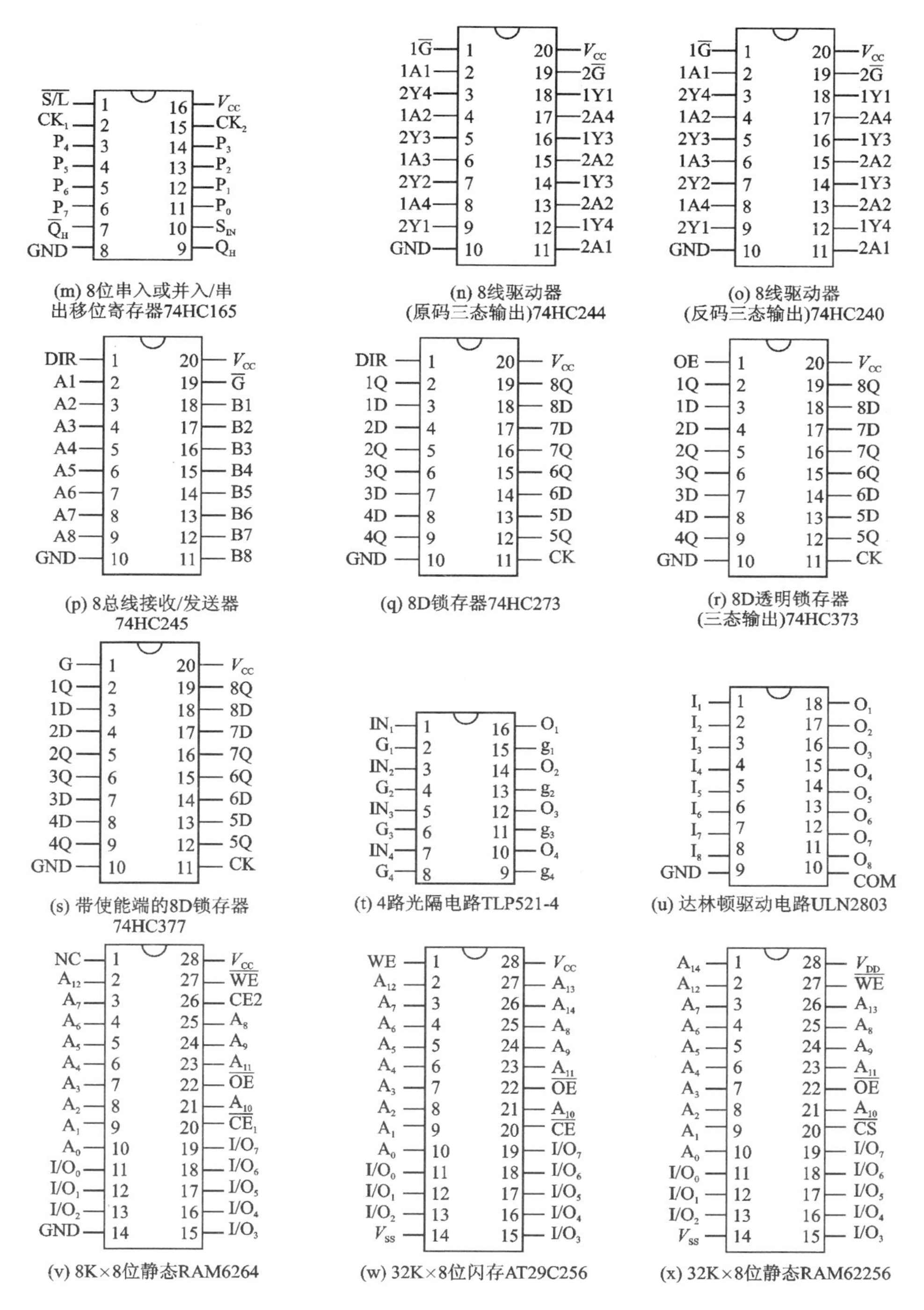

(m) 8位串入或并入/串出移位寄存器74HC165

(n) 8线驱动器(原码三态输出)74HC244

(o) 8线驱动器(反码三态输出)74HC240

(p) 8总线接收/发送器74HC245

(q) 8D锁存器74HC273

(r) 8D透明锁存器(三态输出)74HC373

(s) 带使能端的8D锁存器74HC377

(t) 4路光隔电路TLP521-4

(u) 达林顿驱动电路ULN2803

(v) 8K×8位静态RAM6264

(w) 32K×8位闪存AT29C256

(x) 32K×8位静态RAM62256

图 B.1 常用芯片引脚图(续)

参考文献

[1] 张迎新,等.单片机初级教程——单片机基础[M].北京:北京航空航天大学出版社,2000.

[2] 张迎新,等.单片微型计算机原理、应用及接口技术[M].2版.北京:国防工业出版社,2004.

[3] 张迎新,等.单片机初级教程——单片机基础[M].2版.北京:北京航空航天大学出版社,2006.

[4] Atmel Corporation. Microcontroller Data Book. 2004.

[5] 何立民.MCS-51系列单片机应用系统设计配置与接口技术[M].北京:北京航空航天大学出版社,1990.

[6] 李朝青.单片机原理及接口技术[M].北京:北京航空航天大学出版社,2005.

[7] 张文涛.Proteus软件应用[M].武汉:华中科技大学出版社,2010.

[8] 万光毅,严义.单片机实验与实践教程(一)[M].北京:北京航空航天大学出版社,2003.

[9] 何立民.单片机高级教程——应用与设计[M].北京:北京航空航天大学出版社,2000.

[10] 李维偍,郭强.液晶显示应用技术[M].北京:电子工业出版社,2000.

[11] Philips Semiconductors and Electronics North America Corporation. Data Handbook 80C51-Based 8-Bit Microcontrollers. Printed in USA,2005.

[12] 王幸之,等.AT89系列单片机原理与接口技术[M].北京:北京航空航天大学出版社,2004.

[13] 马忠梅,等.单片机的C语言应用程序设计[M].5版.北京:北京航空航天大学出版社,2013.

[14] 张俊谟.单片机中级教程——原理与应用[M].北京:北京航空航天大学出版社,2000.

[15] 余永权,等.ATMEL系列单片机应用技术[M].北京:北京航空航天大学出版社,2003.

[16] 万隆,巴奉丽.单片机原理及应用技术[M].2版.北京:清华大学出版社,2014.

[17] 谢维成,杨加国.单片机原理与应用及C51程序设计[M].3版.北京:清华大学出版社,2014.

[18] 李群芳,等.单片微型计算机与接口技术[M].4版.北京:电子工业出版社,2012.